"十三五"国家重点出版规划项目
空间飞行器工程丛书

航天光学遥感系统总体设计

Design of Space Optical Remote Sensing System

■ 陶家生 著

国防工业出版社

·北京·

内 容 简 介

　　全书共10章，介绍了作者几十年光学遥感研究工作中提出的新概念、新方法，如空间像元分辨力及其与传统胶片成像分辨率的区别，以目标特征辨识为基础的CCD侦察图像的分辨力。在CCD采样离散化的空间移变情况下，用基于空间不变的卷积方法研究CCD成像的MTF问题存在局限性，采用了数值模拟方法求取各种条件下CCD图像的MTF。全面系统地介绍了成像相机、多谱段相机、测绘相机、红外相机、成像光谱仪的基本概念、理论、参数的设计计算、各自的系统组成，航天光学遥感系统的性能评价。论述了航天光学遥感总体设计的光源、地气系统、目标特性、谱段选择、能量计算，轨道参数、光学遥感器参数、航天器参数的协调择优、综合分析以及大系统的性能评价方法，形成了实现大系统设计目标的完整思路。

　　本书适合航天光学遥感相关专业的工程技术人员、研究生阅读。

图书在版编目（CIP）数据

航天光学遥感系统总体设计/陶家生著. —北京：国防
工业出版社，2019.3
　　（空间飞行器工程丛书）
　　ISBN 978-7-118-11763-9

　　Ⅰ.①航… Ⅱ.①陶… Ⅲ.①航天器—光学遥感—系
统设计 Ⅳ.①V423

中国版本图书馆CIP数据核字（2019）第015006号

航天光学遥感系统总体设计

著　　　者	陶家生
丛 书 策 划	管明林
责 任 编 辑	胡翠敏
出 版 发 行	国防工业出版社（010-88540717　010-88540777）
地 址 邮 编	北京市海淀区紫竹院南路23号，100048
经　　　售	新华书店
印　　　刷	三河市腾飞印务有限公司
开　　　本	710×1000　1/16
印　　　张	24 3/4
印　　　数	1—2000册
字　　　数	459千字
版 印 次	2019年 3月第1版第1次印刷
定　　　价	128.00元　　（本书如有印装错误，我社负责调换）

前 言

光学是一个既古老传统又在日新月异地发展着的学科,以其为基础的航天光学遥感又以航天技术的快速发展而不断推陈出新。从 1960 年美国发射太阳同步气象卫星起,开始了真正从航天器上对地球进行长期观测的航天光学遥感。航天光学遥感研究从成像发展为高光谱成像、立体测绘等多种光学遥感形式,从 20t 重的大型综合卫星到不足 10kg 的微小卫星,从低轨光学遥感到同步轨道光学遥感,从地球轨道至飞出太阳系,航天光学遥感器功能各异、姿态纷呈。

航天光学遥感使人们站得更高看得更远,打破了国界疆域,可以实现全球成像。其高效大面积的成像,使得地图的快速更新成为现实,为高精度的汽车导航提供了基础,极大地方便了现代人的生活。航天光学遥感已成为天气预报、防灾减灾、资源普查、地质调查、城市规划、港口铁路等大型工程建设的重要信息源。

航天光学遥感系统是涉及轨道、航天平台、光学遥感器的大系统,是以空间系统、时间系统、空间光学、大气光学、光源、辐射度量、光度量、光电探测器等学科和概念为基础构建起来的一个总体性学科。本书的编写力求基本概念清晰、内容配套完整、理论技术兼收,通过本书的学习能够从参数设计的层面掌握航天光学遥感系统的总体设计问题。

第 1 章从航天光学遥感发展的历程角度介绍了航天光学遥感的作用、推动发展的动力、航天光学遥感的优势和技术的精密性复杂性。第 2 章介绍了航天光学遥感系统的主要概念。航天活动的特点是广域性和协同性,为此从太阳系天体运动的角度介绍了空间系统、时间系统及两者之间的联系。介绍了平台、有效载荷、光学遥感的主要基本概念,为后续章节的学习准备预备知识。第3章介绍轨道知识,重点是太阳同步轨道和地球同步轨道,说明了从航天器上如何确定地球上的遥感点和如何进行星座的建立,阐明了航天光学遥感卫星是如何实现全球探测的。第4章介绍了航天光学遥感的光源及光能量的传输与度量问题、大气层的基本构造和大气窗口,说明了大气对航天光学遥感的能量影响、定位精度影响。第5章介绍了各种类型、各种谱段的光电探测器及其性能参数,温度的适应性及噪声。重点介绍了CCD、CMOS、红外器件、光子探测器。第6章介绍了光学系统基本概念,六大像差,折射系统、反射系统、折反混合系统的特点,以及如何对航天光学遥感的光学系统进行选择。第7章是航天光学遥感的核心章节,介绍了成像相机、测绘相机、红外相机、成像光谱仪基本概念、理论、参数的设计计算、各自的系统组成。第8章介绍了与光学遥感密切相关的低轨平台、高轨平台的性能参数和成像方式,评述了光学遥感卫星的发展趋势。第9章在前面章节的基础上,论述了航天光学遥感的应用、谱段选择、能量计算,轨道参数、光学遥感器参数、平台参数的协调择优和系统的综合分析以及性能评价,以便对大系统总体的参数设计形成系统和完整的认识。第10章从信息光学的基础理论出发,从实用的角度深入阐述了光学遥感器的性能设计,并结合光电探测器的采样离散化问题深入论述了光电式光学遥感器的性能特点,图像的分辨力和像移的补偿问题。这一章注重了光学遥感的理论分析和深化。

中国空间技术研究院轨道设计资深专家杨维廉研究员审阅了第2章、第3章,国家卫星气象中心资深专家张志清研究员审阅了第4章,中国科学院自动化研究所王欣刚研究员审阅了第5章,北京理工大学资深教授李林审阅了第6章、第7章,中国空间技术研究院资源卫星资深专家张庆君研究员审阅了第8章、第9章,对各位专家的审阅和建议深表感谢。

本书是在为中国空间技术研究院神舟学院编写的"航天光学遥感系统总体设计"讲义的基础上完善形成的,全书由陶家生研究员编写完成。感谢中国空间技术研究院神舟学院的领导、教学老师和通信卫星事业部领导的热情支持和帮助。

　　本书涉及学科较多,加之作者水平有限,疏漏之处恳请读者批评指正。

　　邮件地址:jiasengtao@163.com

　　　　　　　　　　　　　　　　　陶家生

　　　　　　　　　　　　2017 年 3 月　北京航天城

$r_a = 6371.23\text{km}$,地球平均半径

$r_e = 6378.145\text{km}$,地球赤道半径

$r_p = 6356.76\text{km}$,地球的极半径

$f = 1 / 298.257$,地球扁率

$e = 0.08182$,地球偏心率

$J_2 = 1.08263 \times 10^{-3}$,地球引力势的二阶带谐项系数

$J_{22} = 1.81222 \times 10^{-6}$,地球引力势的二阶田谐项系数

$\mu = 398600.44\text{km}^3/\text{s}^2$,地心引力常数

$\omega_e = 7.2921158 \times 10^{-5}\text{rad/s}$,地球自转角速度

$J_3 = -2.5356 \times 10^{-6}$,地球引力势的三阶带谐项系数

$m_e = 5.977 \times 10^{24}\text{kg}$,地球质量

$r_s = 42164.17\text{km}$,地球静止轨道半径

$h = 6.6260693 \times 10^{-34}\,\text{J} \cdot \text{s}$,普朗克常数

$k = 1.380658 \times 10^{-23}\,\text{J/K}$,波耳兹曼常数

$\sigma = 5.6704 \times 10^{-8}\,\text{W} \cdot \text{m}^{-2} \cdot \text{K}^{-4}$,斯忒藩-玻耳兹曼常数

$c_0 = 299792458\text{m/s}$,真空中的光速

$\text{AU} = 1.49597870 \times 10^8\text{km}$,一个天文单位(日地平均距离)

$E_0 = 1367\ \text{W/m}^2$,太阳常数

$R_0 = 6.9599 \times 10^8\text{km}$,太阳半径

$e^- = 1.602 \times 10^{-19}\text{C}$,电子电荷量

$T = -273.15℃$,绝对零度

$n_0 = 1$,真空中光的折射率

$n = 1.00028$,标准压力 760mm 汞柱 20℃空气中光的折射率

$\varepsilon = 23°26'$,黄赤交角

$G = 6.670 \times 10^{-11}\text{m}^3 \cdot \text{kg}^{-1} \cdot \text{s}^{-2}$,万有引力常数

目　录

第1章
绪　论

1.1　光学遥感简史

光学遥感的发展可划分为启蒙阶段、航空遥感阶段与航天遥感阶段,进入航天光学遥感阶段后则得到了蓬勃发展,这一阶段对地低轨光学遥感、高轨光学遥感、深空观测得到了发展。

1. 光学遥感的启蒙阶段(1839—1909 年)

1939 年法国人达格雷(Daguerre)发表了第一张空中摄影照片。1858 年,陶纳乔(G. F. Tournachon)用系留气球拍摄了法国巴黎的城市图片。1860 年,布莱克(J. W. Black)与 S. 金(S. King)乘气球升空至 630m,成功拍摄了美国波士顿(Boston)市的图片。1903 年,纽布朗纳(J. Nenbronner)设计了一种捆绑在飞鸽上的微型相机。1906 年,劳伦斯(G. R. Laurence)用风筝拍摄空中照片,成功记录了著名的旧金山大地震后的情景。1909 年,莱特(W. Wright)在意大利的森托塞尔上空用飞机进行了空中摄影。这些探索性的空间摄影,形成了光学遥感的启蒙阶段,为后来的实用化航空摄影遥感打下了基础。

2. 航空摄影遥感阶段(1910—1956 年)

1913 年,利比亚班加西(Bangashi)油田测量就应用了航空摄影,塔迪沃(C. Tardivo)在维也纳国际摄影测量学会会议上发表论文,描绘了飞机摄影测绘地图的问题。

1924 年,彩色胶片的出现,使得航空摄影纪录的地面目标信息更为丰富。

3. 航天遥感阶段(1957 年至今)

1957 年 10 月 4 日,苏联发射了历史上的第一颗人造卫星,震惊了整个世界,如图 1-1 为苏联第一颗人造卫星和内部结构示意图,标志着人类从空间观测地球进入了新纪元。1958 年美国发射的"先驱者"2 号探测器拍摄了地球云图,图 1-2 为美国发射的先驱者 2 号探测器,重 38kg。同年 10 月苏联的"月球

图 1-1 苏联第一颗人造卫星和内部结构示意图

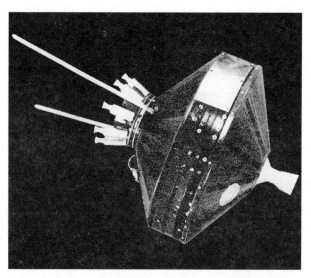

图 1-2 美国发射的"先驱者 2 号"探测器

3 号"航天器拍摄了月球背面的照片。从 1960 年美国发射的 TIROS-1 和 NOAA-1 太阳同步气象卫星开始了真正从航天器上对地球进行长期观测。从此,航天遥感取得了重大进展。1972 年 3 月 2 日"先驱者 10 号"升空,1983 年 6 月 13 日越过了冥王星轨道飞向了太阳系的边界。地球收到它的最后一个信号是

2003 年 1 月 22 日,其中已无任何遥测数据。2008 年美国发射的 DeoEye-1 商业卫星全色分辨力已达 0.41m,它使得航天光学遥感和航空光学遥感的图片质量几近相同。

在空间有地球同步卫星、太阳同步卫星,还有一些低轨和高轨卫星,卫星的种类不断增加,执行着光学成像、立体测绘、微波遥感、通信、导航等不同功能。

4. 光学遥感的应用研究

在第一次世界大战期间,航空摄影成了军事侦察的重要手段,并形成了一定规模。与此同时,相片的判读水平也得到一定的提高。第二次世界大战期间,德、英等国就充分认识到空中侦察和航空摄影的重要军事价值,并在侦察敌方军事态势、部署军事行动等方面收到了实际效果。第二次世界大战后期,美国的航空摄影范围覆盖了欧亚大陆和太平洋沿岸岛屿,包括日本在内的广阔地区,被制成地图,并标会了军事目标,成为美国在太平洋战争中的重要情报来源。在苏联的斯大林格勒保卫战等重大战役中,航空摄影对军事行动的决策起到了重要作用。

第二次世界大战以后出版了一些著作,如 1941 年厄德莱(A. J. Eardey)的《航空相片:应用与判读》讨论了航空相片的地质学应用及某些地物及植被的特征。巴格莱(J. W. Bagley)的《航空摄影与航空测量》侧重于航空测量的方法讨论。1930 年起,美国的农、林、牧业等政府部门都把航空摄影应用于制订规划。

人才培养与专业学术刊物的出版也是这一时期的特点,美国在大学中开设了航空摄影与相片判读的课程;国际地理学会于 1949 年设立了航空相片应用专业委员会。1945 年美国创刊了《摄影测量工程》杂志(1975 年改为《摄影测量工程与遥感》,现已成为国际著名的遥感专业刊物之一)。这些均为遥感发展成为独立的学科在理论方法上做出了充分的准备,奠定了基础。

探测技术的发展,使探测的谱段范围不断延伸,从软 X 射线到热红外;谱段的分割也越来越精细,从单一谱段向多谱段发展,光谱分辨力已达纳米量级。成像光谱技术的出现把谱段从数百个推向上千个,更全面地反映出目标的性质,它使本来在宽谱段遥感中不可探测的物质被探测出来。各种遥感技术日趋成熟,激光雷达、多光谱成像、高光谱成像、立体测绘都进入了实用阶段。

信息处理方面,经过半个多世纪的发展,光学遥感技术已渗透到国民经济的各个领域,对于推动经济建设、社会进步、环境改善和国防建设起到了重大作用。空间遥感对地观测得到的全球变化信息已被证明有不可替代性。并且随着光电遥感技术的发展,航天遥感均采用近实时的数传技术,遥感的结果均是数字化文件,这使得数值图像融合更加方便易行。

航天光学遥感使得快速地图更新成为现实,基于此的电子地图导航、个人终端导航已成为现代社会生活不可或缺的部分。随着光学遥感应用向广度和深度发展,光学遥感探测已经进入实用化、商业化和国际化,成为新的产业发展领域。

5. 中国遥感事业的发展

航空遥感 我国在 20 世纪 30 年代,在个别城市进行了航空摄影,但系统的航空摄影是从 20 世纪 50 年代开始的,主要应用于地图的制图、更新,在铁路、地质、林业等领域的调查、勘测、制图等方面起到了重要的作用。

遥感应用 在 20 世纪 70 年代中后期开始取得了巨大的成就。我国政府极为重视遥感技术的发展和在国家建设中的应用,完成了一批具有世界先进水平的成果,并具有我国自己的特色,主要成果表现在以下方面。

在遥感应用领域进行了广泛探索和应用试验研究:如云南腾冲遥感综合试验研究、长春净月潭试验研究、山西太原盆地农业遥感试验研究、东海渔业遥感试验研究、长江下游地物光谱试验研究等,这些试验研究都紧密地结合遥感技术的发展和应用,为大规模、多领域的应用研究打下了基础并起到了示范作用。图 1-3 是这一时期长春净月潭遥感航拍图。

图 1-3　长春净月潭地区绿谱段航片镶嵌图[2]

这些遥感试验广泛而深入,包含了遥感技术、地质、地表、水体、林业、环境、大气等各个方面。

(1) 遥感技术方面,如多光谱彩色合成,多光谱遥感图像处理的色度学方法,彩色反转航空片在长春试验中的应用,多光谱彩色合成图像的改善与增强,地面多光谱摄影,多光谱遥感试验有效性的鉴别方法。

（2）地质方面,如遥感信息与地质构造的关系,航空遥感图像在地质构造研究中的应用,掩盖半掩盖地区遥感图像岩性地质解译的干扰因素,岩石粉末漫反射光谱特性及其在遥感判读中的意义。

（3）地表方面,如试验区的地貌及其图像特征,土壤类型及近红外航片判读,航片植被解译,小营(长春)沼泽地多光谱图像解译,航片植被解译,植被光谱与图像解译,三江平原别拉红河中上游地区沼泽荒地及土地利用状况变化的研究,多光谱遥感图像对土地利用类型解译与制图实验,地物光谱测定的代表性问题,多光谱图片的土地类型解译。

（4）水利方面,如水利工程地质解译,利用遥感技术寻找地下水,水体悬浮泥沙浓度的遥感定量分析,水体解译。

（5）林业方面,如主要树种光谱特性分析,多光谱遥感在林业调查中的应用。

（6）环境方面,如航空遥感在环境污染监测中的应用,利用红外图像对南湖(长春)水质污染情况的初步解译。

（7）大气方面,如大气气溶胶的浓度与谱分布变化的研究。

遥感试验研究的成果应用到了各个领域,包括农业生产条件研究、作物估产、国土资源调查、土地利用与植被覆盖、水土保持、森林资源、矿产资源、草场资源、渔业资源、环境评价和监测、城市动态变化监测、水灾和火灾监测、森林和作物病虫害监测、气象监测,以及港口、铁路、水库、电站等工程勘测与建设的遥感研究,涉及许多业务部门,从而极大地扩展了遥感的应用领域。

地区上覆盖全国各地,从地广人稀的地域到人口密集发达的城市,如北京、上海、天津、广州、沈阳等城市都开展了遥感综合调查研究,将其作为城市建设、管理的经常性监测手段,为"数字城市"打下基础。不同领域对遥感应用提出不同要求,因而推动了我国遥感应用的全面发展。

完成了一批大型应用项目,如全国国土面积量算和土地资源调查、"三北"防护林遥感综合调查研究、山西省农业遥感、内蒙古自治区草场资源遥感、黄土高原水土流失与土壤侵蚀遥感、长江三峡工程遥感、洞庭湖和鄱阳湖综合遥感研究等大型综合遥感,其规模、综合程度及专业应用深度均具有国际先进水平,为国家、有关部门和地方政府的决策提供了科学依据。在此基础上,逐步形成全国性的资源环境动态服务系统、自然灾害监测与评估系统、海洋环境立体监测系统等大型应用系统,在这些系统中,遥感作为重要信息采集手段,直接为国家的决策服务。

20世纪70年代以来,光学遥感事业有了长足的进步。航空摄影测绘已进入业务化阶段,全国范围的地形图更新已普遍采用航空摄影测量,并在此基础上,开展了不同目标的专题遥感试验及应用研究,特别是在利用航空平台进行各种新型遥感器试验和系统集成试验方面取得了成效。

我国已成功研制了机载地物光谱仪、多光谱扫描仪、红外扫描相机、成像光谱仪、激光高度计等光学遥感器，为跟踪世界先进水平、推动光学遥感器的国产化做出了贡献。在研制新型光学遥感器的同时还注重把几种光学遥感器集成为综合性探测系统。

航天遥感　1970 年 4 月 24 日我国发射了"东方红一号"人造卫星，如图 1-4 所示。以后相继发射了大量人造地球卫星。太阳同步的"风云一号"（FY-1A，1B）和地球同步的"风云二号"（FY-2A，2B）的发射，返回式遥感卫星的发射和回收，使我国开展空间探测、通信、科学试验、气象观测等有了自己的信息源。2008 年 12 月 23 日在中国西昌卫星发射中心成功发射"风云二号"06星，如图 1-5 所示。

图 1-4　东方红一号

图 1-5　"风云二号"06 星

1999 年 10 月 14 日,中国-巴西地球资源遥感卫星 CBERS-1 的成功发射,使我国拥有了自己的资源卫星,"北斗"定位导航卫星(5 颗高轨,30 颗低轨)及"清华 1 号"小卫星的成功发射,丰富了我国卫星的类型,2008 年成像光谱仪也已上天。随着我国遥感事业的进一步发展,我国的地球观测卫星及不同用途的多种卫星也将形成对地观测系列,并进入世界先进水平行列。

2010 年我国探月二期拍回了全月照片。

2015 年 12 月 29 日,中国首颗地球静止轨道高分辨力光学成像卫星成功发射,卫星采用画幅成像方式,星下点像元分辨力 50m。

1986 年以来我国建成了遥感卫星地面站,逐步形成了接收美国 Landsat、法国 SPOT、加拿大 RADASAT 和资源卫星遥感数据的,数十个分布于全国各地的气象卫星接收站,可以接收地球同步和太阳同步气象卫星的数据。

在遥感图像信息处理方面,已开始从普遍采用国际先进的商业化软件向软件国产化迈进。推出了较为成熟的商品化软件,如 PHOTO、MAPPER 等,并已逐渐形成商业化。对图像处理的新方法也进行了广泛的探索,如分形几何学、人工神经元网络、小波变换等已开始进入应用阶段。

在遥感机构方面:有国家遥感中心,对遥感科学的发展和重大项目进行规划管理;中国科学院所属的许多院所都有遥感学科;军事部门也有相应的遥感研究机构;中国科学技术协会的全国性学会十多个设有遥感分会或遥感专业委员会。遍布全国的遥感科技人员数以万计,形成了庞大的遥感科技队伍。

在遥感专业出版物方面:有《遥感大辞典》《遥感地学分析》等论著;有《遥感学报》《遥感信息》等国内外知名的遥感专业刊物;《光电工程》《光学精密工程》等都是光学遥感领域的重要期刊。

我国的遥感教育事业成绩斐然,遥感人才培养已形成本科、硕士、博士、博士后系列。

总之,中国遥感事业,经历了 20 世纪 70 年代至 80 年代中期的起步阶段,80 年代后期至 90 年代前期的试验应用阶段,至 90 年代后期进入了实用化和产业化阶段,目前在遥感理论、遥感平台、遥感器研制、系统集成、应用研究、学术交流、人才培养等方面取得了瞩目的成绩,为遥感学科的发展和国家经济建设、国防建设做出了巨大贡献。遥感已从对地遥感,走向了月球,迈向了火星探测。

1.2 航天光学遥感技术的优势

(1) 信息的实时性。航天光学遥感的优势在于大面积的同步观测、对同一区域的重复探测、周期短。比如在地球静止轨道上,一颗卫星就可覆盖地球表面的 40% 以上。从时效性方面看,地球静止轨道对地观测时,对同一区域的重复观测周期最短,这个观测周期仅受积分时间、数据采集速度和数据下传能力的限制。在其他轨道则据轨道高度及相机视场角等因素的不同,重复观测周期也不同,可以从几天到几十天。如美国的 Landsat 卫星和法国的 Spot 卫星重访周期分别为 16 天和 26 天。这就是说如果进行地图测绘,采用航天遥感成像的方法用天计的话,若采用传统的人工测绘的方法则要以年计。利用航天遥感所取得的全球性信息也是地面观测所不能取代的。

(2)信息的经济性。航天遥感成像的方法所获得信息的效益和费用投入之比要远高于其他传统方法获得信息的效益和费用投入之比。遥感在应用领域取得了良好的经济效益和社会效益:据区域土地利用遥感调查资料表明,航空遥感与常规地面调查相比,时间仅为 1/8,资金投入为 1/3,人力仅 1/16;如应用航空遥感制作 1/10 万土地利用图,资金为常规方法的 1/10,时间为 1/24,人力仅为 1/36[1]。

(3)信息的可融合性。现代航天遥感所获得的图像几乎都是数字图像,这方便于采用不同手段获得的信息进行信息融合。比如微波遥感、红外、可见光等不同谱段所获得的图像进行融合使它们相互补充相互印证,提高信息的可靠性。

1.3 民用领域对航天光学遥感的需求

正是由于航天遥感成像的实时性和经济性,其在地质研究、水资源利用、植被保护、土地监测以及地理信息系统中得到了广泛的应用。

可以实现对中小尺度气象现象接近实时的观测能力,实现对飓风等突变、灾害性天气的预报和连续观察,提高对地震、泥石流等突发性事件的快速响应能力;可对小时间尺度高时间分辨率海洋现象和大时间尺度海洋现象实现长时间不间断监测;可以勘察、监视并追踪自然灾害,如石油外泄、有害海藻泛滥、火灾和火山灰云;可以观测农作物生长状态,区分岩石和土壤的类型,监视植物的病虫害等。

航天光学遥感成像技术现已成为地图测绘、资源普查、减灾防灾、污染监视、城市规划等许多民用领域获取信息的重要手段,光学遥感成像涵盖了科研、生产和人民生活中的各个方面。这些应用也促进了航天遥感成像技术的迅速发展。

1.4 军事应用对航天光学遥感的牵引

光学遥感从诞生之日起就伴随着军事应用,在第一次世界大战中就已形成了一定的规模,第二次世界大战后期用于绘制地图和获取情报。随着光学遥感成像扩展到空间,航天光学遥感也成了军事斗争的重要领域。尤其是高分辨力的航天遥感图像,在航天侦察领域,已经成为现代高技术战争中不可或缺的重要手段。因为现代战争的重要特征是超视距作战,获取高分辨力的航天遥感图像,已成为赢得胜利的重要条件。

和平时期利用航天光学遥感成像来发现和跟踪设想敌的武装力量群体及日常活动,监督战略武器条约的执行情况。

战时主要用来确定设想敌的工作状态和工作特点,首先是导弹核武器的工作状态和工作特点。补充侦察已知的敌人群体和目标,发现新的敌人群体和目标。为己方打击力量提供目标指示,评价对敌目标打击的结果,查明敌力图恢复其作战能力的措施。确定敌航空兵的战备程度、敌战役和战略储备的集中程度以及敌为对付我方侦察的伪装措施。

在军事斗争领域航天光学遥感成像主要有两大方面的应用,即可见光照相侦察和红外照相侦察。

可见光照相侦察方面:有统计资料显示,从 20 世纪 50 年代末到 20 世纪末,在美国和苏联(俄罗斯)发射的军用卫星中照相侦察卫星分别占各自军用卫星的 30% 和 40%,从此可以看到航天光学遥感成像在军事斗争领域的重要性。

除美国和苏联外,世界上许多国家如东南亚等中小国家也都在开展这方面的研究工作。

我国在这方面的研究工作也是从 20 世纪 60 年代起,经历了与美国和苏联类似的历程,最初的胶片返回式遥感相机地面分辨力约 10m 量级,发展到今天的光电传输型遥感相机,分辨力已达到 1m。

红外照相侦察方面:为监视和发现敌方弹道导弹而发射的侦察卫星,它往往兼有探测核爆炸的任务。一般运行在地球静止轨道或周期 12h 的大椭圆轨道上,由几颗卫星组成预警网,覆盖范围很大。即使是红外相机它的地面分辨力也在不断提高,从最初的约 3km 提高到了 1km。

立体测绘相机,通过航天立体测绘相机可以快速准确地建立三维地形图,且不受领土、领海、领空限制,可以为地形匹配制导提供有力的保障。目前日本、印度、法国等发射的高精度立体测绘相机还是以民用为目的,但作为军事应用也没有质的区别。现在战争中民用光学遥感器在战时作为军用已是事实。图 1-6 为日本三线阵立体测绘卫星,图 1-7 为印度立体测绘卫星想象图,图1-8为印度立体测绘卫星。

图 1-6　日本三线阵立体测绘卫星

图 1-7　印度立体测绘卫星想象图

图 1-8 印度立体测绘卫星

1.5 光学遥感技术的进步

从 20 世纪 60 年代以来,随着计算机技术的发展,光学非球面的数控研磨和抛光方法得到了研究和发展。图 1-9 是利用泰曼激光干涉仪、计算机等对被检光学反射镜进行实时干涉测量的原理图。采用这种方法加工非球面度达 200 个波长的离轴非球面光学零件其镜面面形误差达 1/40 波长 RMS 值。

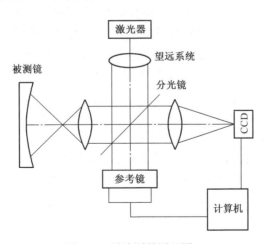

图 1-9 干涉测量原理图

此外采用金刚石车削加工工艺,最小切削厚度为 1nm。利用离子抛光的表面形状精度达 0.1 μm,表面粗糙度达 0.01 μm。

在超光滑表面加工技术中,采用微弹性破坏法进行超精加工可获得表面粗糙度 0.5nm RMS 值的光学表面。采用水中抛光技术可以获得 0.27nm 粗糙度的表面。采用浮法抛光可获得低于 0.2nm RMS 值的光学表面。

现代光学加工技术的进步有力地推动了光学遥感成像技术的发展。美国的 QuickBird 航天遥感相机,主镜口径 $\phi = 600mm$ 在 $\lambda = 632.8nm$ 时,其镀膜后的表面误差为 0.008λ RMS 值。

1.6 光学遥感技术的蓬勃发展

由于民用领域对航天光学遥感成像的需求、军事应用对航天光学遥感成像的牵引和光学制造技术对航天光学遥感成像的推动这三方面的共同作用,航天光学遥感成像技术得到迅速发展,发展的趋势也体现出多样化。

从航天光学成像遥感相机的性能上看,正在向长焦距和大视场两个方向发展。这既得益于实际需要的牵引也得益于光学制造技术的发展,使得离轴非球面的光学系统得以实际运用。目前的航天光学成像遥感相机焦距长度达 10m 以上,这就意味着可以获得很高的地面分辨力,图像更清晰。航天光学成像遥感相机的视场可以达到 20°,这就意味着宽的地面覆盖,可以大大提高观测效率,传统的航天光学成像遥感相机的视场一般在 2°~3° 以内。大的相对口径,这主要得益于接收器性能的提高,不仅 CCD 探测器的量子效率在提高,其成像方式也在改变,如延时积分成像。

从航天光学遥感相机的体积重量方面看,正朝着大型和轻小型两个方向同时发展。大型航天光学遥感相机可以获得高清晰度的图像和宽的地面覆盖以及多光谱数据。小型航天光学遥感相机由于体积小重量轻适于小型卫星运载,因而制造费用低、制造周期短、运载费用低,任务项目相对较少、操作方便、简单、可靠、发射较灵活。

从航天光学遥感相机的光学系统形式方面看,有全反射式、折反混合式和折射式,目前发展趋势以全反射式为主。

从航天光学遥感相机的接收器方面看,胶片式遥感相机已逐步退出市场,主要以光电传输型遥感相机为主,这主要是因为随着 CCD 探测器像元尺寸的减小,其对图像分辨力的不利影响在减小,而光电传输型遥感相机的在轨工作寿命及获得图像的实时性也是胶片型遥感相机所无法比拟的。

第 2 章
航天光学遥感系统基础

2.1 概述

　　航天光学遥感系统从系统的实物组成部分是卫星平台和有效载荷。除此以外还应包含航天器运行的轨道,这是航天光学遥感系统的非实物化的物理组成部分,因为这一部分也是航天光学遥感系统运行所必需的且是物理性地存在的,例如地球静止轨道的轨位就是地球静止轨道卫星运行时的所在位置,由于地球静止轨道卫星的发展,现实情况是在这一圆周上每间隔大约 1°就有 1 颗卫星,由于卫星过于拥挤,轨位不能满足需求,出现了卫星轨位租赁现象,从这一点我们就可以深刻地体会到轨道的物理存在。

　　航天光学遥感系统从本质上看是一个信息获取和传输系统,以它的物理组成为载体实现信息获取和传输的目的,媒介是电磁波。系统的有效载荷是一些光学遥感设备,如成像相机、光谱仪等,有效载荷实现对目标信息的获取,它配置在平台之上。平台则是有效载荷的载体,它承载有效载荷和对有效载荷提供工作环境,如热环境和动力学环境,一般还要担负有效载荷对遥感目标选择的功能、信息传输的功能和对整个航天器提供能源的功能,目标选择的功能也就是通过平台的姿态调整使有效载荷的视轴对准目标。

　　航天光学遥感系统作为一个信息传输系统,有效载荷获取的信息,要传输给用户。阳光从太阳发出,照射到目标之上,经目标反射,到达光学遥感设备,一般经光学遥感设备的光电转换形成电信号,电信号经平台的数传系统转换成无线电波发射到地面接收天线,由接收天线接收后,由地面站进行处理、存储、分发。

2.2 航天器轨道基本概念

航天器运行于轨道之上,它的运行既是空间的也是时间的,因此航天器的轨道概念涉及轨道空间概念和轨道时间概念两大类。

2.2.1 航天器轨道空间概念

航天器之所以能停留在空中,就是因为航天器的轨道运动,与其所受到的天体引力达到了作用力的平衡。对于绕地球飞行的近地轨道和地球静止轨道航天器,其主要是受地球的引力,日、月对其的作用力远小于地球的引力。图2-1为太阳、地球、月亮、航天器轨道示意图。

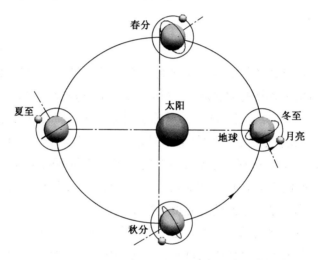

图 2-1 太阳、地球、月亮、航天器轨道示意图

2.2.1.1 天体与天体运动

(1) 太阳,是一个灼热的气体球。太阳的质量是 $1.989\times10^{30}\,kg$,相当于地球质量的332770倍。太阳的半径是 $6.9599\times10^{8}\,m$,为地球的109倍。太阳自转的周期是27天[1-6]。太阳处于太阳系的中心位置,而太阳系又处于银河系之中。

(2) 地球,质量 $m_e = 5.977\times10^{24}\,kg$,平均半径 $r_a = 6371.23km(1976\ US\ Standard\ Atomsfire)$,是一个具有三轴性的椭球体。地球子午线的截面是个椭圆,长半轴 r_e 为赤道半径,短半轴 r_p 为地球的极半径,如图 2-2 所示,可称为两轴性,描述地球这一特性的地球引力场函数的二阶带谐项摄动系数 $J_2 = 1.08263\times10^{-3}$ [7]。在赤道面内地球的截面也类似椭圆(图 2-3),可称为三轴性,描述地球这一特性的地球引力场函数的二阶田谐项系数 $J_{22} = 1.81222 \times 10^{-6}$。长轴在 $75.1° \ E \sim 105.3° \ W$ 方向,短轴在 $11.5° \ W \sim 161.9° \ E$ 方向[7]。

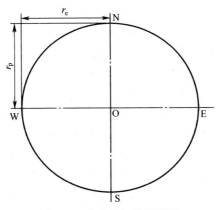

图 2-2 地球子午截面椭圆

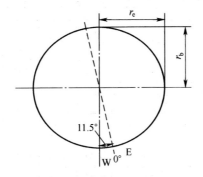

图 2-3 地球赤道截面椭圆

地球子午面内椭圆的扁率 f 和偏心率 e 为

$$f = \frac{r_e - r_p}{r_e}$$

$$e^2 = \frac{r_e^2 - r_p^2}{r_e^2}$$

有基本常数[7]:

$$r_e = 6378.145 \text{km}$$

$$r_p = 6356.76 \text{km}$$

$$f = 1 \ / \ 298.257$$

$$e = 0.08182$$

地球绕太阳运行的轨道是个椭圆,称为黄道,其所在的平面称为黄道面。

地球近日点距离为 1.4710×10^8 km,远日点距离为 1.5210×10^8 km。日地之间的平均距离为 1.4960×10^8 km,称为一个天文单位 AU。

(3)月球,质量约 7.376×10^{22} kg,月球绕地球运行轨道是一个椭圆,称为白道。轨道半长轴约 384748km,近地点距离约 364397km,远地点距离约 406731km,平均离心率 0.0549006(0.044~0.067),白道面相对黄道的平均轨道倾角 5.145°,月球的赤道面相对黄道面的夹角 1.543°,白道面相对地球赤道面夹角18.295°~28.585°。白道面与黄道面的节线绕黄极在空间的进动周期为18.5996 年,这一进动引起白道的升交点沿黄道向西运动。月球的自转周期是27.32 天,这也是月球环绕地球一圈的时间,因此月亮总是以同一面面对地球。

(4)太阳系,一般地认为太阳系是由一团星云在距今约 46 亿年前由于自身的引力作用逐渐凝聚而成的。太阳系有 9 大行星水星、金星、地球、火星、木星、土星、天王星、海王星、冥王星(冥王星仍按行星记),见表2-1,它们都绕太阳自西向东公转,它们各自的轨道面与黄道面的夹角都比地球的小。

表 2-1 太阳系天体相对数据比较表[3]

天体	距离/AU	公转周期	黄赤交角/(°)	偏心率	质量	半径	自转周期/d	密度/(g/cm³)	卫星个数
太阳	0				332770	109	25~36①	1.410	9
水星	0.39	87.9d	0.1	0.2056	0.05	0.38	58.8	5.46	0
金星	0.72	224.7d	177.4	0.0068	0.82	0.95	244	5.26	0
地球	1.0	1a	23.45	0.0167	1.00	1.00	1.00	5.52	1
火星	1.5	1.9a	25.19	0.0934	0.11	0.53	1.029	3.96	2
木星	5.2	11.8a	3.12	0.0483	317.94	11	0.411	1.33	16
土星	9.5	29.5a	26.73	0.0560	95.18	9	0.428	0.70	18
天王星	19.2	84.0a	97.86	0.0461	14.63	4	0.748	1.24	15
海王星	30.1	164.8a	29.56	0.0097	17.22	4	0.802	1.66	8
冥王星	39.5	247.9a	119.6	0.2482	0.0024	0.18	0.267	1.50	1

①太阳赤道处自转周期约 25 天,两级处自转周期约 36 天

(5)岁差与章动,岁差与章动是太阳系内天体运动的结果,由于太阳和月球对地球的引力因地球的赤道隆起产生的梯度力矩,地球的自旋轴产生绕黄道面的垂直轴的进动(图2-4)。这一进动运动使得黄赤交线也即春分点向西移动,每 50 年移动约 0.65°,每 26000 年运动一周[6],这一运动是一个长周期运动,称为岁差。岁差进动的半锥角即地球的黄赤交角23°26′。由于月球白道面与黄道面的节线绕黄极在空间的进动周期为 18.5996 年,引起月球对地球的引力方向变化周期也是 18.5996 年,引力方向变化表现在地球的自旋轴在空间的

指向在不断变化,及地球的自旋轴绕其平均位置做周期为18.5996年的环绕运动,这一运动称为章动,章动角不大于0.006°。

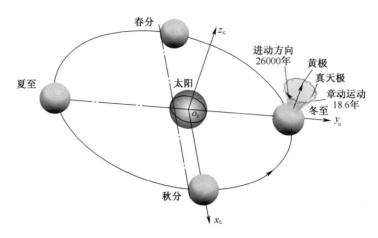

图2-4 地球的岁差与章动

(6)极移与地球自转的非均匀性。地球非刚体,极移是地球自旋轴在地球自转过程中的扭动现象,引起的地球自旋轴在地球本体内的移动。大气的周年运动引起地球年周期的摆动和地球非刚体约14个月为周期的自由摆动,极移幅度约0.4″。地球自转的非均匀性,一是长期的变慢,每100年延长1~2ms。还有大规模的气团运动、日月的潮汐作用、地球内部物质运动等原因,也会引起每日内的时间长度变化。

2.2.1.2　空间坐标系

地球在绕太阳运行的同时也在绕自身的自旋轴由西向东自转,自旋轴垂直于赤道面,一般地认为(忽略地球旋转轴的微小变动)地球的自旋轴指向北极,是惯性不动的,因此赤道面与黄道面形成的交线方向也是惯性不动的,如图2-5所示。在春分点处赤道面与黄道面形成的交线定义为x_i轴,由地心指向太阳,z_i轴即地球自旋轴指向北极,地心为坐标原点o,y_i轴垂直于x_i轴、z_i轴构成右手系,称为地心赤道惯性坐标系S_i。

由图2-5可知春分点的方向就是春分时刻(约3月21或22日)地球到太阳的连线方向,通常所说的指向春分点,就是指向这一方向,春分点可理解为就是这一交线(x)与以地球球心为球心的天球面上的交点(而非图中的地球春分位置)。

在航天器轨道动力学中通常忽略春分点的微小摆动,并忽略地球绕太阳运转所引起的惯性力,因而可以把此地心赤道惯性坐标系作为惯性系。

以太阳中心为坐标原点$o_ε$,$x_ε y_ε$坐标平面与黄道面(地球绕日平面)重合,

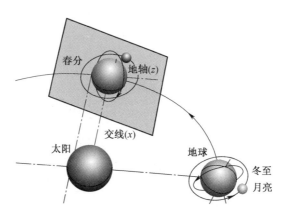

图 2-5　地心赤道惯性坐标系

x_ε 指向春分点, z_ε 轴沿地球绕太阳运行的角速度方向,这一坐标系称为日心黄道坐标系(黄道坐标系),记为 $o_\varepsilon x_\varepsilon y_\varepsilon z_\varepsilon$,见图 2-6。若忽略春分点的微小变动(这与地球旋转轴的微小变动有关),则日心黄道坐标系($o_\varepsilon x_\varepsilon y_\varepsilon z_\varepsilon$)可以当作惯性坐标系。

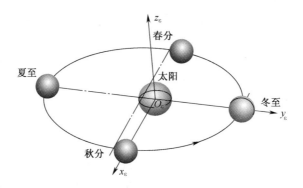

图 2-6　日心黄道坐标系示意图

当将日心黄道坐标系的坐标原点从太阳中心平移到地球中心时,就形成以地球中心为坐标原点的地心黄道坐标系 $ox_\varepsilon y_\varepsilon z_\varepsilon$,记为 S_ε 。

地心黄道坐标系 S_ε 与地心赤道惯性坐标系 S_i 的关系如图 2-7 所示,将地心赤道惯性坐标系绕 x_i 轴旋转角度 ε ,就可得到地心黄道坐标系,表示为

$$S_i \xrightarrow{R_x(\varepsilon)} S_\varepsilon$$

黄赤交角 $\varepsilon = 23°26'$

由于地球旋自转轴的章动,黄赤交角有 ±9″的变动,周期是 18.6 年。

地心为坐标原点 o , x_e 轴为赤道面与格林尼治(Greenwich)子午线的交线, z_e 轴沿地球自旋轴,指向北极, y 轴在赤道面内,此坐标系称为地心赤道固连坐标

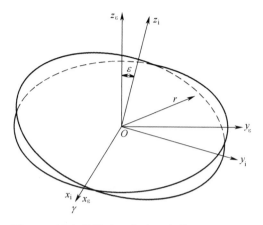

图 2-7　地心黄道系 S_{ε} 与地心赤道系 S_{i} 的关系

系 S_{e}，具有地球自旋角速度 $\boldsymbol{\omega}_{e}$。

以地心为坐标原点 o，x_{o} 指向航天器，z_{o} 指向轨道平面正法线方向，与动量矩矢 $\boldsymbol{H}$ 一致，y_{o} 在轨道面内，如图 2-8 所示，建立的坐标系称为地心轨道坐标系 S_{o}。

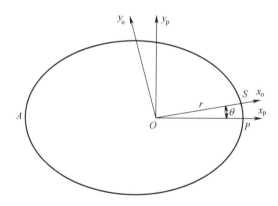

图 2-8　地心轨道坐标系

以地心为坐标原点 o，x_{p} 沿轨道拱线指向近地点 p，z_{p} 指向轨道平面正法线方向，与动量矩矢 $\boldsymbol{H}$ 一致，y_{p} 在轨道面内，如图 2-8 所示，建立的坐标系称为地心拱线坐标系 S_{p}。

以航天器质心为坐标原点 o，x_{b} 轴指向航天器飞行方向，z_{b} 轴是航天器的对称轴之一，指向地心方向，y_{b} 轴与 x_{b} 轴、z_{b} 轴构成右手系。如图 2-9 所示，建立的坐标系称为航天器本体坐标系 S_{b}。一般地讲，卫星 x_{b} 轴指向迎风面方向，即飞行方向，y_{b} 轴为俯仰方向，z_{b} 轴为偏航方向。对于运载火箭 x_{b} 轴指向飞行方向，y_{b} 轴为偏航方向，z_{b} 轴为俯仰方向。

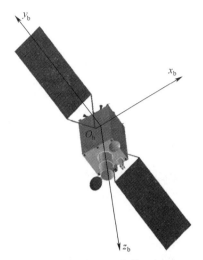

图 2-9　航天器本体坐标系

以有效载荷质心为坐标原点 o，z_c 轴指向视轴方向，一般情况下与所搭载的平台(航天器)的 z_b 轴同向，指向地心方向；有效载荷的 x_c 轴与搭载平台的 x_b 轴同向；有效载荷的 y_c 轴与搭载平台的 y_b 轴同向。所建立的坐标系称为载荷坐标系 S_c。

2.2.2　时间系统

通过观察太阳的东升西落，人们认识到时间的流逝。昼夜的区分有了天的认识，月亮的圆缺有了月的认识，一年四季的变化有了年的认识。这些朴素的时间概念是不精确的，也是有局限性的。如昼夜的观察定义的天和在此基础上定义的日期，在全球不同经度的地点就会有不同的时间和日期。而从地球绕太阳的椭圆运动可知，黄道上每一点以太阳连续两次上中天的时间间隔定义的一天，由于地球绕太阳的椭圆运动引起的地球线速度不同，其在不同点的时间长度是不同的。航天活动由于其运动的高速度和全球性及深空活动等必须建立起精确而统一的时间系统。

2.2.2.1　时间单位的定义

(1) 地方时。以观察太阳的东升西落建立起来的时间概念是地方时，把当地正午太阳最高的时刻定义为 12 点，建立起来的一天 24 小时制，称为地方时 (Local Time, LT)。可知不同地理经度的地方有着不同的地方时，但它最符合人们日出而作日落而息的自然时间概念。

(2) 世界时。对于航海航天这类大范围的人类活动来说，不同地理经度的地方有着不同的地方时，这显然太具局限性。1884 年 10 月 13 日，20 多个国家的代表在美国华盛顿召开会议,就使用统一的国际标准时间和统一的子午线问题作出决议:"会议向与会国政府建议,将通过格林尼治天文台子午仪中心的子午线规定为经度的本初子午线。"于是,通过格林尼治天文台的经线被世界公认为本初子午线,作为计算地理经度的起点和世界"时区"的起点,格林尼治国际标准时间由此诞生。格林尼治天文台子午仪中心的子午线见图 2-10。

图 2-10　格林尼治天文台子午仪中心的子午线

　　(3) 平太阳日。通常所谓的一天,是指在某一子午线上太阳连续两次上中天的时间,可以称为自然日。由于黄赤交角的存在和黄道的椭圆性,自然日的时长并不相等。如图 2-11 所示,地球的黄道是一椭圆,在近日点一侧地球绕日运行一天内转过角度 α_1 比在远日点一侧地球绕日运行一天内转过角度 α_2 大 $d\alpha$。因而以太阳连续两次上中天的时间记为一日,则近日点一侧的一天要比远日点一侧的一天地球要多转过角 $d\alpha$ 的时间 dt,也即近日点一侧的一天要比远日点一侧的一天长 dt 时间。如果再考虑到岁差与章动等的影响,自然日的时间是不等长的。这给时间的计量带来诸多不便,于是把地球绕日运行和自转均想象成匀角速度运动,把"平太阳"连续两次上中天的时间定义为 1 个平太阳日,把"平太阳日"定义成一天 24 小时即 86400s,把地球绕日运行的一个公转周期定义为一年 365 天。这样定义的一天为一个平太阳日,一年为平年。地球绕日运行的一个公转周期精确时间是 365.2425 天(平太阳日),把比平年多出来的 0.2425 天通过闰日来平衡,每 4 年增加 1 天,增加一天的年称为闰年,每 400 年减少 3 个闰日,即每 400 年等于精确的 146097 天[6]。由图 2-12 可知 1 个平太阳日并非地球自转的周期,而是都大于地球自转的周期,多出来的时间是由于地球绕日的公转引起的,一个平年内累积的时间长度恰是一个平太阳日,地球自转的周期应该用恒星日表示。

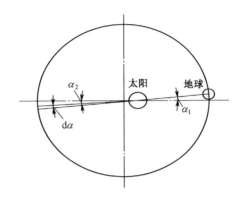

图 2-11　地球黄道的椭圆运动引起的自然日的时间差

（4）恒星。"平太阳日"是把平太阳连续两次上中天的时间定义为 1 个平太阳日，参照点是太阳，并因此而引起平太阳日与地球自转的周期的差异。为了标定地球自转的周期我们将比太阳更为遥远的恒星作为参照点，如图 2-12 所示。1 个平太阳日要比一恒星日长地球自转转过图中的 α 角度。即地球自转周期是遥远的恒星连续两次上中天的时间即 1 恒星日。

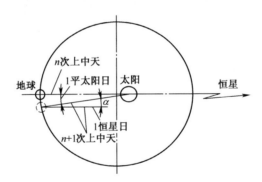

图 2-12　地球自转周期与恒星日

（5）平恒星日。地球一个公转周期内的运动，引起地球相对太阳旋转 360° 用了 365.2425 平太阳日，每个平太阳日内地球比平恒星日多转出来的角度是 360 ／ 365.2425 ＝ 0.9856465°，1 个平太阳日内地球转过角度为 360° ＋ 0.9856465° ＝ 360.9856465°，耗时 86400s，更为准确的时间单位定义为，一个平太阳年为 31556925.9747s，地球旋转 360° 耗时 360×86400 ／ 360.9856465 ＝ 86164.0907376s，因而，1 个平恒星日是 86164.0907s[6]。

（6）格林尼治国际标准时间。实际上是格林尼治子午线上的地方时。理论上来说，格林尼治标准时间的正午是指当太阳横穿格林尼治子午线时的时间。原是采用格林尼治的平正午作为一个平太阳日的开始，但在使用中有些不便。因此,国际天文学联合会于 1928 年决定,将由格林尼治平子夜起算的平太阳时作为世界时,也就是通常所说的格林尼治时间(Greenwich Mean Time, GMT)。由于地球在它公转的椭圆轨道里的运动速度不均匀,冬至在近地点真太阳日最长,夏至在远地点真太阳日最短,两者相差 16s。由于地球每天自转不规则,而且正在缓慢减速,因此又引入了原子时。

(7) 原子时。以铯原子 Sc^{133} 基态的两个超精细能级跃迁的电磁振荡的 9192631770 个周期所经历的时间作为秒的时长单位,此即为原子时(Atomic Time,AT)。1958 年 1 月 1 日世界时(经极移和季节修正后的世界时)0(相差 -0.0039s)时作为起点。1967 年 10 月第 13 界国际计量大会决定将在海平面上得到的原子时的秒长作为国际单位制(SI)秒的时长。

2.2.2.2　时间系统概念

从前述时间单位的由来可以看出,随着社会活动的发展和科技的进步,对时间的定义逐渐明晰和精确,主要的时间系统主要来自天文学的观测和人造的原子时两个方面。天文学观测的时间系统优点是与人们的日常生活相协调和相统一,即太阳在天空的不同位置确定了时间的早、中、晚,这是有利的一面,但它却是不均匀的,这也给连续、精确、大范围、长时间跨度的航天活动等科研生产活动带来不便。人为的原子时系统,是一个连续、均匀、精确的时间系统,但它与人们习惯的天文观测时间系统相脱离,由此又产生了世界时与原子时相协调的协调世界时。

(1) 世界时系统,是建立在地球自转运动基础上的时间系统,以地球的自转周期作为时间的计量单位。于是以不同的参照点来观测地球的自转周期就形成了不同的时间单位。

恒星时(Sidereal Time):以春分点为参考点;

视时(Apparent Time):以真太阳为参考点;

世界时(Universal Time, UT, GMT)或平时(Mean Time):以平太阳为参考点。

1955 年国际天文联合会决定从 1965 年起,对直接观测到的世界时作两项修正,因此,世界时(UT)有三种形式:

UT0,直接由天文观测得到的世界时,由于极移的存在各地天文台观测到的世界时略有差异;

UT1,UT0 经极移修正后的世界时,这是各地天文台能够观测到的统一的世界时;

UT2,UT1 经黄道椭圆运行修正后的世界时,是 1972 年以前国际公认的时间标准,它仍受地球自转的长周期和不规则变化的影响,还是不均匀的时间系统。

（2）原子时系统，以原子时的秒（SI）为基本时间单位，是连续均匀的时间系统。

（3）协调世界时系统，是以原子时的秒（SI）为时间单位，原子时系统通过"跳秒"来保持与世界时 UT1 的误差不大于 0.9s 的计时系统，称为协调世界时（Coordinated Universal Time，UTC）。"跳秒"即是当原子时与世界时 UT1 的误差累积到 0.9s 时，将时间自动延长 1s。正常的秒计数是 57、58、59 后归零，跳秒时的秒计数则是 57、58、59、60 后归零。"跳秒"的时刻由国际地球自转服务（IERS）系统提前半年公报发布。协调世界时从 1972 年 1 月 1 日世界时 0 时开始实施，它使理想的均匀时间计时与人们习惯的自然时间概念相协调，满足了时间均匀流逝与人们自然感觉的统一。

GPS 时间系统，是美国全球定位卫星系统建立的原子时时间系统，GPS 时间系统的起点是 1980 年 1 月 6 日 0 时（UTC），秒长采用原子时的秒（SI）。

2.3 航天器平台基本概念

卫星主要由有效载荷和卫星平台两部分组成，有效载荷主要有光学载荷和微波载荷两大类，一般还包含数传系统也属于有效载荷范畴。

卫星平台通常由结构分系统、供配电分系统、热控分系统、控制分系统、测控分系统、推进分系统以及数管分系统（或称综合电子分系统）组成。

结构分系统、供配电分系统、热控分系统在卫星中属公共服务系统。结构分系统为整个卫星包括平台和有效载荷提供定位与支撑作用，供配电分系统为整个卫星包括平台和有效载荷提供能源，热控分系统为整个卫星包括平台和有效载荷提供正常工作和在轨存储的温度环境。

（1）控制分系统为整个卫星提供姿态指向控制和轨道参数控制。如图 2-13 所示，欲使相机的视轴指向目标 A，控制分系统需要调整卫星姿态绕平台的俯仰轴 y_b 和平台的滚动轴 x_b 分别机动一个角度。在卫星的成像过程中平台的偏航轴 z_b 一般情况下保持不变。

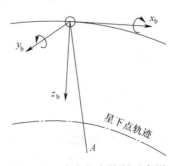

图 2-13 姿态指向控制示意图

（2）测控分系统是卫星遥测遥控分系统的简称,遥控是地面对航天器的人为控制,通过遥控系统发送对卫星的控制信息。早期的简单卫星主要发送的是开关指令如电源的供、断电,信号通道的开、关等。随着卫星业务的发展,星上计算机的采用,需要传送的控制信息越来越多也越来越复杂,遥控采用数据包的形式,如程控数据的传输、卫星工作参数的调整、星载计算机的软件维护、系统重构等。遥测是航天器对其自身在轨状态的测量,如卫星平台、有效载荷各设备的电源电压、工作电流、工作温度、开关机状态等。数据形式有简单帧格式和数据包形式帧格式,较为简单和固定,一般用于重要的基本的工作状态量测量。数据包格式主要是各设备工作产生的数据或高度随机的数据如故障数据的下传,有效载荷如相机的成像数据则是通过数传系统下传。

（3）推进分系统是卫星在轨工作的动力系统,主要完成轨道保持、轨道机动、姿态大幅度调整、动量轮卸载功能,姿态的小幅调整和保持一般由动量轮完成。

（4）数管分系统是对数据进行压缩解压、编码译码、加密解密、分发路由,故障隔离、系统重组、降级运行。通过对星上设备的功能融合,实现软硬件功能的充分共享,发展成星上的综合电子系统。

2.4 航天器有效载荷基本概念

航天器的有效载荷是直接为用户提供功能服务的星上设备,如相机、微波辐射计、数传系统,是相对平台设备而言的。

航天光学遥感的有效载荷主要有光学相机、光谱仪两大类。图2-14是一台光学相机,它通常包括光学系统、结构系统、CCD成像及定标系统、热控系统、相机控制、调焦系统等。

（1）光学系统是相机的基础系统,是光学信息传输、成像能量收集和传输的基本通道,它决定了相机的视场（除非有扫描系统）,很大程度决定了相机的体积、重量。

（2）结构系统是相机的基础性支撑系统,用来固定和支撑光学系统、CCD成像及定标系统等系统,是决定相机成像质量的基本系统。

（3）CCD成像系统是相机成像光电转换系统,是决定相机成像质量的主要系统。

（4）定标系统是测量相机在轨光电转换信号强度关系的系统,通常测量各像元的响应均匀性及长期在轨光电转换信号强度缓变量值。

（5）热控系统是保持相机在轨工作温度的系统,是决定相机在轨成像质量的重要系统。

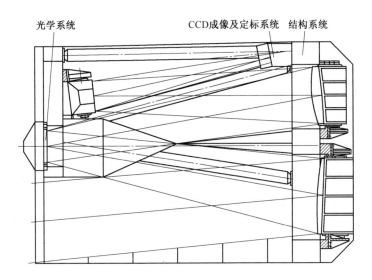

图 2-14　光学相机系统组成

（6）相机控制系统是管理相机内部成像系统、热控系统、定标系统、调焦系统协调工作，控制相机成像模式，协调相机与平台信息交换的系统。

2.5　航天光学遥感基本概念

航天光学遥感属于空间光学的范畴，空间光学是在太空中相距一定的空间距离情况下，利用光波作为探测媒介，对目标进行探测的理论。为了光学仪器设备在空间环境下进行工作，需要研究空间环境条件、仪器设备的空间环境适应性、目标在空间环境条件下的光学特性、获得信息的存储传输和分发、信息的解译。航天光学遥感中的“天”是相对于“地”的，因此这里的航天光学遥感主要研究的是利用航天器对地观测的内容，即采用航天器作为运载平台，通过光学仪器以光波为媒介对地面目标进行探测的信息获取方法为**航天光学遥感**。

由于受光波长、光学仪器口径等的限制对被探测目标的信息获取能力也受到诸多限制，描述航天光学遥感的信息获取能力有许多指标如空间分辨力、时间分辨力、光谱分辨力、调制度传递函数 MTF 等。

（1）空间分辨率是光学仪器对正弦对比度目标的分辨能力，通常是指像面上在 1mm 距离内所能分辨的线对数。不简单地称分辨率而称为空间分辨率是相对时间分辨率、光谱分辨率而言的。

正弦对比度目标是目标的亮度分布如图 2-15 所示。在一个正弦波的 2π 周期内对应一白一黑两条线，图中共有 10 对线（lp），如果这一图形是分布在

1mm 内,则称为 10lp/mm。

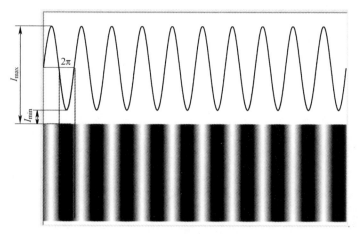

图 2-15 正弦对比度目标

通常所称的照相空间分辨率,就是对如上图的正弦亮度目标进行成像,来观察 1mm 空间内所能分辨的线对数,1 线对所对应的空间尺度就是成像的空间分辨率。

图 2-15 中设波峰的亮度 I_{max},波谷的亮度 I_{min},则

对比度

$$c = \frac{I_{max}}{I_{min}} \text{ (又称反差)}$$

调制度

$$M = \frac{I_{max} - I_{min}}{I_{max} + I_{min}} = \frac{c-1}{c+1}$$

如果把图 2-15 中下半部分的图像作为目标,这个目标的黑白条纹之间就有一个调制度 M_o。对这一目标进行成像所得的图片也是一个黑白相间的亮度按正弦分布的条带图形,成像后的条带图形的对比度为 M_g,光学调制度传递函数(Modulation Transfer Function,MTF)就是 M_g/M_o。

在光学相机的研制中,检测相机性能用的分划板则是采用图 2-16 中上半部分图像的黑白相间的条带图形而不是前面介绍的正弦亮度分布的图形,这主要是为了图形研制方便。在目前普遍采用的 CCD 数值成像中,则是图 2-16 中所示的成像形式,下半部分即是 CCD 的像元,可以看到像元的大小恰好等于条带的宽度,通常所说的 CCD 相机的成像分辨能力就是正投影情况下一个像元宽度所对应的目标上的空间尺度,这一尺度即是像元分辨力。

在前面提到的正弦波成像中的空间分辨率是一对线,即对应的一白一黑两个条带,也就是说在一个正弦波的空间分辨率单位中实际上是同时分辨出了一

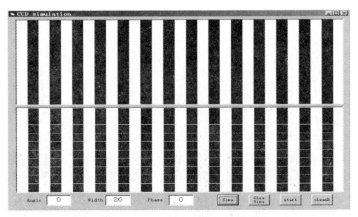

图 2-16　CCD 成像的空间分辨力

白一黑两条线,如果说正弦波成像中的空间分辨率是 1m,在这 1m 中分辨出了一白一黑两条线,每条线的宽度是 0.5m。而对于 CCD 相机的成像来说,1m 的像元分辨力也就是它的一个像元宽度对应于目标 1m 的尺度。

可见传统的如胶片相机的成像空间分辨率是 CCD 相机像元分辨力的空间尺度分辨能力的 2 倍。因此为了区别 CCD 相机的成像分辨能力和传统胶片相机的成像空间分辨率,把 CCD 相机的成像分辨能力称为分辨力或称为像元分辨力。

（2）时间分辨力对于相机来说即是相机完成一幅图像所需要的时间。而对于光学成像卫星来说则是指从上一幅图片完成时开始到完成下一幅图片所需要的最小时间。这期间除了相机所需的摄像时间还包含有卫星姿态的指向及稳定时间和数传时间。在某些应用中也可以指从完成一次曝光至完成下一次曝光所需的时间。

（3）光谱分辨力是光学仪器所能摄得的最小光谱带宽度。它有两种表示方法即波数 $\delta\nu$ 和波长 $\Delta\lambda$。波数即 1cm 内所能排列出的某一波长的个数是个空间频率的概念。

第3章
星地时空参数设计

对地光学遥感系统的全球覆盖形式、重访时间、成像分辨力、成像幅宽、过境地方时、星下点光照强度很大程度上取决于卫星轨道参数的设计。对地光学遥感的轨道通常有两大类,太阳同步轨道和地球同步轨道。太阳同步轨道单颗卫星具有除两级外的全球覆盖能力,空间分辨力高时间分辨力低;地球同步轨道单颗卫星具有除两级外的全球某一区域大范围的覆盖能力,时间分辨力高空间分辨力低,两者具有互补性。星地时空参数与对地光学遥感密切相关的参数主要包括轨道高度、轨道倾角、升交点经度、升交点地方时。论述轨道的参考文献较多[3-10],这里主要参考[7]的第1章相关内容。

3.1 二体轨道特性

在推导卫星轨道的基本方程时,通常仅考虑卫星与地球的相互作用,而忽略地球非球形及其密度不均匀的摄动力,以及日月引力、大气阻力等影响,假设卫星在地球中心引力场中运动。这种卫星轨道称为二体轨道,分析其特性称为二体问题,二体轨道代表卫星轨道运动的最主要特征。

3.1.1 卫星二体轨道的平面特性

根据万有引力定律,空间的两个质量为 M、m 的物体,其所产生的相互作用力,在惯性坐标系中的相互作用如图3-1所示。

$$F_1 = \frac{GMm}{r^2}\frac{r}{r}$$

$$F_2 = -\frac{GMm}{r^2}\frac{r}{r}$$

$$F_1 = -F_2$$

$$M\ddot{r}_1 = F_1 = \frac{GMm}{r^2}\frac{r}{r}$$

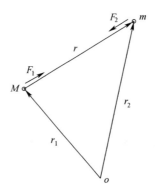

图 3-1 二体引力作用图

$$\ddot{\boldsymbol{r}}_1 = \frac{Gm}{r^2}\frac{\boldsymbol{r}}{r}$$

$$m\ddot{\boldsymbol{r}}_2 = \boldsymbol{F}_2 = -\frac{GMm}{r^2}\frac{\boldsymbol{r}}{r}$$

$$\ddot{\boldsymbol{r}}_2 = -\frac{GM}{r^2}\frac{\boldsymbol{r}}{r}$$

$$\boldsymbol{r}_2 - \boldsymbol{r}_1 = \boldsymbol{r}$$

$$\ddot{\boldsymbol{r}}_2 - \ddot{\boldsymbol{r}}_1 = \ddot{\boldsymbol{r}}$$

$$\ddot{\boldsymbol{r}} = -\frac{GM}{r^2}\frac{\boldsymbol{r}}{r} - \frac{Gm}{r^2}\frac{\boldsymbol{r}}{r}$$

$$= -\frac{G(M+m)}{r^2}\frac{\boldsymbol{r}}{r}$$

$$= -\frac{GM}{r^2}\frac{\boldsymbol{r}}{r}$$

$$= -\mu\frac{1}{r^2}\frac{\boldsymbol{r}}{r} \tag{3-1}$$

式中,设 $M = m_e$,近似 $M + m = M$。

$\mu = Gm_e$;G 为万有引力常数;m_e 为地球质量。

$\mu = 398600.44\ \mathrm{km^3 \cdot s^{-2}}$,地心引力常数。

在地心赤道惯性正交坐标系 Si 中,x 轴从地心沿黄赤交线指向春分点 γ,z 轴指北极,y 轴在赤道面内垂直于 x 轴,如图 3-2 所示。

将式(3-1)卫星向径矢量 $\boldsymbol{r}$ 在地球赤道惯性正交坐标系向 x、y、z 坐标轴分解,卫星运动方程式的分量式为

$$\ddot{x} + \frac{\mu x}{r^3} = 0$$

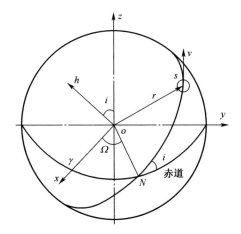

图 3-2　地心赤道惯性正交坐标系中的卫星轨道

$$\ddot{y} + \frac{\mu y}{r^3} = 0$$

$$\ddot{z} + \frac{\mu z}{r^3} = 0$$

式中：$r = (x^2 + y^2 + z^2)^{1/2}$

将前三式交叉乘以 x、y、z 后两两相减消去 r^3 项得

$$x\ddot{y} - y\ddot{x} = 0$$

$$y\ddot{z} - z\ddot{y} = 0$$

$$z\ddot{x} - x\ddot{z} = 0$$

将 $x\ddot{y} - y\ddot{x} = 0$ 改写成

$$x\ddot{y} = y\ddot{x}$$

对 t 积分

$$\int x\ddot{y}\,\mathrm{d}t = \int y\ddot{x}\,\mathrm{d}t$$

$$\int x\,\mathrm{d}\dot{y} = \int y\,\mathrm{d}\dot{x}$$

分部积分

$$x\dot{y} - \int \dot{y}\,\mathrm{d}x = y\dot{x} - \int \dot{x}\,\mathrm{d}y$$

$$x\dot{y} - y\dot{x} = \int \dot{y}\dot{x}\,\mathrm{d}t - \int \dot{x}\dot{y}\,\mathrm{d}t$$

$$= \int (\dot{y}\dot{x} - \dot{x}\dot{y})\,\mathrm{d}t$$

$$= \int 0 \mathrm{d}t$$

$$= c$$

同理对其余两式进行积分,最后可得

$$x\dot{y} - y\dot{x} = c_1$$

$$y\dot{z} - z\dot{y} = c_2$$

$$z\dot{x} - x\dot{z} = c_3$$

将前三式顺乘 z、x、y 后相加得

$$c_1 z + c_2 x + c_3 y = 0$$

比较 $Ax+By+Cz+D=0$ 和上式,可知 $c_1 z+c_2 x+c_3 y=0$ 是一个过坐标原点的平面方程,至此证明了卫星的二体轨道不仅是位于同一平面内,而且是通过地心的平面。

3.1.2 卫星二体轨道的圆锥曲线特性

卫星在轨道平面内做相对于地球的运动,其相对于地心的动量矩为

$$\boldsymbol{H} = \boldsymbol{r} \times m \boldsymbol{v}$$

$$\boldsymbol{h} = \boldsymbol{r} \times \boldsymbol{v}$$

$$\boldsymbol{h} = (h_x, h_y, h_z)\ ,\ \boldsymbol{r} = (x, y, z)\ ,\ \boldsymbol{v} = (\dot{x}, \dot{y}, \dot{z})$$

$$\boldsymbol{h} = \boldsymbol{r} \times \boldsymbol{v}$$

$$= \begin{vmatrix} i & j & k \\ x & y & z \\ \dot{x} & \dot{y} & \dot{z} \end{vmatrix}$$

$$= (y\dot{z} - \dot{y}z)i - (x\dot{z} - \dot{x}z)j + (x\dot{y} - \dot{x}y)k$$

令

$$h_x = y\dot{z} - \dot{y}z = c_2$$

$$h_y = \dot{x}z - x\dot{z} = c_3$$

$$h_z = x\dot{y} - \dot{x}y = c_1$$

据矢积公式 x、y、z 一次导数方程组左端就是动量矩矢量 $\boldsymbol{h}$ 在坐标轴上的分量 h_x、h_y、h_z,且 $h_{x^2} + h_{y^2} + h_{z^2} = h^2$

如图 3-2 所示,矢量 h 和 z 轴的夹角为轨道倾角 i,轨道平面与赤道面的交线为节线 ON,N 为升交点。节线 ON 与 x 轴的夹角为升交点赤经 Ω,i、Ω 确定了轨道面的空间位置。矢量 h 的分量可表达为

$$\begin{cases} h_x = h\sin i\sin\Omega \\ h_y = -h\sin i\cos\Omega \\ h_z = h\cos i \end{cases}$$

轨道倾角 i 和升交点赤经 Ω 可表达为

$$i = \arccos\frac{h_z}{h}$$

$$\Omega = \arctan\frac{-h_x}{h_y}$$

在轨道面内描述卫星的位置 (ξ,η) 见图 3-3,卫星的运动方程为

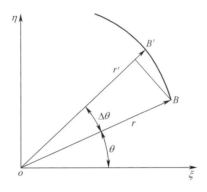

图 3-3　卫星轨道的平面坐标

$$\begin{cases} \ddot{\xi} + \dfrac{\mu}{r^3}\xi = 0 \\[2mm] \ddot{\eta} + \dfrac{\mu}{r^3}\eta = 0 \end{cases} \tag{3-2}$$

式中: $r=(\xi^2+\eta^2)^{1/2}$

极坐标形式:

$$\xi = r\cos\theta$$

$$\eta = r\sin\theta$$

对 t 求导

$$\dot{\xi} = \dot{r}\cos\theta - r\sin\theta\cdot\dot{\theta}$$

$$\dot{\eta} = \dot{r}\sin\theta + r\cos\theta\cdot\dot{\theta}$$

$$\ddot{\xi} = \ddot{r}\cos\theta - 2\dot{r}\dot{\theta}\sin\theta - \ddot{\theta}r\sin\theta - \dot{\theta}^2 r\cos\theta$$

$$\ddot{\eta} = \ddot{r}\sin\theta + 2\dot{r}\dot{\theta}\cos\theta + \ddot{\theta}r\cos\theta - \dot{\theta}^2 r\sin\theta$$

代入方程组(3-2)得

$$\begin{cases} \ddot{r}\cos\theta - 2\dot{r}\dot{\theta}\sin\theta - \ddot{\theta}r\sin\theta - \dot{\theta}^2 r\cos\theta + \dfrac{\mu}{r^2}\cos\theta = 0 & (1) \\ \\ \ddot{r}\sin\theta + 2\dot{r}\dot{\theta}\cos\theta + \ddot{\theta}r\cos\theta - \dot{\theta}^2 r\sin\theta + \dfrac{\mu}{r^2}\sin\theta = 0 & (2) \end{cases}$$

$\dfrac{(1)}{\sin\theta} + \dfrac{(2)}{\cos\theta}$ 得

$$\ddot{r}(\cot\theta + \tan\theta) - \dot{\theta}^2 r(\cot\theta + \tan\theta) + \dfrac{\mu}{r^2}(\cot\theta + \tan\theta) = 0$$

$$\cot\theta + \tan\theta = \dfrac{\cos\theta}{\sin\theta} + \dfrac{\sin\theta}{\cos\theta}$$

$$= \dfrac{1}{\sin\theta\cos\theta}$$

$$= \dfrac{2}{\sin 2\theta}$$

$$\neq 0$$

两边除以 $\cot\theta + \tan\theta$ 得

$$\ddot{r} - \dot{\theta}^2 r = -\dfrac{\mu}{r^2} \tag{3-3}$$

类似地

$(1)\sin\theta - (2)\cos\theta$ 可得

$$r\ddot{\theta} + 2\dot{r}\dot{\theta} = 0$$

即

$$\begin{cases} \ddot{r} - \dot{\theta}^2 r = -\dfrac{\mu}{r^2} \\ \\ r\ddot{\theta} + 2\dot{r}\dot{\theta} = 0 \end{cases}$$

对 $r\ddot{\theta} + 2\dot{r}\dot{\theta} = 0$ 进行分离变量积分

$$r\,d\dot{\theta} = -2\dot{\theta}\,dr$$

$$\int \dfrac{d\dot{\theta}}{\dot{\theta}} = -2\int \dfrac{dr}{r}$$

$$\log\dot{\theta} = \log r^{-2} + c$$

$$\dot{\theta} = 10^c r^{-2}$$

改写为

$$r^2\dot{\theta} = h \tag{3-4}$$

Δt 时间内 r 扫过 $\triangle OBB$ 的面积等于

$$\Delta A = \frac{r\,r'\sin\Delta\theta}{2}$$

对时间变化率：

$$\frac{\Delta A}{\Delta t} = \frac{r\,r'\Delta\theta}{2\,\Delta t}\,\frac{\sin\Delta\theta}{\Delta\theta}$$

取极限得：

$$\dot{A} = \frac{r^2\dot{\theta}}{2} = \frac{h}{2} \tag{3-5}$$

此即开普勒第二定律,而动量距等于此面积速度的两倍。

利用 $r^2=h$ 将式(3-3)自变量由时间 t 的轨道极坐标方程转换为自变量为极角 θ 的轨道极坐标方程

$$\dot{r}_t = \dot{r}_\theta\dot{\theta}_t$$

$$\ddot{r}_t = \ddot{r}_\theta\dot{\theta}_t{}^2 + \dot{r}_\theta\ddot{\theta}_t$$

$$= \ddot{r}_\theta\left(\frac{h}{r^2}\right)^2 + \dot{r}_\theta\left(-\frac{2\dot{r}_t}{r}\frac{h}{r^2}\right) \quad \text{（因为 } r^2\dot{\theta}=h, r\ddot{\theta}+2\dot{r}\dot{\theta}=0\text{）}$$

$$= \ddot{r}_\theta\left(\frac{h}{r^2}\right)^2 + \dot{r}_\theta\left(-\frac{2\dot{r}_\theta\dot{\theta}_t}{r}\frac{h}{r^2}\right)$$

$$= \frac{h^2}{r^4}\ddot{r}_\theta - \frac{2h}{r^3}\frac{h}{r^2}(\dot{r}_\theta)^2$$

代入极坐标方程式(3-3)得

$$\frac{h^2}{r^4}\ddot{r}_\theta - \frac{2h}{r^3}\frac{h}{r^2}(\dot{r}_\theta)^2 - \left(\frac{h}{r^2}\right)^2 r = -\frac{\mu}{r^2}$$

$$-\frac{1}{r^2}\ddot{r}_\theta + \frac{2}{r^3}(\dot{r}_\theta)^2 + \frac{1}{r} = \frac{\mu}{h^2}$$

又

$$\frac{\mathrm{d}^2}{\mathrm{d}\theta^2}\left(\frac{1}{r}\right) = \frac{\mathrm{d}}{\mathrm{d}\theta}(-r^{-2}\dot{r}_\theta)$$

$$= \ddot{r}_\theta\left(-\frac{1}{r^2}\right) + 2\left(\frac{1}{r^3}\right)(\dot{r}_\theta)^2$$

所以

$$\frac{\mathrm{d}^2}{\mathrm{d}\theta^2}\left(\frac{1}{r}\right) + \frac{1}{r} = \frac{\mu}{h^2}$$

解之得

$$\frac{1}{r} = \frac{\mu}{h^2}\left[1 + e\cos(\theta - \omega)\right]$$

$$r = \frac{p}{1 + e\cos(\theta - \omega)} \tag{3-6}$$

式中：$p = \dfrac{h^2}{\mu}$。

这就是卫星极坐标轨道方程的圆锥曲线，地球卫星的此曲线为一椭圆，地心在焦点之一，见图3-4。此即为开普勒第一定律。

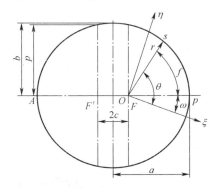

图3-4　卫星的开普勒轨道

$$c^2 = a^2 - b^2$$

$e = \dfrac{c}{a}$ 是偏心率，$e<1$，p 是半通径过焦点垂直于长轴。

$$p = a(1 - e^2) = b\sqrt{1 - e^2} \tag{3-7}$$

$$p = \frac{h^2}{\mu} \tag{3-8}$$

$$a = \frac{h^2}{\mu(1 - e^2)} \tag{3-9}$$

可知 a 决定于 h。

由式（3-6）知 $\theta - \omega = 0$ 时地心距 r 最小，此为近地点 P；$\theta - \omega = 180$ 时地心距 r 最大，此为远地点 A。极角 ω 称为近地点幅角，它决定了轨道长轴的方向。$f = \theta - \omega$ 称为真近点角。

轨道方程为

$$r = \frac{a(1 - e^2)}{1 + e\cos f} \tag{3-10}$$

$f=0$ 时近地点地心距 r_p；$f=180$ 时远地点地心距 r_a。

$$r_p = a(1 - e)$$

$$r_a = a(1 + e)$$

$$e = \frac{r_a - r_p}{r_a + r_p}$$

求卫星周期 T,椭圆的面积 πab,由式(3-5)得

$$\frac{\pi ab}{T} = \frac{h}{2}$$

$$T = 2\pi \sqrt{\frac{a^3}{\mu}} \qquad (3-11)$$

此为开普勒第三定律。

卫星轨道方程式(3-6)体现了卫星不同类型轨道的性质:

$e = 0$ 时,是绕地心运动的圆轨道;

$0 < e < 1$ 时,是绕地心运动的椭圆轨道;

$e = 1$ 时,是离开地球的抛物线逃逸轨道;

$e > 1$ 时,是快速离开地球的双曲线逃逸轨道。

3.1.3　卫星轨道六根数

卫星在椭圆轨道上是以变角速度运行的,为了方便确定卫星在轨位置,假设卫星以匀角速度在轨运行,称为平速率 n,则

$$n = \frac{2\pi}{T} = \sqrt{\frac{\mu}{a^3}} \qquad (3-12)$$

如图 3-5 所示,卫星在椭圆轨道上的位置 s,向外切圆作垂直投影 Q,连 o、Q 交内切圆于 R,连 s、R。圆中心的中心角 E 为偏近点角,卫星坐标 $s(\xi, \eta)$。

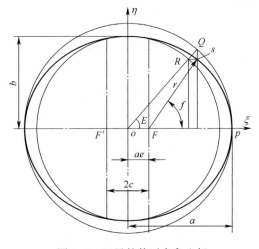

图 3-5　卫星的偏近点角坐标

为了证明 R 点即是 S 向内切圆的水平投影，证明 $sR//op$

$$\xi = a\cos E = ae + r\cos f \tag{3-13}$$

$$\cos E = e + \frac{r}{a}\cos f$$

$$= e + \frac{1 - e^2}{1 + e\cos f}\cos f$$

$$= \frac{e + \cos f}{1 + e\cos f} \tag{3-14}$$

$$\sin E = \frac{\sqrt{1 - e^2}\,\sin f}{1 + e\cos f} \tag{3-15}$$

R 点纵坐标 η_R

参考式(3-7)、式(3-15)得

$$\eta_R = b\sin E$$

$$= a\sqrt{1 - e^2}\,\sin E$$

$$= a\sqrt{1 - e^2}\,\frac{\sqrt{1 - e^2}\,\sin f}{1 + e\cos f}$$

$$= a\,\frac{1 - e^2}{1 + e\cos f}\sin f$$

S 点的纵坐标 η_S

$$\eta_S = r\sin f$$

$$= \frac{a(1 - e^2)}{1 + e\cos f}\sin f$$

可知 $\eta_R = \eta_S$，于是

$$sR//op$$

$$\eta = b\sin E = r\sin f \tag{3-16}$$

由式(3-14)和式(3-15)得

$$\sin f = \frac{\sqrt{1 - e^2}\,\sin E}{1 - e\cos E} \tag{3-17}$$

$$\cos f = \frac{\cos E - e}{1 - e\cos E} \tag{3-18}$$

应用倍角公式：

$$\tan\left(\frac{f}{2}\right) = \left(\frac{1 + e}{1 - e}\right)^{1/2}\tan\left(\frac{E}{2}\right)$$

利用式(3-13)、式(3-18)导出轨道方程 r 的简单式：

$$r = a(1 - e\cos E) \tag{3-19}$$

对式(3-14)、式(3-18)微分,利用式(3-15)、式(3-17)可得

$$\mathrm{d}f = \frac{\sqrt{1-e^2}}{1-e\cos E}\mathrm{d}E \tag{3-20}$$

$$\mathrm{d}E = \frac{\sqrt{1-e^2}}{1+e\cos f}\mathrm{d}f \tag{3-21}$$

对 $r^2\theta' = h$ 积分,由于图 3-4 中 ω 是常数, $\theta' = f'$

$$\int_0^f r^2 \mathrm{d}f = h(t - t_p)$$

近地点时刻 t_p , $f = 0$

利用式(3-9)、式(3-10)、式(3-19)、式(3-20)可得

$$\begin{aligned}
t - t_p &= \frac{h^3}{\mu^2}\int_0^f \frac{\mathrm{d}f}{(1+e\cos f)^2} \\
&= \frac{h^3}{\mu^2}\int_0^E \frac{(1-e\cos E)}{(1-e^2)^{3/2}}\mathrm{d}E \\
&= \sqrt{\frac{a^3}{\mu}}(E - e\sin E)
\end{aligned}$$

由此得到描述卫星位置和时间关系的开普勒方程:

$$n(t - t_p) = E - e\sin E$$

定义 $M = n(t - t_p)$ 为卫星的平近点角。 n 、 e 是给定的,解得 E 便得到卫星位置。迭代:

$$E_1 = M + e\sin E_0$$
$$E_2 = M + e\sin E_1$$

如令 $E_0 = M$,每次迭带后进行解析运算可得 E 的级数:

$$\begin{aligned}
E = M &+ \left(e - \frac{1}{8}e^3 + \frac{1}{192}e^5\right)\sin M + \left(\frac{1}{2}e^2 - \frac{1}{6}e^4\right)\sin 2M + \\
&\left(\frac{3}{8}e^3 - \frac{27}{128}e^5\right)\sin 3M + \frac{1}{3}e^4\sin 4M + \frac{125}{384}e^5\sin 5M + \cdots
\end{aligned}$$

真近点角 f 的级数:

$$f = M + \left(2e - \frac{e^3}{4}\right)\sin M + \frac{5}{4}e^2\sin 2M + \frac{13}{12}e^3\sin 3M + \cdots$$

至此,给出了卫星运动方程的六个积分常数: a 、 e 、 i 、 Ω 、 ω 、 t_p (或 M),即轨道的六个根数。

3.1.4　轨道射入参数

给定卫星在某一时刻的位置、速度和方向 r 、 v 、 γ ,可以求得轨道根数即可以

确定轨道;或反之由轨道根数也可以求得卫星所需的射入参数。如图 3-6 中 V 可分解为径向速度和横向速度 r。

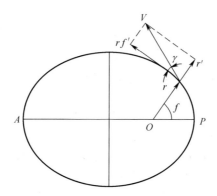

图 3-6　卫星轨道的射入参数

将

$$r = \frac{p}{1 + e\cos f} \qquad (3-22)$$

对时间 t 求导

又由于 $r^2\theta' = h$

$$\dot{r} = \frac{p \cdot p}{p(1 + e\cos f)^2}e\dot{\theta}\sin f$$

$$= \frac{r^2 eh\sin f}{pr^2}$$

$$= \frac{h}{p}e\sin f$$

$$r\dot{f} = \frac{rh}{r^2} = \frac{h}{r} = \frac{h(1 + e\cos f)}{p}$$

前两式平方求和

$$V^2 = \dot{r}^2 + r^2\dot{f}^2$$

$$= \left(\frac{h}{p}\right)^2(1 + 2e\cos f + e^2)$$

$$= \frac{2h^2}{rp} - \left(\frac{h}{p}\right)^2(1 - e^2)$$

$$= \mu\left(\frac{2}{r} - \frac{1}{a}\right) \qquad (3-23)$$

此为卫星速度与位置的关系,可转换为

$$\frac{V^2}{2} - \frac{\mu}{r} = -\frac{\mu}{2a} \tag{3-24}$$

第一项为单位质量动能,第二项单位质量势能,合起来为机械能守恒。

在式(3-24)中代入 r_p、r_a 可得卫星近地点、远地点速度,

$$V_p = \sqrt{\frac{\mu(1+e)}{a(1-e)}} = \sqrt{\frac{\mu r_a}{a r_p}}$$

$$V_a = \sqrt{\frac{\mu(1-e)}{a(1+e)}} = \sqrt{\frac{\mu r_p}{a r_a}}$$

卫星轨道面内,V 与当地水平的夹角 γ 称为飞行角,$\cos\gamma = rf'/V$,$\sin\gamma = \dot{f}/V$,据 $r^2 f' = h$

$$\cos\gamma = \frac{h}{r\sqrt{\mu\left(\frac{2}{r} - \frac{1}{a}\right)}}$$

$$= \sqrt{\frac{a^2(1-e^2)}{r(2a-r)}}$$

上式替换掉 r 得

$$\cos\gamma = \frac{1 + e\cos f}{\sqrt{1 + 2e\cos f + e^2}} \tag{3-25}$$

类似可得

$$\sin\gamma = \frac{e\sin f}{\sqrt{1 + 2e\cos f + e^2}}$$

由式(3-23)和式(3-25)可得

$$V^2 r^2 \cos^2\gamma = \mu a(1 - e^2)$$

由式(3-23)、式(3-22)、式(3-25)可得卫星轨道的主要参数:

$$e = \sqrt{\left(\frac{rV^2}{\mu} - 1\right)^2 \cos^2\gamma + \sin^2\gamma}$$

$$a = \frac{r\mu}{2\mu - rV^2}$$

$$r_p = \frac{r^2 V^2 \cos^2\gamma}{\mu(1+e)}$$

$$r_a = \frac{r^2 V^2 \cos^2\gamma}{\mu(1-e)}$$

3.1.5 卫星轨道空间坐标及其变换

卫星轨道空间坐标如图 3-7 所示。

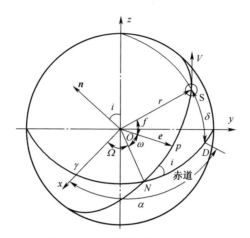

图 3-7 卫星的轨道坐标参量

S—卫星；p—轨道近地点；f—真近点角；e—偏心率矢量；n—轨道面单位法向量；

t_p—近地点时刻；N—轨道升交点；Ω—升交点赤经［0，360°］[6]；i—轨道倾角［0，180°］；

ω—近地点幅角［0，360°］；α—赤经［0，360°］；δ—赤纬［±0~90°］；M—平近点角［0，360°］。

首先回顾一下坐标变换。

如图 3-8 所示，原坐标 $B(x,y,z)$，转角 θ，新坐标 $B'(x',y',z')$：

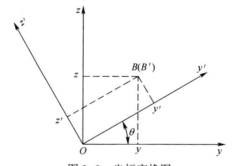

图 3-8 坐标变换图

$$x' = x$$
$$y' = y\cos\theta + z\sin\theta$$
$$z' = -y\sin\theta + z\cos\theta$$

写成矩阵形式

$$\begin{bmatrix} x' \\ y' \\ z' \end{bmatrix} = \begin{bmatrix} 1 & 0 & 0 \\ 0 & \cos\theta & \sin\theta \\ 0 & -\sin\theta & \cos\theta \end{bmatrix} \begin{bmatrix} x \\ y \\ z \end{bmatrix} = R_x(\theta) \begin{bmatrix} x \\ y \\ z \end{bmatrix}$$

$R_x(\theta)$ 称旋转矩阵，类似绕 y 转 ϕ，绕 z 转 ψ，有

$$\begin{bmatrix} x'' \\ y'' \\ z'' \end{bmatrix} = \begin{bmatrix} \cos\varphi & 0 & -\sin\varphi \\ 0 & 1 & 0 \\ \sin\varphi & 0 & \cos\varphi \end{bmatrix} \begin{bmatrix} x \\ y \\ z \end{bmatrix} = R_y(\varphi)\begin{bmatrix} x \\ y \\ z \end{bmatrix}$$

$$\begin{bmatrix} x''' \\ y''' \\ z''' \end{bmatrix} = \begin{bmatrix} \cos\psi & \sin\psi & 0 \\ -\sin\psi & \cos\psi & 0 \\ 0 & 0 & 1 \end{bmatrix} \begin{bmatrix} x \\ y \\ z \end{bmatrix} = R_z(\psi)\begin{bmatrix} x \\ y \\ z \end{bmatrix}$$

若依次绕 x 轴转 θ，y' 轴转 ϕ，绕 z'' 轴转 ψ，有

$$\begin{bmatrix} x''' \\ y''' \\ z''' \end{bmatrix} = R_z(\psi)R_y(\varphi)R_x(\theta)\begin{bmatrix} x \\ y \\ z \end{bmatrix}$$

如令 x、y、z 轴单位矢量 $\boldsymbol{u}_x$、$\boldsymbol{u}_y$、$\boldsymbol{u}_z$，x'、y'、z' 轴单位矢量 $\boldsymbol{u}'_x$、$\boldsymbol{u}'_y$、$\boldsymbol{u}'_z$，绕 x 轴转 θ，同样有

$$\boldsymbol{u}'_x = \boldsymbol{u}_x$$
$$\boldsymbol{u}'_y = \boldsymbol{u}_y\cos\theta + \boldsymbol{u}_z\sin\theta$$
$$\boldsymbol{u}'_z = -\boldsymbol{u}_y\sin\theta + \boldsymbol{u}_z\cos\theta$$

三次旋转后有

$$\begin{bmatrix} \boldsymbol{u}'''_x \\ \boldsymbol{u}'''_y \\ \boldsymbol{u}'''_z \end{bmatrix} = R_z(\psi)R_y(\varphi)R_x(\theta)\begin{bmatrix} \boldsymbol{u}_x \\ \boldsymbol{u}_y \\ \boldsymbol{u}_z \end{bmatrix}$$

用表征轨道特征的两个单位矢量 e/e 和 $\boldsymbol{n}$ 作为轨道坐标系的 x_0 轴、z_0 轴，则从轨道坐标系 (x_0,y_0,z_0) 到赤道惯性坐标系 (x,y,z) 的转换：绕 z_0 转 $-\omega$，绕 x_0 转 $-i$，绕 z_0 转 $-\Omega$，轨道坐标系中卫星的位置坐标：$x_0 = r\cos f, y_0 = r\sin f, z_0 = 0$。

应用坐标转换导出卫星在赤道惯性坐标系中的坐标：

$$\begin{bmatrix} x \\ y \\ z \end{bmatrix} = R_z(-\Omega)R_x(-i)R_z(-\omega)\begin{bmatrix} x_0 \\ y_0 \\ z_0 \end{bmatrix}$$

$$= \begin{bmatrix} \cos\omega\cos\Omega - \sin\omega\cos i\sin\Omega & -\sin\omega\cos\Omega - \cos\omega\cos i\sin\Omega & \sin i\sin\Omega \\ \cos\omega\sin\Omega + \sin\omega\cos i\cos\Omega & -\sin\omega\sin\Omega + \cos\omega\cos i\cos\Omega & -\sin i\cos\Omega \\ \sin\omega\sin i & \cos\omega\sin i & \cos i \end{bmatrix} \begin{bmatrix} r\cos f \\ r\sin f \\ 0 \end{bmatrix}$$

$$= \frac{a(1-e^2)}{1+e\cos f}\begin{bmatrix} \cos\Omega\cos(\omega+f) - \sin\Omega\sin(\omega+f)\cos i \\ \sin\Omega\cos(\omega+f) + \cos\Omega\sin(\omega+f)\cos i \\ \sin(\omega+f)\sin i \end{bmatrix}$$

其中真近点角 f 需解开普勒方程。

卫星位置在地心赤道惯性坐标系 S_i 中的赤经 α、赤纬 δ 的表达式：

$$x = r\cos\delta\cos\alpha$$
$$y = r\cos\delta\sin\alpha$$
$$z = r\sin\delta$$

从图 3-7 中的球面直角 △NDS 中可得赤经 α、赤纬 δ 与轨道根数的关系：

$$\sin\delta = \sin(\omega + f)\sin i$$
$$\cos\delta\cos(\alpha - \Omega) = \cos(\omega + f)$$
$$\cos\delta\sin(\alpha - \Omega) = \sin(\omega + f)\cos i$$

另一种描述卫星位置的方法，设单位偏心率矢量 P：

$$P = e/e$$

将 P 沿卫星运动方向旋转 90°即半通径方向，记为单位矢量 Q，则卫星位置矢量 r：

$$r = r\cos f P + r\sin f Q$$
$$= a(\cos E - e)P + a\sqrt{1 - e^2}\sin E Q$$

类似从轨道坐标系向赤道惯性坐标系的坐标转换过程，可求得 P、Q 在赤道惯性坐标系中的各分量：

$$P_x = \cos\omega\cos\Omega - \sin\omega\sin\Omega\cos i$$
$$P_y = \cos\omega\sin\Omega + \sin\omega\cos\Omega\cos i$$
$$P_z = \sin\omega\sin i$$

上式中用 ω+90 代替 ω，就得 Q 的三个分量：

$$Q_x = -\sin\omega\cos\Omega - \cos\omega\sin\Omega\cos i$$
$$Q_y = -\sin\omega\sin\Omega + \cos\omega\cos\Omega\cos i$$
$$Q_z = \cos\omega\sin i$$

这六个分量并不独立，它们应满足三个约束条件：

$$P \cdot P = 1, Q \cdot Q = 1, P \cdot Q = 0$$

因此只有三个独立变量，它们与 a, e, E 组成新的轨道六根数。

3.2 星地几何位置关系

遥感卫星的系统设计、运行分析都与卫星和地球之间的时空关系有关。这些时空关系表现为卫星的轨道位置、卫星的姿态、地面观察点的位置、地球的自转以及公转、遥感器的视场及谱段等的相互联系。

3.2.1 星下点轨迹

星下点轨迹是卫星星下点在地球表面通过的路径，是卫星轨道运动和地球自转的合成。卫星星下点是卫星向径与地球表面交点的经、纬度的集合。卫星轨道定义在赤道惯性坐标系 S_i 内如图 3-7 所示,由卫星的位置坐标 (x, y, z) 可得赤经 α、赤纬 δ:

$$\alpha = \arctan\left(\frac{y}{x}\right)$$

$$\delta = \arcsin\left(\frac{z}{\sqrt{x^2 + y^2 + z^2}}\right)$$

或由轨道要素得出赤经 α、赤纬 δ。由球面直角 $\triangle NDS$ 有

$$\alpha = \Omega + \arctan(\tan u \cdot \cos i)$$

$$\delta = \arcsin(\sin u \cdot \sin i)$$

式中: $u = \omega + f$ 是卫星离升交点的角距,真近点角 f 由求解开普勒方程得出。

地心赤道固连坐标系 S_e

地心为坐标原点 o, x_e 轴为赤道面与格林尼治子午线的交线, z_e 轴沿地球自旋轴,指向北极,如图 3-9 所示。此坐标系具有地球自旋角速度 ω_e。

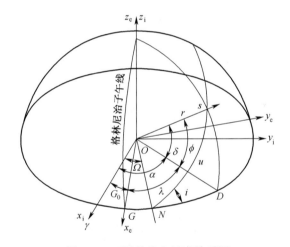

图 3-9　卫星的地心经度关系图

地心赤道惯性坐标系 S_i 与地心赤道固连坐标系 S_e 的关系:

$$\phi = \delta, \lambda = \alpha - G_0$$

$t = 0$ 时刻,卫星在 N 点,格林尼治春分点时角 G_0,范围 $0° \sim 360°$ 向西为正(从目标算起指向春分点,图中所示为正值),节点 N,赤经 Ω,平近点角 M_0。

t 时刻,卫星在 s 点,卫星转过角度 u(N 到 s)。格林尼治春分点时角 $\alpha_G = G_0 + \omega_e(t - t_0)$,平近点角 $M = M_0 + nt$, n 平角速度。

卫星的地心经度 λ 等于卫星赤经与格林尼治的恒星时角之差,即

$$\lambda = \alpha - [G_0 + \omega_e(t - t_0)]$$

$$\omega_e = 7.2921158 \times 10^{-5}\,\text{rad/s}。$$

3.2.2 地面站对卫星可观测区

由于地面观察卫星的可见范围受卫星高度角(又可称仰角)的限制,地面观察者对卫星的视线方向在当地的仰角应大于 5°。地面站覆盖区是以地面观测点 P 为中心的可见区,星下点在此圈内的卫星都为可观测。

地面站观察卫星的高度角是在含观察点 P、地心 O、和卫星 S 的平面内,卫星视线方向与观察点 P 的水平面之间的夹角 E。图 3-10 中所示的是满足仰角为大于等于给定值 E 的卫星,其星下点 B 相对 P 点的位置关系图。

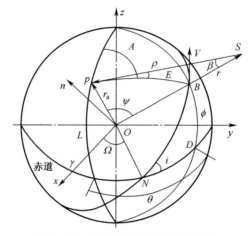

图 3-10 地面站对卫星的可观测区

ψ 角为卫星可见覆盖圈的地心角半径,它的 2 倍是卫星的最大可观测弧段,直接决定于卫星高度和仰角。

$$\psi = \frac{\pi}{2} - E - \arcsin\frac{r_a\cos E}{r}$$

$$= \arccos\frac{r_a\cos E}{r} - E \tag{3-26}$$

从式(3-26)可知在给出了卫星高度和最小仰角 E,卫星可见覆盖圈的 ψ 角即确定了。

对于给定的仰角 E 值,覆盖圈上星下点 B 相对 P 点的经纬度关系可由球面 $\triangle ZPB$ 得

$$\cos\psi = \cos L\cos\varphi\cos\theta + \sin L\,\sin\varphi$$

$$\theta = \arccos\frac{\cos\psi - \sin\varphi\sin L}{\cos\varphi\cos L} \tag{3-27}$$

在式(3-27)中,给出观测点 P 的地心纬度 L,可得出覆盖圈上各点 B 的纬

度 φ 和相应的相对于 P 点子午线的经度 θ 。给出 φ_i 即可得出对应的 θ_i,(φ_i, θ_i)的集合即是该地面站对卫星的可观测区域,星下点在此区域的卫星都可见。

从地面观察卫星的方位角是在当地水平面内卫星方向相对北向的夹角 A。由球面 $\triangle ZPB$ 有方位角公式

$$A = \arcsin \frac{\sin\theta\cos\varphi}{\sin\psi}$$

从卫星上观察地球形成的卫星天底角 β,定义为卫星相对于地面上的观察点 P 与星下点 B 之间的角距。由 $\triangle OPS$ 可得卫星天底角 β 与卫星仰角 E 的关系式

$$r\sin\beta = r_a\cos E \ 。$$

在平面 OPS 内,斜距 ρ 和仰角 E 为

$$\rho = (r_a^2 + r^2 - 2r\,r_a\cos\psi)^{1/2} \tag{3-28}$$

$$E = \arccos \frac{r\sin\psi}{\sqrt{r_a{}^2 + r^2 - 2rr_a\cos\psi}}$$

3.2.3　GEO 轨道通信波束服务区

在静止轨道上,通信卫星波束覆盖地面的服务区主要是由卫星天线波束指向角决定的,图 3-11 是 GEO 轨道通信卫星波束指向与地面覆盖服务区关系示意图。

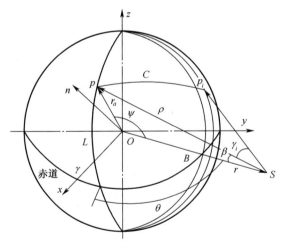

图 3-11　GEO 轨道通信卫星波束地面覆盖服务区

图中令通信天线主轴(波束中心线)指向地面服务区中心点 P,P 点的地心纬度为 L,P 点与定点卫星的星下点的经度差为 θ,则 P 点相对卫星星下点的地心角 ψ 为

$$\psi = \arcos(\cos L \cos\theta)$$

P 点相对卫星的天底角 β 为

$$\beta = \arctan \frac{r_a \sin\psi}{r - r_a \cos\psi}$$

由上两式可得出天线主轴相对地面目标的方向。

令 P_i 为服务区内地面某点,指向该点的波束与主波束之间的夹角为波束角 γ_i。由图 3-11 中 $\triangle SPP_i$ 可得到计算波束角 γ_i 的公式

$$\gamma_i = \arccos \frac{\rho^2 + \rho_i^2 - \overline{PP_i}^2}{2\rho\rho_i} \qquad (3-29)$$

式中: ρ、ρ_i 为卫星至 P、P_i 点的斜距,利用地心角 ψ 的算式分别有

$$\rho^2 = r^2 + r_a^2 + 2r\,r_a\cos L\cos\theta$$
$$\rho_{i^2} = r^2 + r_a^2 + 2r\,r_a\cos L_i\cos\theta_i$$

式中: L_i、θ_i 分别为 P_i 点的地心纬度和相对定点卫星星下点 B 的经度差。式中 P 点与 P_i 点之间的弦长 PP_i 可由弧长 C 换算得出,

$$\overline{PP_i} = 2r_a\sin\frac{C}{2}$$

再由图中球面 $\triangle ZPP_i$ 得上式中的弧长 C 的公式

$$\cos C = \sin L\sin L_i + \cos L\cos L_i\cos(\theta - \theta_i)$$

有如下两种模式描述天线波束服务区,两者都以天线主轴指向点 P 为中心点。

增益圈:对于圆锥形波束,等增益圈对应等波束角。从式(3-29)由点 $P_i(L_i,\theta_i)$ 得波束角 γ_i,再令 γ_i 为定值,由 ρ_i 式得组合解 (L_i,θ_i),连接成等增益圈。

等通量密度圈:在地面服务点 P_i 接收星上通信天线发射的通量密度与指向该点的波束角 γ_i 和斜距 ρ_i 有关,到达地面的通量密度和天线发射功率及该方向的增益成正比,与指向该点的斜距的平方成反比。

对于圆锥形波束,利用简单的迭代法即可得到地面上等通量密度服务圈:先在波束中心点 P 的经度圈上选取与服务圈的交点,计算该点的通量密度;再按等经度步长移动该点,根据等通量密度的要求,迭代求得该点的纬度,以此类推。

3.2.4 遥感图像的几何定位

在遥感卫星上,光学遥感仪器获得地球辐射图像的方式有两种即扫描式和面阵成像式,而扫描式又有点探测器的二维扫描式和线阵探测器的推扫式成像方式。不论是哪种成像方式,最终结果都是数字式图像,为了获得高质量的图片,不同的成像方式需要不同的图像数据处理方法。在图像上任一像元的位置

都对应地球表面某一被观察点(或遥感点)的地球坐标,该遥感点是图像上的像元的视线与地球表面的交点。由于卫星的轨道运动、仪器的扫描运动和地球自转,图像定位是空间几何和时序的结合。

设图像中某一像元 S 对应的地面遥感点为 P,SP 即为相机像面上的 P' 点视线矢量 ρ(简称为像元视线矢量),由卫星指向遥感点,如图 3-12 所示。设遥感点 P 在地球坐标的位置矢量为 $\boldsymbol{P}$,有空间几何关系:

$$\boldsymbol{r} + \boldsymbol{\rho} = \boldsymbol{p} \tag{3-30}$$

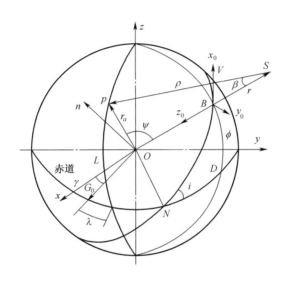

图 3-12　地面遥感点定位原理图

卫星的位置矢量 $\boldsymbol{r}$ 定义在赤道惯性坐标系,须在该坐标系内求解上述几何关系式。

像元视线矢量在赤道惯性坐标系中表示为

$$\boldsymbol{\rho}_i = \rho_i \cdot \boldsymbol{U}_i \tag{3-31}$$

式中:$\boldsymbol{U}_i$ 为像元视线的单位矢量。根据像元在仪器视轴坐标系上的行数和列数确定的像面坐标位置,再根据光学仪器的焦距,可得出像元视线在仪器坐标系的单位矢量 $\boldsymbol{U}_c$(下标 c 表示仪器坐标系)。由仪器在卫星本体上的安装矩阵 $\boldsymbol{M}$,得出像元视线在卫星本体坐标 S_b 中的单位矢量 $\boldsymbol{U}_b = \boldsymbol{M}^{-1}\boldsymbol{U}_c$;再由卫星姿态参数矩阵 $\boldsymbol{A}$,得出像元视线在卫星轨道坐标 $\boldsymbol{S}_o$ 的单位矢量 $\boldsymbol{U}_o = \boldsymbol{A}^{-1}\boldsymbol{U}_b$;最后,由卫星轨道参数确定的轨道坐标与地心赤道惯性坐标的转换矩阵 $\boldsymbol{R}_{oi}$,计算像元视线在地心赤道惯性坐标系的单位矢量 $\boldsymbol{U}$,即有

$$\boldsymbol{U} = \boldsymbol{R}_{oi}^{-1}\boldsymbol{A}^{-1}\boldsymbol{M}^{-1}\boldsymbol{U}_c \tag{3-32}$$

按照卫星轨道坐标系的定义:x_0,z_0 轴位于轨道平面内,z_0 轴由卫星质心指

向地心；x_0 朝向速度方向，垂直于 z_0 轴；y_0 轴按右手正交垂直于轨道平面。由轨道运动参数 $\boldsymbol{r}$、$\boldsymbol{v}$ 表示的轨道坐标轴方向为

$$\boldsymbol{x}_0 = \boldsymbol{y}_0 \times \boldsymbol{z}_0$$

$$\boldsymbol{y}_0 = \frac{\boldsymbol{v} \times \boldsymbol{r}}{|\boldsymbol{v} \times \boldsymbol{r}|}$$

$$\boldsymbol{z}_0 = -\frac{\boldsymbol{r}}{r}$$

此卫星轨道坐标轴定义在地心赤道惯性坐标系，两者转换矩阵 $\boldsymbol{R}_{\mathrm{oi}}$ 可直接由轨道坐标轴矢量表示为

$$\boldsymbol{R}_{\mathrm{oi}} = \begin{bmatrix} \boldsymbol{x}_0 \boldsymbol{y}_0 \boldsymbol{z}_0 \end{bmatrix}^{\mathrm{T}}$$

至此，由像元视线在仪器坐标系的单位矢量 $\boldsymbol{U}_c$ 即可以求得其在赤道惯性坐标系的单位矢量 $\boldsymbol{u}$，并进而求得像元所对应的地面上的遥感点 P 的地球坐标。

在求取地面上的遥感点 P 的地球坐标时还须考虑地球的扁率，考虑地球的子午截面内的椭球模型如图 3-13 所示。

卫星的地心纬度 φ 等于与卫星赤纬 δ，与地理纬度 φ' 的关系如图 3-13 所示。地球的椭球模型是，地球的子午线的截面是个椭圆，长半轴 r_e 为赤道半径，短半轴 r_p 为地球的极半径。

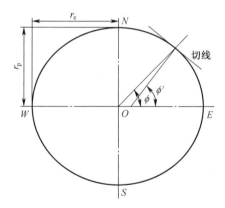

图 3-13　地球的椭球模型图

椭圆的扁率 f 和偏心率 e 定义为

$$f = \frac{r_\mathrm{e} - r_\mathrm{p}}{r_\mathrm{e}}$$

$$e^2 = \frac{r_\mathrm{e}^2 - r_\mathrm{p}^2}{r_\mathrm{e}^2}$$

有基本常数：$r_\mathrm{e} = 6378.145\mathrm{km}$、$r_\mathrm{p} = r_\mathrm{e}(1-f) = 6356.76\mathrm{km}$、$f = 1/298.257$、

$e = 0.08182$。

地心纬度和地理纬度的转换关系为

$$\tan\varphi = (1 - f)^2 \tan\varphi'$$

令下标 x、y、z 表示矢量 P 在地心赤道惯性坐标轴的分量，P 的坐标 P_x、P_y、P_z 符合椭球面公式

$$\frac{p_x^2 + p_y^2}{r_e^2} + \frac{p_z^2}{r_p^2} = 1 \tag{3-33}$$

式中：r_e、r_p 分别为地球的长半轴和短半轴。

用式(3-30)、式(3-31)将式(3-33)展开得

$$\frac{(\rho u_x + r_x)^2 + (\rho u_y + r_y)^2}{r_e^2} + \frac{(\rho u_z + r_z)^2}{r_p^2} = 1 \tag{3-34}$$

得出像元视线的距离 ρ

$$\rho = \frac{-B - \sqrt{B^2 - AC}}{A} \tag{3-35}$$

$$A = 1 + Du_z{}^2$$

$$B = \boldsymbol{r} \cdot \boldsymbol{u} + Dr_z u_z$$

其中
$$C = r^2 + Dr_z{}^2 - r_e^2$$

$$D = \frac{r_e^2 - r_p^2}{r_p^2}$$

将式(3-32)、式(3-35)代入式(3-31)，即可求得在椭球模型情况下的地面遥感点 p 的地球坐标。

再由地心赤道固连坐标系与地心赤道惯性坐标系的转换矩阵 $\boldsymbol{R}_{ei}$

$$R_{ei} = \begin{bmatrix} \cos\alpha_G & \sin\alpha_G & 0 \\ -\sin\alpha_G & \cos\alpha_G & 0 \\ 0 & 0 & 1 \end{bmatrix}$$

从而求得遥感点 P 在地球坐标的矢量 $\boldsymbol{P}_e$，由此得遥感点 P 的地心经、纬度 λ、L

$$\lambda = \arctan\left(\frac{P_y}{P_x}\right)_e$$

$$L = \arcsin\left(\frac{P_z}{|\boldsymbol{P}|}\right)_e$$

更加精确的地面遥感点位置确定也可以进一步参虑第 2 章地球的三轴性。

3.3 发射窗口

卫星轨道面的方位决定于发射场位置、发射方向、发射时刻,三者称为轨道面方位三要素。确定三要素有两方面的含义,首先是确定三要素的公称值,其次是根据工程实际需要的轨道面精度确定三要素的允差。射入某一确定轨道平面的最佳选择应是发射场随地球旋转进入该轨道平面的时刻。每一项具体的特定技术要求对应某个发射时刻,该特定技术要求的允许范围对应发射时刻的一段区间,两者俗称为窗口。对于地球卫星,限制发射窗口的因素有两类:与太阳有关的称为阳光窗口,与空间卫星组网有关的称为平面窗口。

确定卫星的飞行任务的若干特定要求,并据此优选卫星的预定轨道和运载火箭的弹道之后,卫星制导的第一项任务是制定发射窗口。航天器的发射窗口是指可以发射航天器的日期、时刻及时间区间。发射窗口的制定需根据航天器及地面工作条件,结合航天器、太阳(或月亮等天体)的运行规律,考虑发射场的位置,入轨的参数来确定发射窗口。

航天器的发射窗口并不决定航天器轨道的形状,而是决定了阳光与轨道的夹角,即阳光窗口,例如预定轨道的倾角为90°,在春分或秋分日,当地时间上午或下午6:00点发射航天器,则太阳将垂直照射轨道平面。并且,发射窗口与发射场的位置、发射方位角共同决定了轨道平面的升(或降)交点赤经。

3.3.1 轨道平面及平面窗口

轨道平面的空间方位由轨道面的倾角 i 和升交点 Ω 确定,如图3-14所示。要射入预定的轨道,即是要获得确定的倾角 i 和升交点 Ω。

3.3.1.1 轨道倾角的确定

利用常规运载火箭将卫星送入预定轨道,此类运载火箭的弹道在发射过程中不作横向机动,卫星轨道平面在空间的方位直接决定于发射场 L 的地心纬度 φ、发射方位角 A 和发射时刻 t_L。

在图3-14中,由球面 $\triangle NLD$ 得

$$\cos i = \sin A \cos \varphi \tag{3-36}$$

即轨道倾角 i 由发射场 L 的地心纬度 φ、发射方位角 A 决定。若航天器在轨不做机动,则发射场的地理纬度直接决定了航天器轨道的最小倾角。

发射方位角 A 定义为发射点指北方向与运载火箭速度水平方向的顺时针角。有两种发射方式:一是以方位角 A 进行升轨发射,例如在球面上的位置①;另一种是,经过一段时间当发射场转到球面位置②,以方位角 $A'(=180°-A)$ 进行降轨发射。两种方式获得同一轨道。

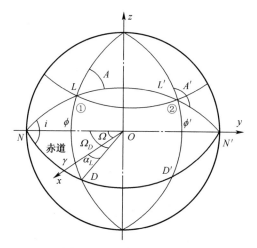

图 3-14　发射要素关系图

据式(3-36)球面三角关系,对于发射场 L,为实现给定的轨道倾角,发射方位角有双解,$A<90°$或$A>90°$,即升轨或降轨发射,所得轨道倾角不小于发射点的地心纬度。如果要求轨道倾角大于 90°,则 $A<0°$升轨发射,方向西北;或$A>180°$,降轨发射,方向西南。若轨道倾角等于 90°,则 $A=0°$或 180°,一般采用降轨发射,即 $A=180°$。

3.3.1.2　升交点赤经的确定

图 3-14 可知,升交点赤经 Ω 为

$$\Omega = \alpha_L - \Omega_D \tag{3-37}$$

式中:Ω_D 为球面赤道上,发射时发射场子午线的节点 D 相对轨道节点 N(升交点)之间的夹角(向东为正,向西为负,图 3-15 中为正值),$\Omega_D \in [0,360°)$;α_L 为发射场 L 的春分点(恒星)时角,$\alpha_L \in [0,360°)$,向西为正(从目标始指向春分点)[5]。

$$\Omega_D = \arcsin\left(\frac{\tan\varphi}{\tan i}\right)（升轨发射） \tag{3-38}$$

$$\Omega_D = 180 - \arcsin\left(\frac{\tan\varphi}{\tan i}\right)（降轨发射） \tag{3-39}$$

上两式是 $\varphi>0$ 时。当 $\varphi<0$ 时,Ω_D 有两值,图 3-15 中③属第三象限南纬降轨发射,④属第四象限南纬升轨发射。

由式(3-37)可知,欲获得预定的升交点赤经 Ω,还必须确定发射时刻的发射场恒星(春分点)时角。从时序角度,发射时刻的发射场恒星时角等于发射日格林尼治午夜的恒星时角 G_0、发射场经度 λ 及发射时刻的世界时时角 $\omega_e t_L$

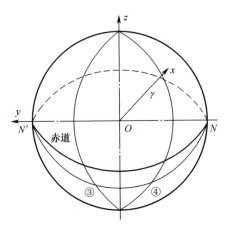

图 3-15　南纬发射图示

之和。

$$\alpha_L = G_0 + \lambda + \omega_e t_L$$

从发射至卫星入轨经历时间 t_A，因此，实际发射时间应比设定时间提前 t_A。以升轨发射为例，为实现升交点经度为 Ω 的轨道，发射时刻的世界时应按下式确定（按小时计算）

$$t_L = \frac{1}{15}\Big[\Omega - G_0 - \lambda + \arcsin\Big(\frac{\tan\varphi}{\tan i}\Big) \Big] - \frac{1}{60}t_A \qquad (3\text{-}40)$$

发射场发射时刻的地方时 t_s 为

$$t_s = \frac{\lambda}{15} + t_L$$

3.3.1.3　平面窗口

如果想让两颗卫星共轨道面，那就需要两颗卫星的倾角 i 和升交点 Ω 相同，在发射场确定后，发射场 L 的地心纬度 φ 也就随之确定，轨道倾角 i 由发射的方位角 A 决定，由于纬度 φ 和方位角 A 可预先准备好，在轨道面发射的三要素中，只有发射时刻是需要临场准确确定的。共面发射的时刻就是发射场随地球的旋转而进入目标轨道面的时刻，一般，每天有两次发射机会，一次升轨发射 L，一次降轨发射 L'，见图 3-14。

工程实际很难实现绝对的共面发射，以降轨发射为例，在共面发射时刻，目标轨道面通过发射场时发射场位于 L 点。由于发射延迟时间 Δt，实际发射时发射场在球面上位于 L' 点，如发射方位角为 A'，不同于预定的方位角 A，则所得轨道面的倾角 i' 和升交点赤经 Ω' 将都不同于共面发射的目标轨道要素 i、Ω。设两条轨道分别为 Q 和 Q'，轨道面法线分别为 k 和 k'，L 和 L' 点的经线与赤道的交

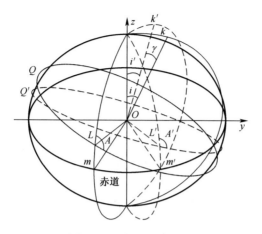

图 3-16　共面发射窗口

点分别为 m 和 m',两轨道面的夹角即为两轨道面法线 k 和 k' 的夹角 γ,要两条轨道共面即 $\gamma = 0$。

在延迟时间 Δt 内发射场移动角度 $w = mm'$,形成的轨道面夹角 γ,在球面 $\triangle kzk'$ 中,如图 3-17 所示,i、i'、γ 分别为目标轨道倾角、发射方位角为 A' 时的实际轨道倾角、实际容许的实际轨道面与目标轨道面的偏离角,求许允的延迟时间 Δt。

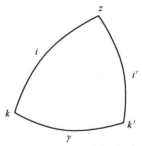

图 3-17　轨道面夹角要素

$$\tan \frac{z}{2} = \frac{m}{\sin(p - \gamma)}$$

式中:$p = \dfrac{1}{2}(i + i' + \gamma)$,$m = \sqrt{\dfrac{\sin(p - \gamma)\sin(p - i)\sin(p - i')}{\sin p}}$

$$\tan \frac{z}{2} = \sqrt{\frac{\sin(p - i)\sin(p - i')}{\sin(p - \gamma)\sin p}}$$

$$z = 2\arctan \sqrt{\frac{\sin(p - i)\sin(p - i')}{\sin(p - \gamma)\sin p}} \tag{3-41}$$

在图 3-16 的球面 $\triangle Lzk$ 中,$\overset{\frown}{Lz} = 90° - \varphi$,$\overset{\frown}{kz} = i$,$\overset{\frown}{Lk} = 90°$

类似地

$$p = \frac{1}{2}(90° - \varphi + 90° + i)$$

$$= 90° - \frac{\varphi - i}{2}$$

$$\tan\frac{\angle Lzk}{2} = \sqrt{\frac{\sin\left(90° - \dfrac{\varphi - i}{2} - 90° + \varphi\right)\sin\left(90° - \dfrac{\varphi - i}{2} - i\right)}{\sin\left(90° - \dfrac{\varphi - i}{2} - 90°\right)\sin\left(90° - \dfrac{\varphi - i}{2}\right)}}$$

$$= \sqrt{\frac{\sin(i + \varphi)}{\sin(i - \varphi)}}$$

$$\angle Lzk = 2\arctan\sqrt{\frac{\sin(i + \varphi)}{\sin(i - \varphi)}} \tag{3-42}$$

同理

$$p = 90° - \frac{\varphi - i'}{2}$$

$$\angle L'zk' = 2\arctan\sqrt{\frac{\sin(i' + \varphi)}{\sin(i' - \varphi)}} \tag{3-43}$$

而

$$\angle LzL' = \omega_e \Delta t \tag{3-44}$$

式中，ω_e 地球自转角速度

$$\angle kzk' = \angle L'zk' - \angle L'zk$$

$$= \angle L'zk' - (\angle Lzk - \angle LzL') \tag{3-45}$$

将式(3-42)、式(3-43)、式(3-44)代入式(3-45)得

$$\angle kzk' = 2\arctan\sqrt{\frac{\sin(i' + \varphi)}{\sin(i' - \varphi)}} - 2\arctan\sqrt{\frac{\sin(i + \varphi)}{\sin(i - \varphi)}} + \omega_e \Delta t$$

将式(3-41)代入上式得

$$2\arctan\sqrt{\frac{\sin(p - i)\sin(p - i')}{\sin(p - \gamma)\sin p}} = 2\arctan\sqrt{\frac{\sin(i' + \varphi)}{\sin(i' - \varphi)}} - 2\arctan\sqrt{\frac{\sin(i + \varphi)}{\sin(i - \varphi)}} + \omega_e \Delta t$$

$$\Delta t = \frac{2}{\omega_e}\left(\arctan\sqrt{\frac{\sin(p - i)\sin(p - i')}{\sin(p - \gamma)\sin p}} - \arctan\sqrt{\frac{\sin(i' + \varphi)}{\sin(i' - \varphi)}} + \arctan\sqrt{\frac{\sin(i + \varphi)}{\sin(i - \varphi)}}\right)$$

$$\tag{3-46}$$

由式(3-46)确定了轨道面倾角误差 γ 与发射场 L 的延迟发射时间 Δt 之间的关系。

较有实际意义的情况是，$i' = i$ 则有 $A' = A$，当 γ 一定时求最大 Δt。

当 $i'=i$ 时,由式(3-46)有

$$\Delta t = \frac{2}{\omega_e}\arctan\sqrt{\frac{\sin(p-i)\sin(p-i')}{\sin(p-\gamma)\sin p}}$$

$$= \frac{2}{\omega_e}\arctan\frac{\sin\dfrac{\gamma}{2}}{\sqrt{\sin\left(i-\dfrac{\gamma}{2}\right)\sin\left(i+\dfrac{\gamma}{2}\right)}} \tag{3-47}$$

例如,令 $\gamma=1°$、$i=50°$,则可提前或滞后 5.207min 发射,即 $\Delta t=10.414$min。

一般情况下即 $i \neq i'$ 时,在目标轨道和实际发射轨道 γ 一定时,求允许的发射时间 Δt 时,可解下列方程组求得。

$$\begin{cases} p = \dfrac{1}{2}(i+i'+\gamma) \\ \Delta t = \dfrac{2}{\omega_e}\left(\arctan\sqrt{\dfrac{\sin(p-i)\sin(p-i')}{\sin(p-\gamma)\sin p}} - \arctan\sqrt{\dfrac{\sin(i'+\varphi)}{\sin(i'-\varphi)}} + \arctan\sqrt{\dfrac{\sin(i+\varphi)}{\sin(i-\varphi)}}\right) \end{cases}$$
$$\tag{3-48}$$

利用方程组 3-48 通过数值求解可得 Δt。

利用式 $\cos i'=\sin A'\cos\varphi$ 可得 A'。

利用式 $\cos i=\sin A\,\cos\varphi$ 可得 A。

3.3.2 阳光窗口

在航天光学遥感中,为了保证星上能源,需要阳光与太阳帆板具有一定的角度,而为了获得良好的星下点照度,以保证所需的目标照度,需要卫星在特定的时间发射,这个发射时间称为阳光窗口。

3.3.2.1 轨道太阳角

太阳光是卫星在空间生存和执行任务的重要条件。卫星的能源系统、温控系统要求阳光在一定角度范围和时间范围内照射卫星;为了避免阳光对星上光学遥感探测仪器的干扰,要求阳光不得进入卫星某角度范围;为了保证轨道机动所需的姿态测量精度,要求太阳、地球和卫星之间处在良好的空间几何条件下。

由于卫星姿态稳定在轨道坐标系中,太阳光线与轨道面的夹角反映了阳光对卫星的照射情况。上述技术要求都反映到轨道太阳角 β,其定义为轨道法线方向与太阳方向的夹角。图 3-18 中,S 为太阳在地心天球上的位置,太阳矢量 S 在地心赤道惯性坐标系中的要素是赤经 α_s,赤纬 δ_s,轨道升交点赤经 Ω,倾角 i,有

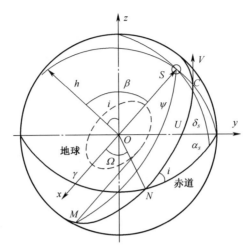

图 3-18 轨道太阳角

$$S = \begin{bmatrix} \cos\delta_s\cos\alpha_s \\ \cos\delta_s\sin\alpha_s \\ \sin\delta_s \end{bmatrix}$$

轨道平面法线矢量为 h ,此矢量的轨道要素决定于轨道倾角和升交点经度,有

$$h = \begin{bmatrix} \sin i\sin\Omega \\ -\sin i\cos\Omega \\ \cos i \end{bmatrix}$$

由此,轨道太阳角 β 的方向余弦为

$$\cos\beta = (S \cdot h) = \cos\delta_s\sin(\Omega - \alpha_s)\sin i + \sin\delta_s\cos i \qquad (3-49)$$

如要求太阳位于卫星的左舷可令 $\beta<90°$ 反之 $\beta>90°$。如 $\beta=90°$ 则太阳与轨道面重合。

阳光对轨道的照射还取决于卫星的地影,如图 3-19 所示,s 为太阳射线矢量方向,r 为卫星向径,δ_r 为卫星纬度,α_r 为卫星相对 N 点经度。定义卫星位置矢量 r 与太阳射线矢量 s 的夹角为 ψ,卫星进入地球阴影的条件为

由球面直角 $\triangle rNN_r$ 得

$$\tan\alpha_r = \cos i\tan u$$

$$\sin\delta_r = \tan\alpha_r\tan i\cos u$$

$$= \cos i\tan u\tan i\cos u$$

$$= \sin i\sin u$$

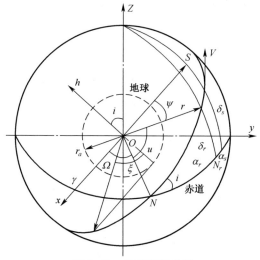

图 3-19　地球阴影条件

$$\boldsymbol{r} = \begin{pmatrix} \cos\delta_r\cos(\Omega + \alpha_r) \\ \cos\delta_r\sin(\Omega + \alpha_r) \\ \sin\delta_r \end{pmatrix}$$

$$\cos\psi = (\boldsymbol{s} \cdot \boldsymbol{r})$$

$$= \begin{bmatrix} \cos\delta_s\cos\alpha_s \\ \cos\delta_s\sin\alpha_s \\ \sin\delta_s \end{bmatrix} \begin{pmatrix} \cos\delta_r\cos(\Omega + \alpha_r) \\ \cos\delta_r\sin(\Omega + \alpha_r) \\ \sin\delta_r \end{pmatrix}$$

$$= \cos\delta_s\cos\delta_r\left[\cos\alpha_s\cos(\Omega + \alpha_r) + \sin\alpha_s\sin(\Omega + \alpha_r)\right] + \sin\delta_s\sin\delta_r$$

$$= \cos\delta_s\cos\delta_r\cos(\Omega + \alpha_r - \alpha_s) + \sin\delta_s\sin\delta_r$$

图 3-19 中 ξ 为地球阴影角,为卫星进入地球阴影时,卫星向径与地阴边缘垂线之间的夹角,有

$$\xi = \arcsin\frac{\sqrt{r^2 - r_a^2}}{r}$$

卫星进入地球阴影的条件是

$$\psi \geqslant 90° + \xi$$

在轨道一周内,卫星受日照的比率称为受晒因子。当阳光垂直照射轨道平面时,受晒因子最大,当阳光与轨道平面重合时,受晒因子最小。受晒因子与轨道高度和轨道太阳角有关,由图 3-18,C 为矢量 $\boldsymbol{h}$、$\boldsymbol{S}$ 所在大圆与轨道大圆的交点,M 是卫星离开地球阴影区的位置,由球面 $\triangle SCM$ 有三角关系式

$$\cos\psi = \cos u\cos(90° - \beta)$$

$$= \cos u\sin\beta$$

由此,受晒因子 ε 与轨道太阳角 β 的关系式可列为

$$\varepsilon = \frac{u}{180} = \frac{\arccos \dfrac{\cos\psi}{\sin\beta}}{180°}$$

为满足轨道太阳角 β 的技术要求,发射轨道的升交点经度 Ω,或该升交点的平太阳时角 $\Omega_s(\Omega_s = \Omega - \alpha_s)$,由式(3-49)有

$$\Omega_s = \arcsin \frac{\cos\beta - \sin\delta_s\cos i}{\cos\delta_s\sin i}$$

由此推算发射时刻发射场的平太阳时。

在图 3-18 中,设 C 点为发射场,地心纬度为 φ,其所在经线与赤道交点至升交点 N 的经度差为 Ω_C

$$\Omega_C = \arcsin \frac{\tan\varphi}{\tan i}$$

由于 Ω_C 向东为正,Ω_S 向西为正,所以 C 点的太阳时角为 $\Omega_S + \Omega_C$,则发射时刻的地方平太阳时 t_s 可确定为

$$t_s = 12 + \frac{1}{15}(\Omega_S + \Omega_C) - \frac{t_A}{60} \tag{3-50}$$

上式的时间单位是小时(h)。

如果是降轨发射,则发射时发射场 C 相对升交点 N 的精度差为 $180° - \Omega_C$,发射时刻的地方平太阳时角为

$$t_s = 12 + \frac{1}{15}(\Omega_S + 180° - \Omega_C) - \frac{t_A}{60}$$

3.3.2.2　太阳天顶角

卫星对地球进行可见光观测,要求在卫星经过被观测地区时,卫星星下点处在合适的光照条件下,以便获得高质量的遥感图像。可用太阳天顶角 η 描述此项技术要求。η 的定义是卫星的位置矢量 r 与太阳矢量 s 的夹角。由图 3-20 所示,如遥感观测地区处在纬度圈 φ 上,卫星星下点 C 经过该纬度圈时,星下点的经度圈与赤道的节点与轨道升交点 N 的经度差为 Ω_C,由球面 $\triangle CN\Omega_C$,有

$$\Omega_C = \arcsin \frac{\tan\varphi}{\tan i} \tag{3-51}$$

在地心赤道惯性坐标系中,星下点 C 的单位矢量 C 可列为

$$C = \begin{bmatrix} \cos\varphi\cos(\Omega + \Omega_C) \\ \cos\varphi\sin(\Omega + \Omega_C) \\ \sin\varphi \end{bmatrix}$$

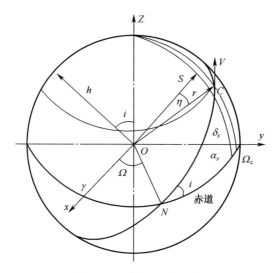

图 3-20　太阳天顶角示意

星下点 C 的照度,即太阳天顶角 η 可按标量积得出

$$\cos\eta = (S \cdot C) = \cos\varphi\cos\delta_s\cos(\Omega_s + \Omega_C) + \sin\varphi\sin\delta_s \qquad (3\text{-}52)$$

式中　Ω_s 为升交点 N 的平太阳时角,有

$$\Omega_s = \Omega - \alpha_s$$

如 $\Omega_s < 0°$,则升交点地方时为上午;反之,为下午。

设 C 为发射场,为满足在指定纬度圈上天底阳光照度的技术要求,发射轨道的升交点平太阳角 Ω_s 由式(3-51)和式(3-52)得出

$$\Omega_s = \arccos\frac{\cos\eta - \sin\varphi\sin\delta_s}{\cos\varphi\cos\delta_s} - \arcsin\frac{\tan\varphi}{\tan i}$$

发射时刻的地方平太阳时 t_s 可确定为

$$t_s = 12 + \frac{1}{15}(\Omega_s + \Omega_C) - \frac{t_A}{60}$$

上式的时间单位是小时(h)。

如 $i > 90°$ 则 $\Omega_C < 0°$,发射场 C 的节点位于升交点 N 的左侧,如图 3-21 所示,升交点 N 到 C 的节点的经度差为 $360° + \Omega_C$(此处 $\Omega_C < 0$),太阳赤经 $\alpha_s < 0$,升交点经度 $\Omega > 0$,则

$$\Omega_s + \Omega_C = \Omega - \alpha_s + 360° + \Omega_C = \Omega - \alpha_s + \Omega_C(2\pi \text{ 应扣除})$$

$\Omega - \alpha_s$ 为正值,Ω_C 为负值,$\Omega - \alpha_s + \Omega_C$ 为 C 的节点到太阳节点的角距为正值,图示的发射地方时应为下午,所以发射时刻的地方平太阳时 t_s 仍为 $t_s = 12 + (\Omega_s + \Omega_C)/15 - t_A/60$。

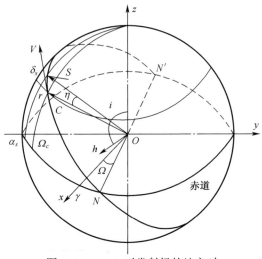

图 3-21　$i>90°$ 时发射场的地方时

3.4　太阳同步轨道

　　一般情况下地球被视为质量均匀的球体,实际地球在赤道附近膨胀隆起,这些隆起的部分可视为附加质量,对于处于南北半球的卫星产生附加的不通过地心的引力,形成对轨道运动的附加力矩 M,使卫星相对地心的动量矩 h 在空间进动,其进动原理可理解为陀螺进动效应 $\dot{M} = \boldsymbol{\Omega} \times \boldsymbol{h}$,见图 3-22。

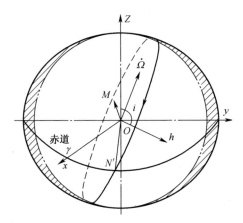

图 3-22　太阳同步轨道原理

　　即卫星的轨道面与赤道面的节线在惯性空间不再是固定不变的,而是向东或向西转动,其速率不仅与代表地球质量扁平分布的参数 J_2 项有关,还与轨道

高度、倾角、偏心率有关。关于轨道摄动,代表节线进动的升交点赤经变化率在轨道一周内的平均值为

$$\dot{\Omega} = -\frac{3nJ_2r_e^2}{2a^2(1-e^2)^2}\cos i \qquad (3-53)$$

式中:n 为轨道平均转速 $n = \sqrt{\dfrac{u}{a^3}}$;引力常数 $\mu = 3.8960044 \times 10^5\ \mathrm{km^3 \cdot s^{-2}}$;

$J_2 = 0.001082$;$r_e = 6378.145\mathrm{km}$;$\dot{\Omega}$ 的单位 rad/s。

对于圆轨道,上式可改写成一天内的变化量

$$\Delta\Omega = -9.964\left(\frac{R_e}{a}\right)^{7/2}\cos i \qquad (3-54)$$

式中:$\Delta\Omega$ 的单位为°/d。显然,如轨道倾角 $i<90°$ 则 $\dot{\Omega}<0$,为西进轨道;如 $i>90°$,则 $\dot{\Omega}>0$,为东进轨道,又称为逆行轨道(与地球的自转方向相反[8])。

如选择轨道半长轴 a 和倾角 i 的组合,使卫星 $\Delta\Omega = 0.985647°/\mathrm{d}$,则轨道进动方向和速率与地球绕太阳周年转动的方向和速率相同(即经过 365.2425 平太阳日,地球完成一次 360° 的周年运动),此特定设计的轨道称为太阳同步轨道。

将式(3-54)中 μ、J_2、R_e、代入式(3-53),整理得

$$\cos i = -4.773724 \times 10^{-15}a^{7/2}$$

$$a_{max} = 12352.5\mathrm{km}$$

轨道高度最大值约为5980km,但这并没有实际意义从图 3-22 可知,当 $\cos i = -1$ 时,已没有了进动力矩 M,所以太阳同步轨道高度相对地球平均半径在理论上最大值不超过 5980km。

太阳同步轨道的主要特点是太阳照射轨道面的方向在一年内基本不变。精确而言,轨道平面法线和太阳方向在赤道平面上的投影之间的夹角保持不变,即卫星经过赤道节点的地方时不变,如图 3-23 所示。

另外,近地的太阳同步轨道都接近极地轨道,卫星轨道运行和地球自转运动结果使卫星能飞经除很小极区以外全球各处。此类轨道特别适用于近地轨道的对地遥感卫星,主要优点是下列重要技术参数的周年变化最小,这些参数有:

(1)卫星太阳照射角;

(2)太阳能源接收量;

(3)同纬度星下点的地方平太阳时;

(4)同纬度星下点的照度;

(5)地影时间。

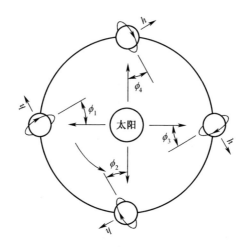

图 3-23　太阳同步轨道周年光照示意

前两项直接决定于轨道太阳角 β—轨道法线与看太阳方向视线的夹角,见式(3-49)

$$\beta = \arcos(\sin \Omega_s \cos \delta_s \sin i + \sin \delta_s \cos i) \qquad (3-55)$$

式中:Ω_s 为升交点的地方平太阳时角($\Omega_s = \Omega - \alpha_s$)对太阳同步轨道 Ω_s 为常值,其数值决定于发射窗口。在式(3-55)中仅有太阳赤纬 δ_s 为变量($-23.5° \leqslant \delta_s \leqslant +23.5°$),因此轨道太阳角仅随季节变化。

第3、4项决定于星下点太阳天顶角 η (星下点的太阳高角 $= 90° - \eta$)。

$$\eta = \arcos \left[\cos\varphi \cos\delta_s \cos (\Omega_s + \Omega_C) + \sin\varphi \sin\delta_s \right] \qquad (3-56)$$

式中:φ 为指定纬度圈的纬度;Ω_C 是卫星所在经度圈节点与升交点的夹角,由式(3-51)确定。

同样,对于太阳同步轨道,卫星过指定纬度圈时,星下点的地方平太阳时和照度的变化仅与季节有关。

太阳同步轨道遥感卫星的圆轨道高度和倾角:

高度/km	倾角/(°)
500	97.4
700	98.2
900	99.0
1000	99.5

高倾角的卫星通过地球极地上空,因此,太阳同步轨道又称为极地轨道。

由于卫星轨道的进动与太阳视运动同步,地影时间的变化也为最小。如轨道升交点地方时为 6:00AM/PM,则地影时间为最短。

3.5 临界和冻结轨道

地球质量分布在赤道附近隆起的部分,使 J_2 项对卫星轨道的影响产生二种效果,除了在图 3-22 中利用 $\dot{\Omega}$ 在北极轴上的分量使卫星轨道的进动与太阳的周年运动同步,实现太阳同步轨道外,与北极轴的垂直分量则使卫星轨道绕水平轴进动,这一影响引起轨道拱线在轨道平面内转动。同时也引起偏心率的变化。关于轨道摄动,如仅考虑 J_2 项的影响,近地点幅角 ω 和偏心率 e 的变化率为

$$\dot{\omega} = -\frac{3nJ_2 r_e^2}{2a^2(1-e^2)^2}\left(\frac{5}{2}\sin^2 i - 2\right) \tag{3-57}$$

$$\dot{e} = 0$$

式中:r_e 为地球赤道半径。

拱线转动导致卫星经过同纬度的高度持续变化,严重影响卫星应用任务。例如,对于服务于高纬度地区的通信卫星采用大椭圆轨道,远地点高度 39420km,偏心率 0.72,轨道周期 12h。如果要求远地点始终处于北极上空,即拱线不得转动,则由式(3-57)轨道倾角应满足公式

$$\frac{5}{2}\sin^2 i - 2 = 0$$

即 $i = 63.43°$($i = 116.565°$)。此倾角称为临界倾角,此类轨道称为临界轨道。

对于近地轨道的遥感卫星,倾角 63.4349° 不满足太阳同步轨道的倾角条件,116.565° 理论上满足太阳同步轨道的倾角条件,若为圆轨道则轨道高度为 3445.7km,轨道高图像的空间分辨率会降低,仅用这一个轨道高度对遥感星的限制也大。如果再考虑地球扁平高阶摄动项 J_3 对轨道要素 ω、e 的影响,有[11]

$$\dot{e} = \frac{3nJ_3 r_e^3 \sin i}{2a^3(1-e^2)^2}\left(\frac{5}{4}\sin^2 i - 1\right)\cos\omega \tag{3-58}$$

$$\dot{\omega} = -\frac{3nJ_2 r_e^2}{a^2(1-e^2)^2}\left(\frac{5}{4}\sin^2 i - 1\right)\left[1 + \frac{J_3 r_e}{2J_2 a(1-e^2)}\left(\frac{\sin^2 i - e^2\cos^2 i}{\sin i}\right)\frac{\sin\omega}{e}\right] \tag{3-59}$$

式中:$J_3 = -2.5356\times10^{-6}$[7]。

为使拱线不转动,只需使 $\dot{e} = 0$,$\dot{\omega} = 0$。根据式(3-58),显然 $\dot{e} = 0$,$\omega = 90°$。

为使 $\dot{\omega} = 0$,考虑 $\omega = 90°$,则式(3-59)方括号项为零,有

$$\frac{e^2\cos^2 i - \sin^2 i}{\sin i} = \frac{2J_2 a(e - e^3)}{J_3 r_e}$$

整理得

$$e^3 + \frac{J_3 r_e}{2J_2 a}\frac{\cos^2 i}{\sin i}e^2 - e - \frac{J_3 r_e}{2J_2 a}\sin i = 0 \qquad (3\text{-}60)$$

若考虑到卫星遥感还要求偏心率很小,且为常值,则忽略 e^3 项得

$$pe^2 - e - q = 0$$

式中

$$p = \frac{J_3 r_e}{2J_2 a}\frac{\cos^2 i}{\sin i}$$

$$q = \frac{J_3 r_e}{2J_2 a}\sin i$$

$$e = \frac{1 - \sqrt{1 + 4pq}}{2p}$$

由 $\dot{\omega} = \dot{e} = 0$,即近地点幅角 ω 被保持,或称被冻结在 $90°$,此类轨道称为冻结轨道。不过轨道的倾角和高度可以独立地选择。例如,海洋卫星应用要求 $H = 800\text{km}$、$i = 108°$,其中有关冻结轨道的参数是 $\omega = 90°$、$e = 0.0009$。

式(3-59)是已忽略了短周期摄动后轨道慢变化的表达式,更深入的阐述可参见文献[11]。

3.6 回归轨道

太阳同步轨道解决了光学遥感卫星的星下点照度的稳定性问题,基本能够实现全球覆盖,临界或冻结轨道解决了同纬度的星下点空间分辨率相同问题,且在同纬度圈上相邻轨迹的距离相同。但对于遥感卫星,一般用于民用的如陆地卫星、海洋卫星都采用圆轨道,以保证星下点图像的空间分辨率相同。为了方便卫星观测的应用和遥感数据的后处理与应用,还希望卫星星下点轨迹(地理坐标)周期性重复,此类卫星的轨道特性是经过一定时间后,星下点轨迹又重新回到原先通过的路线,此类轨道称为回归轨道或循环轨道。

光学遥感卫星运行设计的一项重要分析工作是轨道覆盖问题,一般应做到:

(1) 太阳同步;

(2) 合适的目标光照度;

(3) 全球覆盖(除两极);

(4) 轨道回归;

(5) 一般情况下空间分辨率相同。

对于圆轨道卫星,星下点轨迹在地面上横移是地球自转、轨道节线进动和卫星轨道运动的合成,在轨道一周内星下点轨迹越过赤道的横移角,即连续相邻轨迹在赤道上的间隔 $\Delta\lambda$,如图 3-24 所示。

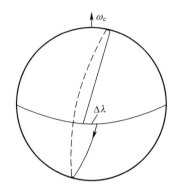

图 3-24　星下点轨迹在赤道上的横移角

$$\Delta\lambda = T_N(\omega_e - \dot{\Omega})$$

式中: ω_e 为地球转速; $\dot{\Omega}$ 为轨道节线进动的平均速率; T_N 为轨道运动的节点周期。

T_N 包含轨道的平均转速 n 和地球扁平摄动 J_2 的作用项,其式为($e = 0$ 时)[12]

$$T_N = 2\pi\sqrt{\frac{a^3}{\mu}}\left[1 + \frac{3J_2 r_e^2}{2a^2}(1 - 4\cos^2 i)\right]$$

如选择轨道的长半轴和倾角,使轨道周期满足下列公式

$$R\,T_N(\omega_e - \dot{\Omega}) = R \cdot \Delta\lambda = 2\pi$$

式中: R 为正整数。

则此轨道的回归周期为一天,在一天内轨道圈数为 R。

近地轨道的轨道高度通常是 600～1000km。一天内卫星轨道的圈数可以是 13、14 或 15 圈,对于一天回归的轨道,相邻轨迹的角距间隔为 27.7°、25.7° 或 24°,地面距离间隔约 2850km,远远超出星上遥感仪器对地观测的幅宽覆盖范围。

因此为实现全球覆盖,适应遥感仪器的视场,通常利用多天回归轨道,即设计轨道的半长轴和倾角使轨道周期 T_N 满下列公式

$$RT_N(\omega_e - \dot{\Omega}) = R\Delta\lambda = 2\pi N$$

或写成

$$R \cdot T_N = N \cdot D_N$$

式中：R、N 均为正整数；$D_N = \dfrac{2\pi}{\omega_e - \dot{\Omega}}$，称为节点日。

上式表示轨道经过 N 天回归一次，在回归周期内共转 R 圈，每天的轨道圈数为非整数 Q，定义为

$$Q = \frac{R}{N} = \frac{2\pi}{\Delta\lambda} = I \pm \frac{C}{N} \qquad (3-61)$$

式中：Q 称为回归系数，由整数和分数两部分组成；C 为另一正整数。I、C、N 构成表征回归轨道的三大要素。

第 I 圈的轨迹相对于起始轨迹的相移角记为 α，由式（3-61）得

$$2\pi = \left(I \pm \frac{C}{N} \right)\Delta\lambda = \Delta\lambda I \pm \frac{\Delta\lambda C}{N}$$

$$\alpha = \pm \frac{\Delta\lambda C}{N} = 2\pi - I\Delta\lambda$$

如 $\Delta\lambda C/N$ 取"+"号，表明经过一天轨道向东移动；如 $\Delta\lambda C/N$ 取"−"号，表明经过一天轨道向西移动。两种情况都表明，在连续相邻轨迹的间隔 $\Delta\lambda$ 内，插入每过一天的相移轨迹。N 天覆盖又表明每个连续相邻轨迹的间隔 $\Delta\lambda$ 被 N 天内通过的轨迹等分为 N 区，每一区间的角度称为幅宽角，记为 γ

$$\gamma = \frac{\Delta\lambda}{N}$$

γ 即为任意相邻轨道的间隔，根据星上遥感仪器的性能，选择周期性覆盖天数 N，使相邻轨迹的幅宽角 γ 小于仪器的观测幅宽。

设计轨道周期 T_N，使一天的轨道相移角 α 等于幅宽角 γ，或等于 γ 的整数倍，有

$$\alpha = C\gamma$$

由 $R \cdot T_N = N \cdot D_N$ 得 $T_N = D_N N / R$，代入式（3-61）进一步可得轨道节点周期的设计公式

$$T_N = \frac{D_N}{I \pm \dfrac{C}{N}}$$

上式表明，设计回归轨道的周期，不仅决定于要求全球覆盖的天数、每天轨道圈数，还与正整数 C 的选取有关。C 的整数值及其前置的符号"+"或"−"决定了在每个连续相邻轨道间隔 $\Delta\lambda$ 内的覆盖方式。

如 $C=1$，则一天轨道相移角等于幅宽角，为连续覆盖，即在 N 天内通过 $\Delta\lambda$ 间隔的轨迹按日期数连续排列，形成按日期的连续覆盖。

如 $C>1$，则一天轨迹相移角为幅宽角的倍数，在 N 天内，通过 $\Delta\lambda$ 间隔的轨

迹不再是按日期数连续排列,形成断续式覆盖。在前式的分母中,取"+"号,则轨迹东移;取"-"号,则轨迹西移。

例　令回归轨道兼太阳同步轨道,覆盖周期为 $N=7$ 天,取回归系数为 $Q=14+1/7$、$Q=14+3/7$ 和 $Q=14-3/7$ 三例,其轨道高度 H 等轨道参数见表3-1。

表 3-1　回归轨道参数表

参量	Q	$\Delta\lambda/(°)$	γ/km	T_N/min	H/km	$i/(°)$
1	14+1/7	25.45	404.80	101.7	839.2	98.7
2	14+3/7	24.95	396.78	99.7	743.4	98.3
3	14-3/7	26.53	421.84	106.0	1040.8	99.6

图 3-25(a)~(g)每天轨道的起始点和终止点,以及 C/N 部分的分布范围,图 3-25(h)~(j)图示了一个回归周期内轨道的全球覆盖及其 $1/N$ 轨道按日期排列的特点,从上述图示可以归纳出 $1/N$ 轨道按日期排列图 3-30。

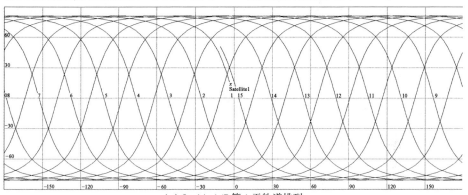

(a) $Q=14+1/7$ 第 1 天轨道排列

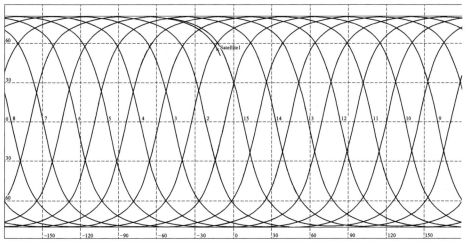

(b) $Q=14+1/7$ 第 2 天轨道排列

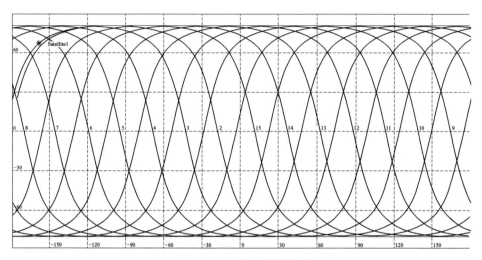

（c）$Q = 14 + 1/7$ 第 3 天轨道排列

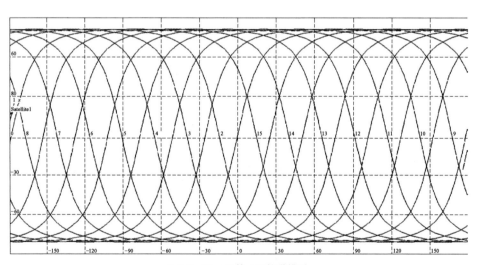

（d）$Q = 14 + 1/7$ 第 4 天轨道排列

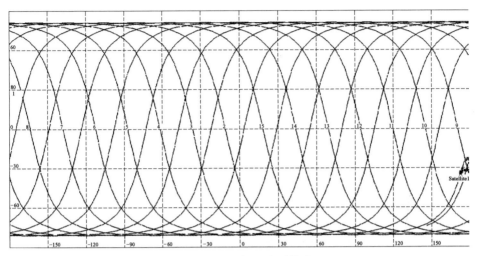

（e）$Q=14+1/7$ 第 5 天轨道排列

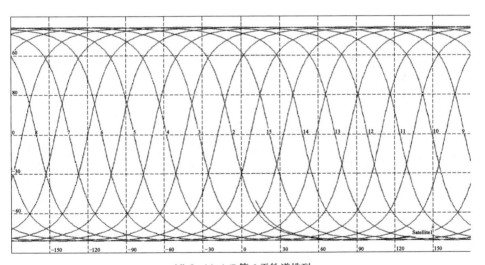

（f）$Q=14+1/7$ 第 6 天轨道排列

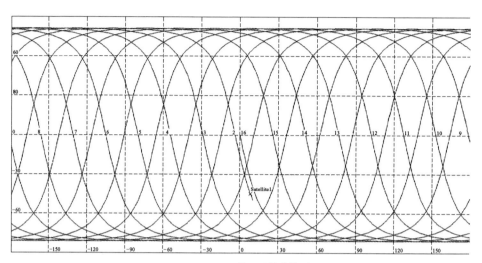

（g）$Q=14+1/7$ 第 7 天轨道排列

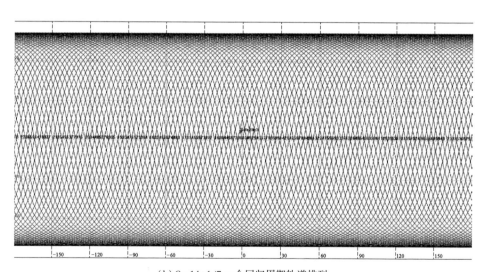

（h）$Q=14+1/7$ 一个回归周期轨道排列

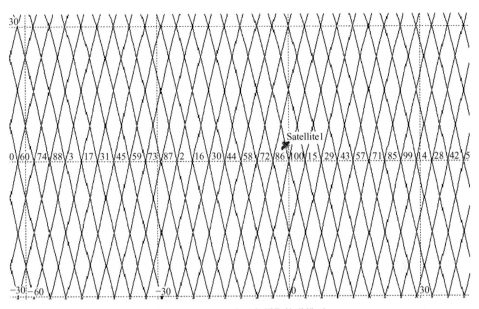

（i）$Q = 14+1/7$ 一个回归周期轨道排列

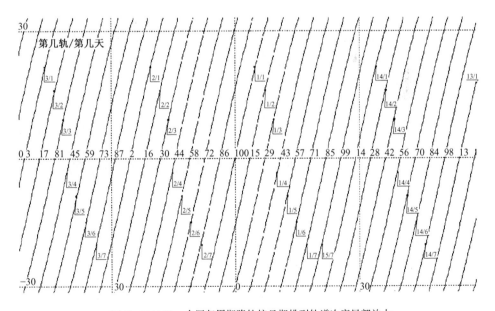

（j）$Q = 14+1/7$ 一个回归周期降轨按日期排列轨道次序局部放大

图 3-25　一个回归周期内轨道的全球覆盖及其 $1/N$ 轨道按日期排列的特点

　　图 3-26 图示了 $Q = 14+3/7$ 时，一个回归周期降轨排列的情况。图 3-27 图示了 +3/7 情况下按日期排列的轨道次序规律。从上述图 3-26 和图 3-27 可以

归纳出+C/N轨道按日期排列规律图3-31。

图3-28图示了$Q=14-3/7$第1天轨道排列。

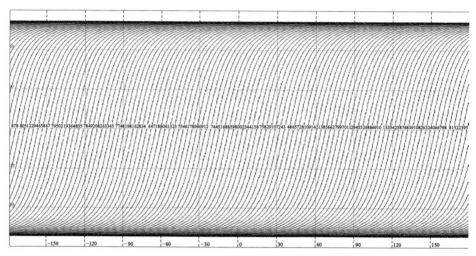

图3-26　$Q=14+3/7$一个回归周期降轨排列

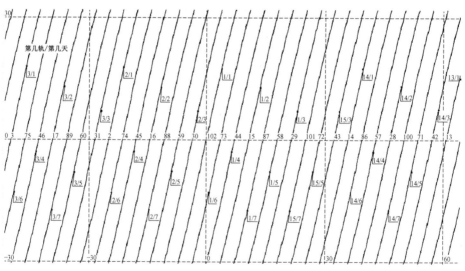

图3-27　$Q=14+3/7$一个回归周期降轨按日期排列轨道次序局部放大

图3-29图示了$Q=14-3/7$时,按日期排列的轨道次序规律。从中可归纳出-C/N轨道按日期排列规律如图3-32所示。

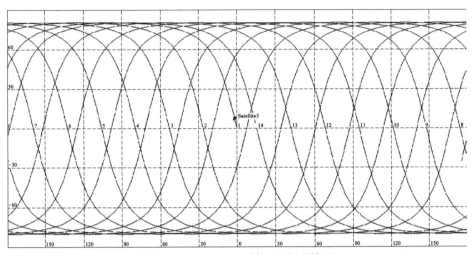

图 3-28 $Q=14-3/7$ 第 1 天轨道排列

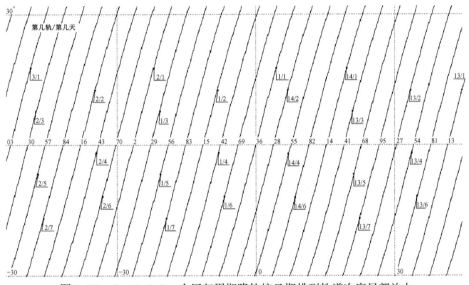

图 3-29 $Q=14-3/7$ 一个回归周期降轨按日期排列轨道次序局部放大

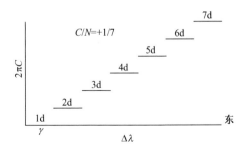

图 3-30 $+1/7$ 轨道按日期排列的特点

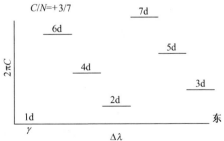

图 3-31 $+3/7$ 轨道按日期排列的特点

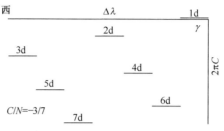

图 3-32 -3/7 轨道按日期排列的特点

在如上的轨道排列中重要的是轨道间的相对日期邻接关系,它表达了光学遥感卫星能实现的重访情况,这里的重访指再一次可见,而非回归。

对于前述各幅图中的"第几轨、第几天"是在升交点赤道(赤纬等于零)入轨的条件下在降轨赤道上获得的日期排列,如果入轨时刻的赤纬改变了,则轨道的日期排列也会有所改变,需具体分析。

3.7 地球同步轨道

航天光学遥感在 20 世纪,由于受到光学传感器制造能力的制约主要关注的是太阳同步轨道,随着光学制造能力的提高,空间分辨力的提高,同步轨道也进入了对地光学遥感应用的范畴。目前的国际光学遥感水平在静止轨道上实现优于 21.5m 空间分辨力的光学遥感是具有可行性的[18]。同步轨道用于光学遥感的优势是时间分辨力高,空间分辨力较低,这恰好与底轨光学遥感的时间分辨力低,空间分辨力较高形成互补。

地球同步轨道的主要特点是地球在一个恒星日内自旋一周,航天器也在一个恒星日内绕地球以同样的方向旋转一周,即两者同步,也就是说如仅有轨道的周期与地球自转周期相等,这种轨道称为地球同步轨道。这是因为,两者的周期相同,同步轨道可以存在倾角 $i \neq 0$、偏心率 $e \neq 0$。

即地球同步轨道仅限定了卫星轨道周期与地球自转周期相等,$T = 2\pi/\omega_e$。

如果地球同步轨道的 $i = 0$、$e = 0$ 则转化为静止轨道。

3.7.1 地球静止轨道

静止轨道即

(1)卫星轨道的周期与地球自转周期相等,$T = 2\pi/\omega_e$;

(2)轨道的形状是圆形,偏心率 $e = 0$;

(3)轨道处在地球赤道平面上,倾角 $i = 0$。

由万有引力可知,当把航天器与地球按二体问题分析且 $m_e \gg m$ 时,地球对

航天器的引力为

$$f = \frac{G m_e m}{r^2} = \frac{\mu m}{r^2}$$

航天器绕地球以地球自转角速度 ω_e 飞行的离心力等于万有引力 f 时才能形成静止轨道,因此有

$$f = \frac{\mu m}{r^2} = m r \omega_e^2$$

$$r = \left(\frac{\mu}{\omega_e^2} \right)^{1/3} = \left(\frac{39860.44}{7.2921158^2 \times 10^{-10}} \right)^{1/3} = 42164.17$$

即地球静止轨道半径卫星 42164.17km。

以参数 $r_s = 42164.17\text{km}$、$i = 0$、$e = 0$ 运行的顺行轨道为地球静止轨道。处在这种轨道上的卫星其星下点位置(地理经纬度)是静止不动的,卫星相对于地面上观测者的方位角、俯仰角也是不变的。但是处于地球静止轨道上的卫星相对于地球并不完全是静止的,因为有各种扰动存在。

地球在一天内自旋一周的周期为 24h,这是按地方平太阳日测定的,即平太阳连续两次通过同一子午圈的上中天的时间间隔。在这段时间内,地球在黄道上移过一个角度(见第 2 章恒星日),因此这个时间间隔不等于卫星在空中自转一周所需的时间。而春分点连续两次通过同一子午圈的上中天的时间间隔才是地球的自转周期。这个时间间隔称为恒星日。两者的差别是,当经过一天后,太阳落后春分点 4′ 才发生上中天,因此,平太阳日大于恒星日,即地球的自转周期小于 24h。由天文学得知,在一个回归年中——即太阳连续两次通过春分点的时间间隔,共有 365.2425 个平太阳日,有 366.2425 个平恒星日,即

1 恒星日 = (365.24/366.24) · 太阳日 = 23h56′4.09″ = 86164.09s

因此地球自转的速率是

$\omega_e = 2\pi /$ 恒星日 = 7.2921158×10^{-5}rad/s = 360.9856°/d

可求出地球同步轨道的速度

$$v_s = r_s \cdot \omega_e = 3.0747\text{km/s}$$

3.7.2　几种典型地球同步轨道

实际上理想的静止轨道是不存在的,卫星在轨道上受到各种摄动力的作用,如地球形状不规则、密度分布不均匀都会使卫星受到的引力发生变化,太阳、月球对卫星的引力以及太阳光辐射对卫星产生的压力等,都使实际轨道的倾角、偏心率发生少量的变化,轨道周期也不完全与地球同步,从地面上观察,卫星不是固定不动的,而总是在东西经度方向和南北纬度方向漂移着。

因为轨道周期 T、偏心率 e、倾角 i 三者是独立的,以其是否等于零,有 4 种

典型情况。

（1）卫星轨道是小倾角的同步圆轨道，即 $i \neq 0$、$e = 0$、$\Delta a = 0$。

如图 3-33 所示，当卫星经过节点 N 时有 G_0，其地心经度是 λ_N，以此为起始点 t_0，经过时间 t，卫星到达 S 点时，转过幅角 u，格林尼治子午圈转过 $\omega_e t$ 角，但节点 N 在惯性空间固定，利用球面 $\triangle NDS$，可得卫星的地心经纬度为

$$\lambda = \lambda_N + \arctan(\cos i \tan u) - \omega_e t$$
$$\varphi = \arcsin(\sin i \sin u) \qquad (3-62)$$

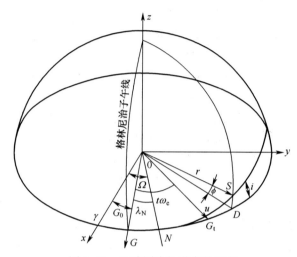

图 3-33 地球同步轨道参数要素

令 $\Delta \lambda = \lambda - \lambda_N$

$$\tan(\Delta \lambda + \omega_e t) = \cos i \tan u$$
$$\cos i = \tan(\Delta \lambda + \omega_e t) / \tan u$$

两边同时减 1

$$\cos i - 1 = \frac{\sin(\Delta \lambda + \omega_e t)}{\cos(\Delta \lambda + \omega_e t)} \frac{\cos u}{\sin u} - 1$$

$$= \frac{\sin(\Delta \lambda + \omega_e t)\cos u - \cos(\Delta \lambda + \omega_e t)\sin u}{\cos(\Delta \lambda + \omega_e t)\sin u} \quad (i \text{ 很小 } u \approx \omega_e t)$$

$$= \frac{\sin \Delta \lambda}{\cos(\Delta \lambda + \omega_e t)\sin \omega_e t}$$

当 i 很小时，$\Delta \lambda$ 也为小量

$$\cos(\Delta \lambda + \omega_e t) \approx \cos \omega_e t$$
$$\sin \Delta \lambda \approx \Delta \lambda$$

将 $\cos i$ 用级数展开

$$cosi = 1 - \frac{i^2}{2} + \frac{i^4}{24} - \cdots$$

当 i 很小时

$$cosi \approx 1 - \frac{i^2}{2}，于是有$$

$$-\frac{i^2}{2} \approx \frac{\Delta\lambda}{cos\omega_e t sin\omega_e t} = \frac{2\Delta\lambda}{sin2\omega_e t}$$

$$\Delta\lambda \approx -\frac{i^2}{4}sin2\omega_e t$$

由上式和 $\varphi = arcsin(sini\ sin\omega_e t)$ 可看出,由于轨道倾角在卫星运转一周中其经度相对于参考点 $\Delta\lambda = \lambda - \lambda_N$ 是周期性变化的,卫星在东西、南北方向来回漂移,两者的合成运动使飘移轨迹在当地水平面内呈 8 字形,如图 3-34 所示。此8 字形在南北方向的最大纬度等于轨道倾角。

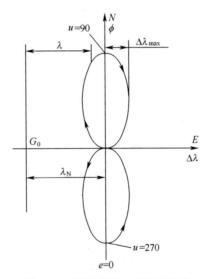

图 3-34　同步轨道 8 字相对轨迹

由倾角引起的东西方向最大偏差为 $i^2/4$,如 $i=1°$,则 $\Delta\lambda = 0.0044°$。这种小倾角引起的经度周期性漂移幅度远小于轨道倾角的影响。

（2）卫星轨道是非同步的赤道圆轨道,即 $i=0、e=0、a=r_s+\Delta a$

此类轨道卫星将沿赤道全球漂移,但漂移周期长,具有全球观测能力(除两极高纬度地区),但相比于太阳同步轨道的全球观测,从空间分辨力、时间分辨力上都不具有优势,仅作为一类同步轨道参考列出。

轨道半长轴 a 不等于同步半径 $r_s = 42164.17km$。如 $a>r_s$,则轨道平角速度 n 小于同步转速 ω_e,卫星向西漂移;如 $a<r_s$,则轨道平角速度 n 大于同步转速

ω_e，卫星向东漂移。对轨道平角速度公式进行增量微分，由卫星轨道转速定律 $n^2 = \mu/a^3$，可得

$$n = \omega_e + \Delta n = \omega_e(1 - 1.5\Delta a/r_s) \tag{3-63}$$

和平近点角 M 的近似公式

$$M = n(t - t_p) = \omega_e(t - t_p)(1 - 1.5\Delta a/r_s)$$

式中：t_p 为过近地点时刻。由上式得，半长轴增量 Δa 引起卫星在一天内的非同步漂移量

$$M = -0.013\Delta a \quad (°/km)。$$

（3）卫星轨道是非同步的小偏心率赤道轨道，即 $i=0$、$e \neq 0$、$\Delta a \neq 0$

此类轨道卫星将沿赤道全球漂移，但漂移周期长，类似情况（2），除非特殊考虑不具有航天光学遥感的优势，仅作为一类同步轨道列出。

按卫星径向距离公式

$$r = \frac{a(1 - e^2)}{1 + e\cos f}$$

可线性化近似

$$r \approx a(1 - e\cos f) \approx r_s + \Delta a - r_s e\cos f$$

再由卫星动量矩公式

$$r^2\dot\theta = h, h^2 = \mu a$$

可得卫星真近点角 f 变化率的近似公式（$\Delta a \ll r_s$，$e \ll 1$）

$$\dot f = \sqrt{\frac{\mu}{a^3}}(1 + e\cos f)^2$$

$$= \omega_e(r_s/a)^{3/2}(1 + e\cos f)^2$$

$$\approx \omega_e\left(1 - \frac{3\Delta a}{2r_s}\right)(1 + 2e\cos f)$$

$$\approx \omega_e\left(1 - \frac{3\Delta a}{2r_s} + 2e\cos f\right)$$

当 $\Delta a \ll r_s$，$e \ll 1$ 有近似公式

$$\cos f \approx \cos M \approx \cos[\omega_e(t - t_p)]$$

因此，上式真近点角 f 的近似积分公式（积分初始为 t_p），可列为

$$f = \int_{t_p}^{t} \omega_e\left(1 - \frac{3\Delta a}{2r_s} + 2e\cos f\right)dt$$

$$= \omega_e(t - t_p)\left(1 - \frac{3\Delta a}{2r_s}\right) + 2e\sin[\omega_e(t - t_p)] \tag{3-64}$$

卫星地心经度 λ 等于卫星的恒星时角（即赤经）减去格林尼治恒星时角，引用轨道要素，有近似公式（$i \ll 1$）

$$\lambda = \Omega + \omega + f - \left[G_0 + \omega_e(t - t_0) \right]$$

式中：G_0 是 t_0 时刻格林尼治恒星时角。

将式(3-64)带入上式得

$$\lambda = \lambda_0 - \frac{3\Delta a}{2r_s}\omega_e(t - t_0) + 2e\sin\left[\omega_e(t - t_p) \right]$$

式中：$\lambda_0 = \Omega + \omega + \omega_e(t_0 - t_p)(1 - 1.5\Delta a/r_s) - G_0$，称为 t_0 时刻卫星的平经度。

偏心率和半长轴偏差引起卫星相对平经度位置的偏离运动方程为

$$\Delta r = \Delta a - r_s e \cos\left[\omega_e(t - t_p) \right] \tag{3-65}$$

$$\Delta x = -1.5\Delta a\,\omega_e(t - t_0) + 2r_s e \sin\left[\omega_e(t - t_p) \right] \tag{3-66}$$

式中：Δx 表示相对平经度的切向偏离距离。

式(3-66)表明，在轨道周期为同步的情况下（$\Delta a = 0$），偏心率使卫星从定点位置离开，进入围绕平经度（定点位置）运动的椭圆轨迹，周期为一天，其长轴沿东西方向，长轴的长度为 $4r_s e$，短轴沿径向方向，长度为 $2r_s e$，见图3-35，E 表示东向。

偏心率引起卫星经度的东西漂移幅度为 $2e$，如 $e = 10^{-3}$，则 $\Delta\lambda = 0.11°$。半长轴偏差又使该椭圆的中心沿东（或西）方向飘动，见图3-36。

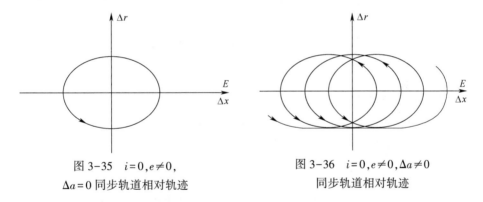

图3-35 $i=0,e\neq0,$
$\Delta a=0$ 同步轨道相对轨迹

图3-36 $i=0,e\neq0,\Delta a\neq0$
同步轨道相对轨迹

（4）卫星轨道是小倾角和小椭圆度的同步轨道，即 $i\neq0$、$e\neq0$、$\Delta a=0$[7]。

在式(3-62)、式(3-65)、式(3-66)中，$\Delta a=0$，在小倾角条件下，$\sin i \approx i$，$M =\omega_e(t - t_p)$，卫星偏离定点位置的运动方程为

$$\Delta r = -r_s e\cos M$$

$$\Delta x = 2r_s e\sin M$$

$$\Delta y = r_s i \sin(M + \omega)$$

式中：Δx、Δy 表示相对于定点位置的切向和侧向（法向）距离。在轨道平面内（$\Delta r,\Delta x$）的相对轨迹呈椭圆形，如图3-35所示。在轨道的垂直平面内的相对轨道形状与近地点幅角 ω 有明显的关系。

在轨道的切向垂直平面内（Δy、Δx）的相对轨迹形状见图 3-37(a)。在轨道的径向垂直平面内（Δy、Δr）的相对轨迹形状见图 3-37(b)。轨道倾角的作用是将椭圆形的相对轨迹扭转出轨道平面，扭转的方向决定于近地点幅角。

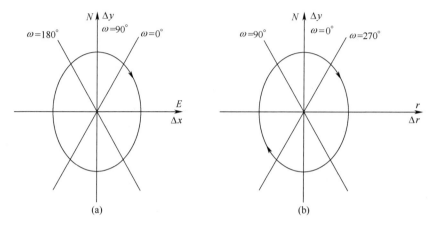

图 3-37　$i \neq 0, e \neq 0, \Delta a = 0$ 的同步轨道相对轨迹

如 $\omega = 0°$ 或 $180°$，则轨道倾角的作用是将原相对轨迹平面绕轨道径向转出轨道平面，即该平面与赤道平面的相交节线与轨道径向一致，相对轨迹椭圆的短半轴仍沿径向方向，其长轴垂直于轨道径向，相对赤道面的倾角 γ 为

$$\gamma = \arctan \frac{i}{2e}$$

当侧向偏离最大时，径向偏差为零。

如 $\omega = 90°$ 或 $270°$，则相对轨迹平面绕轨道切向转出轨道平面，相对轨迹椭圆的长半轴沿轨道切向，椭圆短轴的倾角 γ 为

$$\gamma = \arctan \frac{i}{e}$$

当倾角和偏心率趋向零时，升交点和近地点的方向变得不确定，并且在轨道方程中出现奇点。为设计轨道保持策略，须另选轨道要素，更方便地描述卫星的漂移运动，定义倾角矢量 i 其长度等于倾角值，方向与轨道法线一致。定义偏心率矢量 e 其长度等于偏心率，方向指向近地点。如图 3-38 所示，在赤道惯性坐标系的赤道平面上 i_p 和 e_p 是倾角和偏心率的投影，因 $\cos i \approx 1$，矢量 e、i 的分量可列出并定义为

$$e_x = e \cos (\Omega + \omega) \tag{3-67}$$

$$e_y = e \sin (\Omega + \omega) \tag{3-68}$$

$$i_x = \sin i \sin \Omega \tag{3-69}$$

$$i_y = \sin i \cos \Omega \tag{3-70}$$

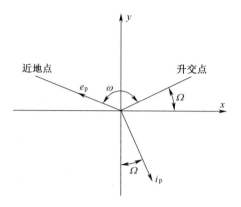

图 3-38　同步轨道的 i、e 坐标表达

式中：i_y 定义为倾角矢量在 $(-y)$ 轴上的分量。

对于静止轨道 r_s 为定值，见式（3-63）

$$n = \omega_e + \Delta n = \omega_e(1 - 1.5\Delta a / r_s)$$

定义平经度漂移率 D 为等效于半长轴 a 的轨道要素

$$D = -1.5\Delta a / r_s \tag{3-71}$$

D 是量纲为 1 的量，使轨道转速偏离地球同步的量度，乘以地球转速 361°/d，即得到一天内漂移的角度。如 $\Delta a = 1\mathrm{km}$，则 $D = 0.36 \times 10^{-4} = 0.0128°/\mathrm{d}$。如 $D > 0$，则卫星向东漂移；如 $D < 0$，则卫星向西漂移。

定义卫星的平赤经 l 为

$$l = \Omega + \omega + M \tag{3-72}$$

其在 t_0 时刻的平赤经 $l_0 = \Omega + \omega + M_0$，可作为替代 M_0 的第六个轨道要素。引用漂移率 D 和式（3-63）有

$$M = n(t - t_p) = (1 + D)\omega_e(t - t_p)$$

以及

$$D(l - l_0) = D(M - M_0) = (D + D^2)\omega_e(t - t_0) \approx D\omega_e(t - t_0)$$

式中略去高阶小量 D^2。

利用 e、i 矢量投影式（3-67）~式（3-72）由式（3-65）、式（3-66）得

$$r = r_s - r_s(1.5 D + e_x\cos l + e_y \sin l) \tag{3-73}$$

$$\lambda = \lambda_0 + D(l - l_0) + 2e_x\sin l - 2e_y\cos l \tag{3-74}$$

再由 $\Delta y = r_s i \sin (M + \omega)$ 得卫星偏离赤道平面的运动方程

$$\phi = -i_x\cos l + i_y\sin l \tag{3-75}$$

因此，D、e_x、e_y、i_x、i_y、l_0 组成静止轨道的六要素。在运动方程中，时间变量 t 被替换为卫星的平恒星时角（平赤经）l。

3.8 星座轨道

3.8.1 全球连续覆盖卫星群[7]

全球导航、通信、环境监测等要求多卫星组网,目的是地球上任一地区在任一时刻被系统中某一卫星覆盖,或被若干颗卫星覆盖。研究表明采用等高度等倾角的圆轨道组网是一种最佳配置方案,而光学遥感所采用的太阳同步轨道也是圆轨道,各轨道平面相对赤道平面均匀分布,在每一轨道平面内卫星均匀分布。确定星座设计的最重要因素是轨道倾角为极轨或为倾斜轨道,以及轨道高度和卫星的最小仰角。

这里仅讨论单颗卫星覆盖的卫星群的几何分布。单颗卫星覆盖圈的面积决定于卫星的高度和卫星的视场角。由图 3-39 所示覆盖角 ψ、高度 H 和仰角 E 的关系为

$$\psi = \arccos \frac{r_a \cos E}{r_a + H} - E$$

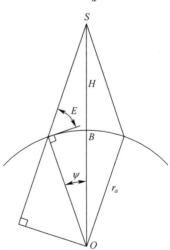

图 3-39 卫星地面覆盖示意

令每一轨道平面内卫星均匀分布,相邻卫星的星下点之间的角距为 $2b$,卫星群构成的覆盖带的宽度为 $2c$。见图 3-40,有球面三角关系式

$$\sin b = \frac{\tan c}{\tan \theta} \tag{3-76}$$

$$\sin c = \sin \psi \sin \theta \tag{3-77}$$

对于极轨卫星群,各条轨道的轨道面都与地球的某一子午面重合,如各条轨道在赤道上的覆盖带衔接覆盖全赤道,则任一纬度地区都被相邻轨道带重叠

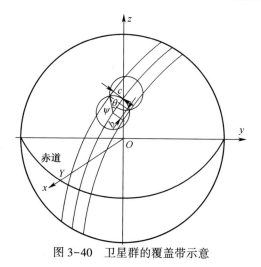

图 3-40　卫星群的覆盖带示意

覆盖,全球覆盖所需的轨道数 P 为

$$P = \pi/2c$$

在每一轨道面内的卫星数 q 为

$$q = \pi/b$$

引用式(3-76)、式(3-77)极轨卫星群的卫星总数 N 为

$$N = P \times q = \frac{\pi^2}{2\arcsin(\sin\psi\sin\theta) \times \arcsin\left\{\dfrac{\tan[\arcsin(\sin\psi\sin\theta)]}{\tan\theta}\right\}}$$

由上式并参见图 3-40,可选择最佳 θ 角,使卫星总数为最少。因 P、N、q 都为正整数,其微分虽无意义,但可得近似最佳角 θ。从图直观地看出,如增大 θ 角,可扩大轨道覆盖带,即可减少轨道数,但增加轨道内的卫星数;如减小 θ 角,则增大轨道面内卫星间的角距,减少面内卫星数,但需增加轨道平面数。因此对于给定的覆盖 ψ,可选择最佳角 θ,即匹配选择 P 和 q 数,覆盖角直接决定于卫星的最小仰角 E。

以小卫星群组成全球通信网络为例,令仰角 $E=5°$,几种典型的极轨卫星群的基本参数见表 3-2。

表 3-2　典型极轨卫星群基本参数表

N	p	q	$\theta/(°)$	$\psi/(°)$	H/km
12	3	4	39.23	52.24	5358
32	4	8	47.26	31.4	1514
48	8	6	21.69	31.86	1561
66	6	11	43.57	22.0	752

对于非极轨的倾斜轨道卫星群,在赤道上衔接覆盖的相邻轨道,在高纬度地区相邻轨迹覆盖带之间可能留有网眼。以偶数轨道平面为例,令 $P=6$,见图 3-41。轨迹①和②、③和⑥的覆盖带交叉点为 A、C 和 D、F,在 C 点和 D 点之间为网眼。轨迹①和②的交点为 B,轨迹③和⑥的交点为 E,因偶数对称,E 点位于赤道上。

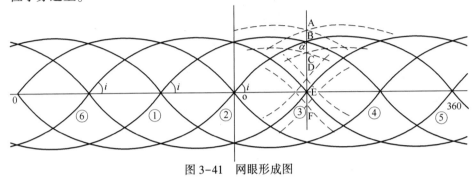

图 3-41 网眼形成图

以 φ 表示各交点的纬度,由球面 $\triangle OBE$,有三角关系式

$$\tan\varphi_B = \tan i \sin(2\pi/p) \tag{3-78}$$

$$\sin\alpha\sin\varphi_B = \sin i \sin(2\pi/p) \tag{3-79}$$

式中:α 为轨迹②与弧 BE 的夹角。

由图 3-41 可知各轨迹覆盖带的宽度为 $2c$,在轨迹①覆盖带的交点 B、C 区域有三角关系式

$$\sin\alpha\sin(\varphi_B - \varphi_C) = \sin C \tag{3-80}$$

消去式(3-79)、式(3-80)的 α、φ_B,得网眼 C 点的纬度公式为

$$\sin i \cos\varphi_C \sin(2\pi/P) - \cos i \sin\varphi_C = \sin C \tag{3-81}$$

同理,在轨迹③和⑥的覆盖带交叉点 D、E 区域,有三角关系式

$$\sin(90° - i) \sin\varphi_D = \sin C \tag{3-82}$$

如令交点 D、C 的纬度相等 $\varphi_D = \varphi_C$,则可实现网眼覆盖。消去式(3-81)、式(3-82)的 φ_C、φ_D,得轨迹覆盖带半宽度 c 和倾角 i 的关系式

$$\sin C = \frac{\sin i \cos i \sin\dfrac{2\pi}{P}}{\sqrt{4\cos^2 i + \sin^2 i \sin^2\left(\dfrac{2\pi}{P}\right)}} \tag{3-83}$$

令卫星仰角 $E=5°$,轨道倾角 $i=55°$,卫星群轨道的基本参数见表 3-3。

表 3-3 $E=5°$ $i=55°$ 卫星群轨道基本参数表

N	p	q	$\theta/(°)$	$\psi/(°)$	H/km
18	6	3	20	61.3	9419
36	6	6	32.8	34.4	1842

光学遥感卫星组网时,需要多少个轨道面还要考虑光照条件,而不能一味追求全球同时覆盖,这是与通信组网的不同之处,因此光学遥感卫星组网不一定要全球同时无遗漏地覆盖。

3.8.2　地球同步卫星群[7]

静止轨道光学遥感卫星的组网可以借鉴卫星通信的组网方法和形式,卫星通信组网的一种发展方向是利用若干颗子卫星替代大型卫星平台的功能,这些子卫星分布在母星(或假想的母星——定点位置)的周围,构成某种形式的星座,相互间距约几十公里。设计星座的主要考虑是避免子卫星相互碰撞和对地通信的相互遮挡,影响电波传输,以及子卫星之间星际通信的视线方向的限制范围。利用静止卫星小偏差运动方程式

$$\Delta r = - r_s e \cos M$$
$$\Delta x = 2r_s e \sin M$$
$$\Delta y = r_s i \sin(M + \omega)$$

代入同步半径数值,可得出每个卫星偏离预定位置的定量方程

$$\Delta r = - 42164.17 e \cos M$$
$$\Delta x = 84328.5[e \sin M + (\lambda_j - \lambda_0)]$$
$$\Delta y = 42164.17 i \sin(M + \omega)$$

式中:Δx 为切向偏离;Δy 为侧向(偏离轨道平面)距离;λ_0 为卫星群(座)中心的定点位置;λ_j 为单个卫星的预定位置(平经度)。

子卫星的轨道要素的基本要求是 $e<10^{-3}$,$i<1°$。此外,为保持星座的同步性,要求各卫星的漂移率基本相同。同步卫星星座的几何构型决定于各个卫星的静止轨道要素:λ_j、e_j、i_j。由小偏差线性化原理,两颗卫星之间的相对运动关系与单个卫星的小偏差运动方程(3-73)、(3-74)、(3-75)相似。令两颗卫星的静止轨道要素分别为(λ_{01}、D_1、e_1、i_1)和(λ_{02}、D_2、e_2、i_2),两者之差(以标记"δ"表示)为

$$\delta\lambda_0 = \lambda_{01} - \lambda_{02},\delta D = D_1 - D_2,\delta e = e_1 - e_2,\delta i = i_1 - i_2$$

如两者的漂移率相同,卫星间相对距离很小,则两者的平赤经 l 近似相同,两颗卫星在轨道径向、切向、侧向的相对距离方程可写成

$$\Delta r = r_1 - r_2 = - r_s(\delta e_x\cos l + \delta e_y\sin l) \tag{3-84}$$
$$\Delta x = r_s(\lambda_1 - \lambda_2) = r_s(\delta\lambda + 2\delta e_x \sin l - 2\delta e_y \cos l) \tag{3-85}$$
$$\Delta y = r_s(\varphi_1 - \varphi_2) = r_s(-\delta i_x \cos l + \delta i_y \sin l) \tag{3-86}$$

等式左端 δx、δy 表示沿轨道坐标切向和侧向的相对距离,右端的下标 x、y 表示偏心率和倾角矢量在地心赤道惯性坐标 x、y 轴上的分量。上式也是子卫星与母卫星(或假想母卫星)之间的相对距离方程。

在卫星群的构型设计中,可令母卫星的偏心率和倾角均为零,因此,建立卫星星座的基本方法是分别设置子卫星的轨道要素,满足不同几何构型要求。

(1) 经度分置模式:此为最简单的分置模式,各子卫星沿轨道经度圈分布,位于星座中心定点位置的两侧、具有不同的平经度。这种简单分置需要较宽的轨道窗口,以两颗卫星为例,此分置的特点是

$$\Delta\lambda_0 > 2(e_1 + e_2), \delta D = 0$$

(2) 同平面偏心率分置模式:令各子卫星享用同一定点经度,但偏心率 e_j 各不相同。由各卫星在东西方向的相位差形成一定形式的星座。此模式的特点是

$$\Delta\lambda_0 = 0, \delta D = 0, \delta e \neq 0$$

卫星间的相对距离方程为

$$\Delta r = -r_s(\delta e_x \cos l + \delta e_y \sin l)$$
$$\Delta x = 2 r_s(\delta e_x \sin l - \delta e_y \cos l)$$

一颗卫星绕另一颗卫星的相对运动形成一椭圆,短轴沿径向,长度为 $r_s \cdot \delta e$,长轴沿切向,是短轴的 2 倍。

如各子卫星的偏心率幅值相同,但偏心率的指向不同,则如各子卫星在同一椭圆上,相隔不同的相位,绕共同的平经度点周期转动。如以四颗子卫星为例,各偏心率相隔 90°。图 3-42(a)表示各轨道在赤道惯性坐标面的分布。各卫星相对定点位置的相对轨迹为同一椭圆,各子卫星在椭圆上相位不同。

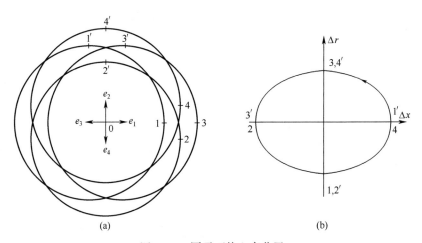

图 3-42 同平面偏心率分置

例如子卫星 1 和 3 相对位于椭圆短轴,过 6h 两者转到椭圆长轴上,再过 6h 又回到短轴。偏心率分置的基本原则是:使任一对卫星偏心率之差 δe 达到最大。图示了偏心率矢量的分布。

由于卫星群处在同一赤道面上,子卫星 1 和 3 以及 2 和 4 的对地视线一天内重叠两次,相互遮挡,影响电波通信。因此,还需设置轨道倾角,将相对轨迹

移出赤道平面,形成侧向分离。

（3）倾角与偏心率合成分置模式:令各子卫星共享同一定点经度,倾角设置使相对轨迹椭圆扭出赤道平面,在地球子午面上的投影运动方程可写为

$$\Delta r = - r_s(\delta e_x \cos l + \delta e_y \sin l)$$

$$\Delta y = - r_s(\delta i_x \cos l - \delta i_y \sin l)$$

在子午面内,卫星间相对运动与赤道面内的相对运动相似,由此,此模式的特点为

$$\delta \lambda_0 = 0, \delta D = 0, \ \delta i_x = k \delta e_x, \ - \delta i_y = k \delta e_y \qquad (3-87)$$

式中:k 为常值系数。各子卫星相对母卫星的相对轨迹处在同一倾斜平面,与地球子午面的交线为通过定点经度的直线。

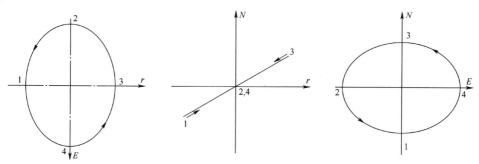

图 3-43　倾角与偏心率合成分置

根据 i_x、i_y 的定义式(3-69)、式(3-70),i_y 定义在赤道坐标的 $(-y)$ 轴上,因此式(3-87)表示的各卫星的偏心率矢量平行于自身倾角矢量在赤道面的投影(式(3-84)、式(3-85)、式(3-86)。此模式的相对轨迹平面在赤道面的垂直切向面的投影也呈椭圆形,长轴沿切线方向,短轴沿侧向。

按式(3-88)配置的四颗子卫星的相对轨迹在三维平面上的投影见图3-43,E表示东切向,N 表示北侧向,r 表示径向。由于相对轨迹平面相对径向倾斜,避免在此方向上子卫星对地视线相互遮挡。

因倾角矢量在赤道面的投影滞后轨道面节线90°,分置模式的式(3-87)可改写为

$$\Delta \lambda = 0, \delta D = 0, \ \omega = 270°, \Omega + \omega = \theta$$

即各子卫星轨道的近地点幅角均应是270°,上式 θ 为预定设置的各子卫星轨道偏心率矢量的方向角。以图 3-42 为例,如令星座定点位置的平赤经为0°,则四颗子卫星的分置轨道要素可设为

$$
\begin{aligned}
\Omega_1 &= 90° & \omega_1 &= 270° & M_{01} &= 0° \\
\Omega_2 &= 180° & \omega_2 &= 270° & M_{02} &= 270° \\
\Omega_3 &= 270° & \omega_3 &= 270° & M_{03} &= 180° \\
\Omega_4 &= 0° & \omega_4 &= 270° & M_{04} &= 90°
\end{aligned}
\qquad (3-88)
$$

第 4 章
辐射源与光波大气传输

辐射源是航天光学遥感中作为工作介质的光线的能量来源,其中太阳是最重要的光源,其次是地球红外辐射,再次是大气辐射,大气辉光也可归于此列,它们是航天光学遥感不可回避的因素。此外是月亮和星星,月光在晴朗的夜空是微光成像的重要光源,星光在特定条件下可以作为相机光学响应在轨标定的标准光源。

航天光学遥感中的光波大气传输主要关心的是大气透过率、后向散射和大气窗口,因为它们是决定目标照度和像面照度的重要因素。大气的透过与散射涉及的因素是复杂的,通常采用 LOWTRAN、MODTRAN 等软件计算。本章侧重于基本概念和理论的介绍。涉及大气光学的参考文献有[13~16],主要参考文献[16]的第 3 章。

只要温度不是绝对温度 0K,任何一个物体都是一个辐射源,物体在发射电磁波的同时也被别的物体发射的电磁波所辐照。光学遥感就是通过收集这些光波获取信息。太阳是最重要的天然光源其光谱的能量分布依赖于它的绝对温度,其绝对温度接近 6000K。地球是另一个重要光源,它的光波辐射来自两部分:一部分来自地球自身的热辐射,一部分是反射太阳的辐射。短波谱段,约从 0.3~2.5μm,以反射太阳辐射为主,而热辐射可以不计;在长波谱段,即波长大于 6μm 时,以热辐射为主,而反射辐射可以不计;在 2.5~5μm 这一谱段,热辐射与太阳辐射的反射必须同时考虑。

物体的光辐射可以是单色的,如激光辐射谱;也可以是线状的如原子辐射光谱,或连续光谱,如黑体辐射光谱。对被动遥感有重要意义的辐射源是太阳和地球,它们辐射的光谱都是连续光谱。最重要的连续光谱是黑体光谱,其他连续光谱通过比辐射率与黑体光谱之间建立起一定的联系。

无论是地球的热辐射或太阳辐射,都要通过地球的大气层才能被航天平台上的遥感器所接收。由于大气吸收的影响,只有几个谱段能够透过大气,这些透明谱段称为大气窗口。大气吸收、散射、辐射及折射对光学航天遥感都有影响,在分析光学遥感结果时必须对大气的影响进行校正。

4.1　辐射及单位

4.1.1　辐射度量与单位

　　光学遥感得到的探测结果是需要进行定量分析的,因此对光波必须有严格的度量,制定必要的标准。辐射量采用国际单位制,它适用于整个电磁谱。辐射度量和光度量中,一个基本的单位是立体角:立体角通常用希腊字母 Ω 表示,其单位称球面度符号 Sr。1Sr 是一个球面度,其所示的立体角是顶点位于球心上,在球面上所截取的面积等于以球半径为边长的正方形面积,如图4-1 所示。

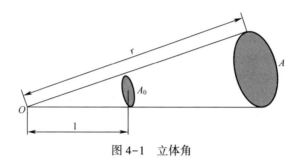

图 4-1　立体角

　　若球的半径为1,则球心 O 所张立体角 Ω 等于这个立体角所截取的球面积 A_0;若球的半径为 r,立体角所截取的球面积为 A,则有以下关系:

$$\Omega = A_0 = \frac{A}{r^2} \qquad (4-1)$$

　　若立体角所对的面积不在球面上,就要将这个面积投影到球面上来计算。立体角是个无量纲量。整个球面所对应的立体角为 4π。

　　半顶角为 α 的锥面所张的立体角为

$$\Omega = 2\pi(1 - \cos\alpha) = 4\pi \sin^2 \frac{\alpha}{2} \qquad (4-2)$$

两个半顶角为 α_1 和 α_2 的共顶点的锥面所围成的立体角为($\alpha_2 > \alpha_1$)

$$\Omega = 2\pi(\cos\alpha_1 - \cos\alpha_2)$$

$$= 4\pi \sin\left(\frac{\alpha_1}{2} + \frac{\alpha_2}{2}\right) \sin\left(\frac{\alpha_2}{2} - \frac{\alpha_1}{2}\right) \qquad (4-3)$$

（1）辐射能量 Q

电磁辐射是能量传递的一种形式,它表现在使被辐照的物体温度升高、改变物体的内部状态、使带电物体受力而运动等各方面,其单位是焦耳(J)。

（2）辐射通量 Φ

在单位时间内通过某一面积的辐射能量称为辐射通量,它是辐射能流的单位,具有与辐射功率相同的量纲,单位是瓦特（W）,（W＝J/s）。

$$\Phi = \frac{\partial Q}{\partial t} \tag{4-4}$$

（3）通量密度

单位面积上的辐射通量称为辐射通量密度。

被辐照物体表面的辐射通量密度称为辐照度 E。

$$E = \frac{\partial \Phi}{\partial A} \tag{4-5}$$

辐射体表面的辐射通量密度称为辐射出射度 M。

$$M = \frac{\partial \Phi}{\partial A} \tag{4-6}$$

E 与 M 的单位均为瓦/米^2（W/m^2）。

（4）辐射强度 I

辐射强度是描述点源辐射特性的辐射量,指点辐射源在某一方向上单位立体角内的辐射通量（图4-2）。辐射强度是有方向性的,所以 $I(\theta)$ 是方向角 θ 的函数。各向同性的辐射源 $I = \Phi/4\pi$。

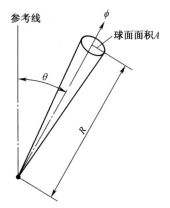

图 4-2　辐射强度概念

$$I = \frac{\partial \Phi}{\partial \omega} \tag{4-7}$$

式中:ω 为立体角;I 的单位为瓦/球面度（W/Sr）。

（5）辐射亮度 L

辐射亮度 L 是描述面源的辐射强度（图4-3）。L 有方向性,它是指辐射源在某一方向上的单位投影表面在单位立体角内的辐射通量。

$$L(\theta) = \frac{\partial^2 \Phi}{\partial \omega (\partial A \cos\theta)}$$

$$= \frac{\partial I}{\partial A \cdot \cos\theta}$$

(4-8)

式中:θ 为面元的法线与辐射方向的夹角。

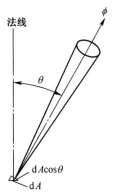

图 4-3　辐射亮度概念

一般面元的 $L(\theta)$ 随观察的角度 θ 而改变,但对某些辐射源 $L(\theta)$ 是与 θ 无关的,也就是满足

$$I(\theta) = I_0 \cos(\theta)$$

(4-9)

这种辐射源称为朗伯源,严格地讲,只有绝对黑体才是朗伯源。但一些粗糙的表面,如涂有氧化镁的表面,被辐照后就是一个很好的朗伯源。太阳也近似一个朗伯源。

由

$$L(\theta) = \frac{\partial}{\partial \omega} \left(\frac{\partial \Phi}{\partial A} \right) \frac{1}{\cos\theta}$$

$$M = \frac{\partial \Phi}{\partial A}$$

可得

$$L(\theta) = \frac{\partial M}{\partial \omega} \frac{1}{\cos\theta}$$

$$\partial M = L(\theta) \cdot \cos\theta \cdot \partial \omega$$

(4-10)

如果辐射源是朗伯体,即 $L(\theta)$ 与 θ 无关,则单位面积辐射源向 2π 空间的辐射总功率($W/(m^2 \cdot Sr)$)为

$$d\omega = \frac{r\sin\theta d\phi \cdot rd\theta}{r^2} = \sin\theta d\phi d\theta$$

(4-11)

式(4-11)中的 $d\omega$,见图 4-4。

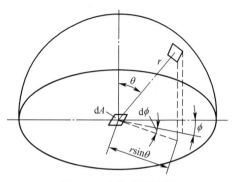

图 4-4　立体角元计算

$$M = \int_{2\pi} \mathrm{d}M$$

$$= L \int_{2\pi} \cos\theta \mathrm{d}\omega$$ (4-12)

$$= L \int_0^{2\pi} \int_0^{\frac{\pi}{2}} \cos\theta \cdot \sin\theta \mathrm{d}\theta \mathrm{d}\phi$$

$$= \pi L$$

（6）光子数

由辐射源发出,在光学介质中传播或被探测器接收到的光子的数量,符号 N_p,单位为 1,单个光子的能量

$$Q = h\nu$$ (4-13)

式中,h 普朗克常数 h = 6.6260693×10^{-34}Js[17];ν 光学辐射频率。

（7）分谱辐射通量

分谱辐射通量是波长 λ 的函数,在 Φ 右下角加角标 λ 表示分谱辐射通量 Φ_λ,它表示单位波长间隔内的辐射通量。

$$\phi_\lambda = \frac{\partial \phi}{\partial \lambda}$$ (4-14)

Φ_λ 的单位是 W/m 或 W/μm。其它分谱辐射量的单位与之类同如 E_λ、M_λ、I_λ、L_λ。

有时需要计算某一谱段间隔内的辐射通量 $\Phi(\lambda_1 \rightarrow \lambda_2)$,它与分谱辐射通量的关系为

$$\phi(\lambda_1 \rightarrow \lambda_2) = \int_{\lambda_1}^{\lambda_2} \phi_\lambda(\lambda) \mathrm{d}\lambda$$

而总辐射通量 Φ 为

$$\Phi = \int_0^\infty \phi_\lambda(\lambda) \mathrm{d}\lambda$$

如果以单位频率间隔内的辐射通量表示分谱辐射通量,在 Φ 右下角加角标 ν 表示分谱辐射通量 Φ_ν:

$$\Phi_\nu = \frac{\partial \Phi}{\partial \nu}$$

Φ_ν 单位是 (W/Hz)。

总辐射通量 Φ 为

$$\Phi = \int_0^\infty \Phi_\nu(\nu)\,\mathrm{d}\nu$$

对于电磁波 ν 与 λ 的关系为

$$\nu \cdot \lambda = C$$

对上式微商得

$$\mathrm{d}\nu = -\frac{c}{\lambda^2}\mathrm{d}\lambda$$

则

$$\Phi = \int_0^\infty \Phi_\nu(\nu) \cdot \frac{c}{\lambda^2}\mathrm{d}\lambda = \int_0^\infty \Phi_\lambda(\lambda)\,\mathrm{d}\lambda$$

$$\Phi_\nu = \frac{\lambda^2}{c}\Phi_\lambda$$

(4-15)

它表示单位频率间隔的辐射通量与单位波长间隔的辐射通量的关系,其他辐射量如 E 等亦如此。

(8) 半球反射率、吸收率与透射率。

辐射在界面的作用可归纳为反射、吸收与透射三部分,用反射率 ρ、吸收率 α 与透射率 τ 来描述这三种作用的强弱。它们代表 2π 空间入射的总通量与反射到 2π 空间的总通量之比,或与吸收的总通量之比,或与透射的总通量之比。

$$\rho(\lambda) = \frac{\text{波长为 } \lambda \text{ 的反射通量}}{\text{波长为 } \lambda \text{ 的入射通量}}$$

$$\alpha(\lambda) = \frac{\text{波长为 } \lambda \text{ 的吸收通量}}{\text{波长为 } \lambda \text{ 的入射通量}}$$

$$\tau(\lambda) = \frac{\text{波长为 } \lambda \text{ 的透射通量}}{\text{波长为 } \lambda \text{ 的入射通量}}$$

$\rho(\lambda)$、$\alpha(\lambda)$、$\tau(\lambda)$ 都是波长 λ 的函数。它们都是无量纲的量,数值在 0 与 1 之间。$\rho(\lambda)$ 也可表示为

$$\rho(\lambda) = \frac{M(\lambda)}{E(\lambda)}$$

式中: $E(\lambda)$ 为波长 λ 的辐射在目标上的辐照度; $M(\lambda)$ 为由于反射所致的辐射

出射度。

$\rho(\lambda)$、$\alpha(\lambda)$、$\tau(\lambda)$ 之间满足

$$\rho(\lambda) + \alpha(\lambda) + \tau(\lambda) = 1$$

对于非透明体 $\tau(\lambda) \equiv 0$，则上式为

$$\rho(\lambda) + \alpha(\lambda) = 1$$

对于非透明体，如果 $\alpha(\lambda) \equiv 1$，则 $\rho(\lambda) \equiv 0$，这种物体称为绝对黑体；而 $\alpha(\lambda) \equiv 0$，则 $\rho(\lambda) \equiv 1$，的物体称为白体。在可见及近红外区 MgO 是接近白体的，常把新鲜的 MgO 作为可见至近红外区的反射率标准。如果 $\rho(\lambda)$ 与波长无关，而是一个小于 1 大于 0 的常数，则此物体称为灰体。

在多色辐射时，平均反射率、吸收率、透射率，不仅取决于分谱反射率 $\rho(\lambda)$、吸收率 $\alpha(\lambda)$、透射率 $\tau(\lambda)$，而且还与入射源的光谱分布 $\Phi(\lambda)$ 有关。

根据 $\bar{\rho}$、$\bar{\alpha}$、$\bar{\tau}$ 的定义有：

$$\bar{\alpha}(\lambda_1 \to \lambda_2) = \frac{\int_{\lambda_1}^{\lambda_2} \Phi(\lambda) \alpha(\lambda) \, d\lambda}{\int_{\lambda_1}^{\lambda_2} \Phi(\lambda) \, d\lambda}$$

$$\bar{\rho}(\lambda_1 \to \lambda_2) = \frac{\int_{\lambda_1}^{\lambda_2} \Phi(\lambda) \rho(\lambda) \, d\lambda}{\int_{\lambda_1}^{\lambda_2} \Phi(\lambda) \, d\lambda}$$

$$\bar{\tau}(\lambda_1 \to \lambda_2) = \frac{\int_{\lambda_1}^{\lambda_2} \Phi(\lambda) \tau(\lambda) \, d\lambda}{\int_{\lambda_1}^{\lambda_2} \Phi(\lambda) \, d\lambda}$$

式中：$\Phi(\lambda)$ 是入射辐射的分谱辐射通量，λ_1 至 λ_2 是入射辐射的波长范围。入射源的光谱分布 $\Phi(\lambda)$ 不同，所得的 $\bar{\rho}$、$\bar{\alpha}$、$\bar{\tau}$ 的是有差别的。

4.1.2 光度量与单位

人类的眼睛只感应电磁波中的可见光，即波长从 $0.385 \sim 0.789 \mu m$ 这一范围的电磁波，在可见光谱段习惯使用光度学单位。

光度学中各种度量的定义与辐射度的定义相同，符号也相同，只不过在符号的右下角加角标 υ 以示区别，如光通量 Φ_υ、光照度 E_υ、光出射度 M_υ、发光强度 I_υ、光亮度 L_υ 等。

光度学的基本单位是坎德拉（cd）。1979 年第十六届国际计量大会定义其为光源在给定方向上的发光强度，频率为 $540 \times 10^{12} Hz$（标准大气压下波长

为 555.016nm,近似为 555nm)的单色辐射,发出强度为 $\frac{1}{683}$ W/Sr 的辐射
为 1cd。

　　光通量 Φ_v 的单位是流明,表达的物理量是能流的功率,它是发光强度为 1
坎德拉的光源在 1 球面度内发出的光通量,即 1 坎德拉 = 1 流明/球面度。

　　照度 E_v 的单位是勒克斯,1 勒克斯 = 1 流明/米^2。

　　光亮度 L_v 的单位是尼特,1 尼特 = 1 流明/(米^2·球面度)。

　　人眼对不同波长的可见光的响应度是不同,即对不同波长的相同辐射通量
产生的光视觉不一样。以视觉函数 $K(\lambda)$ 来表示

$$K(\lambda) = \frac{\Phi_v(\lambda)}{\Phi_e(\lambda)}$$

式中:$\Phi_v(\lambda)$ 是光通量单位;$\Phi_e(\lambda)$ 是辐射通量单位。

　　标准人眼的相对光视觉函数 $V(\lambda)$

$$V(\lambda) = \frac{K(\lambda)}{K_m}$$

　　对日间光亮度大于几个尼特时($L_v \geqslant 3nt$)人眼处于明视觉状态,相对光视
觉函数 $V(\lambda)$ 曲线当 $\lambda = 0.555\mu m$ 时 $K(\lambda)$ 取得极大值 $K(\lambda) = K_m = 683$ lm/
W,$V(\lambda) = 1$,人眼的灵敏度最高。对夜间光亮度小于百万分之几尼特时($L_v \leqslant$
$3 \times 10^{-5} nt$)[16],人眼处于暗视觉状态,相对光视觉函数曲线当 $\lambda = 0.507\mu m$ 时,
$K_m' = 1700$ lm/W,人眼的灵敏度最高 $V'(\lambda) = 1$,如图 4-5,具体数值见表 4-1。
日间与夜间的光视觉不同是由于人眼日间视觉是靠视网膜上锥形细胞的作用,
而夜间视觉是靠视网膜上杆状细胞的作用所致。当亮度介于明视觉与暗视觉
之间时,两种视觉细胞都起作用。

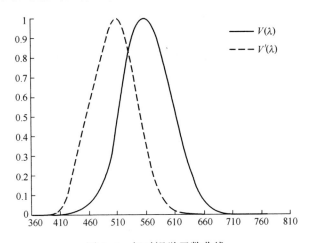

图 4-5　相对视觉函数曲线

表 4-1　相对视觉函数参数表[17]

λ/nm	$V(\lambda)$	$V'(\lambda)$	λ/nm	$V(\lambda)$	$V'(\lambda)$
360	0.000004		525	0.79320	0.880
365	0.000007		530	0.86200	0.811
370	0.000012		535	0.91485	0.733
375	0.000022		540	0.95400	0.650
380	0.000039	0.000598	545	0.98030	0.564
385	0.000064	0.00111	550	0.99495	0.481
390	0.000120	0.00221	555	1.00000	0.402
395	0.00022	0.00453	560	0.99500	0.3288
400	0.00040	0.00929	565	0.97860	0.2639
405	0.00064	0.01852	570	0.95200	0.2076
410	0.00121	0.03484	575	0.91540	0.1602
415	0.00218	0.0604	580	0.87000	0.1212
420	0.00400	0.0966	585	0.81630	0.0899
425	0.00730	0.1436	590	0.75700	0.0655
430	0.01160	0.1998	595	0.69490	0.0469
435	0.01684	0.2625	600	0.63100	0.03315
440	0.02300	0.3281	605	0.56680	0.02312
445	0.02980	0.3931	610	0.50300	0.01593
450	0.03800	0.455	615	0.44120	0.01088
455	0.04800	0.513	620	0.38100	0.00737
460	0.06000	0.567	625	0.32100	0.00497
465	0.07390	0.620	630	0.26500	0.00334
470	0.09098	0.676	635	0.21700	0.00224
475	0.11260	0.734	640	0.17500	0.00150
480	0.13902	0.793	645	0.13820	0.00100
485	0.16930	0.851	650	0.10700	0.000677
490	0.20802	0.904	655	0.08160	0.000459
495	0.25860	0.949	660	0.06100	0.000313
500	0.32300	0.982	665	0.04458	0.000215
505	0.40730	0.998	670	0.03200	0.000148
510	0.50300	0.997	675	0.02320	0.000103
515	0.60820	0.975	680	0.01700	0.000072
520	0.71000	0.935	685	0.01192	0.000050

（续）

λ/nm	$V(\lambda)$	$V'(\lambda)$	λ/nm	$V(\lambda)$	$V'(\lambda)$
690	0.00821	0.000035	765	0.000042	0.0000003
695	0.00572	0.0000250	770	0.000030	0.0000002
700	0.00410	0.0000178	775	0.0000212	0.0000002
705	0.00293	0.0000127	780	0.0000150	0.0000001
710	0.00209	0.0000091	785	0.0000106	
715	0.00148	0.0000066	790	0.0000075	
720	0.00105	0.0000048	795	0.0000053	
725	0.00074	0.0000035	800	0.0000037	
730	0.00052	0.0000025	805	0.0000026	
735	0.000361	0.0000019	810	0.0000018	
740	0.000249	0.0000014	815	0.0000013	
745	0.000172	0.0000010	820	0.0000009	
750	0.000120	0.0000008	825	0.0000006	
755	0.000085	0.0000006	830	0.0000005	
760	0.000060	0.0000004			

在可见光区,辐射度量单位与光度量单位之间需要换算时,必须考虑光视觉函数 $V(\lambda)$ 的影响。对 $\lambda = 0.555\mu\mathrm{m}$ 的单色辐射,1W 的辐射通量相当于 683lm 的光通量。任意波长 λ 的光通量 Φ_v 与辐射通量 Φ_e 之间的换算关系为

$$\Phi_v(\lambda) = 683\Phi_e(\lambda) \cdot V(\lambda) \tag{4-16}$$

式中:$\Phi_v(\lambda)$ 的单位是流明(lm);$\Phi_e(\lambda)$ 的单位是瓦(W)。

而在 $\lambda_1 \sim \lambda_2$ 之间的换算关系是

$$\Phi_v(\lambda_1 \to \lambda_2) = 683\int_{\lambda_1}^{\lambda_2}\Phi_e(\lambda)V(\lambda)\mathrm{d}\lambda \tag{4-17}$$

式中:I_v 的单位是流明/球面度;I_e 的单位是瓦/球面度。

其它各光度量之间也符合这个关系,如发光强度 I_v 与辐射强度 I_e 之间的换算关系为 $I_v = 683I_e V(\lambda)$

辐射量光度量单位对照表见表4-2。

表4-2 辐射量光度量单位对照表

辐射量	定义	单位		光度量	单位	
辐射能量/Q_e		焦耳	J	光能/Q_v	流明·秒	lm·s
辐射通量/Φ_e	$\Phi_e = \dfrac{\partial Q_e}{\partial t}$	瓦	W	光通量/Φ_v	流明	lm
辐照度/E_e	$E_e = \dfrac{\partial \Phi_e}{\partial A}$	瓦/米^2	W/m^2	照度/E_v	勒克斯	lx

（续）

辐射量	定义	单位		光度量	单位	
辐射出射度 /M_e	$M_e = \dfrac{\partial \varPhi_e}{\partial A}$	瓦/米^2	W/m^2	光出射度 /M_v	流明/米^2	lm/m^2
辐射强度/I_e	$I_e = \dfrac{\partial \varPhi_e}{\partial \omega}$	瓦/球面度	W/Sr	发光强度 /I_v	坎德拉	Cd
辐射亮度/L_e	$L_e = \dfrac{\partial^2 \varPhi_e}{\cos\theta \partial A \partial \omega}$	瓦/（米^2 球面度）	W·m^{-2} ·Sr^{-1}	亮度/L_v	尼特	nt
光子数/N_p	hν	个	1			

4.1.3 黑体辐射

在一定温度下,任何物体都向外辐射能量,物体的辐射出射度 M_e 是波长 λ 与温度 T 的函数,即 $M_e(\lambda T)$。早在 1860 年,基尔霍夫就发现物体的辐射出射度 M_e 与物体的吸收率 α 之间有内在的联系:吸收率 α 较高的物体,其辐射出射度也大,用定量的关系可表示为

$$\frac{M_e(\lambda T)}{\alpha(\lambda T)} = M_b(\lambda T)$$

式中:$M_b(\lambda T)$ 是一个与物体性质无关的普适函数,它仅取决于物体的温度 T 和波长 λ。

如果物体的吸收率 α 与温度 T、波长 λ 无关,恒等于 1,也就是绝对黑体,有

$$M_e(\lambda T) = M_b(\lambda T)$$

此式说明绝对黑体的辐射出射度就是普适函数 $M_b(\lambda T)$。

绝对黑体是一种理想的吸收体,是在任何温度下能够全部吸收任何方向、任何波长的辐照的物体,黑体是朗伯体也是漫反射体[17]。这在自然界不易找到。但一个空腔可以看作一个理想的黑体(图 4-6)。这是由于光线进入小孔后,需要经过内壁的多次反射,才可能从小孔中重新射出,只要内壁不是绝对白体($\alpha \neq 0$),每反射一次光线就要减弱一些,多次反射使光强大大减弱,当光线从小孔中射出时光强已接近到零,即空腔的吸收率 $\alpha \approx 1$。

因此,一个有小孔的空腔是一个理想的绝对黑体,而空腔的内壁材料并不一定是黑色的。黑体的辐射出射度 $M_b(\lambda T)$ 可用普朗克公式表示

$$M_b(\lambda T) = \frac{2\pi hc_0^2}{\lambda^5} \cdot \frac{1}{e^{hc_0/\lambda kT} - 1} \tag{4-18}$$

式中:$h = 6.6260693 \times 10^{-34}$ J·s 为普朗克常数;$k = 1.380658 \times 10^{-23}$ J·K^{-1} 为波耳兹曼常数[17];$c_0 = 299792458$ m/s 为真空中的光速[17];λ 为波长(m);T 为绝对温度(K);$M_b(\lambda T)$ 的单位是 W/m^3。

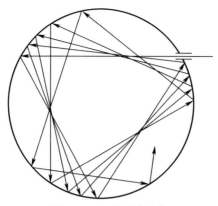

图 4-6　空腔黑体示意

又有

$$C_1 = 2\pi hc_0{}^2 = 3.741771 \times 10^{-16} \text{ J} \cdot \text{W} \cdot \text{m}^2{}^{[17]};$$

$$C_2 = hc_0/k = 1.438775 \times 10^{-2} \text{ m} \cdot \text{K}^{[17]};$$

$M_b(\lambda T)$ 式还可简化为

$$M_b(\lambda T) = \frac{C_1}{\lambda^5(e^{C_2/\lambda T} - 1)} \tag{4-19}$$

$M_b(\lambda T)$ 代表单位波长间隔（m）内在单位面积（m^2）上的辐射功率。

由于绝对黑体是朗伯体，由 $M = \pi L$ 可知黑体的分谱辐亮度 L_b 等于 M_b/π，即

$$L_b(\lambda T) = \frac{2hc_0{}^2}{\lambda^5(e^{hc_0/\lambda kT} - 1)}$$

$L_b(\lambda T)$ 的单位是 $\text{W}/(\text{m}^3 \cdot \text{Sr})$。

如将 h、c_0、k 的常数代入有

$$L_b(\lambda T) = \frac{1.1910428 \times 10^{-22}}{\lambda^5(e^{1.43878 \times 10^{-2}/\lambda T} - 1)}$$

$L_b(\lambda T)$ 的单位是 $\text{W}/(\text{m}^2 \cdot \text{Sr} \cdot \mu\text{m})$。

如果以每秒辐射的光子数来表示分谱辐亮度，由于 $n_b(\lambda T) = L_b(\lambda T)/h\nu$，则

$$n_b(\lambda T) = \frac{2c_0}{\lambda^4(e^{hc_0/\lambda kT} - 1)} \tag{4-20}$$

$n_b(\lambda T)$ 的单位是光子数/（米^3·球面度·秒）（$\text{N}_p \cdot \text{m}^{-3} \cdot \text{Sr}^{-1} \cdot \text{s}^{-1}$）。

当温度 T 不同时，$L_b(\lambda T)$ 与 λ 的关系见图 4-7，从图中可以明显看到黑体辐射有个极大值，它所对应的波长 λ_{max}。对 $L_b(\lambda T)$ 求偏导数并令其为零，可得

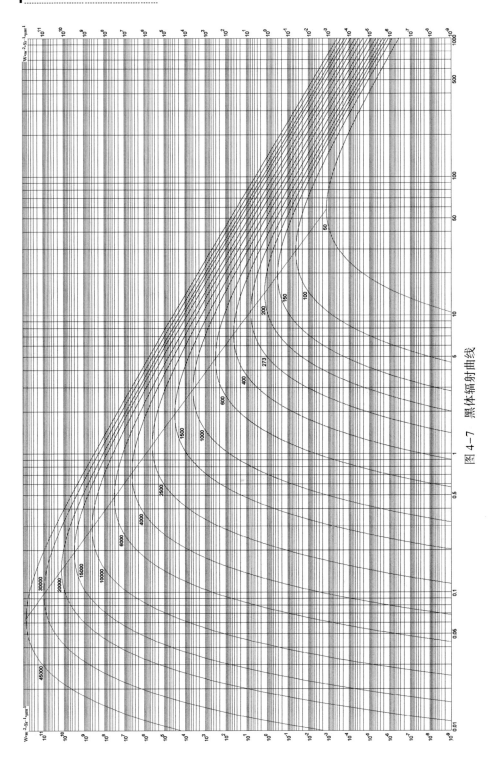

图 4-7　黑体辐射曲线

$$\frac{\partial M_b}{\partial \lambda} = \frac{-C_1 \left[5\lambda^4 (e^{C_2/\lambda T} - 1) + \lambda^5 e^{C_2/\lambda T} \left(-\dfrac{C_2}{\lambda^2 T} \right) \right]}{\lambda^{10} (e^{C_2/\lambda T} - 1)^2} = 0$$

此式为零的条件是其分子为零,既可求出 λ_{max}。如令 $x = C_2/(\lambda T)$ 则

$$5(e^x - 1) - xe^x = 0$$

化简后得

$$\left(1 - \frac{x}{5} \right) e^x = 1$$

$$x = \frac{C_2}{\lambda_{max} T} = 4.96511$$

因此

$$\lambda_{max} T = b = 2.89777 \times 10^{-3} \, m \cdot K \tag{4-21}$$

式(4-21)也称为维恩位移定律,它说明随着温度的增加,辐射的峰值向短波方向移动。表4-3给出了不同温度时 λ_{max} 的数值。

表4-3　不同温度时 λ_{max} 的数值

T/K	300	500	1000	2000	3000	4000	5000	6000	7000
$\lambda/\mu m$	9.659	5.796	2.898	1.449	0.966	0.724	0.580	0.483	0.414

将式(4-21)代入式(4-19)得[24]

$$M_b(\lambda_{max} T) = \frac{C_1}{\lambda_{max}{}^5 (e^{C_2/\lambda_{max} T} - 1)}$$

$$= \left(\frac{T}{b} \right)^5 \frac{C_1}{(e^{C_2/b} - 1)}$$

$$= \frac{C_1}{b^5} \frac{1}{(e^{C_2/b} - 1)} T^5$$

$$= \frac{3.741771 \times 10^{-16}}{(2.89777 \times 10^{-3})^5} \frac{1}{(e^{1.438775 \times 10^{-2}/2.89777 \times 10^{-3}} - 1)} T^5$$

$$= 1.286702 \times 10^{-11} T^5 \, (W \cdot m^{-2} \mu m^{-1}) \tag{4-22}$$

在峰值波长处,黑体的光谱辐亮度

$$L_{max} = 4.0957 \times 10^{-12} T^5$$

$$\tag{4-23}$$

L_{max} 单位 $W/(m^2 \cdot Sr \cdot \mu m)$

由表4-3可知,在室温时黑体辐射的极大值在 $10\mu m$ 左右。当温度达到 1000K 时,虽然 λ_{max} 还位于 $2.90\mu m$ 处于红外,但从图可以看到已有一部分辐射进入可见区,而且红色光的成分($0.62 \sim 0.76\mu m$)占绝对优势,因此物体看起来呈暗红色。随着温度的不断升高,λ_{max} 不断向短波方向移动,可见光成分中短

波的比重不断增加,颜色也由红转为橙。当温度为 5000~6000K 时,λ_{max} 位于可见光谱段的中部,整个可见光区的分谱亮度都差不多,物体看起来是白色的。太阳光谱的极大值位于 0.47μm,根据维恩位移定律可推出太阳的温度 T 约为 6150K。

由图 4-7 也可看到黑体辐射的总功率是随着黑体温度的升高而增加的。从普朗克公式可算出总功率 M_{bb} 与温度的四尺方成正比。计算 M_{bb} 的公式为

$$M_{bb} = \int_0^\infty M_b(\lambda)\,d\lambda$$

为了计算方便,把积分从波长空间转换到频率空间,即

$$M_{bb}(T) = \int_0^\infty M_b(\lambda)\frac{\lambda^2}{c_0}d\nu$$

把 $M_b(\lambda)$ 中的 λ 也变换成 ν,得到

$$
\begin{aligned}
M_{bb} &= \int_0^\infty \frac{2\pi h\nu^3}{c_0^2} \cdot \frac{d\nu}{e^{h\nu/kT} - 1} \\
&= \frac{2\pi h}{c_0^2}\int_0^\infty \frac{\nu^3 e^{-h\nu/kT}d\nu}{1 - e^{-h\nu/kT}} \\
&= \frac{2\pi h}{c_0^2}\int_0^\infty (e^{-h\nu/kT} + e^{-2h\nu/kT} + e^{-3h\nu/kT} + \cdots)\nu^3 d\nu \\
&= \frac{2\pi^5 h}{15c_0^2}\left(\frac{kT}{h}\right)^4 \\
&= \sigma T^4
\end{aligned}
\tag{4-24}
$$

式(4-24)称为斯忒藩-玻耳兹曼定律,式中 σ 称为斯忒藩-玻耳兹曼常数[17]。

$$\sigma = \frac{2\pi^5 k^4}{15c_0^2 h^3}$$

$$= 5.6704 \times 10^{-8}\,W/(m^2 \cdot K^4)$$

$M_{bb}(T)$ 的单位是 W/m^2,是单位面积的黑体向 2π 空间辐射的总功率,它与 T^4 成正比。对波长较长的辐射区,也就是对频率较低的谱段,如果满足 $h\nu \ll kT$,普朗克公式可以化为比较简单的形式

$$e^{h\nu/kT} \approx 1 + h\nu/kT$$

则

$$M_b(\lambda T) = \frac{2\pi hc_0^2}{\lambda^5} \cdot \frac{1}{\left(1 + \dfrac{hc_0}{\lambda kT}\right) - 1} = \frac{2\pi c_0}{\lambda^4}kT \tag{4-25}$$

式(4-25)称为锐利-金斯定律。在 $\lambda \gg \lambda_{max}$ 时,锐利-金斯的结果与普朗克公式的结果很一致。例如物体在常温下的 $\lambda_{max} \approx 10\mu m$,其微波辐射分布($\lambda$ 从 1mm

到 1m)适用锐利-金斯公式。在微波区常用频率 ν 代替波长 λ 作为自变量,则

$$M_{\mathrm{b}}(\nu,T) = M_{\mathrm{b}}(\lambda T) \cdot \frac{c_0}{\nu^2} = \frac{2\pi}{\lambda^2}kT \tag{4-26}$$

式(4-26)表示的是在单位频率间隔内(Hz),每平方米面积黑体向 2π 空间辐射的功率。$M_{\mathrm{b}}(\nu T)$ 的单位是 W/($\mathrm{m}^2 \cdot$ Hz)。

对于作为黑体的辐射源,国际照明委员会(CIE)推荐计算分谱辐射时光谱数据范围取 380~780nm,波长间隔小于 10nm,相对光谱温度分布与黑体的差异要小于 10%。

4.1.4 辐射的计算

1. 入射与反射

物体的反射率 $\rho(\lambda)$ 是波长的函数,同一物体对不同波长的反射率有很大的差异,也是视觉的基础。前面定义的反射率是入射通量与反射到整个空间的通量之比,而与反射通量的空间分布无关。更为精确的计算还要考虑入射方向与反射方向、物体表面状态等因素。一束光线入射角 θ_{i},入射方位角 φ_{i}。反射角 θ_{r},反射方位角 φ_{r}。入射照度 E,反射亮度 L,如图 4-8 所示。

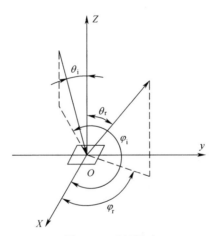

图 4-8 反射图示

为了描写物体的方向反射特性,引进方向反射因子 $\rho'(\theta_{\mathrm{i}}\varphi_{\mathrm{i}},\theta_{\mathrm{r}}\varphi_{\mathrm{r}})$

$$\rho'(\theta_{\mathrm{i}}\varphi_{\mathrm{i}},\theta_{\mathrm{r}}\varphi_{\mathrm{r}}) = \frac{L(\theta_{\mathrm{r}}\varphi_{\mathrm{r}})}{E_{\mathrm{i}}(\theta_{\mathrm{i}}\varphi_{\mathrm{i}})}$$

式中:E_{i} 是以高度角为 θ_{i}、方位角为 φ_{i} 方向入射的波束所引起的照度;L 是以高度角为 θ_{r},方位角为 φ_{r} 方向观察的反射亮度,ρ' 的单位是 $(\mathrm{Sr})^{-1}$。

一般情况下 ρ' 是 θ_{i}、φ_{i}、θ_{r}、φ_{r} 四个参数的函数,其中任意一个参数改变时 ρ' 都有可能改变。对漫入射波束(如天空光),E_{i} 与 $(\theta_{\mathrm{i}}\varphi_{\mathrm{i}})$ 无关,因此

$$\rho''(\theta_r\varphi_r) = \frac{L(\theta_r\varphi_r)}{E_i}$$

从式中可见此时方向反射因子 ρ'' 是与辐射源的入射情况无关的。

漫反射体或称朗伯体,它的亮度 L 与观察角 θ_r、φ_r 无关,与入射方向 θ_i、φ_i 也无关,因此对朗伯体 ρ' 为常数

$$\rho' = \frac{L}{E_i}$$

即朗伯体的方向反射因子 ρ' 与入射方向和观察方向无关。

由于半球反射率 $\rho(\lambda)$ 的定义

$$\rho = \frac{M}{E_i}$$

和朗伯体式(4-12)得

$$M = \int_{2\pi} L\cos\theta d\omega \qquad (4-27)$$

推知

$$\rho E_i = \int_{2\pi} E_i \rho' \cos\theta d\omega \qquad (4-28)$$

比较式(4-27)、式(4-28)可知方向反射因子 $\rho'(\theta_i\varphi_i, \theta_r\varphi_r)$ 与反射率 ρ 之间的关系

$$\rho = \int \rho' \cos\theta d\omega$$

$$= \int_0^{2\pi} d\phi \int_0^{\pi/2} \rho' \cos\theta \sin\theta d\theta$$

朗伯体 ρ' 为常数与 θ、φ 无关,故从上式积分可得

$$\rho = \pi\rho'$$

当从某一方向观察物体时,物体的亮度

$$L(\theta_r\varphi_r) = \rho'(\theta_i\varphi_i, \theta_r\varphi_r) \cdot E_i(\theta_i\varphi_i)$$

将 $E_S = \cos\theta \cdot E_0/D^2$,$E = E_S + E_D$,$E_S$ 太阳直射光,E_D 太空漫射光,代入上式可得 $L(\theta_r\varphi_r) = \rho'(\theta_i\varphi_i, \theta_r\varphi_r) \cdot \cos\theta_i \cdot E_0/D^2 + \rho''(\theta_r\varphi_r) \cdot E_D$,$E_0$ 为太阳常数,D 的单位为 AU。对于朗伯体 ρ' 为常数,故

$$L = \rho' E_i = \rho E_i/\pi \qquad (4-29)$$

此公式是经常使用的,但使用时一定要注意它的前提条件为朗伯体。

从生活的经历知道当两个反射面一个表面平滑,一个粗糙,在平滑表面只有在 $\theta_i = \theta_r$ 的镜面反射方向才能观察到反射光,在其他方向是观察不到反射光束的。这个平滑表面的粗糙度 h 应满足:

$$h \leq \lambda/(8\cos\theta)$$

此平滑表面即为镜面,式中 λ 的为入射波束的波长,θ 为平面的法线与入射

波束之间的夹角。

另一粗糙表面为漫反射面,其反射亮度 L 为一常数,也就是从任何角度观察此面时,只要入射的照度不变,它的亮度与观察角度无关。如果观察者从垂直方向观察这两平面时,第一个镜面看起来是"黑色"的;当观察者从镜面反射方向观察时,镜面的亮度又远远大于漫反射面的亮度,而两者的反射率 ρ 却是相同的。实际的表面介于这两者之间,即非镜面,又非漫反射面,它们有复杂的方向分布。

2. 点源对微面元的照度[19]

如图 4-9 所示,O 为点源,受照面元 dA 据点元距离 l,面元法线 N 与辐射方向夹角 α,面元对点源所张立体角 $d\omega$ 为

$$d\omega = \frac{dA\cos\alpha}{l^2}$$

设点源在面元方向上的辐射强度为 I,则点源向立体角 $d\omega$ 辐射的通量为

$$d\phi = Id\omega = \frac{IdA\cos\alpha}{l^2}$$

忽略光传播中的能量损失,微元上的照度为

$$E = \frac{d\phi}{dA} = \frac{I\cos\alpha}{l^2} \qquad (4-30)$$

3. 点源对圆盘的辐射通量

如图 4-10 所示,O 为点源,受照圆盘与点元距离 l_0,辐射方向与圆盘垂直,圆盘半径 R,圆盘不同半径处照度不同。

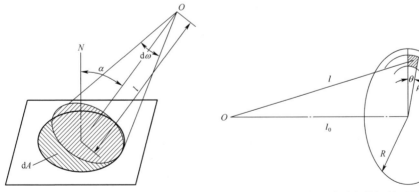

图 4-9　点源在面元上的照度　　　　图 4-10　点源对圆盘的辐射通量

取圆盘上的面元 dA,参见式(4-30)其上的辐射通量为

$$d\phi = EdA = \frac{IdA\cos\alpha}{l^2}$$

$$dA = \rho d\theta d\rho$$

$$\cos\alpha = \frac{l_0}{\sqrt{\rho^2 + l_0{}^2}}$$

$$d\phi = I\rho d\theta d\rho \frac{l_0}{(\rho^2 + l_0^2)^{3/2}}$$

将上式对 ρ、θ 积分的圆盘上的全部辐射通量

$$\phi = Il_0 \int_0^{2\pi} d\theta \int_0^R \frac{\rho}{(\rho^2 + l_0{}^2)^{3/2}} d\rho \qquad (4-31)$$

$$= 2\pi I\left(1 - \frac{l_0}{\sqrt{l_0{}^2 + R^2}}\right)$$

当 $l_0 \gg R$ 时,$l \approx l_0$,$\cos\alpha \approx 1$,圆盘作为面元各处照度相等,辐射通量为

$$\varphi = \frac{\pi IR^2}{l_0^2}$$

4. 面源在微面元上的辐照度

如图 4-11 所示,O 为被辐照的面元。A 为面辐射源,其上面元 dA 与受照点 O 距离 l,辐射方向与面辐射源 dA 法线夹角 β 与被辐照面元 O 的法线夹角 α,dA 对 O 所张立体角的 $d\omega$,运用点源在面元上的照度式 (4-30) 有

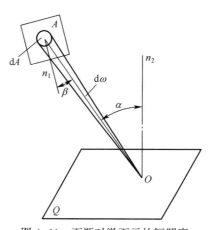

图 4-11　面源对微面元的辐照度

$$dE = \frac{I_\beta \cos\alpha}{l^2}$$

式中:I_β 为 dA 在 β 方向上的辐射强度。

由辐射强度和辐射亮度的定义可知,设 dA 在 β 方向上的辐射亮度 L_β,有

$$I_\beta = L_\beta dA\cos\beta$$

$$dE = \frac{L_\beta dA\cos\beta\cos\alpha}{l^2}$$

dA 对 O 所张立体角的 $d\omega$

$$d\omega = \frac{dA\cos\beta}{l^2}$$

$$dE = L_\beta\cos\alpha d\omega$$

整个面源 A 对 O 点面元的照度

$$E = \int_A dE = \int_A L_\beta\cos\alpha d\omega$$

一般面辐射源在各向辐射亮度不相等,积分困难,若相等则 L_β 为常量

$$E = L_\beta\int_A\cos\alpha d\omega$$

5. 朗伯体辐射源的辐照度

如图 4-12 所示,扩展朗伯源半径 b,亮度 L,取其面元 $dA = xd\phi dx$。求距朗伯源 h 处一点的辐照度。

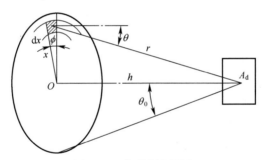

图 4-12　朗伯源辐照度

$$dE = L\frac{\cos^2\theta}{r^2}xd\phi dx$$

由图 4-12,得

$$r = h/\cos\theta, x = h\tan\theta, dx = hd\theta/\cos^2\theta$$

积分上式得圆盘扩展源轴上一点的辐照度

$$E = L\int_0^{2\pi}d\phi\int_0^{\theta_0}\sin\theta\cos\theta d\theta$$

$$= \pi L\sin^2\theta_0 \qquad(4\text{-}32)$$

$$= M\sin^2\theta_0$$

扩展源近似为点源的条件,由图 4-12

$$\sin^2\theta_0 = \frac{b^2}{h^2 + b^2}$$

圆盘面积 $A = \pi b^2$

$$E = \pi L \sin^2 \theta_0$$

$$= \pi L \frac{b^2}{h^2 + b^2}$$

$$= \frac{LA}{h^2} \frac{1}{1 + (b/h)^2}$$

若圆盘为点源则轴上该点的照度为

$$E_0 = \frac{LA}{h^2}$$

若面源朗伯源可看做点源则应有 $E \approx E_0$

$$\frac{b}{h} \approx 0$$

可知 $h \geq 10b$,则误差<1%。

这里是以照度的误差作为是点源还是面源的评判依据,当关心的问题侧重点不同时这将有很大的不同,比如,当我们在地面观测 GEO 轨道的卫星亮度时,直观地讲我们认为是点源,当用长焦距 CCD 相机测它的亮度时却需要当成面源,否则会引进很大的误差。

4.1.5 实际物体的辐射

实际的物体既非黑体亦非白体,实际物体的吸收率 α 小于 1,而且 α 是波长与温度的函数。实际物体的辐射出射度 $M_e(\lambda T)$ 小于黑体的辐射出射度 $M_b(\lambda T)$。为了描述实际物体的辐射情况,通常把 $M_e(\lambda T)$ 与同温度的黑体 $M_b(\lambda T)$ 之比称为比辐射率 $\varepsilon(\lambda T)$。

$$\varepsilon(\lambda T) = \frac{M_e(\lambda T)}{M_b(\lambda T)}$$

将上式与普适函数的定义相比较可知

$$\varepsilon(\lambda T) = \alpha(\lambda T)$$

此式说明物体的比辐射率 ε 与其同温度、同波长的吸收率 α 相等。比辐射率 $\varepsilon(\lambda T)$ 是一个无量纲量,$\varepsilon \in (0 \sim 1)$ 之间。

由比辐射率 $\varepsilon(\lambda T)$ 可得到一个面积为 A 的物体的分谱辐射功率 $W(\lambda T)$ 为

$$W(\lambda T) = A\varepsilon(\lambda T) M_b(\lambda T)$$

$$= A\varepsilon(\lambda T) \frac{C_1}{\lambda^5 (e^{C_2/\lambda T} - 1)}$$

对某一波长范围$(\lambda_1 \sim \lambda_2)$的平均比辐射率$(\lambda_1 \sim \lambda_2)$为

$$\overline{\varepsilon}(\lambda_1 \to \lambda_2) = \frac{\displaystyle\int_{\lambda_1}^{\lambda_2} \varepsilon(\lambda T)\, \frac{C_1}{\lambda^5 (e^{C_2/\lambda T} - 1)}\,d\lambda}{\displaystyle\int_{\lambda_1}^{\lambda_2} \frac{C_1}{\lambda^5 (e^{C_2/\lambda T} - 1)}\,d\lambda}$$

一般而言 $\overline{\varepsilon}(\lambda_1 \sim \lambda_2)$ 与波长范围 $\lambda_1 \sim \lambda_2$ 有关,与波长范围 $\lambda_1 \sim \lambda_2$ 无关的物体称为灰体,即 $\varepsilon(\lambda T)$ 不随 λ 改变的物体称为灰体。

实际物体的表面辐射亮度 L 还与出射方向 θ 有关。比辐射率 ε 不仅是 λ、T 的函数,还是出射角 θ 的函数。图 4-13 是典型光滑电介质的比辐射率 ε 的角分布图[16]。

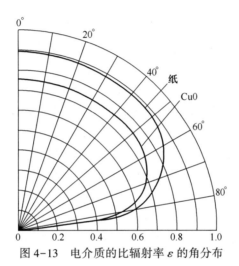

图 4-13 电介质的比辐射率 ε 的角分布

如果电介质是非透明体,则

$$\varepsilon(\theta) = \alpha(\theta) = 1 - \rho(\theta)$$

对自然光镜面反射率 $\rho(\theta)$ 是 θ 的函数[16]

$$\rho(\theta) = \frac{1}{2}\left[\frac{\sin^2(\theta_i - \theta_t)}{\sin^2(\theta_i + \theta_t)} + \frac{\tan^2(\theta_i - \theta_t)}{\tan^2(\theta_i + \theta_t)} \right]$$

式中:θ_i 为入射角;θ_t 为折射角。

因而

$$\varepsilon(\theta) = 1 - \rho(\theta)$$

$$= 1 - \frac{1}{2}\left[\frac{\sin^2(\theta_i - \theta_t)}{\sin^2(\theta_i + \theta_t)} + \frac{\tan^2(\theta_i - \theta_t)}{\tan^2(\theta_i + \theta_t)} \right]$$

当 $\theta = 0$ 时

$$\varepsilon(0) = \frac{4n}{(1 + n)^2}$$

式中:n 为电介质的折射率,这说明介质的法向比辐射率是黑体的 $4n/(1+n)^2$ 倍。

在实际应用中,光滑介质比辐射率 $\varepsilon(\theta)$ 的角分布采用下面的形式就已经足够了[16]

$$\varepsilon(\theta) = \cos^\alpha\theta \frac{4n}{(1+n)^2}$$

式中:α 为一个小于 1 的数,可以从实验中得出。

对导体 $\varepsilon(\theta)$ 的角分布可用下式近似[16]

$$\varepsilon(\theta) = \frac{1}{n}\left(\cos\theta_i + \frac{1}{\cos\theta_i}\right)$$

当 $\theta \to \pi/2$ 时,上式是不正确的。

从普朗克公式知道,黑体的辐射出射度 $M_b(\lambda T)$ 是温度 T 和波长 λ 的函数,在对波长积分后获得了辐射总功率 $M_{bb} = \sigma T^4$ 的斯忒藩-玻耳兹曼定律,变成了只是温度 T 的函数。因此,从遥感角度在考虑了 $\varepsilon(\lambda、T、\theta)$ 的影响后获得物体的温度可有三条途径,测得辐射总功率来确定物体的温度;或根据辐射出射度 $M_b(\lambda T)$ 来测得物体的温度,这有两条途径,当设定物体的温度 T 可以通过 $M_b(\lambda T)$ 来求得各波长的分谱 $M_{b\lambda}(\lambda T)$,就是用物体的分谱辐亮度分布来确定物体的温度,并形象地称为“色温”;当设定物体的温度和波长后,可以通过 $M_b(\lambda T)$ 来求得对应波长的分谱 $M_{b\lambda i}(\lambda T)$,通过测得 $M_{b\lambda i}(\lambda T)$ 来确定物体的温度,并形象地称为“亮温”。

“色温”“亮温”、辐射总功率温度(全辐射温度)这些结论对黑体是严格成立的,存在互易关系,而对于非黑体,由于比辐射率的影响,并不存在互易关系。

1. 色温

色温的定义是:如果一个温度为 T 的物体的相对光谱分布 $L(\lambda T)$ 与某一个温度为 T_c 的黑体的相对光谱分布一致,则称此黑体的温度 T_c 为物体的色温,即

$$\frac{L_b(\lambda_1 T_c)}{L_b(\lambda_2 T_c)} = \frac{L(\lambda_1 T)}{L(\lambda_2 T)} = \frac{\varepsilon_1 L_b(\lambda_1 T)}{\varepsilon_2 L_b(\lambda_2 T)}$$

式中:$L_b(\lambda_1 T_c)$、$L_b(\lambda_2 T_c)$ 是温度为 T_c 的黑体在波长为 λ_1 与 λ_2 处的辐射亮度;$L(\lambda_1 T)$、$L(\lambda_2 T)$ 是温度为 T 的物体在波长为 λ_1 与 λ_2 处的辐射亮度;$L_b(\lambda_1 T)$、$L_b(\lambda_2 T)$ 是温度为 T 的黑体在波长为 λ_1 与 λ_2 处的辐射亮度;ε_1、ε_2 为对应的比辐射率。

如果满足上式的关系,就称物体在波长为 λ_1 至 λ_2 之间的色温为 T_c。

在不同谱段,同一辐射源的相对光谱分布可以与不同温度的黑体相对光谱分布一致,因此在不同谱段可以有不同的色温。对灰体 $\varepsilon_1 = \varepsilon_2$,则 $T_c = T$,也就是灰体的色温就是它的实际温度,而非灰体 $T_c \neq T$。

色温考虑的是辐射功率的相对分布,而不是绝对辐射功率。某一色温较高

物体的辐射功率可能比另一色温较低物体的辐射功率还要小。由于瑞利散射的强度与 λ^{-4} 成正比,所以天空光中蓝光的比例相对较大,而红光的比例小,它的相对光谱与 25000K 黑体的相对光谱分布近似。天空光的色温为 25000K,而太阳的色温为 6000K,显然天空光的辐射强度比太阳的辐射强度要弱得多。

2. 亮温

如果有一个温度为 T_b 黑体的辐射亮度 $L_b(\lambda T_b)$ 与某一物体的 $L(\lambda T)$ 相同,则称此物体的亮温为 T_b,即

$$L(\lambda T) = L_b(\lambda T_b)$$

实际辐射源的辐射亮度 $L(\lambda T)$ 与同温度黑体的辐射亮度 $L_b(\lambda T)$ 之间满足下面的关系式

$$L(\lambda T) = \varepsilon(\lambda) L_b(\lambda T)$$

由于 ε 小于 1,物体的亮温 T_b 就一定小于实际温度 T。因为 $\varepsilon(\lambda)$ 是波长 λ 的函数,所以亮温 T_b 也是波长 λ 的函数。

一般地讲,亮温 T_b 与 ε 及 T 的关系是复杂的,但当 $\lambda \gg \lambda_{max}$ 时,即在锐利-金斯近似条件下,L_b 的表达式是简单的:

$$L_b = kT \cdot 2c_0 / \lambda^4$$

由

$$L(\lambda T) = \varepsilon(\lambda) L_b(\lambda T) \text{ 和 } L(\lambda T) = L_b(\lambda T_b)$$

可得

$$L(\lambda T) = \varepsilon \cdot L_b(\lambda T) = L_b(\lambda T_b)$$

将 $L_b = kT \cdot 2c_0 / \lambda^4$ 代入上式得

$$T_b = \varepsilon T$$

此式说明在 $\lambda \gg \lambda_{max}$ 时,亮温温度 T_b 等于实际温度 T 与比辐射率 ε 的乘积。

3. 全辐射温度

测量物体的全辐射温度即是测量物体的总辐射 M_{bb},设物体的温度 T、比辐射率 ε,有

$$\varepsilon \sigma T^4 = M_{bb}$$

从上式求取物体的温度 T,比辐射率 ε 越低一般易导致测量结果的误差越大。

例如,将比辐射率 $\varepsilon = 0.8$ 的铁和比辐射率 $\varepsilon = 0.1$ 的铝均加热到 500℃,用黑体定标的全辐射测温仪读出的辐射温度铁、铝分别为

$$T_{Fe} = 0.8^{1/4}(500 + 273) - 273 = 458(℃)$$

$$T_{Al} = 0.1^{1/4}(500 + 273) - 273 = 162(℃)$$

即测出的温度为 T,被测物体的温度 T_o,两者的关系为

$$T_0 = \frac{T + 273}{\varepsilon^{1/4}} - 273$$

4.1.6 辐射的电磁波谱

电磁辐射分布于一个很广的范围,根据国际通信联盟(International Telecommunication Union,ITU)对无线电波谱的划分,极低频(ELF)频率3~30Hz,波长 $10^7 \sim 10^8$ m。电磁辐射的高频为宇宙射线频率>3×10^{24}Hz,波长<10^{-16}m。在光学遥感中最常用的是可见光谱段,根据国际照明委员会(International Commission on Illumination, CIE)的定义,从紫光波长0.38μm、频率789THz,到红光波长0.78μm、频率385THz。电磁辐射的波谱表示见图4-14。

国际通信联盟的电磁波谱划分方法,基本上是以10倍频来为电磁波划分波段。

甚低频(VLF)和低频(LF)位于长波段,用于越洋长距离通信和导航。

中频(MF)位于中波段,用于调幅广播(535~1700kHz)。

高频(HF)位于短波段,用于广播、导航、业余爱好者使用、民用电台电报。

甚高频(VHF)位于超短波段(米波),用于电视、遥控、调频广播(88~108MHz)、对讲机、无线电导航。

特高频(UHF)位于微波段(分米波),用于手机、寻呼机、无绳电话、GPS、UHF电视频道、微波炉。

超高频(SHF)位于微波段(厘米波),用于雷达、卫星通信。

极超高频(EHF)位于微波段(毫米波),用于卫星通信。

至高频(THF)位于亚毫米波波段,300~3000GHz,100~1000μm,与极远红外波段重叠(图4-14),也与太赫兹波0.1~10THz,30~3000μm重叠。

红外,位于光谱段,3~300THz,1~100μm。

可见光则划分为

红,780~620nm,385~484THz;

橙,620~600nm,484~500THz;

黄,600~580nm,500~517THz;

绿,580~490nm,517~612THz;

蓝,490~450nm,612~667THz;

紫,450~380nm,667~789THz;

紫外,400~10nm,750THz~30pHz。

X射线,10nm~100pm,30~3000pHz。

γ射线,<100pm,>3000pHz。

通常将紫外拓展到X射线范围,红外拓展到太赫兹波段范围,并把它们纳入到光辐射范围,定义光辐射的频段范围主要是依据电磁辐射与传播介质的相互作用,因为介质对不同的谱段的响应有很大区别,在这些频段范围的电磁波的处理方法基本上与可见光相同。光辐射的范围可以定义在极远紫外波长10nm、频率30PHz,到极远红外,波长1mm、频率300GHz。

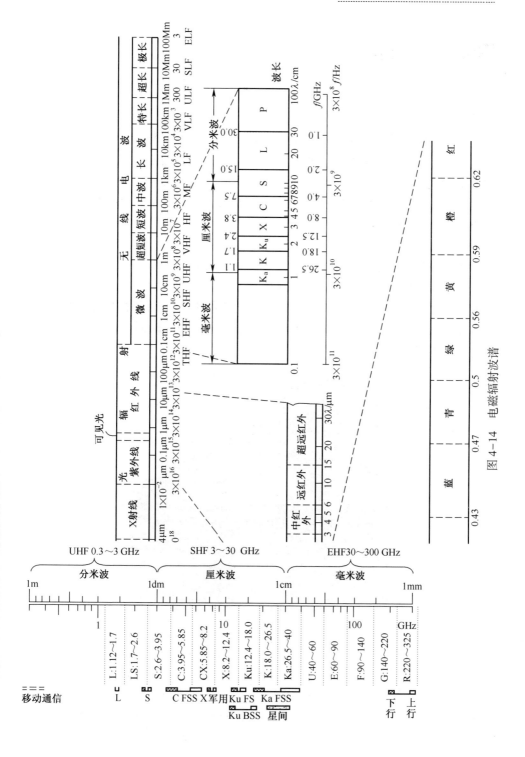

图 4-14 电磁辐射波谱

4.2 太阳辐射

4.2.1 太阳概况

太阳是航天光学遥感中最重要的光源,也是最重要的能源。在日地平均距离处观察太阳的半径为约 16′,即 4.6524mrad。地球对太阳的张角仅 8.79418″,即 42.6354μrad。由于太阳–地球之间的张角很小,因此太阳直射光可以认为是平行光束,但这也只是通常的朴素的直观印象,当研究光学遥感时其分辨力可达 0.1″,这时把阳光光线的平行度与相机测试所需的平行光线相比将是不能作为平行光的。

太阳辐射的总功率为 3.846×10^{26} W。它的巨大能量来源于太阳上氢原子聚合成氦原子的热核反应。组成太阳的物质中氢占 75%,氦占 25%,氧占 0.8%,此外还有少量的其它元素。从太阳的组成可以看出,在相当长的时间内太阳能源是不会枯竭的。据推算太阳中心温度为 15×10^6 K,而色温约为 6000K。太阳的层次结构见图 4–15。

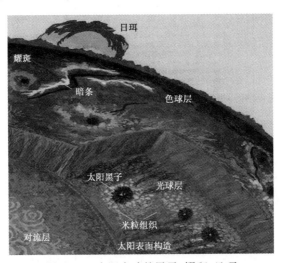

图 4–15　太阳光球的黑子、耀斑、日珥

在地球上看来,太阳有一个球形的明确轮廓,代表这个轮廓的就是光球层。太阳光球层是太阳大气的一个很薄的圈层,厚约 300km。光球层是不透明的,太阳内部的辐射全部被光球层的太阳大气所吸收,因此太阳内部的情况也就无法观察到,我们看到的太阳仅是光球层自身的辐射。光球层的温度自下而上为 7500~4300K。

光球层以上直至 7000~8000km 高度是太阳大气的色球层,色球层厚 2000km,温度 4000~6000K[14],由于明亮的光球层的影响,人们平时看不见色球层,只有在日全蚀时,这层气体才表现为日轮的一条美丽的呈玫瑰色的花边,称为色球。色球的边缘呈锯齿形,是由强烈的上升气流造成的。有时上升气流显得特别强烈,腾空而起,成为气柱,上升到几万甚至上百万公里的高空,这样的气柱称为日珥。在一段时间内,日珥向耳环一样挂在日轮的边缘上。色球层的温度随高度的增加而升高,在 2000km 以上更是剧烈上升,至色球层顶达可到 10^6K 数量级的温度。

日冕是太阳大气的最外层,它的亮度仅为色球层的千分之一,光球层的百万分之一,因此日冕在平时无法看到,只有在日全蚀时或用专门的观察工具才能看到呈淡黄色或白色的日冕。日冕的形状经常变化,厚度也处处不同,最厚处可达 700 万~800 万千米,相当于十几个太阳半径。一般日冕可延伸至 4~5 个太阳半径。日冕的温度达 10^6K,这与色球层顶的温度相当,其中的物质以极高的速度运动着,如氢核(H^+)的平均速度可达 220km/s,因此日冕中一部分粒子能摆脱太阳引力的束缚而进入宇宙空间。所以太阳不仅辐射电磁波,还不断地喷射出高速的粒子流,这种粒子流又称太阳风。太阳风的速度是 320~770km/s,只要 5~6 天它就可以从太阳达到地球轨道。在地球附近测量,这些粒子的平均温度达 $15×10^4$℃,粒子的密度大约是 5 个/cm^3。

太阳的物质是在不断地运动、变化的。它的活动表现在光球上有黑子和光斑,在色球上有日珥与耀斑,以及日冕形状的变化。活动处于低潮的太阳称为宁静太阳,活动处于高潮的太阳称为做扰动太阳,太阳活动的一个重要方面是黑子的活动,但太阳活动更重要的标志是耀斑的频繁出现。

光球的各个部分的亮度并不一样。太阳光球上经常出现一些黑斑称为黑子。黑子的温度稍低于一般光球的温度,故在明亮光球的背景上显现黑色。黑子有生有灭,时多时少,黑子多少的平均周期大约是 11 年。黑子增多时意味着太阳活动强烈,对无线电通信、空间飞行等都有干扰。

在太阳黑子群上空的一些小区域,有时亮度会突然增强,这种现象称为耀斑。耀斑是太阳上的爆发现象,一般只持续几分钟,有时也长达几小时。在这段时间内,太阳辐射出的能量相当于 100 亿个百万吨级的氢弹的能量。在出现耀斑时,太阳的射电强度可一下子增强几百万倍,还发射大量的紫外线、X 射线及大量高能粒子,见图 4-16。

太阳辐射以短波为主,而且能量巨大。太阳每秒钟损失 400 万 t 的质量,变为能量射向宇宙空间,虽然地球可以捕捉到的能量只有其 22 亿分之一,但每分钟仍可以得到相当于 4 亿 t 烟煤的热量,所以说太阳辐射对地球和人类的影响是非常大的,太阳在 50 亿年的漫长时间中只消耗了 0.03% 的质量,现在的太阳

图 4-16　太阳辐射风暴

正值稳定、旺盛的中年期。

4.2.2　太阳辐射波谱

太阳常数是描述太阳辐射能流密度的一个物理量,它是指在地球与太阳平均距离处(AU 一个天文单位 $1.49597870 \times 10^8\,km$[20]),太阳在单位时间内投射到地球大气层外垂直于射线方向的单位面积上的全部辐射能。世界气象组织(WMO)1981 年公布的太阳常数的数值为 $E_0 = 1367W/m^2$。我国在 2002 年航天测量的太阳常数数值为 $1366.7W/m^2$,不确定度为 0.2%。WMO1981 年公布的太阳常数在 1975 年至我国在 2002 年航天测量的近 30 年的时间内,数值不确定度为 0.2%,体现了数值的稳定可靠性。太阳常数的测量采用谱段 $0.1\sim40\mu m$ 时所测得的辐射能占太阳的全谱辐射能的 99.998%。从太阳常数可以推算出太阳的总辐射功率为 $3.8444 \times 10^{26}W$ 即太阳表面的辐射出射度 M_e 为 $6.316 \times 10^7W/m^2$。利用斯忒藩-玻耳兹曼定律可算出太阳的有效温度为 5777K。太阳辐射的光谱是连续的,如图 4-17 所示。在可见及红外部分,太阳的色温为 6000K。

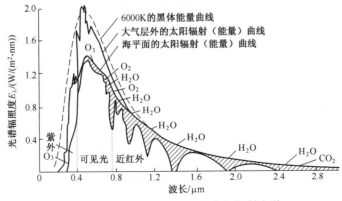

图 4-17　大气上界和地面的太阳辐射光谱

连续的光谱是由太阳的光球层发射的。由于光球层把太阳内部的高温(10^6K)辐射全部吸收了,即吸收率 $\alpha=1$,所以光球层的辐射特性与绝对黑体的辐射特性相一致,它的色温约6000K。用高分辨率的光谱仪仔细观察太阳的光谱时,会发现在明亮的连续背景上有许多分立的暗谱线,称为夫朗禾费吸收线。这是由于光球层中原子的吸收所致。太阳大气中含有大量各种元素的原子,辐射流与这些原子碰撞时引起散射。其中光子能量 $h\nu$ 与原子中某两个能级的能量差 $\Delta E=h\nu$ 相等时,原子将吸收光子的能量而被激发到能量较高的激发态,称为共振吸收(图4-18)。处于激发态的原子在回迁到原来的状态时将辐射具有相同能量 $h\nu$ 的光子。在吸收与辐射处于动态平衡时,吸收的光子总数与辐射的光子总数相等,但辐射的光子是向 4π 空间辐射的,而原辐射流是定向辐射的,因而迎着原辐射流的方向观察时能量为 $h\nu$ 的光子数减少了,产生了吸收线。据称在太阳光谱的可见区已找到了二万多条吸收线。图4-19是色球层底的元素对光球层连续光谱辐射吸收形成的夫朗禾费吸收谱线,图示的是在谱段宽度1nm内的高分辨率太阳光谱的细节[14]。

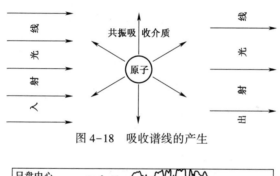

图 4-18　吸收谱线的产生

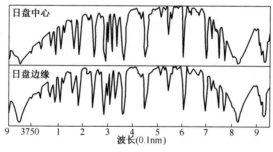

图 4-19　太阳辐射的夫朗禾费吸收线

由于吸收线的波长与发射线的波长相同,就可以从夫朗禾费吸收线中了解太阳大气的组成。色球层的太阳大气是透明的,它辐射的是线状光谱,其中有许多是电离原子的谱线。日冕层辐射的是与光球层相似的连续光谱,但强度只有光球层的百万分之一。它是由于日冕层的自由电子散射了光球层的辐射。色球层与日冕层对太阳辐射贡献不大,我们可以认为可见与红外谱段太阳辐射几乎全部来自光球层。

表 4-4[16] 是大气层外的分谱太阳辐照参数,直接给出了分谱宽度和对应

表 4-4　大气层外太阳分谱辐照度

λ	$E_0(\lambda)$	λ	$E_0(\lambda)$	λ	$E_0(\lambda)$	λ	$E_0(\lambda)$	λ	$E_0(\lambda)$
0.120	0.00001	0.400	0.1440	0.585	0.1776	0.940	0.0842	4.100	0.00087
0.140	0.000003	0.405	0.1696	0.590	0.1756	0.950	0.0828	4.200	0.00078
0.150	0.000007	0.410	0.1736	0.595	0.1736	0.960	0.0810	4.300	0.00071
0.160	0.000023	0.415	0.1755	0.600	0.1723	0.970	0.0790	4.400	0.00065
0.170	0.000063	0.420	0.1736	0.610	0.1709	0.980	0.0775	4.500	0.00059
0.180	0.000125	0.425	0.1691	0.620	0.1673	0.990	0.0756	4.600	0.00053
0.190	0.000271	0.430	0.1628	0.630	0.1639	1.000	0.0741	4.700	0.00048
0.200	0.00133	0.435	0.1658	0.640	0.1612	1.100	0.0592	4.800	0.00045
0.210	0.00244	0.440	0.1787	0.650	0.1567	1.200	0.0484	4.900	0.00041
0.220	0.00517	0.445	0.1907	0.660	0.1540	1.300	0.0396	5.000	0.0003830
0.230	0.00606	0.450	0.1968	0.670	0.1517	1.400	0.0336	6.000	0.000175
0.240	0.00600	0.455	0.1995	0.680	0.1487	1.500	0.0287	7.000	0.000099
0.250	0.00717	0.460	0.1991	0.690	0.1454	1.600	0.0244	8.000	0.000060
0.260	0.0126	0.465	0.1982	0.700	0.1419	1.700	0.0202	9.000	0.000038
0.270	0.0200	0.470	0.1977	0.710	0.1389	1.800	0.0159	10.000	0.000025
0.280	0.0223	0.475	0.1995	0.720	0.1359	1.900	0.0126	11.000	0.000017
0.290	0.0435	0.480	0.1992	0.730	0.1331	2.000	0.0103	12.000	0.0000120
0.300	0.0526	0.485	0.1905	0.740	0.1297	2.100	0.009	13.000	0.0000087
0.305	0.0578	0.490	0.1905	0.750	0.1271	2.200	0.0079	14.000	0.0000055
0.310	0.0653	0.495	0.1943	0.760	0.1245	2.300	0.0068	15.000	0.0000049
0.315	0.0715	0.500	0.1928	0.770	0.1217	2.400	0.0064	16.000	0.0000038
0.320	0.0774	0.505	0.1908	0.780	01191	2.500	0.0054	17.000	0.0000031
0.325	0.0876	0.510	0.1871	0.790	0.1163	2.600	0.0048	18.000	0.0000024
0.330	0.0951	0.515	0.1831	0.800	0.1137	2.700	0.0043	19.000	0.0000020
0.335	0.0965	0.520	0.1841	0.810	0.1111	2.800	0.00390	20.000	0.0000016
0.340	0.0965	0.525	0.1856	0.820	0.1083	2.900	0.00350	25.000	0.000000610
0.345	0.0976	0.530	0.1872	0.830	0.1049	3.000	0.00310	30.000	0.00000300
0.350	0.1010	0.535	0.1884	0.840	0.1030	3.100	0.00260	35.000	0.000000160
0.355	0.1029	0.540	0.1851	0.850	0.1005	3.200	0.00226	40.000	0.000000094
0.360	0.1038	0.545	0.1822	0.860	0.0985	3.300	0.00192	50.000	0.000000038
0.365	0.1093	0.550	0.1807	0.870	0.0965	3.400	0.00166	60.000	0.000000019
0.370	0.1128	0.555	0.1800	0.880	0.0944	3.500	0.00146	80.000	0.00000007
0.375	0.1111	0.560	0.1787	0.890	0.0926	3.600	0.00135	100.000	0.00000003
0.380	0.1090	0.565	0.1787	0.900	0.0908	3.700	0.00123	1000.000	0.000000000
0.385	0.1040	0.570	0.1791	0.910	0.0890	3.800	0.00111		
0.390	0.1075	0.575	0.1795	0.920	0.0875	3.900	0.00103		
0.395	0.1140	0.580	0.1785	0.930	0.0859	4.000	0.00095		

注:(1) $E_0(\lambda)$ 为日地平均距离处(1AU),微小 $\Delta\lambda$ 内的平均分谱辐照,单位 $W \cdot cm^{-2} \cdot \mu m^{-1}$,按 IPTS1968 标度,中心在波长 λ,单位微米(μm)。

(2) $0.2 \sim 0.3\mu m$ 谱段内,$\Delta\lambda = 0.01\mu m$;$0.3 \sim 0.6\mu m$ 谱段内,$\Delta\lambda = 0.005\mu m$;$0.6 \sim 1.0\mu m$ 谱段内, $\Delta\lambda = 0.01\mu m$;$1.0 \sim 5.0\mu m$ 谱段内,$\Delta\lambda = 0.1\mu m$;$5.0 \sim 20\mu m$ 谱段内,$\Delta\lambda = 1\mu m$。

(3) 分谱辐照曲线下总面积为 1359.784W/m²

的辐照度。欲求分谱亮度或任意谱段的辐照度可参考表 4-5 大气层外太阳分谱辐照度及积分辐照度参数表[20]。但不论采用哪张表其大气外太阳常数都小于 $1367W/m^2$，精确求解时都需要用此太阳常数加以修正。

表 4-5　大气层外太阳分谱辐照度及积分辐照度参数表

$\lambda/\mu m$	$E_0(\lambda)/W \cdot m^{-2} \cdot \mu m^{-1}$		$\lambda/\mu m$	$E_0(\lambda)/W \cdot m^{-2} \cdot \mu m^{-1}$	
0.120	0.10	0.0059993	0.375	1157	89.0641
0.140	0.03	0.0073	0.380	1120	94.7566
0.150	0.07	0.0078	0.385	1098	100.302
0.160	0.23	0.0093	0.390	1098	105.792
0.170	0.63	0.0135	0.395	1189	111.509
0.180	1.25	0.023	0.400	1429	118.054
0.190	2.71	0.0428	0.405	1644	125.737
0.200	10.7	0.10985	0.410	1751	134.224
0.210	22.9	0.27785	0.415	1774	143.037
0.220	57.5	0.67985	0.420	1747	151.839
0.225	64.9	0.98585	0.425	1693	160.439
0.230	66.7	1.31485	0.430	1639	168.769
0.235	59.3	1.62985	0.435	1663	177.024
0.240	63.00	1.9356	0.440	1810	185.707
0.245	72.3	2.27385	0.445	1922	195.037
0.250	70.4	2.63060	0.450	2006	204.857
0.255	104	3.06660	0.455	2057	215.014
0.260	130	3.65160	0.460	2066	225.322
0.265	185	4.43910	0.465	2048	235.607
0.270	237	5.48160	0.470	2033	245.809
0.275	204	6.57160	0.475	2044	256.002
0.280	222	7.63660	0.480	2074	266.297
0.285	315	8.97910	0.485	1976	276.422
0.290	482	10.9716	0.490	1950	286.237
0.295	584	13.6366	0.495	1960	296.012
0.300	514	16.3816	0.500	1942	305.767
0.305	603	19.1741	0.505	1920	315.422
0.310	689	22.4041	0.510	1882	324.927
0.315	764	24.0366	0.515	1833	334.214
0.320	830	30.0216	0.520	1833	343.379
0.325	975	34.5341	0.525	1852	352.592
0.330	1059	39.6191	0.530	1842	361.827
0.335	1081	44.9691	0.535	1818	370.977
0.340	1074	50.3566	0.540	1783	379.979
0.345	1069	55.7141	0.545	1754	388.822
0.350	1093	61.1191	0.550	1725	397.519
0.355	1083	66.5591	0.555	1720	406.132
0.360	1068	71.9366	0.560	1695	414.669
0.365	1132	77.4366	0.565	1705	423.169
0.370	1181	83.2191	0.570	1712	431.712

$\lambda/\mu m$	$E_0(\lambda)/W \cdot m^{-2} \cdot \mu m^{-1}$		$\lambda/\mu m$	$E_0(\lambda)/W \cdot m^{-2} \cdot \mu m^{-1}$	
0.575	1719	440.289	2.600	48	1307.96
0.580	1715	448.874	2.700	43	1312.51
0.585	1712	457.442	2.800	39	1316.61
0.590	1700	465.972	2.900	35	1320.31
0.595	1682	474.427	3.000	31	1323.61
0.600	1666	482.797	3.100	26	1326.46
0.605	1647	491.079	3.200	22.6	1328.89
0.610	1635	499.284	3.300	19.2	1330.98
0.620	1602	515.469	3.400	16.6	1332.77
0.630	1570	531.329	3.500	14.6	1334.33
0.640	1544	546.899	3.600	13.5	1335.73
0.650	1511	562.174	3.700	12.3	1337.02
0.660	1486	577.159	3.800	11.1	1338.19
0.670	1456	591.869	3.900	10.3	1339.26
0.680	1427	606.284	4.000	9.5	1340.25
0.690	1402	620.429	4.100	8.7	1341.16
0.700	1369	634.284	4.200	7.8	1341.99
0.710	1344	647.849	4.300	7.1	1342.73
0.720	1314	661.139	4.400	6.5	1343.41
0.730	1290	674.159	4.500	5.9	1344.03
0.740	1260	686.909	4.600	5.3	1344.59
0.750	1235	699.384	4.700	4.8	1345.10
0.800	1107	757.934	4.800	4.5	1345.56
0.850	988	810.309	4.900	4.1	1345.99
0.900	889	857.234	5.000	3.830	1346.3906
0.950	835	900.334	6.000	1.750	1349.1806
1.000	746	939.859	7.000	0.990	1350.5506
1.100	592	1006.76	8.000	0.600	1351.3456
1.200	484	1060.56	9.000	0.380	1351.8356
1.300	396	1104.56	10.000	0.250	1352.1506
1.400	336	1141.16	11.000	0.170	1352.3606
1.500	287	1172.31	12.000	0.120	1352.5056
1.600	244	1198.86	13.000	0.087	1352.6091
1.700	202	1221.16	14.000	0.055	1352.6801
1.800	159	1239.21	15.000	0.049	1352.7321
1.900	126	1253.46	16.000	0.038	1352.7756
2.000	103	1264.91	17.000	0.031	1352.8101
2.100	90	1274.56	18.000	0.024	1352.8376
2.200	79	1283.01	19.000	0.020	1352.8596
2.300	68	1290.36	20.000	0.016	1352.8776
2.400	64	1296.96	25.000	0.00610	1352.9328
2.500	54	1302.86	30.000	0.00300	1352.9556

（续）

$\lambda/\mu m$	$E_0(\lambda)/W \cdot m^{-2} \cdot \mu m^{-1}$		$\lambda/\mu m$	$E_0(\lambda)/W \cdot m^{-2} \cdot \mu m^{-1}$	
35.000	0.00160	1352.9671	80.000	0.00007	1352.9855
40.000	0.00094	1352.9735	100.000	0.00003	1352.9865
50.000	0.00038	1352.9801	1000.000	0.00000	1353.0000
60.000	0.00019	1352.9829			

注：

（1）该表的 $E_0(\lambda)$ 是大气层外日地平均距离处（1AU）太阳分亮度值，单位 $W \cdot m^{-2} \cdot \mu m^{-1}$；

（2）$\int_0^\lambda E_0(\lambda)\mathrm{d}\lambda$ 的参数是大气层外日地平均距离处（1AU），从 $\lambda = 0$ 到 λ 处的积分辐照度，单位 $W \cdot m^{-2}$；

（3）分谱辐照曲线下总面积（太阳常数）为 1353W/m²

　　太阳辐射能量的百分比见表。从表 4-6 中可见太阳辐射的大部分能量集中于近紫外~中红外区内，而且在这一光谱区太阳的辐射变化很小，可以认为是一个很稳定的辐射源。太阳常数是与黑子活动有关的，当太阳黑子增多时太阳常数略有增加，但变化的强度不超过 1%~2%。

表 4-6　太阳辐射各谱段能量比例[1]

波长/μm	谱段	%
$<10^{-3}$	X、γ 射线	} 0.02
$10^{-3} \sim 0.20$	远紫外	
0.20~0.31	中紫外	1.95
0.31~0.38	近紫外	5.32
0.38~0.76	可见光	43.50
0.76~1.5	近红外	36.80
1.5~5.6	中红外	12.00
5.6~1000	远红外	} 0.41
>1000	微波	

　　在 X 射线、γ 射线、远紫外及微波波段，见表 4-6，太阳辐射能量小于 1%，但它们受太阳黑子及耀斑的影响，强度变化很大，太阳的粒子辐射也是如此。例如 2~8Å 的 X 射线辐射强度，在太阳黑子最少与最多时，可以相差三个数量级，一次耀斑前后也能相差 100 倍，见表 4-7。这些 X 射线的变化对地球电离层有很大影响，甚至能中断地球上的无线电通信。太阳的微波及米波辐射强度，在宁静时与扰动时也可以相差几个数量级，特别是米波可以相差 $10^3 \sim 10^6$ 倍，但它对一般通信影响不大，因为太阳的角宽度很小，只有 32′，只对大型的指向太阳的无限天线影响才很大。

　　不同波长时太阳辐射的亮度温度 T_b 见表 4-8，其中米波的亮温达 10^6 K，这是因为太阳的米波辐射是发源于日冕层的缘故。

表 4-7   太阳辐射 11 年周期的相对变化[20]

谱段	波长	辐照度/W·m^{-2}·μm^{-1}	相对变化
X 射线区	<0.01μm	$10^{-7} \sim 10^{-1}$	10~10000 倍
极紫外区	0.01~0.12μm	0.1	1~2 倍
紫外区	0.12~0.3μm	0.1~1000	1%~2 倍
可见光、红外区	0.3~10μm	1000~0.1	<0.2%
远红外区	10~1000μm	$10^{-1} \sim 10^{-8}$	<0.1%
微波、射电区	>1000μm①	$10^{-8} \sim 10^{-17}$	100 倍
注:①原文为 1nm			

表 4-8   太阳辐射的亮温[16]

波长/μm	0.44	0.55	5	10	20	50	100	1000	10000	10^6
亮温 T_b/K	5850	5850	5500	5050	4740	4500	4370	5500	8200	10^6

地面接收到的太阳辐照度与太阳的天顶角 θ 有关,见图 4-20,在忽略大气损失的情况下,地面辐照度可认为近似地与 $\cos\theta$ 成正比,即

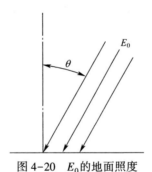

图 4-20 E_0 的地面照度

$$E = \cos\theta \cdot E_0/D^2$$

式中:E_0 为太阳常数;D 是以日地平均距离为单位的日地之间的距离,$D \approx 1$,$D^2 \in [1.034, 0.967]$;θ 是太阳天顶角。

太阳天顶角随纬度、季节、时间等因素而变化,可通过下式计算

$$\cos\theta = \sin\varphi \sin\delta + \cos\varphi \cos\delta \cos t \qquad (4-33)$$

式中:φ 为地理纬度;δ 为太阳赤纬;t 为太阳时角。

赤纬是指太阳光与地球赤道平面的夹角,一年内太阳赤纬在 ±23°26′ 之间变动,春分及秋分时太阳直射地球赤道故 $\delta = 0$,夏至时太阳直射北回归线 $\delta = 23°26′$,冬至时太阳直射南回归线 $\delta = -23°26′$。一年内赤纬的变化值可查表获得。太阳时角的定义,以地方时 12 点的时角 t 为 0,6 点 t 为 $-\pi/2$,18 点 t 为 $+\pi/2$。式(4-33)的第一项 $\sin\varphi \sin\delta$ 是季节变化对太阳天顶角的影响,而第二项 $\cos\varphi\cos\delta\cos t$ 是一天内太阳天顶角随时间的变化。高纬度地区 $\sin\varphi$ 大,所以

太阳天顶角随季节的变化大,而随日变化小;低纬度地区则正好相反,$\sin\varphi$ 小,$\cos\varphi$ 大,太阳天顶角随季节的变化小,而随日变化大。

4.3 地球的辐射

对于航天光学遥感来说,地球自身的辐射意义不大,因航天光学遥感必须透过大气层,所以,说到地球辐射必然要提到地气系统的辐射。

地球自身的辐射体现在地球反照率的变化,随着地球局地表面的不同,地球反射率不同。云层的反射率为 0.10~0.80;陆地的反射率为 0.05~0.45;水面的反射率为 0.03~0.20。对地球的反照率影响最大的是云层的分布,因此,虽然南北半球的水陆分布差异很大,但地球的反照率相对赤道基本对称,如图 4-21 所示。从赤道到两极地球的反照率变化从 0.25 到 0.6,全球平均值为 0.30±0.02。地球的反照率随时间的变化如表 4-9 所列,在短的时间跨度内地球的反照率变化较大,最大达 100%,日变化和季节变化约为±10%。

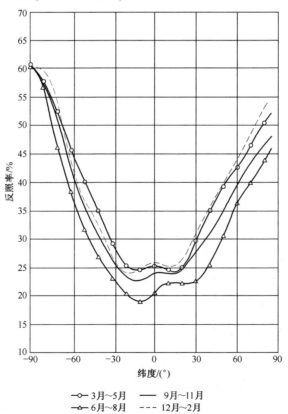

图 4-21 不同季节地球反照率随纬度的变化

表4-9 地球反照率随时间的变化

时间间隔	地球反照率		地气系统辐射出射度/(W/m²)	
	平均值	变化范围	平均值	变化范围
<0.3h	0.3	0.15~0.60	237	140~265
0.3~3h	0.3	0.20~0.40	237	189~261
3~24h	0.3	0.25~0.35	237	216~258
季节变化	0.3	0.25~0.35	237	166~308

各种地表的比辐射率见表4-10。

表4-10 各种地表的比辐射率(红外)[14]

类型	地表特征	比辐射率 ε
土壤	黑土	0.85~0.95
	湿灰土	0.80~0.90
	干灰土	0.65~0.80
	白沙	0.60~0.70
	灰沙	0.73~0.82
树木	针叶林、灌木林等	0.80~0.90
植被	草原	0.70~0.85
	沙漠	0.65~0.75
农作物		0.75~0.90
水面	自然水	0.90~0.94
	海水	0.80~0.90
冰雪	冰面	0.65~0.85
	干洁新雪	0.05~0.20
	清洁湿雪	0.30~0.40
	污雪	0.50~0.60

地气系统辐射出射度的平均值为 $237\pm7W/m^2$,短期和季节变化约为$\pm30\%$。地气系统辐射出射度在不同季节随纬度的变化如图4-22,可知从赤道到两极辐射出射度从 $250W/m^2$ 减小到 $140W/m^2$。由于地球大气的水汽、CO_2、O_3 等气体的吸收,地气系统辐射出射度有明显的吸收带,其光谱特性见图4-23[20]。

4.3.1 地球的短波辐射

地球的辐射可分为短波部分($0.3\sim2.5\mu m$)及长波部分($6\mu m$以上)。从图4-24 中可以看到,地球辐射的短波部分以地球表面对太阳的反射为主,地球自身的热辐射可以忽略不计。在长波部分,由于这一区域中太阳辐照的影响极小,所以只考虑地表物体自身的热辐射。而在 $2.5\sim6\mu m$ 这一中红外谱段,太阳辐

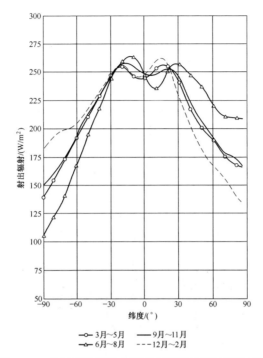

图 4-22 地气系统辐射出射度不同季节随纬度的变化

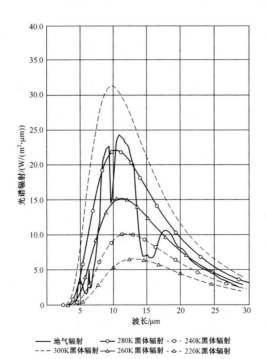

图 4-23 地气系统辐射出射度的光谱特性

射和地球热辐射的影响均不能忽略。

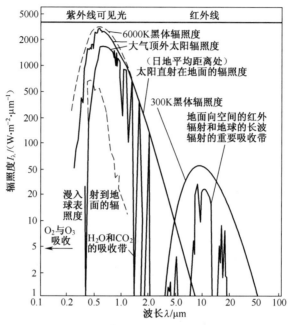

图 4-24　太阳与地球表面辐射的电磁波谱

对反射辐射而言,影响辐射亮度的因素有两个:一个是太阳的辐照度 E,另一个是地物的反射率 ρ。辐照度 E 有两部分组成,一为太阳的直射光,它是很好的平行光束。直射光的强度、天顶角的变化、光谱分布等问题,前面已详细讨论过,并且它是有强烈的方向性的,在每一时刻都有确切的方位角 φ_i 及高度角 θ_i,而且照度 $E_s(\theta_i, \varphi_i)$ 是 φ_i、θ_i 的函数。另一部分是天空的慢射光,它主要是大气对阳光的散射所致,没有确切的入射方向,而是从空中各个方向射向地面,它引起的照度为 E_D。地面总的辐照度 E 为太阳直射光和天空慢射光之和:

$$E = E_S + E_D$$

不同地物的反射率 ρ 有很大的差别,人们就是依靠这些差别来判断各种物体的。

一些土壤、植物的反射率谱见图 4-25～图 4-28。

通常植物在 $0.55\mu m$ 处有一个小的反射峰,植物的绿色就是有这个反射峰的缘故。在 $0.7\mu m$ 以上的近红外区植物反射率比较高,可达 50%。植物在 $1.4\mu m$、$1.9\mu m$ 附近有两个水的吸收峰,在 $0.94\mu m$、$1.13\mu m$ 附近有两个较弱的水吸收峰。

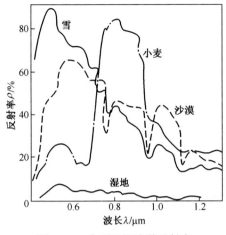

图 4-25 典型地物波谱反射率

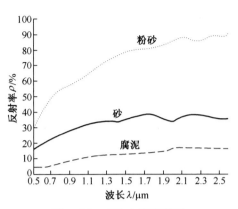

图 4-26 三种土壤光谱图

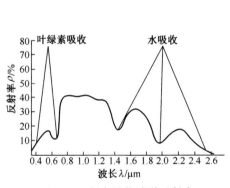

图 4-27 绿色植物波谱反射率

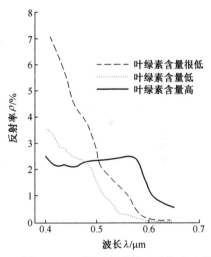

图 4-28 不同叶绿素浓度的海水光谱

对有病害的植物,0.6μm 附近的峰谷逐渐消失,红外反射率下降,在 1.4μm、1.9μm 附近的吸收峰也减弱。

土壤的反射率与土壤的含水量有很大的关系,含水量越大反射率越低。

利用物体的反射波谱可以区分各种不同的物体,并反映各种信息如土壤的湿度、植物病害的程度等。

在选择遥感谱段时,首先需要测量各种地物的波谱特性,寻找光谱差异大的区域。从图 4-25 中可以看到:利用 0.4~0.5μm 谱段,可以把雪与其他物体很容易地区分开来;利用 0.5~0.6μm 谱段,可以把沙漠与小麦、湿地区分开;利

用 $0.7 \sim 0.9\mu m$ 谱段,可以把小麦与湿地很容易地区分开。对不同的研究目的与研究对象,需要根据它们各自的光谱特性,选择最佳的谱段及最佳的测量季节与测量时间。

4.3.2　地球的长波辐射[16]

地球的长波辐射来源于地球的热辐射,地物的辐射亮度为

$$L(\lambda T) = \varepsilon(\lambda T) \, L_b(\lambda T)$$

地物的辐射亮度与地物的比辐射率 ε、地物温度 T、地物辐射波长 λ 有关。式中的温度 T 是指地面的表面温度,而不是地面上气温,更不是地表下的温度。

如图 4-29 是各种岩浆岩在垂直方向上的比辐射率谱线,体现了即使是同一类地物,其比辐射率也是不同的。从图中可见各种岩石在 $9 \sim 11\mu m$ 之间比辐射率有个谷值。此谷值与岩石中的 SiO_2 含量有关,随着 SiO_2 含量的增加,谷底向短波方向移动。

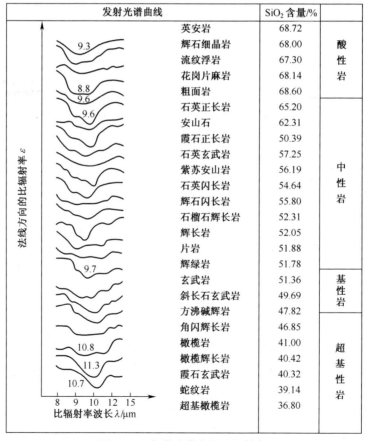

发射光谱曲线		SiO₂ 含量/%	
	英安岩	68.72	酸性岩
	辉石细晶岩	68.00	
	流纹浮岩	67.30	
	花岗片麻岩	68.14	
	粗面岩	68.60	
	石英正长岩	65.20	中性岩
	安山石	62.31	
	霞石正长岩	50.39	
	石英玄武岩	57.25	
	紫苏安山岩	56.19	
	石英闪长岩	54.64	
	辉石闪长岩	55.80	
	石榴石辉长岩	52.31	
	辉长岩	52.05	
	片岩	51.88	
	辉绿岩	51.78	
	玄武岩	51.36	基性岩
	斜长石玄武岩	49.69	
	方沸碱辉岩	47.82	
	角闪辉长岩	46.85	
	橄榄岩	41.00	超基性岩
	橄榄辉长岩	40.42	
	霞石玄武岩	40.32	
	蛇纹岩	39.14	
	超基橄榄岩	36.80	

图 4-29　各类岩浆岩的比辐射率

　　图 4-30 为一天内不同时间大气及地下温度分布情况。从图中可见地表的温度与大气的温度是有差别的,中午时地表的温度比气温高,而在午夜时地表的温度又比气温低,地表温度的变化幅度比气温的变化幅度要大。地表温度的变化是周期性的,一个是日变化周期 24h,一个是年变化周期。

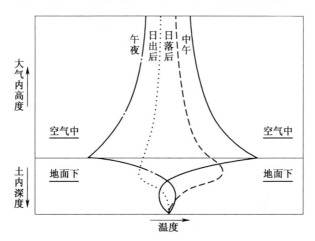

图 4-30　地表附近的温度分布

　　由于地表温度周期地变化,地下温度也周期地变化,它以温度波的形式自表面向地下传播。可以用一个简化的模型来估算一下温度波传播的情况。设与地面垂直的坐标为 x 轴,以地面为坐标原点 $x=0$,x 轴的方向向下为正,向上为负。设地面没有横向的热传导,因此问题就简化为一维的半无穷边界的热传导。据热传导方程有

$$\frac{\partial T}{\partial t} = k\frac{\partial^2 T}{\partial x^2} \tag{4-34}$$

式中:T 为温度;t 为时间;k 为物体的热扩散系数($\mathrm{m^2/s}$)。

　　在 $x=0$ 处的边界条件为

$$T(0,t) = T_0\cos\frac{2\pi t}{t_0}$$

式中:t_0 为温度波的周期;T_0 为地表($x=0$ 处)温度变化的振幅。

　　用分离变量法可把 T 写成

$$T(x,t) = \varphi(t)\psi(x)$$

　　从物理推论可知,在一定深度下物体的温度也是周期性变化的,因此 $\varphi(t)$ 的解为

$$\varphi(t) = \mathrm{e}^{ipt} = \cos(pt) + i\sin(pt)$$

且令,$p = kq^2$

故,$T(x,t) = \mathrm{e}^{ipt}\psi(x)$ $\tag{4-35}$

把式(4-35)带入式(4-34)得

$$\frac{\partial^2 \psi}{\partial x^2} - iq^2\psi = 0$$

又

$$\sqrt{-i} = \pm(1-i)\sqrt{\frac{1}{2}}$$

有

$$\frac{\partial^2 \psi}{\partial x^2} + \left[\pm(1-i)\sqrt{\frac{1}{2}}q\right]^2\psi = 0$$

解之得

$$\psi(x) = Ce^{\pm i\left[(1-i)\sqrt{\frac{1}{2}}q\right]x}$$

式中:C 为常数。

将 $\psi(x)$ 代入式(4-35)得

$$T(x \cdot t) = Ce^{ikq^2t} \cdot e^{\pm\left[(1+i)\sqrt{\frac{1}{2}}q\right]x}$$

$$= Ce^{\pm\sqrt{\frac{1}{2}}qx} \cdot e^{i(kq^2t \pm \sqrt{\frac{1}{2}}qx)}$$

$$= Ce^{\pm\sqrt{\frac{1}{2}}qx}\left[\cos(kq^2 \cdot t \pm \sqrt{\frac{1}{2}}qx) + i\sin(kq^2 \cdot t \pm \sqrt{\frac{1}{2}}qx)\right]$$

由于温度的振幅随距离 x 的增加而衰减,e^+ 指数的解不合理,只能取 e^- 指数解。

因此

$$T(x \cdot t) = C_1 e^{-\sqrt{\frac{1}{2}}qx}\cos(kq^2 \cdot t - \sqrt{\frac{1}{2}}qx) + iC_2 e^{-\sqrt{\frac{1}{2}}qx}\sin(kq^2 \cdot t - \sqrt{\frac{1}{2}}qx)$$

根据边界条件

$$T(0,t) = T_0\cos\frac{2\pi t}{t_0}$$

$$= C_1\cos(kq^2t) + i C_2\sin(kq^2t)$$

可得

$$C_1 = T_0$$

$$C_2 = 0$$

$$kq^2 = \frac{2\pi}{t_0}$$

因此温度场的解为

$$T(x \cdot t) = T_0 e^{-\sqrt{\frac{\pi}{kt_0}}x} \cos\left(\frac{2\pi}{t_0} \cdot t - \sqrt{\frac{\pi}{kt_0}} \cdot x\right) \tag{4-36}$$

此式说明温度波的波长 λ 为

$$\lambda \sqrt{\frac{\pi}{kt_0}} = 2\pi$$

$$\lambda = 2\sqrt{\pi kt_0} \tag{4-37}$$

可知温度波 $T(x \cdot t)$ 的振幅随深度 x 指数衰减,在 $x = \lambda$ 处,即一个波长的深度处,T 的振幅为

$$|T| = T_0 e^{-2\sqrt{\pi kt_0} \cdot \sqrt{\frac{\pi}{kt_0}}}$$

$$= T_0 e^{-2\pi}$$

$$= \frac{T_0}{540}$$

即振幅为表面振幅的 1/540,因此可以认为在 $x = \lambda$ 处的温度是稳定的。

因此用式(4-37)可以估计温度波传播的深度。以沙土为例。它的热扩散系数 $k = 0.3 \times 10^{-6} \mathrm{m}^2/\mathrm{s}$,对日周期的温度波 $t_0 = 24\mathrm{h} = 24 \times 3600\mathrm{s}$,则

$$\lambda_\mathrm{d} = 2\sqrt{0.3 \times 10^{-6} \times 24 \times 3600 \times \pi}$$

$$= 0.55(\mathrm{m})$$

对年周期的温度波 λ_y

$$t_0 = 365 \times 24 \times 3600\mathrm{s}$$

$$\lambda_\mathrm{y} = \sqrt{365}\lambda_\mathrm{d} = 10.5(\mathrm{m})$$

λ_d、λ_y 的结果说明,沙地一天内温度的变化仅发生在 0.55m 内,在 0.55m 以下温度的变化很小,需要以年为单位才能观察到它的变化。地面 10.5m 以下的地温是恒定的,不受地面温度的影响。

一天内在 λ_d 深度的温度变化也不是相同的,而有一定的位相差。如中午是一天内地表温度最高的时刻,而在地下 $\frac{1}{2}\lambda_\mathrm{d}$ 处,却是一天内温度最低的时刻。

从图 4-31 中还可看到,地表处的温度梯度很大。用一般常规方法测出的地温是某一深度处的平均温度,与真正的地表温度相差较多。用辐射计可以测出地表的温度,但辐射测温计测出的是地面的亮温 T_b,因此还要测出地表的比辐射率 ε,才能计算出地表的实际温度 $T = T_\mathrm{b}/\varepsilon$。

地表温度变化的高低与地表层的能量收支情况有关,也与地表温度的热学性质有关。

地球上的能源来自太阳的辐射,包括太阳直射能量与天空漫入射的能量。但入射能量中的一部分被地表反射掉,地面实际吸收的能量为

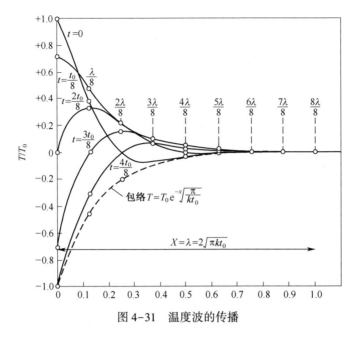

图 4-31　温度波的传播

$$\alpha Q_i = (1 - \rho)Q_i$$

式中：Q_i 是太阳辐射的能量；α、ρ 为地表全谱段的总吸收率与反射率。

在吸收太阳的辐射能量的同时，地表也以辐射的形式向外界辐射能量 Q_{T0}，而大气的长波辐射 Q_T 对地表也是有贡献的。因此地表净辐射收入 Q_n 为

$$Q_n = (1 - \rho)Q_i + Q_T - Q_{T0}$$

一般来说白天收入大于支出，净收入 Q_n 为正，地面温度不断升高。净收入的大小与反射率 ρ 有关，ρ 小的净收入大，温升也高。黑体 $\rho = 0$，净收入最大，温升也最高。夜间没有太阳辐射，$Q_i = 0$，一般讲 $|Q_{T0}| > |Q_T|$ 地表能量损失多，温度不断下降。由于反射率 ρ 不同，地表温度的日周期变化情况是，ρ 小的物体吸收的太阳辐射能量多温升较高，而 ρ 大的物体吸收的太阳辐射能量较少温升较低。

辐射的净收入不是全部用于地表加热，其中一部能量以传导与对流的形式使大气加热，一部分能量供给水在物态转换（如蒸发、凝结、升华、融化、结冰等）时作潜热，这些能量的数值与微气候因素如风速、湿度、温度的情况有关。如果地面有植被，还要扣除植物光合作用吸收的能量。如上所述，从辐射净收入中扣除这几部分能量，才是真正使地表温度变化的能量。

地表温度的变化除了与地面能量收支情况有关，还与物体本身的热学性质有关。由式（4-37）可知温度波传播的深度及能量传播的深度与扩散系数的平方根 $k^{1/2}$ 成正比。此外物体的温升与物体的比热 C（W/kg·（°））和密度

$\rho(\mathrm{kg/m^3})$ 有关,即与物体的热惯性 P 有关

$$P = C \cdot \rho \cdot \sqrt{k}$$

P 的单位是 $(\mathrm{J \cdot m^{-2} \cdot s^{-1/2}})$。

在土壤内,热量的传导是符合牛顿冷却定律的

$$\frac{\partial Q(x)}{\partial t} = -\mu \frac{\partial T}{\partial x}$$

式中:μ 是物体的导热系数 $(\mathrm{W \cdot m^{-1} \cdot K^{-1}})$,它是指两个相隔单位距离的单位平面上,在温差为 1K 时所通过的热功率。

$$\mu = C \cdot \rho \cdot k$$

通过地表 $x=0$ 的热流量为

$$\frac{\partial Q(0)}{\partial t} = -\mu \frac{\partial T}{\partial x}\bigg|_{x=0} \tag{4-38}$$

对式(4-36)求偏导

$$\frac{\partial T(x)}{\partial x}\bigg|_{x=0} = \left\{ -T_0 \sqrt{\frac{\pi}{kt_0}} \mathrm{e}^{-\sqrt{\frac{\pi}{kt_0}}x} \left[\cos\left(\frac{2\pi}{t_0}t - \sqrt{\frac{\pi}{kt_0}}x\right) - \sin\left(\frac{2\pi}{t_0}t - \sqrt{\frac{\pi}{kt_0}}x\right) \right] \right\}_{x=0}$$

$$= -T_0 \sqrt{\frac{\pi}{kt_0}} \left(\cos\frac{2\pi}{t_0}t - \sin\frac{2\pi}{t_0}t \right)$$

$$= -T_0 \sqrt{\frac{2\pi}{kt_0}} \left(\cos\frac{2\pi}{t_0}t + \frac{\pi}{4} \right)$$

把上式代入式(4-38)

$$\frac{\partial Q(0)}{\partial t} = T_0 \sqrt{2\pi}\, \frac{\mu}{\sqrt{kt_0}} \cos\left(\frac{2\pi}{t_0}t + \frac{\pi}{4}\right)$$

$$= P\sqrt{2\pi}\, \frac{T_0}{\sqrt{t_0}} \cos\left(\frac{2\pi}{t_0}t + \frac{\pi}{4}\right)$$

对上式积分得通过 $x=0$ 的总能量,但由于加热是周期性的,在一个周期内积分为 0。以日周期计,地表在一天内能量的收支是平衡的。但吸收的绝对值由于反射率 ρ 的不同可以有很大的差别,吸收能量大的支出的能量也多,即在 t 为 $0 \sim t_0/2$ 的半周期内的积分的绝对值与 $t_0/2 \sim t_0$ 的半周期内的积分的绝对值相等,因而

$$Q(0)\big|_{0\to\frac{t_0}{2}} = \int_0^{t_0/2} \sqrt{2\pi}\, P\, \frac{T_0}{\sqrt{t_0}} \cos\left(\frac{2\pi t}{t_0} + \frac{\pi}{4}\right) \mathrm{d}t$$

$$= \sqrt{2\pi}\, P\, \frac{T_0}{\sqrt{t_0}} \frac{t_0}{2\pi} \sin\left(\frac{2\pi t}{t_0} + \frac{\pi}{4}\right)\bigg|_0^{t_0/2}$$

$$= -\sqrt{\frac{1}{\pi}}\, P\sqrt{t_0}\, T_0$$

上式说明,如果物体吸收或损失的能量相同,它们温度变化的振幅 T_0 与它们的热惯性 P 成反比。热惯性 P 大的物体温度变化的幅度小,而热惯性 P 小的物体温度变化的幅度大。

4.4 大气对辐射的影响

太阳辐射能的 26% 为大气所吸收,直接加热大气。31% 的能量被地气系统反射回空间。43% 被地表所吸收,这部分能量中的 14% 以红外辐射的形式、23%以潜热的形式、6% 以感热输送的形式通过地气边界返回到大气[14]。

4.4.1 大气构成

地球周围的大气圈并没有一个确切的界限,只是离地球越高变得越稀薄,以至于近似真空而进入太空。从流星及北极光的最高发光点推算,离地面800km 还有少许空气存在,所以一般来讲大气层的厚度可取为 1000km,大约相当于地球直径的 1/12。

干洁的大气中 99% 的体积比是氮气和氧气,加上氩气约占整个大气的99.9% 的体积比。大气的压力是空气柱的重量造成的。在大气层中高度相差 $\mathrm{d}h$ 的上下两面的压差 $\mathrm{d}p$,等于夹在层中的重量

$$\mathrm{d}p = -\rho g \mathrm{d}h = -nmg \mathrm{d}h$$

式中:ρ 为空气密度;g 为重力加速度;n 为单位体积空气的分子数;m 为空气分子的平均质量。

由理想气体方程 $PV = RT = nkT$ 可得

$$P = nkT$$

式中:k 为波耳兹曼常数;T 为绝对温度。把上式代入式 $\mathrm{d}p$ 可得

$$\frac{\mathrm{d}p}{p} = -\frac{mg}{kT}\mathrm{d}h$$

上式对 h 积分得

$$p = p_0 \mathrm{e}^{\int_0^h \frac{mg}{kT}\mathrm{d}h}$$

式中:P_0 为高度为 $h=0$ 处的压强;P 为高度为 h 处的压强。如果 m、g、T 不随 h改变则上式可写成

$$P = P_0 \mathrm{e}^{-h/H} \tag{4-39}$$

式中

$$H = \frac{kT}{mg}$$

将 $P=nkT$ 代入上式

$$n = n_0 e^{-h/H} \tag{4-40}$$

由式(4-39)和式(4-40)可知大气压力或单位体积内的分子数随高度 h 做指数衰减。H 称为大气层的标高,是压力变化 e 倍所对应的高度。

对 $T=273K$, $H=7.99km$,从 $P=P_0 e^{-h/H}$ 可知整个大气有一半在离地面5.5km以下,1/4集中在5.5~11km高度之间,总质量的99%集中在30km高度之内。

在垂直方向,大气按热力学性质可分为对流层、平流层、中间层与热层(图4-32)。

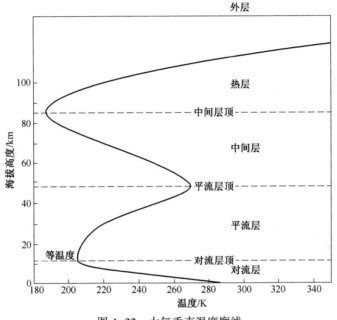

图 4-32　大气垂直温度廓线

1. 对流层

对流层是从地面向上到温度出现第一次极小值所在高度范围的大气层。大气的底层是对流层,对其进一步的分解在其底部有2m的贴地层,它向上伸展的高度与纬度有关,在两极上空只不过7~8km,而在赤道上空却有16~18km,极地和赤道对流层顶的大气温度可分别降至220K和190K[20]。对流层内的空气有显著的垂直活动,主要的大气现象几乎都集中在这一层内。在对流层内每升高1km温度下降6.5K。对流层的上限称为对流层顶,它的高度视纬度、季节而变化,甚至同一地点每一天的高度都不一样。

2. 平流层

平流层是从对流层顶向上到温度出现极大值所在高度范围的大气层。这是臭氧集中的大气层,因为有臭氧吸收太阳的紫外辐射,平流层的温度随高度增加而缓慢提高,至平流层顶高度达 50km 其平均温度约为 273K,这里的温度稍低于海平面的温度。平流层与对流层不同,它没有明显的上下混合作用。在平流层几乎看不到天气现象。平流层的下部有一个明显的等温层,等温层从对流层顶约延伸到 20km 处。

由于臭氧的量在全球的分布是不均匀的,而且随季节而变化,所以平流层内的温度无论从时间还是从空间来说都有相当大的变化。在这一层内有季节性的强风环流。

3. 中间层

中间层是从平流层顶向上到温度出现第二次极小值所在高度范围的大气层。中间层的温度随高度的增加而降低,大约在 85km 处降到最低点约为190K,高纬地区中间层温度有强烈的季节变化,夏季可降至 160K。中间层是两个能量吸收层中间的交替层,在它下方的平流层由于 O_3 的集中也使温度比中间层的温度高。中间层内的温度是随高度递减的,平均每上升 1km 下降 3K,所以在这一层内也有一些空气的垂直活动。

4. 热层

热层是从中间层顶向上到 400～700km 高度的大气层,热层顶温度在 500～700K 之间,状态的变化取决于太阳活动情况。在 90～200km 的高度由于大气吸收波长小于 200nm 的远紫外太阳辐射,引起大气分子的光化、电离并伴随着放热过程使得大气温度迅速增高。在 90km 以上温度升高,这是因为 O_2 和 N_2在分解和游离化时吸收了多余的能量使空气加热升温。在 200km 以上随高度增加大气的热量逐渐减少,如没有地球磁层的能量输入热层大气就逐渐趋于等温状态。

5. 外层大气

热层顶以上的等温大气称为外层大气。由于 H、He 原子质量轻又具有一定的能量,有时它们能脱离地球重力场逃逸到外空间环境中去,所以外层大气也称逃逸层。层中从低到高依次是 O、He、H 原子。太阳活动和磁暴对外层大气有较大影响。

6. 大气的性质

从大气性质上看,从地面至 90km 高度的大气,大约是中间层以下,是大气的均质层。通过湍流使大气均匀混合,成分基本均一,平均摩尔质量是常数,遵从流体静压方程和理想气体状态方程。均质层之上是非均质层随高度增加平均摩尔质量降低,105km 以下的非均质层大气湍流起主要混合作用,平均摩尔质量降低是氧分解的结果,在此范围仍满足流体静压方程和理想气体状态方程。105km 以上的非均质层分子扩散起主要混合作用,处于扩散平衡状态,各种成分分布遵循各自的扩散方程,大气压力、密度随高度呈指数下降。

由分子物理学的知识可知温度是分子热运动激烈程度的一种描述。从统计的角度看,每一个粒子每个自由度具有的能量为 $kT/2$。如果把高层大气的原子作为质点,则此质点在空间的运动有三个自由度,因此每个原子的平均动能 E_k 为

$$E_k = \frac{3}{2}kT$$

$$T = \frac{2E_k}{3k}$$

式中:k 为波耳兹曼常数。T 式说明温度是与分子的动能成正比的,温度高的物体它的分子运动比较激烈,每个分子的平均动能大。热层中温度可达 1500K,也就是层中的每个气体原子有很大的动能,但由于层中气体密度很小,仅为海平面的 $10^{-10} \sim 10^{-12}$,所以在热层中的物体(例如地球卫星)由于气体碰撞所得到的总能量仍是微不足道的,而层内的高温并不会烧毁"层"中的任何物体。

在 80km 以下的下层大气中,各种气体是混合得很好的,除 H_2O、O_3 等少数气体外,每种气体所占的比例几乎不变,所以称为均匀层。在辐射的传输过程中,大气的影响主要来自均匀层,因为在 80km 处压强仅为海平面的 10^{-5},对辐射传输几乎没有影响。下层大气的成分见表 4-11。大气中绝大部分气体如 N_2、O_2、CO_2 等的分布符合式(4-40)的关系,即随高度指数衰减,每升高 15km 约减小 10 倍。大气中的水汽主要分布在 5km 以下,在 12km 以上几乎不存在水汽。水也是造成天气现象的主角,它以气、云、雾、雨、雪、冰等各种形态出现。

大气中水的含量随气候、地点变化很大。如在海面、盆地地区以及雨季大气中的水汽含量较大,而在沙漠地区及干旱季节水汽的含量就较少。大气中臭氧的总含量很少,分布也不均匀:在地面及 60km 以上高空臭氧的含量均很少,而集中在 25km 高度附近。

表 4-11 大气成分[16]

气体	分子量	干燥大气成分含量		总量^e/	备注
		体积×10^{-6}	质量×10^{-6}	(atm·cm)	
H_2	28.0143	780840	755230	624000	
O_2	31.999	209470	231420	167400	
H_2O	18.015	1000~28000	600~17000	800~22000	bd
Ar	39.948	9340	12900	7450	
CO_2	44.010	320	500	260	a
Ne	20.179	18.2	12.7	14.6	
He	4.003	5.24	0.72	4.2	
CH_4	16.043	1.8	1	1.4	

（续）

气体	分子量	干燥大气成分含量		总量^e/（atm·cm）	备注
		体积×10^{-6}	质量×10^{-6}		
Kr	83.80	1.14	3.3	0.91	
CO	28.010	0.06~1	0.06~1	0.05~0.8	a
SO_2	64.06	1	2	1	a
H_2	2.016	0.5	0.04	0.4	
N_2O	44.012	0.27	0.5	0.2	
O_3	47.998	0.01~0.1	0.02~0.2	0.25	bc
Xe	131.30	0.087	0.39	0.07	
NO_2	46.006	0.0005~0.02	0.0008~0.03	0.0004~0.02	a
Rn	222	0.0136①	0.0125②	$5×10^{-14}$	
NO	30.006	微量	微量	微量	a

注：①原文为 $0.0^{13}6$，②原文为 $0.0^{12}5$；

　　a 在工业区较多；

　　b 随气象与地理情况而变；

　　c 在臭氧层中增多；

　　d 随高度增加而减少；

　　e atm·cm＝简化成标准温度和压力下的以厘米为单位的大气层厚度

　　大气中还有一种称为气溶胶的固体、液体悬浮物，一般有一个固体的核心包以液体的外层，具有不同的折射率与形状。气溶胶的核心可以是被风吹扬的尘埃、花粉、微生物、流星的余烬、海上的盐粒、火山灰等，直径为 0.01~30μm。气溶胶主要分布在 5km 以下。

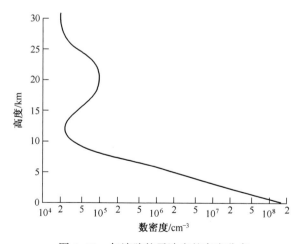

图 4-33　气溶胶粒子浓度的高度分布

4.4.2 大气吸收与大气窗口

在紫外、可见和红外区,大气中的主要吸收气体是 H_2O、CO_2、O_3 和 O_2,其次是 CO、CH_4 和 N_2O,其中等分辨率大气吸收光谱如图 4-34 所示,图中的纵坐标是透过率。其中 H_2O、CO_2、O_3、O_2、N_2O 和 CH_4 各成分的各自吸收光谱见图 4-35,图中的纵坐标是吸收率,图中的最后一行谱图是前述各分量的吸收率的合成吸收谱图。大气中主要气体成分吸收谱带见表 4-12[14]。

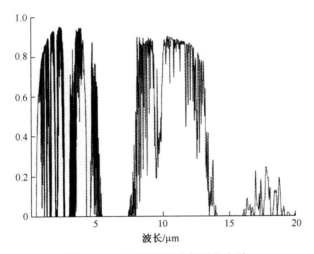

图 4-34 中分辨率的大气吸收光谱

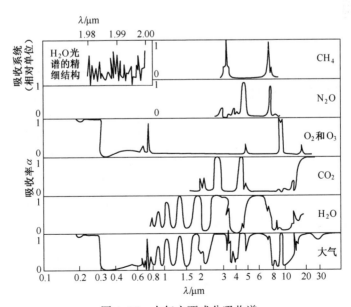

图 4-35 大气主要成分吸收谱

表 4-12　大气中主要气体成分吸收谱带[14]

成分	中心波长/μm	吸收带/μm
O_2	0.69;0.76	0.1752 ~0.1926(S-R 带)
		0.2420 ~0.2600(Herzberg 带)
O_3	0.255	0.2 ~0.3(Hartley 带)
	约0.23	0.32 ~0.36(Huggin 带)
	约0.60	0.44 ~0.80(Chappuis 带)
	9.6	
H_2O	0.718	0.70 ~0.74(α 带)
	0.810	0.79 ~0.84(β 带)
	0.935	0.926 ~0.978($p\sigma t$ 带)
	1.13	1.095 ~1.165(ψ 带)
	1.395	1.319 ~1.418(Ψ 带)
	1.87	1.762 ~1.977(Ω 带)
	2.68	2.520 ~2.845(X 带)
	6.3	4 ~8
		13.0 ~1000
CO_2	2.7	2.3 ~3.0
	4.3	3.9 ~4.7
	14.7	12 ~18
CH_4	3.3	
	3.8	
	7.66	
N_2O	4.5	
	7.8	
CO	4.7	

1. N、O 对光波的吸收

地球大气中99%的成分是 N_2、O_2，它们都是没有固定偶极矩的双原子分子,因此在吸收光谱中没有振动、转动光谱,但可以有很强的电子跃迁光谱。由于 N_2、O_2 的吸收作用,波长小于 $0.24\mu m$ 时大气就成为不透明区。

O_2 在紫外有一个强吸收带,位于 $0.1752 \sim 0.1925\mu m$,称为苏曼-芦根带,它是 O_2 的电子能级跃迁所造成的。苏曼-芦根带可延伸至 $0.1300\mu m$, $\lambda = 0.1752\mu m$ 波长使 O_2 分解成为 O 原子,光子多余的能量使 O 的动能增加,即 O 的温度增高。苏曼-芦根带的吸收系数很大,只要很薄的一层 O_2 已可使这一谱段的大气成为不透明。

在 $0.242 \sim 0.260\mu m$ 还有一个由于电子跃迁产生的弱吸收带,称为赫兹堡带,$0.242\mu m$ 是使 O_2 分子分解的长波限。此外,由于电子跃迁在 $0.76\mu m$ 及

1.27μm 附近产生两个弱的吸收带。以上三个吸收带是禁止电偶极矩跃迁的，它们的跃迁是电四极矩引起的，所以吸收很弱，只使大气的透过率略有下降。电四极矩的辐射强度一般只有电偶极矩辐射强度的 10^{-8}，磁偶极矩强度的 10^{-3} 倍。

在 0.020~0.100μm 有氮、氧的强吸收带。从 0.030~0.100μm，由一系列的 N_2 和 O_2 吸收带组成一个强的吸收带。约从 0.020~0.090μm，N、O 的自由跃迁也引起很强的连续吸收带。

波长小于 0.020μm 的连续吸收是由于 N、O 原子的内层电子激发。

由于磁偶极矩的作用，O_2 在微波区的 5mm 及 2.5mm 处也有两个强吸收峰。

大气中的 O_3 含量很少，只占 0.01%~0.1%，它是由 O_2 光至分解后 O 原子与 O_2 结合而成的。O_3 在紫外有一个很强的吸收带，范围从 0.22~0.32μm，称为哈特来带，与哈特来带毗邻的是汉琴斯带，处于光谱区的 0.30~0.345μm，在可见光区 0.6μm 左右还有一个弱得多的夏比尤带。O_3 是有固有电偶极矩的分子，在红外吸收光谱中有很强的吸收峰，其中最重要的红外吸收峰位于 9.6μm 处。O_3 在 4.75μm 及 14μm 处还有两个弱的吸收峰。O_3 主要分布在 30km 高度附近，因此对于飞行高度小于 10km 的机载传感器，它的吸收峰的影响不大，而对星载传感器影响很大。

由于 O_3、O_2 的吸收作用，太阳光谱中波长小于 0.30μm 的短波部分几乎全部被吸收掉了。

2. CO_2 对光波的吸收

CO_2 在大气中的含量只占 0.032%，它也是具有固有电偶极矩的分子，因此在红外光谱中有很强的吸收峰，位于 2.7μm、4.3μm 与 14.5μm；在 1.43μm、1.54μm、1.57μm、1.60μm、1.64μm、1.96μm、2.01μm、2.06μm、9.4μm、10.4μm、12.0μm 处，还有一些弱的吸收带。

3. H_2O 对光波的吸收

H_2O 的吸收对大气的影响很广泛，从可见、红外直至微波，到处可以发现 H_2O 的吸收峰。大气中 H_2O 的含量随时间、地点变化很大，约从 0.1%~3% 之间。H_2O 的振动-转动吸收峰，中心为 2.66μm、2.74μm，分布在 2.5~3.0μm，以及中心为 6.27μm，分布在 5.0~7.5μm 有两个极强的吸收带。在 0.94μm、1.13μm、1.38μm、3.2μm 处有些中等强度的吸收带，在 0.72μm、0.82μm、2.01μm、2.05μm 处还有一些弱的吸收峰。由于 H_2O 的纯转动能级跃迁的吸收，波长大于 24μm 的大气几乎成为完全不透明的，在 16~24μm 波长范围内也吸收了大部分能量。

在微波波段，H_2O 在 0.94mm、1.63mm、1.35cm 处也有三个吸收峰。

4. N₂O、CH₄对光波的吸收

N_2O 在 3.90μm、4.06μm、4.50μm 及 7.78μm 处有吸收峰。CH_4 在 3.3μm、7.6μm 处有吸收峰。NH_3 在 2.0、10.5μm 处都有吸收峰。

综合各种气体吸收的影响,大气只有某些谱段的透过率是比较高的,称为大气窗口。而对非大气窗口,大气的吸收率可认为是 1,可以当作黑体。

在可见及红外区,常用的大气窗口有 0.3 ~ 1.4μm、1.4 ~ 1.9μm、1.9 ~ 2.7μm、2.7 ~ 4.3μm、4.3 ~ 5.9μm、8 ~ 14μm。在 16 ~ 24μm 还有一个半透明窗。

在微波区,可采用的大气窗口有 1.4mm、3.3mm、8mm 及 1.6cm 至 15m。

15 ~ 30m 的电磁辐射能否透过大气层由电离层的具体条件来决定,大于 30m 的无线电波则被电离层反射回宇宙空间,不能透过大气层。

在用遥感技术(如地球资源卫星、侦察卫星等)研究地球表面的状况及通信工作时,电磁波的工作谱段必须选择在大气窗口内。而一些特殊的应用却特意选择在非透明谱段,如一些气象卫星选择 H_2O、CO_2、O_3 的一些吸收区,测量它们的含量及温度等。

4.4.3 大气散射与辐射

1. 大气散射

电磁波在传播的路径上遇到原子、分子或气溶胶等小微粒时,将改变传播的方向,向各个方向散开,这种现象称为散射。在可见光谱段内,吸收的作用对光波的影响很小,消光的主要原因是散射作用。散射的影响可表现为下列几个方面

(1)使到达地面的辐射削弱,或地面辐射到外界的强度减弱。

(2)改变了太阳辐射的方向。太阳辐射的大部分能量仍以原来的方向传播,而散射的太阳光则依据散射形式的不同射向 4π 的不同空间方向。

(3)散射光中的一部分向下辐射,增加地面的辐照,还有一部分向上辐射进入传感器。向下辐射与向上辐射的强度一般是不相同的,而向上辐射进入传感器对航天光学遥感是不利的,它减小了目标的对比度降低了 MTF。

大气中粒子的散射可分为三种情况:

(1)瑞利散射:是比波长小得多的(<0.1 倍)粒子即空气分子的散射,散射强度与 λ^{-4} 成正比[17]。

(2)米散射:是大小与波长相近的(0.1 ~ 10 倍)粒子的散射,是烟、气溶胶等小颗粒粒子的散射[17]。

(3)无选择性散射:是尺寸比波长大得多的粒子的散射,如云、雾等对可见光的散射。

在图 4-36 中(a)为瑞利散射的散射强度角分布。(b)、(c)为米散射的散

射强度角分布,随着粒子线度的增大,散射光强波动的幅度逐渐减小,且散射光主要集中在入射方向上。

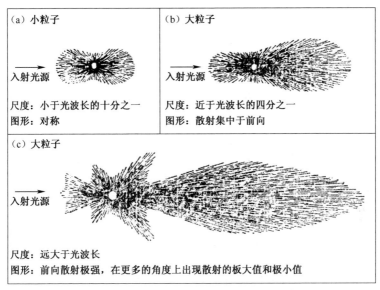

图 4-36　粒径相对波长的散射强度角分布

在天空中无云、能见度极好的情况下,辐射衰减几乎全是由瑞利散射引起的。散射物质是气体分子,分子尺寸近似 1nm,远小于大气窗口的短波限 $0.3\mu m$。分子散射是偶极散射,散射光强与 λ^{-4} 成正比,且有方向因子 $1+\cos^2\phi$(归一化的瑞利散射的相函数 $3(1+\cos^2\phi)/4$ [21]),散射光是部分偏振光。瑞利散射引起的消光系数 $k_R(\lambda)$ 为

$$k_R(\lambda) = 32\pi^3 \frac{(n_0 - 1)^2}{3N_1\lambda^4}$$

式中:N_1 为单位体积中的分子数;n_0 为空气折射率。

大气中 N_1 及 n_0 的值是相当稳定的,随气候变化不大,因此瑞利散射引起的衰减量也是比较稳定的。由于瑞利散射与 λ^{-4} 成正比,所以散射强度随波长的增加很快减小,例如对 $\lambda=4\mu m$ 的红外光,它的散射强度只有 $\lambda=0.4\mu m$ 的蓝光散射强度的万分之一。因此,瑞利散射对可见光的影响较大,而对红外辐射的影响就较小了,对微波的影响就更可忽略不计。

符合米散射的微粒是大气中的各种烟尘、气溶胶和小水滴等。当粒子尺寸与电磁波的波长相近时,散射就不是偶极散射,必须考虑各散射元之间的相干性。米散射的散射强度与 λ^{-2} 成正比,即 $I \propto \lambda^{-2}$ [1],并且主要是前向散射,散射光的偏振度也比瑞利散射要小。如云雾的粒子大小与红外线($0.76\sim15\mu m$)的波长接近,所以潮湿天气米散射对光传输影响较大。

当微粒的尺寸远大于波长时,散射强度与波长无关,粒子对辐射的反射和折射占主要地位,在宏观上形成散射,这种形式的散射称为无选择性散射。散射系数 β 等于单位体积内所含半径 r_i 的 N 个粒子的截面总和

$$\beta = \pi \sum_{i=1}^{N} r_i^2$$

雾滴的半径比可见光波长大得多,雾对可见光各波长光散射相同,故雾呈白色。对于雨,在红外谱段的散射系数为

$$\beta_{雨} = 0.248 V^{0.67}$$

式中:V 为降雨速率(mm/h)。

云对太阳的辐射影响很大。这些大水滴对辐射的吸收很少,当厚度超过 500m 时吸收已成为一常数,而反射的作用是主要的。当云层厚度超过 1200m 时太阳的辐射已全部被挡住。在大气窗口内,辐射的衰减主要是因为散射而损失。如在可见区,吸收的能量只占衰减能量的 3%。散射衰减的类型和强弱与波长密切相关,如云中小雨滴的散射对可见光是无选择性散射,而对微波波段,雨滴的直径小于微波波长,因而是属于瑞利散射。根据瑞利散射的规律,散射光强与 λ^{-4} 成正比,而微波波长比可见光波长长 1000 倍以上,散射强度要弱 10^{-12} 以下,因此微波有极强的穿透云层的能力。红外辐射穿透云层的能力虽不如微波,但比可见光的穿透能力要大 10 倍以上。

2. 大气辐射

大气的短波辐射主要是大气对太阳辐射的散射造成的,这在前面已讨论过了。

大气的另外一种辐射形式就是气晖,它是高层大气的一种发光现象。太阳紫外辐射进入地球大气后,可以直接引起大气原子和分子的激发,也可以通过二次过程间接引起激发,当被激发的原子和分子恢复到正常状态时发出的光就是气晖。气晖是昼夜都存在的,分别称为日气晖、夜气晖与曙暮气晖。

当卫星在地球日照的一边运行时,日气晖被太阳辐射光、地球的反射光和散射光所掩盖。然而在夜间没有地球的反照,气晖就成为重要的光学现象。

夜气晖光谱中有连续光谱,约从 $0.4\mu m$ 延伸到红外区,在这个连续谱上叠加有原子谱线和分子谱带。在紫外有 O_2 的赫兹堡带从 $0.24 \sim 0.50\mu m$,H 的 L_α 线 $0.1215\mu m$;在可见区有 O 的 $0.5577\mu m$、$0.6300\mu m$ 线,Na 的 $0.5893\mu m$ 线;在红外区有 O_2 的 $0.8645\mu m$ 线,OH 的梅乃尔带从 $0.38 \sim 4.5\mu m$,其中主要能量集中在 $1.0 \sim 4.5\mu m$ 内。

气晖只产生在大气层中的某一层内,即 $77 \sim 100km$ 的高度内,厚度为 $24 \pm 3km$。气晖的强度很弱,它的地面照度相当于 1 烛光的灯在距离 100m 处产生的照度。气晖的强度受季节、地磁活动、纬度、太阳活动等的影响。

在极区还有另一种经常可见的发光现象,称为极光。沾满天空的极光强度相当于满月的照度。

大气的长波辐射与大气的吸收率有关,而吸收率又是波长的函数。对非透明谱段,大气的吸收率为1,地面的长波辐射全部被大气层吸收,相当于一个黑体,因此大气在非透明区的辐射与黑体辐射谱相同。在红外谱段吸收系数最大的物质是 H_2O 与 CO_2,它们主要集中在对流层中。特别是 H_2O,在对流层顶以上几公里处含量已下降到零。从图 4-35 可知除去水的吸收,其它主要的吸收峰较少,这就是说,平流层以上的大气对于红外辐射是相当透明的。平流层底的等温层还可以看作黑体,等温层的温度相当于218K。因此从外空间看,大气非透明区的长波辐射相当于 218K 的黑体辐射,辐射峰值在 $13\mu m$ 左右。在大气的透明光谱区——大气窗口,由于大气吸收率 $\alpha(\lambda T)$ 很小,从而大气比辐射率 $\varepsilon(\lambda T) = \alpha(\lambda T)$ 也很小,因此大气窗口内,大气的长波辐射对大气辐射的影响不大。

4.4.4 大气的湍流

在晴朗的夜晚观察星空时会看到天上的星星向我们眨眼,这种现象称为闪烁。闪烁现象是由于大气湍流的作用,特别是小尺寸湍流的作用,引起大气温度与压力局部不均匀,从而导致大气折射率的局部变化,使平面波的波前发生会聚或发散作用,而这种涨落又是随机的,因此波束发生漂移现象,强度也有涨落。闪烁现象不仅在可见区存在,在红外和微波区也有明显的表现。它相当于一种噪声,影响仪器分辨本领的提高,改变光学传递函数的性质。

大气湍流反映在航天光学遥感上就是成像光束的漂移、抖动和扩展,这就是大气的闪烁、相位起伏和光束扩展等湍流效应。大气湍流对光束特性的影响程度和形式同光束直径 d 与湍流尺度 l 的比有关,当 $d/l \ll 1$ 时,光束的传播方向在探测器接收面上随机漂动,这就是光束漂移;当 $d/l \approx 1$ 时,光束截面发生随机偏转,形成到达角的起伏,引起焦平面上像点的抖动;当 $d/l \gg 1$ 时,湍流对光束起衍射作用,引起光束强度和相位在时空上的随机分布,导致光束截面的扩展。

湍流导致大气折射率的变化,光学谱段由空气密度决定的空气折射率 n 与温度 $t/℃$、大气压强 $p(kPa)$ 和相对湿度 $RH(\%)$ 的关系为[17]

$$n = 1 + 7.86 \times 10^{-4} \frac{p}{273 + t} - 1.5 \times 10^{-11} RH(t^2 + 160) \quad (4-41)$$

一般认为干燥空气的折射率起伏特性与温度的起伏特性完全一致,可以通过测量大气温度场的起伏特性来研究大气折射率的起伏特性。

近地大气的湍流强度具有显著的日变化特征。白天湍流能充分发展,强度较大,中午可以到达最大值。夜晚湍流不易发展,平均强度相对较低。在日出后 1h,日落前 1h,太阳辐射和地表辐射平衡,湍流最弱。近地大气的湍流也受地理特征的影响。

如不考虑具体的光学系统,可把波阵面的法线方向与光传播的切线方向的夹角称为到达角。对于干涉仪,到达角指两点间的相位差,因此此两点间的距离影响着到达角的度量。对于望远系统,到达角对应于接收口径处的波阵面的倾斜方向或焦点偏离光轴的方向。

对于整层大气,一个口径 400mm 的望远镜中,到达角的均方根的典型值约为 9μrad(约 2″)[17]。对于高空间分辨率航天光学遥感,大气湍流对遥感分辨率的影响必须予以重视。

4.4.5 大气折射及对信号的影响

1. 大气折射

在光学谱段由空气密度决定的空气折射率 n 与温度 t(℃)、大气压强 p(kPa)和相对湿度 RH(%)的关系为式(4-41),而由式(4-39)可知,压力 P 随高度 H 的增加呈指数衰减,因此大气的折射率也是随高度逐渐减小,在大气顶处 $n=1$。

由于大气折射率的不断变化,电磁波在大气中的传播轨迹就是一条曲线。如果电磁波穿过整个大气层,由于大气折射的影响,使实际的天顶角 θ 与测出的视天顶角 θ' 之间有一定的差距 R,称为大气折射值(图 4-37)。

$$R = \theta - \theta'$$

在正常温度下可以证明

$$R = 58.3''\tan\theta' - 0.067''\tan^3\theta' \tag{4-42}$$

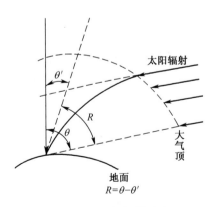

图 4-37 大气折射图示

当 $\theta'=0$ 时,大气折射率是没有影响的。随着 θ' 的加大,大气折射率的影响越显著。从表4-13中可以看出,当天体实际上还在几何地平线以下时人们已经可以看到它了,因为$\theta' = 90°$时,$\theta = 90°35'$。同理在摄影测量中,由于大气折射的影响,图像上的角距离与实际物体的角距离并不一致,而且飞行高度越高,偏离天顶的角距越大,误差也越大,需要校正的量也就越大。

表4-13　大气折射值与大气质量值

θ'	θ	R	$\sec\theta'$	大气质量	θ'	θ	R	$\sec\theta'$	大气质量
0°	0°	0″	1.000	1.000	80°	80°5′	319″	5.76	5.60
10°	10°0′	10″	1.015	1.015	81°	81°6′	353″	6.39	6.18
20°	20°0′	21″	1.064	1.064	82°	82°7′	394″	7.19	6.88
30°	30°1′	34″	1.155	1.154	83°	83°7′	444″	8.21	7.77
40°	40°1′	49″	1.305	1.304	84°	84°8′	509″	9.57	8.90
45°	45°1′	59″	1.414	1.413	85°	85°10′	593″	11.47	10.40
50°	50°1′	70″	1.556	1.553	86°	86°12′	706″	14.34	12.44
55°	55°1′	84″	1.743	1.740	87°	87°14′	865″	19.11	15.36
60°	60°2′	101″	2.000	1.995	88°	88°18′	1163″	28.65	19.8
65°	65°2′	125″	2.366	2.359	89°	89°25′	1481″	57.3	27.0
70°	70°3′	159″	2.924	2.904	89°51′	90°0′	1760″	116	32
75°	75°4′	215″	3.864	3.816	90°	90°35′	2123″	∞	38

　　大气折射率也是波长的函数。波束在大气传播的过程中还有色散的现象,不过这种色散的效应很小,在一般情况下可忽略不计,只在空间分辨率很高时和高轨光学遥感时应注意此方面的影响。

2. 大气对辐射信号的衰减

　　大气对辐射有明显的强度衰减作用称为消光。可用消光系数$k(\lambda, h)$表示,k的单位是m^{-1},它表示通过单位距离后辐射衰减的比例,即

$$\frac{\mathrm{d}E(\lambda)}{E(\lambda)} = -k(\lambda, h)\mathrm{d}h$$

通过厚度为l的垂直大气后的辐射强度为

$$\int_{E_0}^{E} \frac{\mathrm{d}E(\lambda)}{E(\lambda)} = -\int_0^l k(\lambda, h)\mathrm{d}h$$

$$E(\lambda) = E_0(\lambda)\mathrm{e}^{-\int_0^l k(\lambda, h)\mathrm{d}h}$$

　　式中$E_0(\lambda)$为$l = 0$处的辐射强度,当考虑地面向外层空间的辐射时以地面为$l = 0$,当考虑太阳辐射通过大气的衰减时以大气顶为$l = 0$。$E(\lambda)$为通过垂直高度为l的大气层衰减后的辐射强度。

　　如果辐射以一定的高度角θ斜入射,则有

$$dh' = \sec\theta dh$$

此时辐射的强度为

$$
\begin{aligned}
E'(\lambda) &= E_0(\lambda)\,\mathrm{e}^{-\sec\theta\int_0^l k(\lambda,h)\,dh} \\
&= E_0(\lambda)\,\mathrm{e}^{-m(\theta)\tau(\lambda)}
\end{aligned}
\tag{4-43}
$$

式中：$\tau(\lambda) = \int_0^l k(\lambda,h)\,dh$ 称为垂直光学厚度；$m(\theta) = \sec\theta$，称为大气质量。它表示斜入射时大气的等效光程与垂直入射的大气光程之比。因此，垂直入射时大气质量为 1。随着 θ 的增加 $m(\theta)$ 也迅速增加。$m(\theta) = \sec(\theta)$ 是把大气作为一平面层，不考虑它的曲率，同时忽略大气的折射，而后推导出来的。在 $\theta < 60°$ 时，用 $m(\theta)$ 作为大气质量还是相当精确的。当 $60° < \theta < 80°$ 时，大气的曲率就变得很重要，$m(\theta)$ 要比用 $\sec(\theta)$ 算出的值小。$m(\theta)$ 与 θ 的关系可查表 4-13。

理论和实验表明，大气不同成分与不同的物理过程造成的消光效应具有线性叠加的特性，总的消光特征量可以写成分量之和的形式[14]。

大气的垂直光学厚度与大气的吸收与散射情况有关

$$\tau(\lambda) = \tau_\alpha(\lambda) + \tau_s(\lambda)$$

式中：$\tau_\alpha(\lambda)$ 是吸收作用引起的垂直光学厚度

$$\tau_\alpha(\lambda) = \int_0^l k_\alpha(\lambda,h)\,dh$$

式中：$k_\alpha(\lambda,h)$ 是吸收作用的消光系数。

$\tau_s(\lambda)$ 是散射作用引起的垂直光学厚度

$$\tau_s(\lambda) = \int_0^l k_s(\lambda,h)\,dh$$

式中：$k_s(\lambda,h)$ 是散射作用的消光系数。

$k_s(\lambda,h)$ 又可表示成

$$k_s(\lambda,h) = k_R(\lambda,h) + k_M(\lambda,h) + k_L(\lambda,h)$$

$k_R(\lambda,h)$、$k_M(\lambda,h)$、$k_L(\lambda,h)$ 分别为瑞利散射、米散射、大颗粒散射引起的消光系数，它们各自对应的垂直光学厚度为

$$\tau_s(\lambda,h) = \tau_R(\lambda,h) + \tau_M(\lambda,h) + \tau_L(\lambda,h)$$

同理 $k_\alpha(\lambda,h)$ 可表示为

$$k_\alpha(\lambda,h) = k_{O_3}(\lambda,h) + k_{CO_2}(\lambda,h) + k_{H_2O}(\lambda,h) + k_A(\lambda,h)$$

式中：$k_{O_3}(\lambda,h)$、$k_{CO_2}(\lambda,h)$、$k_{H_2O}(\lambda,h)$、$k_A(\lambda,h)$ 分别为 O_3、CO_2、H_2O 和其它气体由吸收引起的消光系数。

它们各自对应垂直光学厚度为

$$\tau_\alpha(\lambda,h) = \tau_{O_3}(\lambda,h) + \tau_{CO_2}(\lambda,h) + \tau_{H_2O}(\lambda,h) + \tau_A(\lambda,h)$$

将 τ_s、τ_α 代入式(4-43)得

$$E'(\lambda) = E_0(\lambda)\,\mathrm{e}^{-m(\theta)(\tau_{O_3}+\tau_{CO_2}+\tau_{H_2O}+\tau_A+\tau_R+\tau_M+\tau_L)}$$

大气的衰减作用也可用透过率 T 表示

$$T = \frac{E'}{E_0} = \mathrm{e}^{-m(\theta)\tau}$$

式中：$m(\theta)\cdot\tau$ 又称为光学厚度。T 与 τ 都是波长及其它气象因素的函数，在不同谱段、不同时间与地点会有很大的差别。

3. 大气对信号对比度的衰减

大气对辐射信号的影响不仅仅表现为衰减作用，大气的辐射对信号的影响也很大。在高度为 H 的平台上，观察地面物体的辐亮度 L 为

$$L = L_G T(h) + L_P$$

式中：L_G 为地面物体的辐亮度，$T(h)$ 为从地面至高度 h 的大气层透过率，L_P 为从地面至高度 h 的大气柱向上的辐射亮度，这些量都是波长、大气层厚度、观察角度的函数。

以太阳辐射作用为主的短波区，如果地面是朗伯体，则可表示为

$$L_G = \frac{E\cdot\rho}{\pi}$$

式中：ρ 为地面的半球反射率；E 为地面的辐照度，而 E 又包括太阳直射 E_s 及天空漫入射 E_D 的辐照度之和

$$E = E_s + E_D$$

据 $E = \cos\theta\cdot E_0/D^2$，并考虑大气透过率的影响，则 E_s 可写成

$$E_s = \frac{\cos\theta\,T\cdot E_0}{D^2}$$

式中：E_0 为分谱太阳常数；D 是以日地平均距离为单位的日地距离；T 为整层大气的透过率，它与垂直整层大气的透过率 T_0 的关系为

$$T = \mathrm{e}^{-m(\theta)\tau}$$

垂直时整层大气，$m(\theta)=1$、$T_0=\mathrm{e}^{-\tau}$，有

$$T = \mathrm{e}^{-m(\theta)\tau} = (\mathrm{e}^{-\tau})^{m(\theta)} = T_0^{m(\theta)}$$

式中：$m(\theta)$ 为大气质量。

将前四式代入 $L = L_G T(h) + L_P$ 得

$$L = \left(\frac{E_0}{D^2}\cos\theta\cdot T_0^{m(\theta)} + E_D\right)\cdot\frac{\rho}{\pi}\cdot T(h) + L_P$$

式中：E_0、E_D、T、T_0、ρ、L_P 等均是波长的函数，E_0、T、T_0、L_P 等还与大气的吸收情况和散射情况有关，是时间、空间的函数，与地面的状况和观察角度等因素有关，因此要精确地对大气传输的影响进行订正是非常复杂的。

由于 L 不仅包括目标亮度 E_0 和 E_D 两项，还包括大气的后向散射亮度 L_P，

L_p 这一亮度在 L 中占有相当大的比例,对航天光学遥感的成像质量带来不利的影响,此外,太阳辐射及地气系统对光辐射的影响计算一般采用 Lowtran 软件计算的方法,当光谱分辨率较高时也可采用 Modtran。

4.5 月球和行星辐射

星等的设定是把肉眼能看到的星分为 6 等,肉眼刚好能看到的星定为 6 等星,比 6 等星略亮的星定为 5 等星。

目视星等的定义是,设两颗星的目视星等为 m_1 和 m_2,辐射强度为 I_1 和 I_2。若 $m_2 - m_1 = 5$,则 $I_1 = 100\, I_2$。

由定义可得

$$\lg \frac{I_1}{I_2} = 0.4(m_2 - m_1)$$

零目视星等的照度是 $2.65 \times 10^{-6}\mathrm{lx}$,转换成辐射度量为

$$2.65 \times 10^{-6}/683 = 3.88 \times 10^{-9}\mathrm{W/m^2}$$

据此可计算各星等的地面照度或大气外照度,其结果可以作为航天光学遥感的辐射定标等的参考。

1. 行星

由于月球和行星是反射太阳的辐射,它们的光谱与太阳接近,是 5900K 的黑体辐射谱,但强度弱得多。表 4-14 列出了月球(满月)和行星(最亮时)的目视星等和色温。

表 4-14　行星最亮时的目视星等和色温

名称	月亮	金星	火星	木星	水星	土星
目视星等/ms	-12.2	-4.28	-2.25	-2.25	-1.8	-0.93
色温/K	5900	5900	5900	5900	5900	5900

2. 恒星

恒星是自身发光的星体,表 4-15 是一些较亮恒星的星等。

表 4-15　较亮恒星的星等

名称	天狼星	船底座 α	织女星	御夫座 α	牧夫座 α	猎户座 β	小犬座 α
目视星等/ms	-1.6	-0.82	0.14	0.21	0.24	0.34	0.48
色温/K	11200	6200	11200	4700	3750	13000	5450

3. 大气层外恒星星等

对多数光学系统来说只有少数恒星足够亮,可以把它们作为独立辐射源,

而大多数恒星所产生的照度远低于一般宽视场器件的灵敏度阈值。一些亮度较高的恒星在大气层外可以作为光度标校的光源[17]。较高亮度的恒星大气层外辐照度见表4-16。

表4-16　较高亮度的恒星大气层外辐照度

名称	天琴座 α	御夫座 α	金牛座 α	白羊座 α	天鹅座 α
目视星等/ms	0.03	0.09	0.78	1.99	2.45
$E_\lambda(\lambda=0.556)/\mathrm{W \cdot cm^{-2} \cdot \mu m^{-1}}$	371.0	350.0	186.0	60.9	40.1

月球表面的光度学稳定度可达 10^{-9}/年,是稳定的自然参考源,我国 FY-2 (03 批)卫星采用了基于月球辐射校正的内黑体定标方法,测试表明红外谱段定标精度可达 0.5K@ 300K[22]。

第 5 章
光电探测器

5.1 概述

    不论是被动光学遥感系统还是主动光学遥感系统,探测器的选择对于光学遥感系统的能量要求都起着关键作用。随着光电技术的发展,探测器的种类在不断增加,相应地性能也在不断提高。传统的感光胶片正在逐渐淡出历史舞台,而光电探测器已经兴起,不仅在军用方面即使在民用方面也是如此。但作为传统光学遥感的一种主要方法,胶片的某些性能还是要被提及,原因在于对这个领域的基本原理应有所了解,将也对光学遥感器的研究和参数选择有所裨益。

    胶片特性简介。感光乳胶的光敏层是由悬浮在乳胶溶液中的溴化银微晶粒构成的。当乳胶曝光时,光敏层的卤素离子吸收光子而激发出一个电子,电子被附近的银离子吸收,使一个银离子还原成一个银原子:

$$Ag^+ + Br^- + h\nu \longrightarrow Ag + Br$$

或分为两步表达

$$Br^- + h\nu \longrightarrow Br + e^-$$

$$Ag^+ + e^- \longrightarrow Ag$$

    由光子作用产生的银原子很少,称为潜影中心。潜影中心在显影液的化学作用下不断扩大,使银原子大量析出。显影结束后用定影液把光敏层中还没有分解的一些残余溴化银溶解掉。这使在光敏层中形成一层稳定的较密的银原子层。光强的地方析出的银原子层厚看起来黑,光弱的地方析出的银原子层薄看起来较透明。

    乳胶的特性曲线。乳胶变黑的程度用密度 D 表示

$$D = \log \frac{i_0}{i}$$

i_0 入射光强,i 透过底片的出射光强

$$i = i_0, D = 0$$
$$i = 0, D = \infty$$

与照度、曝光时间、乳胶的成分、显影液的成分、显影的时间有关。

曝光量 E

$$E = I \cdot t$$

式中:I 为乳胶的辐照度;t 为曝光时间。

D 与 $\log E$ 之间的关系称为乳胶的特性曲线,如图 5-1 所示。

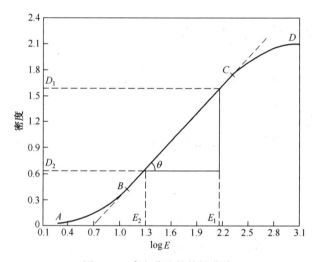

图 5-1 感光乳胶的特性曲线

由图 5-1 可见,在曲线 $B \sim C$ 之间乳胶的特性曲线具有线性。曝光量越大底片的密度将越大,即底片越黑。

没有爆过光的乳胶所显示的本底密度值 D_0 值在 0.01~0.02 之间,过期的乳胶 D_0 值将增加。

胶片的分辨本领。它是指摄影测量时乳胶区分微小细节的能力,常用每 1mm 能分辨的线对数来表示。分辨本领除了与乳胶本身的颗粒大小有关还与被拍摄物体的反衬度有关。反衬度大的物体,分辨率大,反衬度小的物体,分辨率小。常用乳胶的分辨力在几十至几百线/mm,好的全息底片可达 1000 线/mm 以上。

目前除了特殊需要,感光元件大都用光电探测器,所以本章主要介绍光电探测器。作为航天光学遥感系统中的一个重要环节,重点介绍其功能原理和性能指标。

光电探测器是把光学辐射量转化为电子学量的器件。从原理上说有两大类:光子效应光电探测器和光热效应光电探测器。

光子效应光电探测器是以光子 $h\nu$ 激发电子 e^- 的方式进行光电转换,光子探测器的共同特征是有一个工作波长阈值,即长波限 λ_f,$\lambda_f = 1.24/E_g$,E_g 光子探测器材料决定的阈值能量,单位 $\lambda_f/\mu m$,E_g/eV。

光热效应探测器是器件吸收光能后转化成晶格振动的热能,引起元件温度升高,导致器件电子学性能或其它物理性能的变化,这些变化最终转化为电子学量输出而被探测。光热效应与光子能量 $h\nu$ 无直接关系,也没有辐射光频率的选择。该类器件通常响应速度慢,易受环境温度影响,而一种基于材料的温度变化率的热释电效应探测器响应速度快,有应用前景。

5.2 光电探测器的性能参量

光电探测器的性能参量一般有光谱灵敏度、积分灵敏度、量子效率、噪声等效功率和归一化探测率等。灵敏度常称为响应度,是探测器光电转换特性的量度。

1. 光谱灵敏度 R_i

入射光分谱功率密度为 p_λ,探测器的响应为 $i_\lambda(u_\lambda)$,则探测器的光谱灵敏度为

$$R_{i\lambda} = \frac{di_\lambda}{dp_\lambda} \quad (A/W)$$

$$R_{u\lambda} = \frac{du_\lambda}{dp_\lambda} \quad (V/W)$$

分别称为电流光谱灵敏度 $R_{i\lambda}$ 和电压光谱灵敏度 $R_{u\lambda}$。

如果 R_λ 是常数,则探测器为无选择性探测器,如光导探测器。光伏探测器是选择性探测器,其相对光谱灵敏度 S_λ 为

$$S_\lambda = \frac{R_\lambda}{R_{\lambda m}}$$

式中:$R_{\lambda m}$ 为响应峰值;S_λ 为无量纲量;$S_\lambda(\lambda)$ 曲线为探测器的光谱灵敏度曲线。

2. 积分灵敏度 R

入射光功率为 p,探测器的响应为 $i(u)$,则探测器的积分灵敏度为

$$R_i = \frac{di}{dp} = \frac{i}{p} \text{(在线性区内)} \quad (A/W)$$

$$R_u = \frac{du}{dp} = \frac{u}{p} \text{(在线性区内)} \quad (V/W)$$

分别称为电流灵敏度 R_i 和电压灵敏度 R_u。p 为某一入射波长范围内的总的光功率。

3. 量子效率 η

产生的光电子数与入射光子数的比,通常是波长的函数[23]。

4. 探测器的噪声

噪声是一种无规则的电量输出,是统计意义下的平均值。

1) 热噪声

任何有电阻的材料,只要其温度高于绝对零度都会产生热噪声。它是由电子的热运动在电阻的两端碰撞产生的电压随机起伏而形成的。

$$U_n^2 = 4kTR\Delta f$$

$$i_n^2 = \frac{4kT\Delta f}{R}$$

式中:U_n 为噪声电压(V);i_n 为噪声电流(A);k 为玻耳兹曼常数;T 为热力学温度(K),R 为电阻欧姆;Δf 为探测器带宽。

2) 光子散粒噪声

最初是在真空二极管中发现的,它是由阴极电子达到阳极的速度无规则起伏引起的。在载流子穿过半导体 pn 节的过渡区时也有类似的现象,它们犹如射靶的子弹数时有起伏,因而得名。物体辐射的光子数、阴极发射的电子数、半导体中的载流子数、光电倍增管的倍增系数都有这种现象。

$$i_n^2 = 2eI\Delta f$$

式中:e 为电子电荷量,$e = 1.6\times10^{-19}$(C);I 为流过探测器的电流;Δf 为频带。

当 I、Δf 不易确定时,光子散粒噪声可以用光子数形式表达即

$$N_n = \sqrt{N_p}$$

式中:N_n 为光子数起伏的散粒噪声;N_p 为入射辐射的光子数。

3) 产生−复合噪声

半导体内的载流子数是有起伏的,这是由产生−复合的随机性引起的,由此引起的噪声称为产生−复合噪声。

$$i_n^2 = 4eI_0\Delta f \frac{\tau_c}{\tau_d} \frac{1}{1 + (2\pi f\tau_c)^2}$$

式中:I_0 为探测器中的平均电流;τ_c 为载流子寿命;τ_d 为载流子渡越时间;f 为入射光调制频率。当 $f << 1/(2\pi\tau_c)$ 时,$i_n^2 = 4eI_0\Delta f\tau_c/\tau_d$;$\Delta f$ 为频带。

4) $1/f$ 噪声

是流过探测器电流的微小起伏引起的,主要出现在大约 1kHz 的低频域,且与光辐射的调制频率成反比。调制频率高于 1kHz 这种噪声可以被抑制[24]。

$$i_n^2 = \frac{k_1 I^\alpha \Delta f}{f^\beta} = \frac{C_1 I^\alpha \Delta f}{LAf^\beta}$$

式中:l 为探测器长度;A 为探测器截面积;α 为常数 ≈ 2;β 常数 ≈ 1;k_1 为比例常数;C_1 为与材料本身有关,与材料尺寸无关;I 为探测器的电流;Δf 为频带;f 为频率。

$$u_n^2 = i_n^2 R^2$$

5）背景噪声

背景辐射光子数的随机起伏引起的噪声。光子噪声的功率与频率无关,在 Δf 带宽内的均方噪声功率为

$$p^2 = 8\varepsilon\sigma k T_b^5 A_b$$

式中:ε 为背景比辐射率;σ 为斯忒藩-玻耳兹曼常数;k 为玻耳兹曼常数;T_b 为背景温度;A_b 为背景面积。

在航天光学遥感中,是把整个地气系统作为景物,所以并不区分目标与背景,整个辐射都作为目标辐射,所以这一噪声在光子散粒噪声中被计及。

6）光伏探测器与光导探测器的噪声

光导探测器的噪声主要是热噪声、产生-复合噪声和 $1/f$ 噪声,有

$$i_n^2 = \left(\frac{4kT}{R} + \frac{4eI_0\tau_c}{\tau_d} + \frac{C_1 I^\alpha}{LAf^\beta} \right) \Delta f$$

光伏探测器的噪声主要是热噪声和散粒噪声,产生-复合噪声很小,有

$$i_n^2 = \left(2eI + \frac{4kT}{R} \right) \Delta f$$

光伏探测器处于反偏工作状态时,电阻 R 很大,热噪声可以忽略。

5. 噪声等效功率 NEP

产生噪声大小的信号所需的入射光功率,为噪声等效功率 NEP。

6. 归一化探测率 D^*

在描述红外探测器的灵敏度时,可以用噪声等效功率 NEP 来表示,它与探测器的材料、工艺、像元面积 A_d、测量电路的带宽 Δf 有关。理论和实践证明 $(A_d\Delta f)^{1/2}/\mathrm{NEP} =$ 常数,记 $D = 1/\mathrm{NEP}$,称为探测率 W^{-1}。

令 $D^* = D(A_d\Delta f)^{1/2} =$ 常数,称为归一化探测率 $\mathrm{cm \cdot Hz^{1/2} \cdot W^{-1}}$。可理解为在 $1\mathrm{cm}^2$ 的光敏面上、$1\mathrm{W \cdot cm^{-2}}$ 的照度、$1\mathrm{Hz}$ 带宽的测量电路测出的信噪比。

5.3 固体摄像器件

固体摄像器件是指将光电转换、存贮、电荷转移及读出功能在一块集成的半导体芯片上实现,在特定外电路驱动下工作的光电成像器件。广泛应用的主要包括 CCD、CMOS 成像器件。CCD(Charge-Coupled Devices)即电荷耦合器件,是一种大规模集成的二极管阵列成像器件,有面阵和线阵两大类,集光电转移、电荷存储、电荷传输和拾取于一体,是全固态化光电成像器件。CMOS(Complementary Metal Oxide Semiconductor)即互补金属氧化物半导体器

件,将成对的金属氧化物半导体场效应管(MOS-FET)集成在一块芯片上的光电成像器件。

CCD 器件的特点是噪声小、动态范围大、可延时积分成像、像元有效感光面积系数高、像元尺寸小、易获得大规模像元数量的器件。缺点是难与 CMOS 电路集成、读出速度受到限制、功耗大、蓝光效率差、信息难于即存即取。

CMOS 器件的特点是电路集成度高、读出速度快、功耗小、响应光谱宽、可即存即取、便于将像元阵列与模拟、数字功能集成在一块芯片上。缺点是噪声较大、动态范围较小、难于实现延时积分成像,主要是面阵光电成像器件。

5.3.1 CCD 成像器件

5.3.1.1 CCD 工作原理

图 5-2 是一个像素光电 MOS(Metal-Oxide-Semiconductor)的结构和偏压示意图。在 P 型 Si 上沉积 SiO_2,在 SiO_2 上镀金属膜,然后光刻出电路(电极),在电极上加上不同的电压如图 5-2 所示,三个电极对应一个像元。像元 P 型 Si 的底面作为负极,在该像元上形成反偏电压。像元光照后形成的光电子即汇集在高电压的电极下。多个同样的像元排成一行即构成一个线阵 CCD 成像器件的像素,多个线阵排成一列,即形成了面阵器件的像素构成。像素内电荷的多少即代表了该像素光照的强弱,像素对光照强弱的描述即是图像。

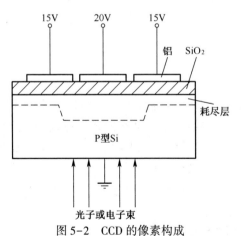

图 5-2 CCD 的像素构成

1. 光电转换与电荷存储

在 CCD 的像素受到光照时,会在 P 型 Si 内产生空穴。由半导体物理学可知,在反偏电压的作用下,P-Si 中的多数载流子(空穴)将远离 SiO_2 形成"势阱"。受光照时该像元产生的电子就会存储在较深的"势井"形成电荷包。

2. 电荷的传输

电荷的传输如图 5-3 所示。通过顺序施加像元上的反偏电压,可以驱动电荷包沿表面传输。图(a)中的电极 2 就是图(b)、(c)、(d)中的 2 和 5。图(b)中的电极 2 和 5 的电压是 20V,电荷包在这两个高电压的电极下。当将 2 和 5 的电压转换成 15V 而将 3 和 6(图中未画出)的电压转换成 20V 的瞬间,电荷包的状态如图(c)。电极电压稳定后且电荷包转移完成后状态如图(d)。这就是一次电荷包转移的过程。

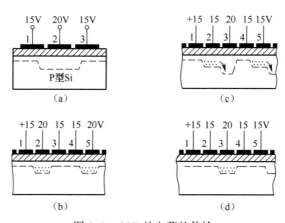

图 5-3　CCD 的电荷的传输

3. 电荷拾取

如图 5-4 是线阵 CCD 成像器件的基本组成,1 是光积分区,2 是移位寄存器,3 是输出二极管,4 是输出栅,5 是横向转移电极,6 是存储电极,Φ_1、Φ_2、Φ_3 是纵向转移电极。当电荷转移脉冲到来后,在一个像元成像的积分时间内,在光敏区 1 内的各像元下的电荷包即通过横向转移电极 5 的各电极的驱动输出到移位寄存器 2 内,之后在纵向转移电极 Φ_1、Φ_2、Φ_3 的驱动下在输出二极管 3 依次输出各像元的电荷包。

4. 电荷包电荷到电压的转换

图 5-5 所示,(a)为 CCD 输出电路结构,(b)为 CCD 单元输出电压波形。当电荷包进入电极 Φ_3 下时,Φ_3 处于高电压,输出栅 Φ_{OG} 的电压 V_{OG} 低于 Φ_3 电压,复位脉冲 Φ_R 为正,场效应管 T_1 导通,输出二极管 D 处于反偏状态,其节电容 Cs 被充电到一个固定的直流电压 V_{cc} 上,源极跟随器 T_2 的输出电压被复位于复位电平 V_{OS} 且略小于 V_{cc}。当复位脉冲 Φ_R 正电压结束时,T_1 管截止,由于

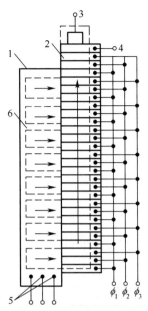

图 5-4　线阵 CCD 成像器件组成示意图

T_1 管存在漏电流输出电压存在一个 T_1 的管压降而有一个小的回落称其为馈通电压,同时 Φ_3 电压变得低于 V_{OG},于是 Φ_3 电极下的电荷包转移到 C_S 内,导致 A 电压下降到与电荷包电量成正比的电压上,源极跟随器 T_2 的输出电压也有相应地降低输出一个电视信号水平的电压,即

$$V_{OS} = G\Delta V_{OS} = G\Delta Q_S/C_s$$

式中:G 为输出放大器增益;ΔQ_S 为电荷包电量;ΔV_{OS} 为输出电压下降幅度。

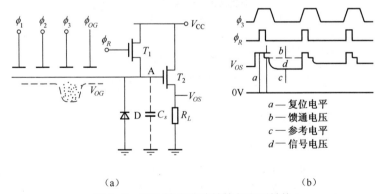

　　　　（a）　　　　　　　　　　　　　　　（b）

图 5-5　CCD 输出电路结构与电压转换

　　对于面阵 CCD,为了提高电荷拾取的速度和效率,通常采用帧转移的 CCD 电荷拾取模式。帧转移有两种模式即如图 5-6 的感光区 A 到读出存储区 B 的全帧转移模式和如图 5-7 的行间转移模式。

全帧转移面阵 CCD 的感光区 A 和读出存储区 B 的像素是一一对应的,存储区 B 不感光。信号拾取时,在每一帧消隐时间内通过帧转移的时序 Φ_{11}、Φ_{21}、Φ_{31},将感光区 A 的电荷包转移到存储区 B 的对应像素中。在一个行消隐的时间内通过时序 Φ_{12}、Φ_{22}、Φ_{32} 和 Φ_{13}、Φ_{23}、Φ_{33} 的驱动将一行像素的电荷包通过输出二极管输出出去。

行间转移面阵 CCD 有一列感光像素则在其侧边设一列存储像素,如图 5-7 帧的奇数列为感光像素,偶数列则为存储像素。信号拾取时,在一个行消隐的时间内即把各感光像素的电荷包全部输出出去。因此行间转移面阵 CCD 的帧速度快,但缺点是存在感光盲区,而全帧转移面阵 CCD 则刚好相反。

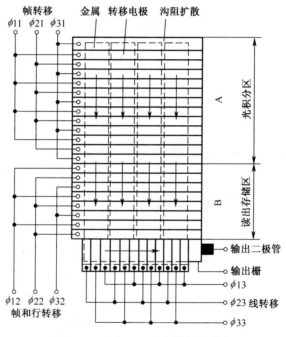

图 5-6　面阵 CCD 的全帧转移模式

5.3.1.2　CCD 的性能指标

输入曝光量 $H(\text{lx} \cdot \text{s})$ 与输出电压 V 的关系称为 CCD 的光电转换特性。一个好的 CCD 应具有高的光响应度和低的输出暗电压。具体体现在其量子效率上,图 5-8 是一个线阵 CCD 的量子效率曲线和人眼相对视见函数曲线(虚线暗视觉点划线明视觉),可见其量子效率可以达到 30%。图 5-9 是一款线阵彩色 CCD 的量子效率曲线。图 5-10 是一个面阵 CCD 的量子效率曲线和人眼相对视见函数曲线,可见其平均量子效率只有 15%。量子效率的高低还取决于所采用的谱段,量子效率是波长的函数。图 5-11 是一款面阵彩色 CCD 的量子效率曲线。

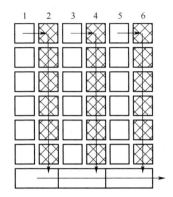

图 5-7　面阵 CCD 的行间转移模式

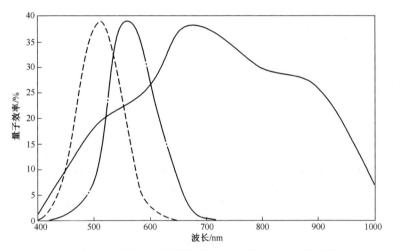

图 5-8　线阵 CCD 的量子效率和人眼相对视见函数曲线

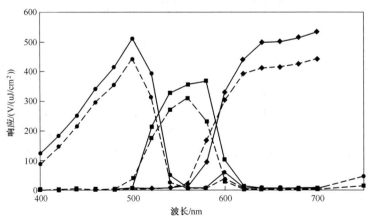

图 5-9　线阵彩色 CCD 的量子效率曲线

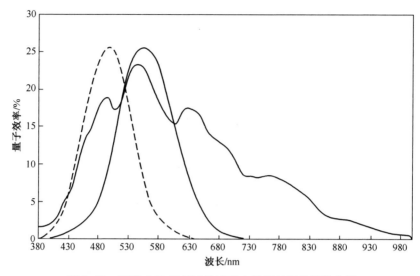

图 5-10　面阵 CCD 的量子效率和人眼相对视见函数曲线

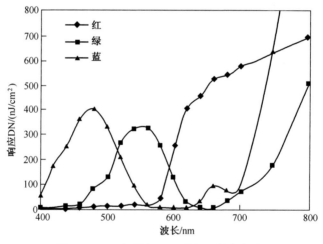

图 5-11　面阵彩色 CCD 的量子效率曲线

1. 光谱响应

CCD 多由 Si 材料做成的光电二极管和光电 MOS 阵列结构,光谱响应曲线如图 5-8 所示,图中还给出了标准人眼视见函数光谱曲线。由图可见 Si-CCD 光谱响应峰值波长 λ_{max} 在可见光范围,波限 $\lambda_f \approx 1.1\mu m$,对应于 Si 半导体禁带宽度 1.12eV 间的本征光吸收截止波长。光谱响应的短波长决定于器件输入面材料和 Si 材料的短波吸收特性。

2. MTF 和分辨率

CCD 成像实质是分立的像素对入射光进行离散采样。空间采样频率 f_0 用像元数/mm 来表示。根据采样定理最高采样频率为奈奎斯特极限采样频率 $f_N = f_0/2$。与其他成像器件一样,CCD 对不同空间频率的正弦波具有不同的调制度传递特性,空间频率越高传递能力越差。经归一化(MTF(0) = 1),测得的 MTF 曲线即为该器件的 MTF。影响 CCD 等阵列器件高频 MTF 的因素有三项:

(1) 像元几何尺寸。

(2) 载流子横向扩散产生的串扰。因 CCD 势阱间并非完全隔离,像元的光电子可能扩散到邻近像元中去,随输入波长增大这种串扰愈加严重。

(3) 载流子转移损失,频率越高损失越大。

实际 CCD 成像系统中,由于光学透镜和杂光的影响,通常在奈奎斯特极限采样频率 f_N 处的 MTF 值约为 0.5。

目前大规模阵列的 CCD 器件像元规模已达 140M。

3. 莫尔效应

如 CCD 的阵列为 512×320,则 $R_H = 512$,$R_V = 320$,$f_{0H} = 512$,$f_{0V} = 320$,$f_N = f_0/2$。频率大于 f_N 的信号成像时会反射回基本频率域($<f_N$)中来,造成莫尔效应。干扰了基本频率域景物图像。所以以娱乐为目的的电视系统希望降低高频 MTF 的响应;而以军事和工业应用为目的的电视系统希望保留莫尔图样,因为它包含了被观察目标和背景中更多的信息。一个训练有素的判读人员能够对其采集和判读。

4. 满阱电荷、暗电荷、动态范围

每个 CCD 像元等效一个电容 C_p。势阱中所能容纳的最大电子数称为满阱电荷,通常为 10^6 个。电荷数:

$$N_s = \frac{ES_p A_p \cdot t}{e^-} \quad (e^- = 1.602 \times 10^{-19} C)$$

式中:E 为探测器上被吸收的照度(W/cm^2);S_p 为灵敏度(A/W);A_p 为像元面积(cm^2);t 为像元积分时间(s)。

据此,像元的满阱电荷 N_{smax}、平均电流 I_s、平均电压 V_{os}

$$N_{smax} = \frac{C_p \Delta V_{max}}{e^-}$$

$$I_s = N_s f_H e^-$$

$$V_{OS} = G \Delta V_S = \frac{G \Delta Q_S}{C_p}$$

式中:ΔV_{max} 为像元积分时间内的最大电压变化;f_H 为像元采样频率,通常为视频扫描频率;ΔV_S 为像元信号电压;V_{OS} 为像元信号电压增益 G 倍后的输出信号电压;ΔQ_S 为像元电荷量。

5. 暗电荷

无光照时 CCD 像元输出的电荷数,它由三种噪声决定。

(1) 散粒噪声,来源于光子数和光电子数的随机涨落,服从泊松分布,具有宽频率范围内均匀功率分布(白噪声)的特征。这种由信号粒子数 N_p 涨落引起的噪声 $N_p^{1/2}$ 是光致噪声的一种,也是微光摄像最低可探测噪声的极限水平。目前 CCD 致冷后可达到 10 个 e^-/像元。

(2) 暗电流噪声,其一为耗尽层热激发,它是随机噪声,服从泊松分布;其二为器件中产生-复合中心的非均匀性分布所致,特别是像元上缺陷密集而形成的暗电流尖峰,因与缺陷位置有关会形成固定图形噪声。

降低噪声的措施是致冷,由 25℃ 降低到 -196℃,暗电流降三个数量级。CCD 室温可到 1nA/cm²,相当 $6.25 \times 10^3 e^-$/像元($10\mu m \times 10\mu m$),液氮致冷后 $6.25 e^-/cm^2$,此时暗电流不再是重要因素了。

(3) 转移噪声,来源于转移损失、界面态俘获、体态俘获引起的噪声。抑制转移噪声的措施和效果如下

措施	效果(e^-/像元)
同片放大器,$C_p \leqslant 0.03pF$ 降复位噪声	69
浮置栅放大器,无复位噪声	<69
分布浮置放大器(DFGA)	10~20
DFGA 改进型"表面/浮阱探测器"	1.2
致冷-196℃液氮,降暗电流噪声	<6.5

降低了暗电流、转移噪声之后即达到了光子噪声受限水平。

另一种广泛采用的降噪方法是采用相关双采样信号读出方式。相关双采样保持电路,通过在像元读出过程中采取两次采样光电二极管两端的电压信号来实现。一次是在积分开始之前,像元被复位后,采样得到的是噪声信号。另一次是在像元信号积分结束之前进行的,采样得到的是反应光变化量的电信号,最后通过差分的方式将两路信号相减,从而大幅降低信号噪声。

6. 动态范围

像元饱和电压与其均方根噪声电压之比。同类型 CCD 因结构和工作模式不同动态范围会有差别,一般 70dB。

工作温度可达 60℃。

5.3.2　CMOS 成像器件

CMOS 图像探测器以其电路集成度高、体积小、功耗低、读出方式灵活、价格低、驱动简单而获得广泛应用。图 5-12 所示的是一个 $1k \times 1k$ 像素、视场角 100 余度、质量仅 150g 的 CMOS 相机拍摄的广角图像。

图 5-12　CMOS 广角相机图像

5.3.2.1　CMOS 探测器工作原理

CMOS 图像探测器早在 20 世纪 60 年代就开始研究,随着 CMOS 集成电路工艺的不断进步和完善,CMOS 图像传感器出现了无源像素图像探测器(PPS)、有源像素图像探测器(Active Pixel Sensor,APS)和数字图像探测器(DPS),它们的像素和芯片结构如图 5-13 和图 5-14。图 5-13(a)是无源像素的原理图,图(b)是在 20 世纪 90 年代出现的有源像素的原理图,由于 CMOS 有源像素图像探测器的像素单元为每个像素都配有放大器,使探测器的性能得到明显改善,目前在信噪比、动态范围等方面的性能已与 CCD 相近。典型的 APS 有源像素结构内有 3 个晶体管,分别用于像元的复位、选择和放大、缓冲的功能。读出一般采用相关双采样保持电路,获取积分前后的像元电压信号,积分前采样得到的是噪声信号,积分后采样得到的是噪声+光变化量信号,最后通过差分的方式将两路信号相减。这样,电路就需要两个采样保持信号,以及两路完全相同的采样保持电路,增加了芯片面积及驱动电路的复杂程度。有文献研究新型 CMOS 图像探测器读出电路试图简化这一相关双采样电路[24],使 CMOS 图像探

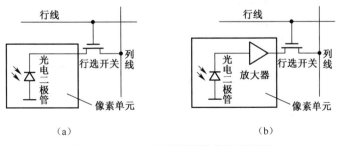

（a）　　　　　　　　　　　　　　（b）

图 5-13　CMOS 图像探测器像素原理图

测器的电路更加简化。图 5-14 是三种 CMOS 数字图像探测器的原理图,图(a)是芯片级的数字图像信号输出方式,图(b)是列级的数字图像信号输出方式,图(c)是像素级的数字图像信号输出方式,三种数字图像信号输出方式灵活性在提高,像素级的数字图像信号输出方式最为灵活可以实现开窗等功能。

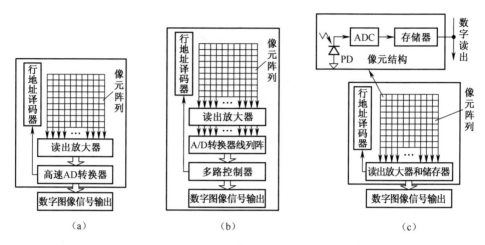

图 5-14　芯片级 CMOS 图像探测器成像原理图

5.3.2.2　CMOS 探测器性能

1. CMOS 探测器的光谱响应

CMOS 探测器的光谱响应如图 5-15(a),其光谱响应的峰值位于可见光谱区,其光谱响应特性与面阵 CCD 探测器的光谱响应类似(见图 5-10)。在光谱响应峰值处的量子效率大于 60%。图 5-16 是一款面阵彩色 CMOS 探测器的量子效率曲线。

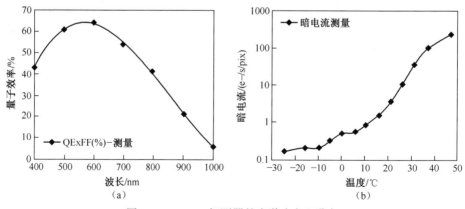

图 5-15　CMOS 探测器的光谱响应和噪声

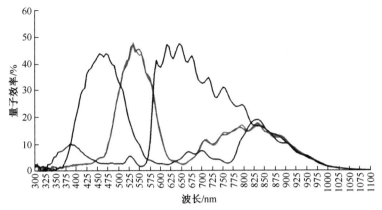

图 5-16 面阵彩色 CMOS 探测器的量子效率曲线

2. 噪声

CMOS 探测器的噪声随温度上升较快,如图 5-15(b),在 40℃时噪声大约是 150 个 e^-,大面阵的 CCD 大约是 15 个 e^-,两者相差在数量级的级别。

3. 分辨率

CMOS 探测器主要应用形式是面阵,面阵的规模(像素个数)是其重要指标,前面图示的 2 个探测器的光谱响应,其像素规模是 2k×2k,大规模的 CMOS 探测器像素已达 100M。

4. 动态范围

CMOS 探测器的动态范围与同规模的 CCD 相当,前述的 2k×2k 像素器件动态范围约 70dB,更大规模的 70M 像素器件动态范围约 60dB。

工作温度可达 60℃。

5.4 红外成像器件

温度不为零的物体都向外辐射电磁波,温度低则峰值波长长。红外探测器用于探测红外波,它分两大类,热探测器和红外光子探测器。

热探测器有热电阻、热电偶和热释电探测器,吸收红外线后升温导致自身物理参数变化。红外光子探测器是基于光子与电子作用产生光电导或光生伏特效应的原理。

目前主要采用红外光子探测器,灵敏度高、响应速度快,光子探测器的响应速度在微秒量级,热探测器的响应速度在毫秒量级。

红外探测器常温状态噪声大,需要致冷工作,非面阵凝视成像时需要扫描成像。

5.4.1 红外探测器原理

1. 光导型单元红外探测器原理

半导体的电阻受光照发生变化的现象称为光电导效应,如图 5-17。产生光电导效应有三个条件:

(1) 光子能量 $h\nu \geq E_g$(禁带宽度);

(2) 辐照强度使器件处于线性工作范围;

(3) 具有一定的外加偏压 E。

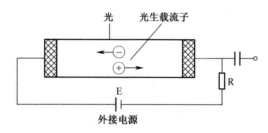

图 5-17　光导型红外探测器原理

2. 光伏型单元红外探测器原理

如图 5-18,透光一侧有一薄 p-n 结层。无光照时,p-n 结中 p-Si 中的多数载流子空穴(h+)向 n-Si 一侧扩散,n-Si 中的多数载流子电子(e^-)向 p-Si 一侧扩散,在 p-n 结附近形成耗尽层,建起自建电场 E,电场方向 n→p,自建电场大小为 V_0。有光时,则在耗尽层内激发出少数载流子 n-Si 中激发出空穴(h^+),p-Si

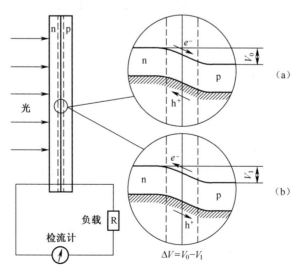

图 5-18　光伏型红外探测器原理

中激发出电子(e^-)。少数载流子扩散 h^+ 向 p-Si 一侧扩散、$e^- \rightarrow$ 向 n-Si 一侧扩散,在 p-n 结层形成新的电压 V_1,$V_1 = V_0 - \Delta V$。若外电路闭合 ΔV 向负载提供电动势。

（1）红外探测器材料。它决定着光谱响应范围。$3 \sim 5 \mu m$ InSb、InAs、Si∶Ni(掺镍硅)、Si∶S(掺硫硅)、Si∶Ti(掺钛硅);$8 \sim 14 \mu m$ HgCdTe、PbSnTe、Si∶Mg(掺镁硅)、Si∶Sc(掺钪硅)。

（2）Sprite 红外探测器。它由英国 Mullard 公司研制 Sprite – Signal Processing in the Element。通过在长度方向上加偏压使激发出的载流子与像同步移动,最后累计在器件末端读出区输出的具有延时积分功能的器件,图 5-19 为该型器件的主要结构参数和工作原理,从工作原理上看与现有的延时积分器件很类似。

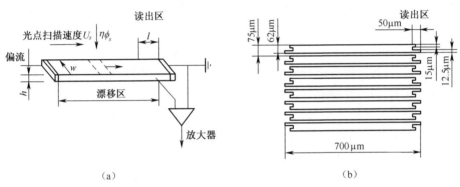

（a）　　　　　　　　　　　　（b）

图 5-19　Sprite 红外探测器结构原理图

图 5-20 为 8 元 Sprite(扫积型)红外探测器,相当于大约 96 个延时积分像元。工作谱段 $8 \sim 14 \mu m$,77K 工作温度时,D^* 可达 1×10^{11} cm · $Hz^{1/2}$ · W^{-1},响应度可达 6×10^4 V/W。

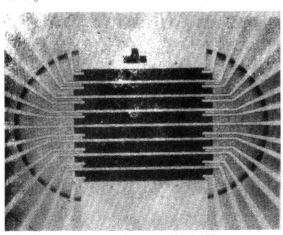

图 5-20　扫积型红外探测器

5. 面阵红外成像器件原理

对于单元红外探测器完成一个 m 元的景物需要扫描成像,设帧周期为 T_p,则每个面元驻留时间为 T_p/m。带宽为 $\Delta f_d = m/T_p$。若用一行列像元 $n_H \times n_V = m$ 的面阵探测器对景物成像,则带宽 $\Delta f_A = \Delta f_d/m = 1/T_p$,由于噪声正比于 $\Delta f^{1/2}$,于是单元与面阵成像的噪声比为

$$\sqrt{\frac{\Delta f_A}{\Delta f_d}} = \frac{1}{\sqrt{m}} = \frac{1}{\sqrt{n_H \times n_V}}$$

即相比较,面阵探测器可比单元扫描成像的信噪比提高 $m^{1/2}$ 倍。

面阵红外成像器件的类型有四类。

(1) 单片红外 CCD,将红外面阵探测器与 CCD 集成在一片半导体衬底上。选择具有合适的光谱响应的本征半导体材料,如 PtSi、InSb、HgCdTe,在其上制造光敏元及电荷读出结构。

(2) 混成式红外 CCD,将光敏元阵列和 CCD 扫描读出器分别用两种半导体材料制成,这样就可把高量子效率的红外面阵探测器阵列和工艺上成熟的硅 CCD 耦合为一体,制成高性能的红外焦平面阵列。

其中的关键技术是光敏元和 CCD 的互联问题,包括热匹配和电接触。有铟柱互联技术和环孔技术成品率很高,成为混成式红外 CCD 的主要技术形式。红外面阵探测器结构主要有前照明和被照明,如图 5-21 所示。

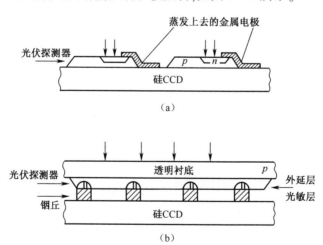

图 5-21 混成式红外面阵探测器结构

前照结构的红外探测器电信号在光照面引出,电引线必须越过探测器边缘到达多路输出器,如图 5-21(a) 所示。为此探测器必须做得十分薄,互联占去一部分面积导致感光面减小。背照结构,如图 5-21(b) 所示,要求镶嵌探测器要有薄的光敏层,光电子从背面扩散到前面被 p-n 结检出得到信号。目前多为

背照结构,所用 HgCdTe 材料多用外延法生成,在透明的衬底上生成一薄的单晶层(10~20μm),离子注入形成 p-n 结制成高性能 HgCdTe 光伏型阵列,与 SiCCD 耦合成高密度阵列。

(3)肖特基(Schottky)势垒红外焦平面阵列(SB-IRFPA),也是一种集成度高有望实用化的一种红外焦平面阵列,已有 512×512 像元的红外焦平面阵列。

(4)3D 红外焦平面探测器,如图 5-22 所示,把具有信号读出及处理作用的芯片(含阻抗变换放大器、低通滤波器、存储器、译码器和控制栅逻辑电路等)采用叠层的方法组合起来,构成信号处理模块。再把该模块与探测器直接连接起来,共同完成红外热成像过程中的光电转换、信号存储和扫描输出等功能。目前已制成中红外 InSb、HgCdTe 组件,探测器采用铟焊技术或将导电环氧树脂黏合在芯片边缘上。像元由 64×64 发展到 256×256。

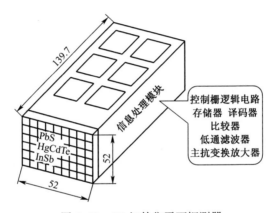

图 5-22 3D 红外焦平面探测器

3D 红外焦平面阵列的最大优点是全部工艺以现有半导体成熟工艺为基础,能批量生产、易模块化、维护方便,且有数据预处理能力,对抑制噪声、提高灵敏度和缩小整机体积均有重要意义,尤其适用于多目标识别和成像跟踪系统中。

5.4.2 红外探测器特性参数

红外探测器的特性参数有响应度、噪声等效功率、探测率、比探测率和光谱响应等。

(1)响应度 R,探测器输出电压 V_s 或电流 I_s 与入射到探测器光敏面上的辐射通量 Φ 之比。

$$R_u = V_s / \Phi \; (\text{V/W})$$

$$R_i = I_s / \Phi \; (\text{A/W})$$

(2)噪声等效功率 NEP,探测器输出信号功率与噪声功率相等时,入射到探测器上的辐射功率,即

$$\text{NEP} = \frac{EA_\text{d}}{V_\text{s}/V_\text{n}} \ (\text{W}) \tag{5-1}$$

式中：E 是探测器上的辐照度；A_d 探测器像元面积；V_s/V_n 信噪比。

（3）探测率 D 与归一化探测率 D^*。

$$D = \frac{1}{\text{NEP}} \ (\text{W}^{-1}) \tag{5-2}$$

NEP 的定义并未考虑 A_d 和 Δf 对 V_n 的影响，一般 V_n 与 $(A_d\Delta f)^{1/2}$ 成正比，即

$$\text{NE}P \propto \sqrt{A_d\Delta f} \tag{5-3}$$

式(5-2)乘以式(5-3)得

$$D\sqrt{A_\text{d}\Delta f} = 常数 = D^* \tag{5-4}$$

D^* 称为归一化探测率，D^* 的单位 $\text{cm} \cdot \text{Hz}^{1/2} \cdot \text{W}^{-1}$，是单位面积单位带宽下的探测率，由于 D^* 在各种红外探测器的性能比较中更有实际应用意义，所以通常简单地把归一化探测率 D^* 简称为探测率。

D^* 与测试条件有关应注明如（500，800，1），即黑体 500K，调制频率 800Hz，带宽 1Hz。

将式(5-1)、式(5-2)代入式(5-4)得

$$\begin{aligned} D^* &= \frac{1}{V_\text{n}} \frac{V_\text{s}}{EA_\text{d}}\sqrt{A_\text{d}\Delta f} \\ &= \frac{R_\text{u}}{V_\text{n}}\sqrt{A_\text{d}\Delta f} \end{aligned} \tag{5-5}$$

式中：R_u 为探测器的响应；D^*、R_u 应同时为光谱的响应平均值或光谱响应；E 也应同为光谱的辐照度平均值或光谱辐照度。

$$\begin{aligned} \text{SNR} &= \frac{V_\text{s}}{V_\text{n}} = \frac{D^* EA_\text{d}}{\sqrt{A_\text{d}\Delta f}} \\ &= DEA_\text{d} \\ &= \frac{EA_\text{d}}{\text{NEP}} \\ &= \frac{EA_\text{d}R_\text{u}}{V_\text{n}} \\ &= \frac{V_\text{s}D^*}{R_\text{u}\sqrt{A_\text{d}\Delta f}} \end{aligned} \tag{5-6}$$

式(5-6)反映了信噪比 SNR 与 D^*、D、NEP、R_u 之间的关系，也反映了 D^* 与 R_u 之间的关系：

$$R_u = \frac{V_n D^*}{\sqrt{A_\text{d}\Delta f}} \tag{5-7}$$

（4）时间常数 τ，以一矩形辐射脉冲照射探测器，探测器的时间响应一般服从 $V=V_0(1-e^{-t/\tau})$ 规律上升或下降，τ 时间常数。工程中规定 τ 指信号电压从零上升到 $V=V_0(1-e^{-1})$ 的时间。光子探测 τ 可达微秒甚至纳秒，热成像中 τ 要小于驻留时间。V_0 是探测器响应的最高电压。

（5）光谱响应，单位功率的各单色辐射入射到探测器上所产生的信号电压与辐射波长的关系通常用单色响应度 R_λ 或光谱比探测率对波长作图来表示，如图 5-23 所示。热探测器的响应与波长无关。

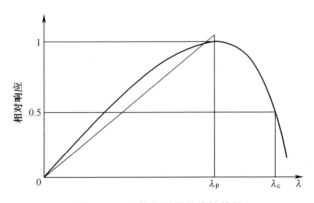

图 5-23 红外探测器的线性特性

光子探测器有极限波长 λ_c，$\nu_c=c/\lambda_c$，c 真空中的光速，响应特性可表示为

$$D_\lambda^* \begin{cases} = \dfrac{\lambda D_{\lambda c}^*}{\lambda_c} & \lambda \leq \lambda_c \\[2mm] = 0 & \lambda > \lambda_c \end{cases}$$

实际的光子探测器在 λ_c 处的响应不会突然为零，而是把响应下降到 50% 时的波长定义为截止波长。

（6）背景限比探测率，若忽略探测器本身的噪声而认为其性能仅受背景光子数起伏噪声的限制。

在一定波长上，背景限光导型探测器 D^* 的理论最大值为

$$D_\lambda^* = \frac{\lambda}{2hc}\sqrt{\frac{\eta}{Q_b}} = 2.52 \times 10^{18}\lambda\sqrt{\frac{\eta}{Q_b}}$$

式中：η 为探测器的量子效率；Q_b 为探测器的半球背景辐照度；h 为普朗克常数；c 为光速。

对于光伏型探测器，因无复合机制，D_λ^* 应乘以 $\sqrt{2}$，有

$$D_\lambda^* = 3.56 \times 10^{18}\lambda\sqrt{\frac{\eta}{Q_b}}$$

许多光子探测器已接近背景噪声限。

下面给出了各种红外光子探测器的光谱探测率图 5-24 和典型红外探测器的探测率与温度的关系图 5-25[24]。

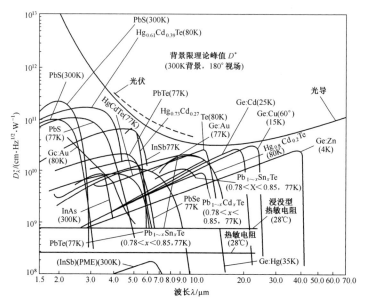

图 5-24　各种红外光子探测器的光谱探测率

注:图中 PbS 最高光谱探测率曲线的 PbS 300K 应为 PbS 193K,供参考

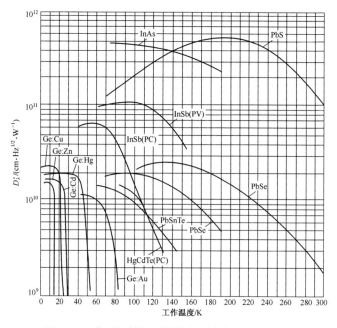

图 5-25　典型红外探测器的探测率与温度的关系

5.5 微光像增强器

微光像增强器又称微光管或像管,是能将微弱光照射下的景物通过光电阴极的光电子转换、电子倍增器增强和荧光屏电–光转换再现为可见图像的一类成像器件。从广义上讲,它们是一类多谱段、多功能的光电子成像器件,可用来对紫外光、可见光、近红外光、X射线和γ射线照射下的景物进行探测、增强和成像。应用于微光夜视、天文观测等领域。可分成三大类。

(1)近贴聚焦类,含一代近贴管、二代近贴管、三代近贴管、光子计数像管、快速光电倍增管、ICCD、双平面光电二极管、三平面光电三极管以及微通道板(MCP)增强式固态阵列电视摄像管等共10种[26]。

(2)静电聚焦类,含零代倒像管、一代倒像管、二代倒像管、倒像管增强式CCD(ICCD)、电子轰击式CCD(EBCCD)、MCP电子倍增式固体阵列电视摄像管等共7种。

(3)电磁聚焦类,含电磁聚焦类一代像管、MCP电子倍增式像管、固体阵列式电视摄像管、高速摄影条纹像管、电视分流管和视频像存储管等共6种。

5.5.1 像增强器的原理和功能

通常由光阴极、电子透镜、电子倍增器和荧光屏等组成,如图5-26所示。光阴极在景物输入光子的激发下,产生光电子图像,在超高真空管体内这些电子从外部高压电源获取能量,并受电子透镜聚焦(偏转),以高能量轰击荧光屏发光,从而产生人眼可见的相应光子图像,亮度得到了增强。

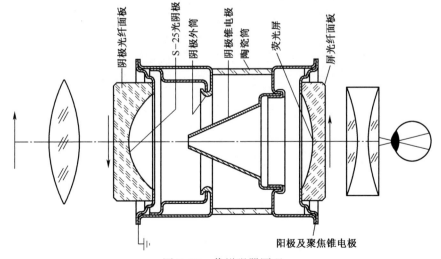

图5-26 像增强器原理

静电聚焦类像增强器原理如图 5-26。景物经过物镜将影像投射到阴极光纤面板(MCP)上,光子激发出光电子,在阴极 MCP 内经电子倍增激发出的光电子在光阴极和阳极组成的电场作用下轰击荧光屏发光,产生增强了的,人眼可见的图像。

电子透镜其原理(图 5-27)是,用两个同心球面电极分作阴阳极,电力线沿径向,在电场力的作用下电子沿电力线方向运动而产生聚焦效果。

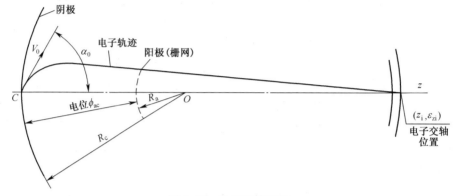

图 5-27　电子透镜原理

采用 MCP 作为增强器,如图 5-28 所示。入射到 MCP 的电子在电场力的作用下作用到微通道的侧壁产生二次电子从而产生电子倍增,输出到荧光屏产生光信号供观察。MCP 具有增益饱和作用,适于强光场合,其结构示意如图 5-29 所示。

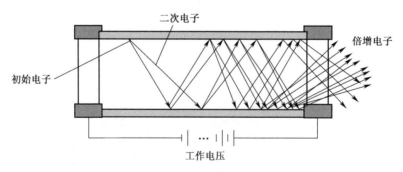

图 5-28　MCP 工作原理示意图

像增强器的主要功能:

(1) 亮度增强。各类微光管具有足够的亮度增益(10^4),可使人们在夜间低照度($10^{-1} \sim 10^{-4}$ lx)下隐蔽地观察远处的景物,或者对要求有高曝光量的快速发光现象进行高速摄影。用于远程($\geqslant 100$km)目标光电预警的微光图像光子计数器像管增益高达 $10^6 \sim 10^7$ 也属此列。

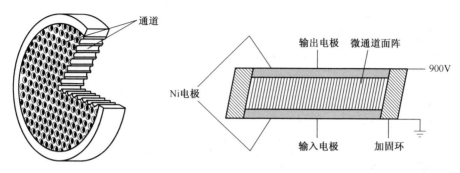

图 5-29　微通道板结构示意图

（2）光谱转换。可将人眼不可见的 X 射线、紫外线、红外线转换为相应的光电子图像，通过同样的 MCP 电子倍增、荧光屏电光转换再现为增强了的人眼可见的图像。

（3）高速摄影。由于光电子在真空腔体中受电子透镜聚焦、偏转、加速飞行及在 MCP 中倍增整个过程的渡越时间非常短，加上可采用场助光阴极结构以缩短其体内光生电子向后界面传输和逸入真空的时间，这一快速响应特性可以用来实现皮秒甚至飞秒级瞬变景物的高速摄影。属于此类应用的电子快门器件称为条纹像管。

5.5.2　像增强器的主要特性参数

1. 主要参数项

几何尺寸：光阴极有效直径、荧光屏有效直径、器件外形尺寸。

光电转换增益特性：光阴极积分灵敏度、光谱灵敏度、亮度增益、最大输出亮度、亮度自动增益控制范围。

对比度传递特性：鉴别率、MTF、荧光屏余辉、等效空间频率带宽。

光学特性：放大率、畸变、像对准误差、视场缺陷。

供电条件：输入电压、电流、功耗。

环境适应性：高温、低温、冲击、振动、湿度适应性。

2. 光阴极灵敏度

积分灵敏度：在色温 2856K 标准钨灯照明和器件阴极处于饱和工作电压条件下，光阴极每接收单位光通量所产生的光电流，被定义为该器件的积分灵敏度。$S = I(\text{光电流})/Q_v(\text{光通量})$，单位为 mA/lm。

光谱灵敏度：在特定波长单色光照明下，光阴极每接收单位辐射通量所产生的光电流，定义为该器件在此特定波长下的光谱灵敏度。$S_\lambda = I(\text{光电流})/Q_\lambda$（单色辐射通量），单位为 mA/W。

3. 亮度增益

在标准光源照明和额定工作电压下,荧光屏输出亮度 $L_p(cd \cdot m^{-2})$ 与光阴极输入照度 $E_k(lx)$ 之比,为微光管的亮度增益。$G_B = L_p/E_k$,单位为 $cd \cdot m^{-2} \cdot lx^{-1}$ 或其光子数增益 G_n 即输出光子数/输入光子数。

4. 背景等效输入照度

无光照输入时,由于光阴极的暗发射、场发射或其它部件噪声引起的荧光屏暗背景为 L_d,除以该器件的亮度增益即 L_d/G_B,等效于光阴极输入面上有一背景等效输入照度 E_d,单位为 lx。

5. 对比度传递特性

调制度传递函数 MTF:成像器件的 MTF=输出调制度/输入调制度。

极限鉴别率:MTF=0.02 时的空间频率。

低对比度、低照度分辨率:在 $10^{-3}lx$ 照度下,不同对比度分辨率测试卡条件下测量器件的低对比度、低照度分辨率。

成像系统的角分辨率 $\alpha(rad)$:$\alpha = 1/(f R_k)$,f 为成像物镜焦距(mm),R_k 为成像器件极限鉴别率(lp/mm)。

6. 信噪比传递特性

信噪比:从微光管荧光屏输出端测得的平均亮度与噪声的均方根值之比。主要噪声因素有输入光子噪声,光阴极量子转换噪声、暗发射噪声、荧光屏颗粒噪声。

闪烁数:无光照时荧光屏上每平方厘米的闪烁点数。光管荧光屏上看到的闪烁有电子闪烁、离子闪烁、场至发射亮点闪烁。由电子数涨落引起的闪烁点小而暗;由离子数涨落引起的闪烁点大而稀,它是由器件的残余气体和 MCP 电子倍增过程中产生的残余气体分子电离后轰击光阴极引起的闪烁点。

5.6　微光图像光子计数器

图像光子计数器可理解为有多个光电倍增通道组成且各自工作于单光子计数模式下的二维图像传感器阵列。各类噪声是影响其光电探测阈值的主要因素。通过对光电倍增过程输出脉冲高度分布的测试分析,寻找各类噪声的能量分布及其来源,并用高、低阈值电路抑制、斩除热噪声和高能闪烁噪声,只允许具有单峰值分布的光子通过后续放大、处理和显示系统,可把噪声降低几个数量级,大大提高系统信噪比。

光电倍增管的弱信号工作能力:

直流工作,$10^{-14}W(10^4 \sim 10^5$光子/s)

锁相放大,10^{-16}W($10^2 \sim 10^3$光子/s)

光子计数,10^{-19}W($10^0 \sim 10^1$光子/s)

光电倍增管的主要特性

光子数增益($10^6 \sim 10^7$)

动态范围(10^6)

输出亮度($\geqslant 400\mathrm{cd/m^2}$)

响应速度($\leqslant 1\mathrm{ms}$)

MCP 微光管中噪声源及脉冲高度分布(PHD)。

如图 5-30 所示,图示了 MCP 微光管中噪声的来源及其能量分布区域,按噪声能量由低到高分布 A、B、C、D 四个区。信号来源于景物。噪声源有:MCP 热及其离子噪声 A、光阴极热发射噪声 B、光子噪声 B、末端屏光反馈噪声 B、飞行电子离子反馈噪声 C、固有离子反馈噪声 C、宇宙射线辐射噪声 D、MCP 中材料放射噪声 D、固定闪烁点噪声 C、MCP 固定图像噪声,共有噪声 11 种。其中,固定闪烁点噪声本质是一种视觉干扰,来源于感光、光管内部器件间的场致发射。MCP 固定图像噪声来源于 MCP 通道几何尺寸和电子特性不均匀而产生的固定图像噪声干扰,没有固定的能量范围。

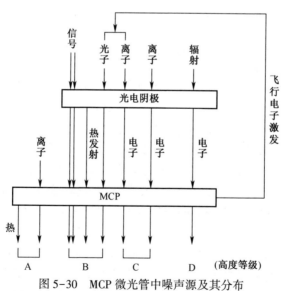

图 5-30 MCP 微光管中噪声源及其分布

将这些信号和噪声按其发生的频度和强度作图 5-31(a)、(b)进行分析,图(a)示意了各种噪声的数量及强度。对图(a)进行信号的频度和强度的统计后作图(b),横坐标为相对强度,纵坐标为信号发生的频度,并且按照噪声能量由低到高统计了 A、B、C、D 四个区域内的信号分布,这个图表示的即是脉冲高度分度(PHD)。可以看到噪声及信号的统计在 B 区域内有峰值存在,恰好是信号所在的区域,据此特点,对信号强度低的 A 区域和信号强度高的 C、D 区域进行抑制斩除,仅让包含信号的 B 区域信号通过,即可极大地降低噪声。正是微光信号这种(PHD)分布为器件的系统噪声分析、抑制和消除提供了依据和方向,为光子计数器的实现提供了可能。

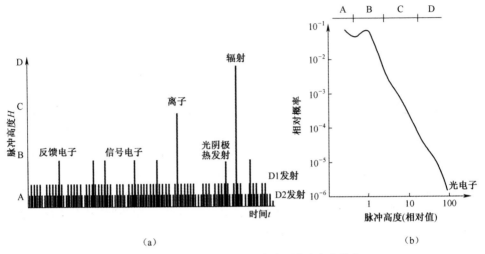

图 5-31　MCP 微光管输出波形和脉冲高度分布

5.6.1　光子计数器工作原理

　　根据前述分析微光信号的 PHD 分布图,研制的光子计数器的主要信号放大部件是 MCP,MCP 有两种工作模式,多光子直流工作模式如图 5-32(a)所示,和单光子脉冲计数模式如图(b)所示。多光子直流工作模式是通常的微光器件的工作模式,信号和噪声经同等倍数的放大,最小可探测阈值受上述 10 余种噪声的干扰不可能探测到比噪声还小的信号。工作于单光子脉冲计数模式的微光探测器件,是在电子清除 MCP 及真空腔气体、采用 PHD 信号峰值甄别等技术措施后才能探测到比噪声还低 2~3 个数量级水平的信号,达到探测单个光子辐照的信号水平。

　　光子计数器的原理框图如图 5-33 所示,成像物镜将来自景物的光子流投射到光阴极上转换成光电子,经 MCP 电子倍增投射到荧光屏转换成增强了的光信号,再现为增强了的景物图像。它由成像物镜、光子计数器像管、选通脉冲发生器、像管电源控制器、中继光学、高速摄影机、高速 CCD 相机、视频处理器、显示器、冷却系统等组成。

　　光子计数器像管具备了极低的暗计数数率和单光子 PHD 特性,通过中继透镜耦合到高帧速 CCD 摄像机后输出的图像是被 MCP 面阵上的近百万个微通道放大了的二维图像。放大了的电子信号包含了信号和噪声,经选通脉冲发生

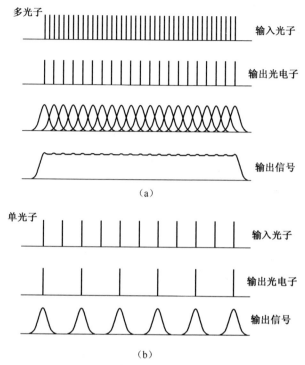

图 5-32 光子计数器的两种工作模式

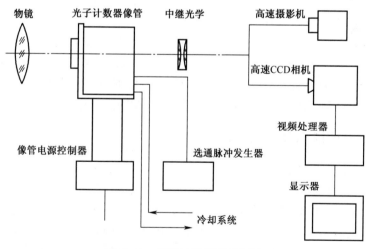

图 5-33 光子计数器原理框图

器和视频图像处理器中的幅度甄别处理器处理,斩除了高能粒子闪烁噪声和低能 MCP 热噪声,而只让目标信息和光阴极热噪声通过,这样的复合信号经计算机分析处理送给末端显示器,再现为一个信噪比得到大大改善的景物图像,这就是光子计数器的工作原理。

5.6.2 微光图像光子计数器的特性参数

可归纳为以下 7 类：

（1）量子探测效率：含光阴极量子效率、MCP 对输入电子的收集效率、荧光屏电光转换效率、CCD 光电探测效率。

（2）光电转换特性：光子数增益、最大输出亮度、光电转换线性动态范围。

（3）信噪比特性：PHD、峰谷比、能量分辨率、暗计数、信号感生噪声。

（4）噪声因子：器件输入信噪比/器件输出信噪比。

（5）空间对比度传递特性：动静态空间分辨率、MTF、畸变、视场均匀性。

（6）时间响应特性：余辉、响应时间。

（7）其它：几何尺寸、环境适应性、致冷条件、屏蔽。

需要说明的是，一般来说余辉越短越好，但微光像管短余辉的存在恰是微光像管成功耦合到高帧频 CCD 上的必要条件之一。

5.7　电视摄像管

电视摄像管是一类把景物的空域光学图像转换为时序电视视频信号的光电子成像器件。目前可分为电视摄像管和固体摄像器件（CCD）两大类，CCD 类已经介绍了，这里仅介绍电视摄像管。

任何电视摄像管都具有光电转换、电荷存储、扫描读取三个功能。真空电视摄像管中的靶面完成第一、第二项功能，电子枪通过扫描完成第三项功能。对于 CCD 探测器来说，其上的 MOS 阵列起到摄像管靶面的前两项作用，特定的阵列导电布线和外围驱动线路承担着信号拾取和输出时序视频信号的功能。

5.7.1 电视摄像管的工作原理

图 5-34 表示的是简单的电视摄像管——视像管的工作原理示意图。视像管由镜头、靶面、电子枪和电子束控制四大部分组成，如图 5-34（a）所示。电子枪由灯丝、阴极、控制栅极、加速极、聚焦极组成。聚焦极电压可调，它与加速极组成电子透镜起辅助聚焦作用。管外的聚焦线圈、偏转线圈、校正线圈对电子束起控制作用。靶的右侧由网电极与靶形成均匀电场使电子束垂直于靶面。

图 5-34（b）所示的是靶面光电转换原理，靶的基底是玻璃窗。靶面材料是高光敏性材料如 Sb_2S_3，通过真空沉积方法蒸镀于透明导电基底如 SnO_2 上，靶面朝向电子枪。为满足信号电荷存储和小惰性的要求，光电导靶要满足如下条件：

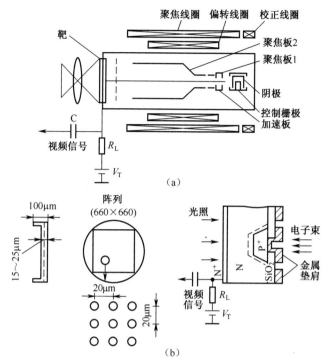

图 5-34　电视摄像管的结构原理

（1）光电导层的电阻率 $\geqslant 10^{12}\,\Omega\mathrm{cm}$；

（2）靶的静电电容在 $600\sim3000\mathrm{pF}$ 范围；

（3）光电导材料的禁带宽度为 $1.7\mathrm{eV}\leqslant E_0<2\mathrm{eV}$。

1. 光电转换过程

组成摄像管靶面的高光敏性光电导体,其导电率与光照度成正比。其上有 $10^4\sim10^5$ 个像素,每个像素的体电阻与体电容并联成一个等效 RC 回路,偏置电压 V_T、扫描电子束、光电靶面、R 构成回路,通过电容 C 读出视频信号。

2. 电荷存储过程

靶面在尚未受电子束扫描时像素中的光电子存储于体电容中,照度越大像素中的光电子越多,相应点的电位越高,被电子束扫描时输出的电信号越强。因此存储的电荷量即是景物对应点的亮度。

3. 扫描拾取过程

电子枪发出的电子束在偏转线圈的作用下扫描到靶面的不同像素,光电子释放形成电流,流经 R 产生各像素的电位即获得了场景的电视视频信号。

5.7.2　电视摄像管的性能参数

1. 灵敏度

在 2856K 色温标准光源下单位光通量下的输出信号电流($\mathrm{mA/lm}$,$\mathrm{mA/W}$)。

2. 灰度系数

输出电流 i 与输入光照度 E 间的函数关系

$$i = \sigma E^g$$

式中:g 为灰度系数;σ 为比例系数。

对大部分摄像器件而言 g 值接近 1。

3. 分辨率

光学分辨率 R_p 通常为 lp/mm,电视分辨率为 RTV(线)。电视器件的分辨率有水平分辨率和垂直分辨率之分,通常指水平分辨率。

4. 视频信噪比

输出视频信号电流与同频带下噪声电流的均方根之比(dB)。

5. 滞后

关闭输入光信号后在第三场扫描开始时所测到的剩余信号与其初始值之比。商业广播中要求滞后值不大于 10%。

例:反束摄像管

分辨率 10000 线,光电导靶容量高、无粒状结构,面积 50mm×50mm,增益度高。

信号拾取可以是连续拾取模式、单帧存储模式和快速多帧扫描显示模式,图像可以实现连续电子变倍。

5.8 X 射线成像器件

能够实现 X 射线探测和成像的传感器有 X 射线荧光转换屏、光阴极、MCP 阴极、特殊半导体光电元件四种。

5.8.1 X 射线荧光转换器件成像原理

1895 年德国物理学家伦琴发现了 X 射线透过物体曝光的能力。实现了 X 射线的非实时成像。

X 射线荧光转换屏由输入窗基底/反光金属膜/X 射线荧光粉/含铅透光玻璃等层组成。荧光粉原子受 X 射线光子激发,产生人眼或照相底板敏感的荧光,荧光亮度与辐照强度成正比。透过物体的 X 射线又因物体各部分透过率不同而形成对物体探测的图像。X 射线荧光屏的两个重要特性是荧光亮度转化效率和鉴别率,为提高转化效率需采用大粉粒粒度、加厚粉层厚度、含重元素高的粉材和镀 Al 膜等,这却降低了鉴别率,因此实际需折中处理。

采用真空沉积方法生长的阵列单晶荧光屏兼顾了转化效率和鉴别率,实现了高光电转换效和高分辨。

表 5-1 给出了几种常见的 X 射线和 γ 线荧光粉的主要特征参数。

表 5-1 X 射线和 γ 线荧光粉的主要特征参数[26]

| 名称 | 质量组分/% | 密度/g·cm^{-3} | μ/ρ | | 备注 |
			20keV	40keV	
ZnS:Ag	0.67Zn0.33S	4.1	24.39	4.39	X 屏
ZnS/CdS:Ag	0.341Zn0.382S0.271Cd	4.46	20.18	10.76	X 屏
CaWO$_4$:W	0.142Ca0.634W0.224O	6.06	49.50	9.57	X 屏
C$_S$I:TI	0.51C$_S$0.49I	4.51	23.52	23.32	X 屏
C$_S$I:TI 单晶阵列	0.51C$_S$0.49I	4.51	23.52	23.32	X 屏
C$_S$I:TI	0.51C$_S$0.49I	4.51	23.52	23.32	γ 屏
C$_S$I:Na	0.51C$_S$0.49I	4.51	23.52	23.32	γ 屏

注:μ 为线性吸收系数(1/cm),ρ 为密度(g/cm^3),μ/ρ 为单位密度线性吸收系数(cm^2/g)0.382S 原文为 0.382Cd

1. X 射线光阴极

CsI 是一种常见的最有效的 X 射线光阴极材料,其受 X 射线照射后产生一次光电子,但它的溢出概率很小,多数与邻近的更高能级上的电子不断交换能量产生二次电子。疏松的 X 射线材料有利于二次电子在高压下倍增、溢出,形成光电流。溢出电子以反射的方式和透射的方式溢出而形成如下两种光阴极结构,CsI/MCP 反射光阴极和窗玻璃/CsI 透射光阴极。

2. CsI/MCP 反射光阴极

是把 CsI 蒸镀到 MCP 输入端表面而构成,如图 5-35 所示,图(a)为 CsI/MCP 反射光阴极的结构,图(b)为 CsI/MCP 反射光阴极的电子产生过程。

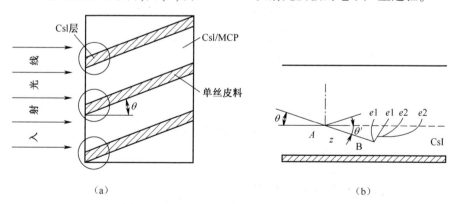

图 5-35 CsI/MCP 反射光阴极结构和原理

一个能量为 E(keV)或波长 λ 的 X 射线光子打在 CsI 层 A 点有三种可能,X 射线反射,这一部分很少;X 射线折入 CsI 层产生一、二次电子做信号,这是 X 射线光阴极电子信号的来源;X 射线透过 CsI 层进入相邻通道产生串扰信号。

3. CsI/MCP 反射光阴极的量子效率

CsI/MCP 反射光阴极的量子效率用符号 η 表示,一个 X 射线光子入射到光阴极上产生的光电子数取决于光阴极材料对光子的吸收效率和产生的光电子的溢出效率。

$$\eta_{反射}(E,\theta) \propto P_{吸收}(E,\theta) \cdot P_{逸出}(E,\theta) , P \text{ 是概率}$$

$$P_{吸收}(E,\theta') = 1 - e^{(-\mu\csc\theta'z)}$$

$$P_{逸出}(E,\theta') = P_s(0)e^{(-z/L_s)}$$

$$\eta_{反射}(E,\theta') = \sigma(E,\theta')P_s(0)\frac{\mu L_s}{\mu L_s + \sin\theta'}\left[1 + e^{-(\mu\csc\theta' + 1/L_s)z}\right]$$

式中:θ' 为 X 射线掠射角;z 为 X 射线进入阴极层内的斜距;$P_s(0)$ 为光阴极/真空界面处逸出概率;$\sigma(E,\theta')$ 为产生二次电子能量;μ 为阴极材料线性吸收系数;L_s 为光电子产生到复合的距离。

4. 窗玻璃/CsI 透射光阴极

把 CsI 真空沉积到透 X 射线的窗玻璃上而构成,如图 5-36 所示。原理是,X 射线透过窗玻璃入射到光阴极材料 CsI,X 射线激发出的二次电子沿 X 射线方向行进,从后界面逸入真空;光阴极后面数千伏的电压为二次电子的倍增提供条件;CsI 透射光阴极在充氙条件下蒸镀成疏松结构,以提高二次电子的逸出长度和逸出效率。

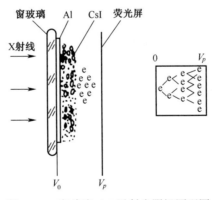

图 5-36　窗玻璃/CsI 透射光阴极原理图

CsI 透射光阴极的量子效率:

$$\eta_{透射}(E,0) = \sigma(E,0)P_s(E,0)\frac{\mu L_s}{\mu L_s - 1}(e^{-d/L_s} - e^{-\mu d})$$

式中:d 为阴极荧光屏荧光材料层厚度,其它同上。

式中 $\theta' = 0$ 意味着 X 射线垂直入射。

荧光材料吸收系数 μ 高、溢出深度 L_s 大的材料,则透射光阴极的量子效率高。

5. X 射线像增强器原理

对 X 射线成像的器件有照相干板、荧光转换屏、像增强器。适当组合可构成直视器件和电视成像器件。X 射线像增强器可使图像亮度增加几个数量级, 大幅降低受检体辐射剂量, 简化器件结构、易于操作、易于防护, 具有广泛实用价值。如图 5-37 所示是 X 射线像增强器件原理, 图(a)是单 CsI/MCP 光阴极, 单近贴聚焦 X 射线像增强器原理, 图(b)是玻璃窗/CsI/MCP 双光阴极, 双近贴聚焦 X 射线像增强器原理。

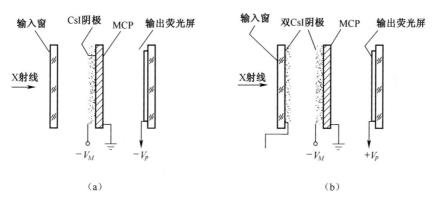

图 5-37 X 射线像增强器原理

5.8.2 X 射线成像器件的性能

X 射线成像器件的图像对比度。

受检物体对单色 X 射线的透射率为

$$\tau = \frac{I}{I_0} = \mathrm{e}^{-\frac{\mu}{\rho}\rho t}$$

受检材料组分不同(μ/ρ), 致密度 ρ 不同, 厚度 t 不同, X 射线的透射率不同, 即形成了 X 射线的二维原始图像, 其对比度(反差)定义为

$$C_T = \frac{L_1 - L_2}{L_1}$$

式中: L 为图像亮度。

1. 亮度转换因子

$$C = \frac{L}{P_0}$$

式中: P_0 为 X 射线输入剂量率(mrad/s); L 为 X 射线成像器件输出亮度$(\mathrm{cd/m^2})$。

2. X 射线像增强器亮度转换因子推导

物理量	参数	单位
输入剂量率	P_0	mrad/s
输入辐照强度	$I_0 = 3.12 \times 10^9 P_0$	keV/cm^2 · s
输入 x 光子流密度	$N_0 = 3.12 \times 10^9 P_0/E$	光子数/cm^2 · s
输入窗衰减后	$N_\tau = N_0 \tau$	光子数/cm^2 · s
光阴极电子密度	$n_e = N_0 \tau \eta_k$	光电子数/cm^2 · s
经 MCP 电子倍增后	$n_m = N_0 \tau \eta_k G_m$	电子数/cm^2 · s
输出屏亮度	$L = N_0 \tau \eta_k G_m e V_P \eta_P$	cd/cm^2

最终,X 射线像增强器亮度转换因子,即

$$C = \frac{L}{P_0} = 8.63 \times 10^{12} \tau \eta_k G_m e V_P \eta_P / E$$

式中:η_k 为 X 射线光阴极量子效率(%);η_P 为荧光屏转换效率(lm/W);τ 为输入窗 X 射线透过率(%);e^- 为电子电荷;G_m 为 MCP 电子增益;V_P 为荧光屏电压(V)。

非单色 X 射线照射下的亮度转换因子可采用数值积分的方法求得。

3. 鉴别率和 MTF

X 射线成像器件的鉴别率较低,用 lp/cm 表示;

X 射线穿透力强,采用镀铅线条较厚的测试卡;

X 射线成像器件的 MTF 难于测量,习惯用图像对比度和反差灵敏度表征器件的对比度传递特性。

典型 X 射线成像器件参数及性能如表 5-2 所列。

表 5-2　φ50X 射线像增强器性能

物理量	参数	单位
输入/输出有效直径	φ50	mm
整管整长	65	mm
整管最大直径	φ85	mm
供电电压	3±0.4	V
X 射线管电压	40	keV
X 射线管电流	≤80	μA
焦皮距	135	mm
荧光屏输出亮度	≥15	cd/m^2
鉴别率	≥4	lp/mm
工作寿命	≥1000	h
环境温度	0~45	℃
环境湿度	≤80	%

5.9　其它光电探测器

1. 位敏探测器

位敏探测器是一种探测入射光在探测器表面位置的探测器(Position Sensitive Detectors,PSD)。是基于半导体 PN 结横向光电效应的对非均匀入射光能量重心敏感的光电探测器件,是一种连续型的模拟器件(图 5-38)。与CCD 和 CMOS 相比没有像元大小,光谱响应宽,响应速度快,信号处理简单。

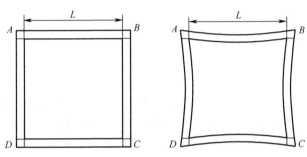

图 5-38　PSD 位敏探测器示意图

光点入射位置(x,y),四个角点的电荷积分量分别为 A、B、C、D,则光点位置

$$x = L \frac{A + D}{A + B + C + D}$$

$$y = L \frac{C + D}{A + B + C + D}$$

2. 光敏电阻

光敏电阻是一种利用光电导效应工作的光电探测器,光电导效应是半导体材料的一种体效应,光照越强器件自身的电阻越小,光敏电阻没有极性,只是通过测量电阻的变化来感知光照的变化。

3. 光电池

光电池是感知光照输出电能的光电转换器件。

4. 光电二极管

光电二极管是以光电导模式工作的结型光电探测器,在微弱、快速光信号探测方面有着非常重要的应用。具体有雪崩光电二极管、色敏光电二极管等类型。

还有热敏电阻、热释电探测器等。

第6章
遥感器光学系统选择

6.1 概述

航天光学遥感器的光学系统是决定航天光学遥感系统性能的一个基础条件,视场大则重访周期短;焦距长则轨道可以高;筒长焦距比小的光学系统,光学遥感器轻,平台可以小;容差大的光学系统,光学遥感系统性能稳定;传统光学系统,加工方法简单,一般造价较低。对于一个光学系统,一个最重要评价指标是光学调制度传递函数 MTF,不论是成像相机还是红外相机,不论是成像光谱仪还是立体测绘相机,MTF 都是评价其性能的一个基本指标。与 MTF 关系最为密切的是光学系统 $F^{\#}$ 数,一般地讲,$F^{\#}$ 数小则光学性能高,光学设计难度大,理论上在特征频率处的 MTF 高;$F^{\#}$ 数大则光学设计难度低,理论上在特征频率处的 MTF 低。不同类型的光学系统,具有不同的特点,它们可以具有不同的透过率、不同的遮拦比、不同的调制度传递函数,并且其视场大小也不同。要研究航天光学遥感器,按照光学系统类型来分析其特点,是一个有效的途径,这里将对不同类型的光学系统进行简单的分析比较。

6.2 光学系统基本概念

主要说明与光学遥感成像的光学系统相关的几何光学的基本概念,包括光的传播定律,折射、反射定律。

6.2.1 基本定律

1. 光的直线传播定律

在各向同性的均匀介质中,光是沿直线传播的,这就是光的直线传播定律。当光路中存在不透明物体,或小孔狭缝时光会偏离直线传播方向,只有在均匀介质中无遮拦的情况下光的直线传播定律才成立。

2. 光的独立传播定律

从不同光源发出的光线,以不同的方向通过空间某点时,各光线互不影响,独立传播,这就是光的独立传播定律。这里的不同光源是指非相干光线,如果是相干光则会产生干涉现象。

3. 反射定律和折射定律

如图 6-1 所示,入射光线 AO,法线 NO,反射光线 OB,折射光线 OC。入射角 $\angle AON=I$,反射角 $\angle NOB=-I'$,折射角 $\angle N'OC=I'$。

光线 AO、OB、OC 与法线 ON 共面。

入射角 $\angle AON=$ 反射角 $\angle NOB$(反射定律)

入射介质折射率 n,折射介质折射率 n'。真空光速 c_0,介质 n 中光速 v,介质 n' 中光速 v',则

$$n = \frac{c_0}{v}$$

$$n' = \frac{c_0}{v'}$$

真空中的光折射率 $n_0=1$,标准压力 760mm 汞柱 20℃ 空气中光的折射率 $n=1.00028\approx1$[27]。

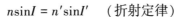

$$n\sin I = n'\sin I' \quad (折射定律)$$

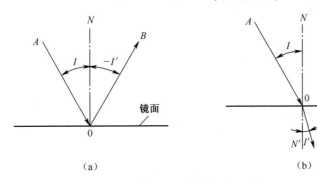

（a）　　　　　　　　　　　（b）

图 6-1　光的折射与反射

4. 光路可逆

光的传播,可沿原路径反向传播。

图 6-1 中的正向传播路径,$A \to O \to B$,$A \to O \to C$,则反向传播路径 $A \leftarrow O \leftarrow B$,$A \leftarrow O \leftarrow C$ 必成立。

6.2.2　成像光学系统概念

光学系统成像是指几何光学成像。几何光学就是在研究光学现象时,撇开

193

光的波动本质,仅以光线为基础,研究光在透明介质中传播成像问题的学科。**光线**是无直径无体积的几何线,它代表着光的传播方向。**发光点**是一个无体积无大小而容有能量的几何点。显然几何光学中的光点光线是简化了的抽向概念,但可以把复杂的光能传输和成像问题转化为简单的几何运算,来指导光学系统设计。

光波是电磁波,电磁波是横波,即振动方向与传播方向垂直,振动相位相同的各点在同一时刻所构成的曲面称为**波面**,波面的法线方向就是光线的传播方向。平面波对应于平行光束,球面波对应于会聚或发散光束,会聚或发散光束统称为同心光束,当光线既不交于一点也不平行时,这种光束称为象散光束。

物点可以理解为被成像目标可见表面的一点,或更一般地理解为入射光束反向延长的交汇点。**物空间**即所有物点的集合。**像点**可以理解为所成的像面上的一点,或更一般地理解为出射成像光束的交汇点。**像空间**即所有像点的集合。物空间不仅仅是光学系统前的那部分几何空间,它可能还延拓到光学系统之后;像空间不仅仅是光学系统之后的那部分几何空间,它可能还延拓到光学系统之前;还可能出现二者重叠的情形。一个点究竟属于物空间还是像空间,主要看它是入射光束的中心,还是出射光束的中心,而不是看它在光学系统之前还是之后[28]。

成像就是通过光学零部件将目标景象的各物点呈现在一个称为像平面的平面上,供人眼观察或探测器接收。这些光学零部件的组合就是光学系统,光学零件通常是由曲面组成,光学零件的曲率中心通常的一条直线上,这样的光学系统称为共轴系统,这一直线称为光轴。绝大部分光学系统是共轴系统。物和像都是由光线交会而成,光学系统成完善像的条件是入射为球面波出射也为球面波。

1. 理想光学系统

理想光学系统是能对任意大的空间,以任意宽的光束成完善像的光学系统。它具有以下性质:

(1) 物空间的一点有且仅有像方一点与之对应,对应的两点为物像空间的共轭点。

(2) 物空间的一条直线有且仅有像方一条直线与之对应,对应的两条直线为物像空间的共轭线。

(3) 物空间位于一条直线上的一点,在像空间的共轭点也必然在像方该直线的共轭线上。

(4) 物空间的任一平面,有且仅有像方的一个平面与之对应,对应的两个平面为物像空间的共轭平面。

由此推知,物空间的任一同心光束,对应于像方的一个共轭同心光束。

上述定义称为共线成像理论,符合共线成像理论的成像,必定成完善像。

理想光学系统是在 1841 年由高斯建立的,因此又称高斯光学。实际成像系统的近轴区可以满足共线成像理论,常把近轴区的成像结果作为衡量实际光学系统成像质量的标准。

2. 理想光学系统的基点和基面

几何光学中把表征光学系统成像特征的点、面称为基点和基面,即是理想光学系统的焦点、焦平面;主点、主平面;节点、节平面。

1) 焦点、焦平面

根据理想光学系统共轭成像特点,如图 6-2 所示,高 h 与光轴 FO_1 平行的入射光线 A_1E_1,在像方必有一条共轭光线与之平行或不平行(与光轴相交),平行属望远系统在此不予考虑,相交则如像方光线 G_kF',交光轴于 F',物方沿光轴的光线 FO_1,经过光学系统后在像方仍沿原方向传播即 O_kF',G_kF' 与 O_kF' 交于 F',像 F' 点对应于物方无限远处的轴上物点即平行光,F' 点即是此光学系统的像方焦点。过 F' 点垂直于光轴的平面即是像方焦平面(像平面)如图 6-3(a)所示,它与物方的无限远的垂轴平面相共轭,物方的无限远轴外物点的平行光束经光学系统后必成像于此像平面上。

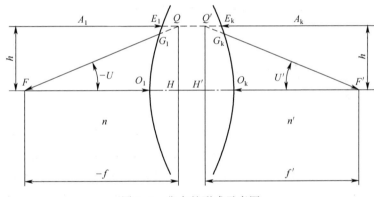

图 6-2　焦点的形成示意图

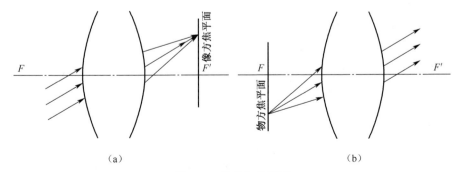

（a）　　　　　　　　　　（b）

图 6-3　焦点与焦平面

类似地,按共轭成像理论像方高 h 与光轴 FO_1 平行的入射光线 A_kE_k,在物方必有一条光线与之共轭 G_1F,交光轴于 F,像方沿光轴的光线 $F'O_k$,其共轭光线 O_1F,G_1F 与 O_1F 交于 F 点即是此光学系统的物方焦点。过 F 点垂直于光轴的平面即是物方焦平面如图 6-3(b)所示,它与像方的无限远的垂轴平面相共轭,物方焦平面上的点发出的光经光学系统后必以平行光束射出。

2)主点、主平面和焦距

由图 6-2 可知物方光线 A_1E_1 与像方光线 G_kF' 共轭;物方光线 FG_1 与像方光线 E_kA_k 共轭。延长物方光线 A_1E_1、FG_1,交于 Q 点;延长像方光线 G_kF'、E_kA_k,交于 Q' 点,显然,Q 与 Q' 是一对共轭点。过 Q 和 Q' 做光轴 O_1O_k 的垂线,H、H' 是垂足。$QH=Q'H'=h$,且在光轴的同侧,故其横向放大倍率为1,即 $\beta=+1$。QH、$Q'H'$ 这一对横向放大倍率为1的共轭平面就是此光学系统的主平面。H 点称为物方主点,H' 点称为像方主点,H 和 H' 是一对共轭点。QH 为物方主平面,$Q'H'$ 为像方主平面。

从物方主点到物方焦点的距离为物方焦距,在本图例中方向与光线传播方向相反为负即 $-f$。从像方主点到像方焦点的距离为像方焦距,在本图例中方向与光线传播方向相同为正即 f'。

若物方空间折射率为 n,像方空间折射率为 n',则

$$\frac{f}{f'}=-\frac{n}{n'}$$

若光学系统处在同一介质中,即 $n=n'$,则

$$-f=f'$$

3)节点、节平面

在光学系统中,与横向放大倍率 $\beta=+1$ 的主平面相似的还有一对角放大倍率为 $\gamma=+1$ 的共轭点,称为节点。物方空间节点称为物方节点 J,像方空间节点称为像方节点 J',如图 6-4(a)所示。物方光线 BN 通过物方节点 J,由于通过物方节点的光线角放大率为+1,所以其共轭光线必通过像方节点 J' 且与 BN 同方向,即 $BJ /\!/ J'B'$。

因为 $\triangle FHQ \cong \triangle J'F'B'$

所以 $FH=J'F'=-X'_J=-f$,即 $X'_J=f$。

同理 $HJ=H'J'$,即 $X_J=f'$。

若光学系统处在同一介质中,即 $n=n'$,则

$$-f=f'$$

有

$$-X'_J=f'=-f=X_J$$

即处在同一介质中光学系统,物方主点与物方节点重合,像方主点与像方

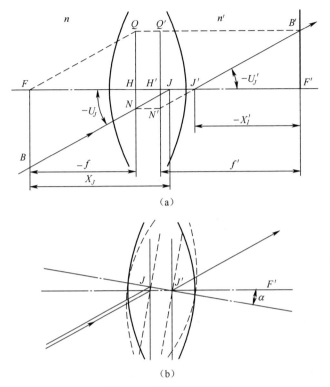

(a)

(b)

图 6-4　节点与节平面

节点重合。于是有图 6-4(b)，以像方节点 J' 为轴，旋转光学系统 α 角，旋转前后通过物方节点平行入射光线在像方的共轭光线相同。

3. 实际光学系统的孔径光阑、入射光瞳与出射光瞳

孔径光阑是限制轴上点成像光束孔径的光阑。如图 6-5 所示光孔 $Q_1Q_2Q_3$ 对轴上点光束起着限制作用，它就是该系统的孔径光阑。一个光学系统有一系列的光孔，如何确定哪一个是孔径光阑。在图中，将光孔 $Q_1Q_2Q_3$ 对前面的透镜进行成像 $P_1P_2P_3$ 到物空间，则孔径 $P_1P_2P_3$、L_1 的镜框、L_2 的镜框中，$P_1P_2P_3$ 对物面中心的张角最小，所以像 $P_1P_2P_3$ 所对应的光孔 $Q_1Q_2Q_3$ 就是该光学系统的孔径光阑。物空间的像 $P_1P_2P_3$ 就是该光学系统的入射光瞳，简称入瞳，它是物面各点成像光束的公共入口，它决定了进入光学系统成像光束的大小。将光孔 $Q_1Q_2Q_3$ 对后面的透镜进行成像 $P_1'P_2'P_3'$ 到像空间，则孔径 $P_1'P_2'P_3'$、L_1 的镜框、L_2 的镜框中，$P_1'P_2'P_3'$ 对像面中心的张角最小，像空间的像 $P_1'P_2'P_3'$ 是该光学系统的出射光瞳，简称出瞳，它是像面各点成像光束的公共出口，它决定了射出光学系统光束的大小。

物面中心到入瞳边缘的光线与光轴的夹角为物方孔径角 U，像面中心到出瞳边缘的光线与光轴的夹角为像方孔径角 U'。出瞳和入瞳对整个光学系统是

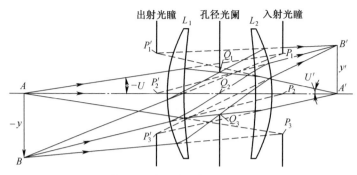

图 6-5　孔径光阑与出瞳入瞳

共轭的,通过入射光瞳中心的光线称为主光线,对于理想光学系统主光线也必然通过孔径光阑和出射光瞳的中心。主光线是物面上各点发出的充满入射光瞳的成像光束的轴线。

孔径光阑的位置对光学系统很重要,合理选择孔径光阑的位置可以减小光学系统的横向尺寸,使结构匀称,还可以改善光学系统的成像质量。

除了孔径光阑,还有安置在物平面和像平面上限制成像范围的光阑称为视场光阑。光学系统中限制轴外点成像光束的光阑,可能引起像面渐晕,但可提高像质,称为渐晕光阑(如镜框)。为消除非成像光线对成像对比度的影响还有消杂光光阑。

主光线与透镜光轴所形成的平面为子午面,通过主光线与子午面垂直的平面为弧矢面。

4. 相对孔径或 F 数

相对孔径是入射光瞳直径 D 与焦距 f' 的比,即 D/f'。F 数一般表示为 $F^{\#}$,$F^{\#}=f'/D$。$F^{\#}$ 也称为光圈。

5. 理想光学系统的 MTF

一个理想的衍射受限的圆光瞳的光学系统的光学调制度传递函数为

$$\mathrm{MTF} = \frac{2}{\pi}\left[\arccos\frac{f}{f_m} - \frac{f}{f_m}\sqrt{1 - \left(\frac{f}{f_m}\right)^2}\right]$$

式中:F 的单位为 lp/mm;

$$f_m = \frac{1}{\lambda F^{\#}} \quad f < f_m$$

若 $x = \dfrac{f}{f_m}$,则

$$\mathrm{MTF} = \frac{2}{\pi}(\arccos x - x\sqrt{1 - x^2}) \tag{6-1}$$

6.3 光学系统像差概念

光学系统近轴区具有理想光学系统的性质,近轴区的成像(高斯像)被认为是理想像。实际光学系统所成的像与近轴区所成像的差异即为像差。像差有球差、彗差、像散、场曲、畸变、色差六大类,它们都属于几何光学像差的概念。光线本身就是高度抽象化了的概念,光的电磁波属性本身就具有波动性,因此,除这六类几何像差之外还有波像差。

6.3.1 光学系统的几何像差

1. 球差

由球面引起的不同高度同心单色光线不交于轴上同一点的现象称为球差(mrad)。如图 6-6 所示,图(a)正透镜引起负球差,图(b)负透镜引起正球差,可以用正负透镜组合进行球差校正。球差是轴上点唯一的单色像差,消球差只能使一个孔径带球差为零,通常对边缘孔径校正球差,有的光学系统可以对两个孔径带校正球差,一般不能使所有的孔径带球差为零。当边缘孔径的球差不为零时,光学系统有负球差存在时称为校正不足,有正球差存在时称为校正过头。

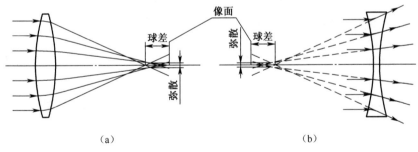

图 6-6 球差

对球面反射镜,球差引起的最小弥散圆直径 $\delta_s = 15.6/F^{\#3}$,毫弧度(mrad)。对于给定焦距的单透镜当 $r_1/r_2 = -(4+n-2n^2)/(n+2n^2)$ 时,球差最小[21],n 为透镜折射率。

2. 彗差

轴外点不同环带无穷远光束不共焦面引起的大小不等的一系列光斑,形如彗尾,故称为彗差,如图 6-7 所示。彗差是与视场和孔径相关的一种单色垂轴像差。

无限远物点通过球面反射镜成像,当孔径光阑位于球面反射镜位置时,弧

矢彗差角直径 δ_c 为

$$\delta_{cmin} = \omega / [16(n+2)F^{\#2}]$$

式中:δ_c 单位 rad;ω 半视场角;$F^{\#}$ 焦距与入射光瞳直径之比。[29]

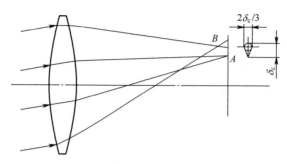

图 6-7　彗差

对于抛物面反射镜,子午彗差 $\delta_c = 0.1875u/F^{\#2}$,$u$ 孔径角,δ_c 与 u 单位一致。当慧差等于球差时,$u = 4.8/F^{\#}$。对于小视场的红外系统,除球差、彗差外其它单色像差影响不大[21]。

3. 像散

轴外点细光束在子午面和弧矢面内在焦平面上形成的两条焦线,中间为最小光斑,两条焦线间的距离为像散 X_{ts}(图 6-8)。像散是由于轴外点光束通过光学系统后光束的波面变成非球面,它在子午和弧矢两个主截面中的曲率不同,而聚焦为子午像点和弧矢像点。像散的校正是使某一视场的像散为零,而其它视场仍有残余像散。

无限远物点单薄透镜成像,像散弥散圆直径 $\delta_a = \omega^2/(2F^{\#})$,像散与透镜形状无关。

当抛物面反射镜本身就是光阑时,像散角直径为 $\delta_a = \omega^2/(2F^{\#})$,单位 rad[29]。

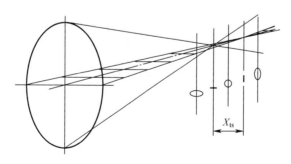

图 6-8　像散

4. 场曲

一般实际光学系统能够清晰成像的像面是一曲面,其与理想光学系统的像面的轴向距离为场曲(图6-9)。由于轴外点细光束像散的存在,其子午像点和弧矢像点形成了子午像面和弧矢像面,两者均为对称于光轴的旋转曲面。由于轴上点无像散,轴上物点成理想像,其像位于高斯像面之上,所以子午像面和弧矢像面必与高斯像面在理想成像的焦点处相切。

即便没有像散的存在,通过对单个球面的成像分析,单个球面也只能对物方与单个球面同心的物方球面成与单个球面同心的完善球面像,而对物方的平面物体也不能成完善的平面像,仍有场曲存在,详见文献[30]。

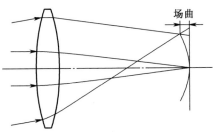

图 6-9　场曲

5. 畸变

像的横向放大率随视场而变化,造成失真为畸变,如图6-10所示。对于单个薄透镜或薄透镜组,当光阑与之重合时,不产生畸变。畸变对成像的影响只是使像对物产生失真,并不影响成像的清晰度。

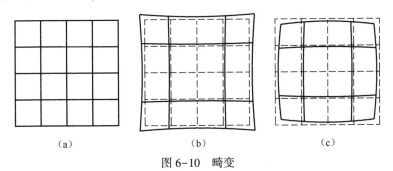

图 6-10　畸变

(a)无畸变的理想像;(b)枕形正畸变像;(c)桶形负畸变像。

6. 色差

由于光学材料对不同波长的光有不同的折射率,使不同波长的光在通过光学系统之后有不同的轴上成像位置和不同的成像倍率,称为色差。图6-11图示了位置色差。

6.3.2　光学系统的波像差

几何光学中光线方向即是波面的法线,点光源或物点发出的同心光束是球面波,经光学系统后改变了曲率,若光学系统是理想系统,则形成一个新的以理

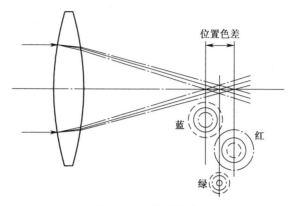

图 6-11　位置色差

想像点为球心的球面波。实际上,即使是理想光学系统,受有限的光学孔径的限制产生的衍射,对物点所成的像也不能是点像,而是有一定大小的弥散斑。况且实际光学系统总会有剩余像差,它使出射波面或多或少发生变形,这一变形波面与理想波面的偏差就是波像差。

在评价光学系统成像质量中采用的中心点亮度(斯特列尔比)、瑞利判据、分辨率和光学传递函数都是从波动光学建立起来的概念。比如著名的瑞利判据波像差的容限就是 $\lambda/4$。

6.4　主要光学系统简介

航天光学遥感中应用的光学系统主要是摄影光学系统,其性能主要由三个参数决定,即焦距、相对孔径和视场。航天光学遥感对光学系统的要求一个基本特点是焦距长,因为航天器轨道至少在 200km 以上,焦距都在米级以上。而为了缩短回归周期,一般也要求大视场,对视场的要求还与轨道高度相关,轨道越低一般希望视场越大。由于航天应用的特点,希望光学遥感器重量轻,以节约发射成本,由于焦距长,所以一般 F 数较大。由于航天器工作的空间热环境较差,有微重力和真空的影响,希望光学系统对光学镜的位置误差和真空度不敏感。

由于目前的航天光学遥感器几乎都采用光电探测器,为了提高信噪比,希望入射信号强,即希望光学系统透过率高。

航天光学遥感对光学系统的上述要求可以归纳如下:

(1) 小的质量;

(2) 高的透过率;

(3) 高的稳定性。

据此,光学系统按透光的形式分为折射式、反射式和折反混合式,航天相机一般较大,对于这类较大型的相机一般反射式重量轻、透过率高但制造工艺难度大;折射式一般制造工艺较简单,但重量一般较大,透过率一般也较低;折反混合式居于二者之间。

6.4.1 透射式光学系统

透射系统,视场可做到十几度或几十度,透过率在0.6~0.7之间。

透射式光学系统总的说来适用于轻小型相机或航空相机,图6-12中给出了一个航空相机的光学系统,图示的是全视场成像的光路,而非某一特定视场的成像光路。

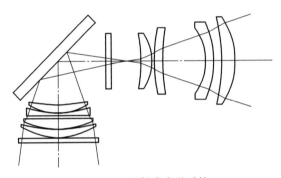

图6-12 透射式光学系统

这种光学系统易于加工、装调,制造费用低,但透过率低一般在0.6~0.7,对温度敏感,热控要求严格,且筒长焦距比较大,因而一般用于航空成像遥感。图6-12中所示的光学系统应用于航空成像时成像方式灵活,可兼作全景相机和倾斜摄影相机。

6.4.2 折反混合式光学系统

折反混合系统,视场2°~4°,可用于较大型光学遥感器。

1. 单反射面的折反混合式光学系统

折射式系统色差不可避免,球差和轴外像差都较严重。纯反射式系统,可消除色差,但在一般情况下,轴外像差大,难以在大视场内获得良好的像质,而且非球面镜不容易加工,检验也麻烦,制造成本高,所以较早的航天光学遥感相机便采取了折中的方法,采用折反混合式的光学系统。

如SPOT卫星的航天光学遥感相机便采用了这类光学系统,如图6-13所示其主要光学元件是一块球面反射镜,在它的球心处安放一组无光焦度校正镜。其焦距1082mm,$F^{\#} = 3.24, 2\omega = \pm 2.07$。由于校正镜口径较大,筒长焦距比也大,镜头尺寸和重量较大,为缩短筒长采用了折叠光路的方法。

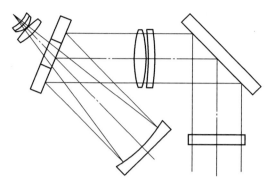

图 6-13　单反射面折反混合式光学系统

2. 双反射面的折反混合式光学系统

单反射面的折反混合式光学系统筒长焦距比较大,采用双反射镜的折反混合式光学系统可以获得较小的筒长焦距之比,如图 6-14 所示。

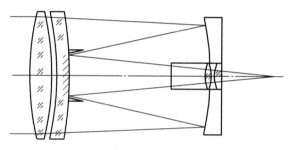

图 6-14　双反射面的折反混合式光学系统

系统前面的一组校正透镜用于校正轴上像差,决定系统的相对口径,在像面前方加入一组视场校正镜,以校正系统的轴外像差,增大系统的视场,反射镜可采用球面镜,这样的系统适于长焦距大口径系统。

这种有遮拦式同轴折反混合式光学系统的缺点是,前面的一组孔径校正透镜当口径要求较大时镜片的尺寸大,因而系统的重量大,且材料的均匀性要求高,由于前一组校正透镜及后面的镜组均较重,所以需要刚度较大的镜筒,也就更加加重了光学遥感相机的重量。

6.4.3　反射式光学系统

反射式系统有同轴反射系统、偏视场反射系统、离轴反射系统。同轴反射系统和偏视场反射系统视场 2ω 约 2°,离轴反射系统视场 2ω 可达十几度到 20°,可用于大型光学遥感器,工作谱段宽,透过率高。

航天光学遥感相机为提高分辨力,口径大,焦距长。当口径达 1m 量级时光学系统所需的高质量的透镜材料制造难度大,系统重量也大,大口径的透镜支撑困难,所以航天光学遥感相机多采用反射式光学系统。

反射式光学系统有如下优点:

(1) 较易做成大口径的镜头,光学材料较易获得,可以用玻璃材料也可以采用其他材料,只用玻璃材料的表面而不用玻璃的透射性能,所以对反射镜的材料相对于透镜来说要求不高。

(2) 反射式光学系统相比透射式光学系统一般来说光能损失小,反射式光学镜表面镀反射膜后,其单面反射率可以达到97%以上。

(3) 适应的谱段范围宽,反射镜不产生色差,就可见光范围而言各波长的反射率基本相等。

反射式光学系统也有明显的不足:

由于反射式光学系统采用非球面镜,制造难,成本高,装调也较难。

但随着计算机数控加工技术和计算机辅助装调技术的发展这些困难已逐步得到克服。

1. 有中心遮拦的反射式光学系统

1) 同轴双反系统

有中心遮拦的反射式光学系统较常见的是双反射镜系统,如图6-15所示。当主反射镜为抛物面,次反射镜为双曲面时,无限远轴上点无像差。当主反射镜和次反射镜都采用双曲面时,系统可同时消除球差和彗差。当主反射镜为椭球面,次反射镜为球面时,系统可消除球差。

这种系统的优点是镜筒长与焦距的比较小,结构紧凑,会聚光路可以设计成通过反射镜的中心孔,使焦面位于主镜后,便于探测器组件的调整安装。

但这类系统只能消除一、两类像差,视场不能做得太大。

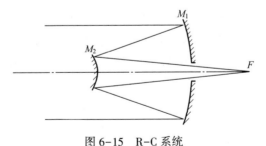

图6-15　R-C系统

2) 同轴三反系统

图6-16展示了一种三反射非球面镜光学系统,它可同时校正球差、彗差、场曲和像散,作为反射式系统也无色差。光路折叠,结构紧凑,整个视场像质较均匀。

3) 偏视场三反系统

图6-17展示了一种同轴偏视场三反射镜光学系统,使小折转反射镜位于

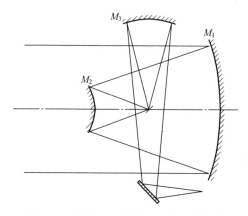

图 6-16　同轴三反射非球面镜光学系统

光路之外,以避免二次遮拦。

但此类光学系统视场较小,主镜中心的通光孔也容易引起杂光。

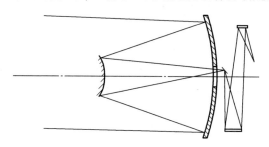

图 6-17　同轴偏视场三反射镜光学系统

2. 无中心遮拦的反射式光学系统

有中心遮拦的光学系统,由于遮拦的存在将降低光学系统的有效通光口径,并引起光学系统的调制度传递函数的降低和重新分布。这些变化也会引起光学遥感相机分辨力的降低,因此研究较多的是离轴非球面三反射镜光学系统。

这种光学系统的优点是避免了同轴反射式光学系统的遮拦问题,从而提高了有效通光口径,进而提高了光学系统的调制度传递函数,这也给提高系统的分辨力提供了可能。它可消除球差、彗差、场曲和像散,作为反射式系统也无色差。

实现这种离轴非球面三反射镜光学系统,从光学设计、非球面的加工检测、光学反射镜的支撑、整机的高刚度结构设计到系统的装调检测,都是至关重要的。尤其是高精度的光学反射镜的支撑是这种光学系统得以实现的关键技术。

这里给出了三种离轴非球面三反射镜光学系统。

1)一次成像离轴三反系统

图 6-18 所示的是一种无中间像的离轴非球面三反射镜光学系统,它的主

镜是凹的离轴非球面反射镜,次镜为凸的非球面反射镜,第三反射镜为凹的离轴非球面反射镜。图(a)是该系统的 y–z 坐标系视图,图(b)是该系统的 x–y 坐标系视图。从 x–y 坐标系视图中可以看到这类光学系统的视场角很大。图 6-19 是该系统的 MTF,可以看到在如此大视场的情况下,其 MTF 已非常接近衍射极限。

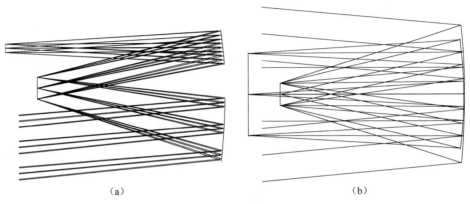

(a) (b)

图 6-18　一次成像离轴三反系统

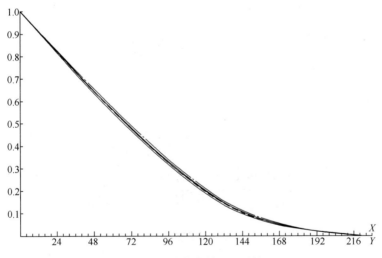

图 6-19　一次成像离轴三反系统 MTF

这种光学系统除了具有无遮拦的反射式光学系统的共同特点外还具有其自身的特点:

(1) 它适于宽视场的光学遥感相机,视场可接近 20°;

(2) 它的筒长焦距比较小,有利于光学遥感相机整机结构的高刚度和轻量化设计;

(3) 要充分注意消杂光设计;

（4）它的主镜和第三反射镜的支撑结构较难设计，它们都是长条形反射镜，且形状也不规则，这从图6-18(a)、(b)可以明显看到。

2）二次成像离轴三反系统

图6-20所示的是一种有中间像的离轴非球面三反射镜光学系统，它的主镜是凹的离轴非球面反射镜，次镜为凸的离轴非球面反射镜，第三反射镜为凹的离轴非球面反射镜。图(a)是该系统的 y-z 坐标系视图，图(b)是该系统的 x-y 坐标系视图。从图(a)可以看到这类光学系统的中间像面。从图(b)可以看到这类光学系统的视场角较小，只有几度。从图(a)、图(b)可以看到这类光学系统很紧凑。图6-21是该系统的 MTF，可以看到该 MTF 已接近衍射极限。当把视场角做成1°～2°时，可以非常接近衍射极限。

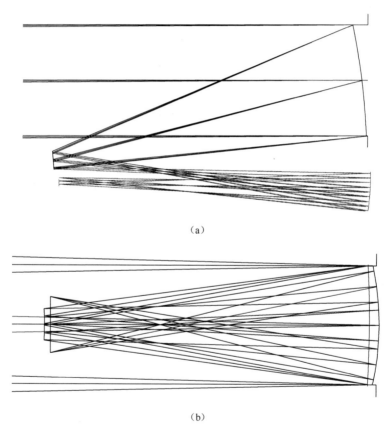

（a）

（b）

图6-20　二次成像离轴三反系统

这种光学系统除了具有无遮拦的反射式光学系统的共同特点外还具有如下的特点：

（1）它的筒长焦距比小，这有利于光学遥感相机整机结构的高刚度和轻量化设计；

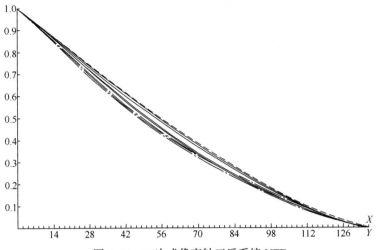

图 6-21 二次成像离轴三反系统 MTF

（2）它的视场比前面的一次成像的离轴三反系统的视场小,适于设计小视场长焦距的光学遥感相机;

（3）消杂光设计要比前面的一次成像的离轴三反系统容易;

（4）它的主镜形状规则,次镜的长宽比比较接近,第三反射镜形状变化较大,整体看支撑结构比前面介绍的一次成像的离轴三反系统较易设计,但次镜和第三反射镜的形状也不规则,给结构设计增加了难度。

3）大视场离轴三反系统

图 6-22 是大视场离轴非球面三反射镜光学系统,这种系统的第一反射镜为凸球面,第二反射镜为凹的离轴椭球面,第三反射镜为凹球面。第一反射镜设计为凸球面有利于实现二维大视场。

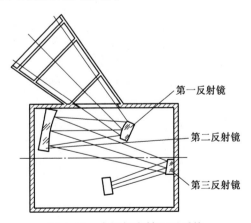

第一反射镜

第二反射镜

第三反射镜

图 6-22 大视场离轴三反系统

这种光学系统除了具有无遮拦的反射式光学系统的共同特点外还具有如下的特点：

（1）它可以实现二维大视场，其视场可达 20°×30°，这是目前无遮拦反射式光学系统中视场最大的一种；

（2）它具有两片球面反射镜，这在一定程度上降低了光学系统的加工制造难度；

（3）从该系统的光路可以看出，该种光学系统的光学遥感相机的消杂光设计需要给予相当重视；

（4）从该光学系统的设计结果看，还有待进一步改进，它的像面畸变较大。这对于遥感成像测绘来说是不能容忍的，但作为成像侦查和红外监视系统应用来说尚可以考虑，并且目前的航天光学成像相机大都为数字式的光电传输型遥感相机，因此像面畸变可以考虑采用图像处理的方式予以校正；

（5）该种光学系统的光学遥感相机的结构布局体积较大，因为它需要一个较大的遮光罩，光学镜配置也不够紧凑。

6.5 典型光学系统的分析比较

由于折射式光学系统对温度、压力都敏感，对热控要求严格，大尺寸的高质量透镜材料较难获得，又由于计算机辅助加工技术及数字干涉测量技术的发展，非球面的加工技术得到了突破，所以航天光学遥感相机的光学系统首选反射式光学系统。

在反射式光学系统中又分有遮拦的光学系统，如同轴系统、同轴偏视场系统、同轴三反系统；无遮拦式光学系统，如一次成像离轴三反系统、二次成像离轴三反系统、大视场离轴三反系统。

有遮拦的同轴反射式光学系统，它的优点是对装调精度和结构系统的精度要求低，对热的敏感性小些。缺点是它的视场小，且在整个视场内像质均匀性低于后两种离轴非球面三反射镜光学系统。从发展的趋势方面看，离轴非球面三反射镜光学系统更具发展优势。

尤其是最后一种离轴非球面三反射镜光学系统它的大视场随着小像元大面阵 CCD 探测器的发展将越来越具有优势，这种采用面阵式探测器的成像方式对提高航天光学遥感相机的在轨影像分辨力也是有利的因素。但它的光学设计还有待进一步完善。

在近些年来的航天光学遥感相机的光学系统中主要采用的是如下三种光学系统：双反射镜的同轴系统或在此光学系统中再辅以小的像差校正透镜，这种系统具有同轴系统的优点，镜片少；无中间像的离轴非球面三反射镜光学系统;有中间像的离轴非球面三反射镜光学系统,无遮拦,光学调制度传递函数高。

在反射式光学系统中,有中心遮拦时它的光学调制度传递函数低于无遮拦的反射式光学系统,且它的光学调制度传递函数的分布与无遮拦的反射式光学系统的光学调制度传递函数的分布也有较大的差异。而航天光学遥感相机的在轨影像分辨力与它的光学系统的光学调制度传递函数是直接相关的。

第**7**章
主要光学遥感器类型

7.1 概述

对地观测光学遥感器种类较多,常见的有航天成像相机、航天测绘相机、航天红外相机、航天多谱段相机及成像光谱仪。还有如辐射计、探测仪、高速摄影相机等专业性较强的光学仪器,这里将不做介绍。

航天成像相机是航天遥感器中最重要的遥感器。在民用方面,可用于矿产资源调查、城市规划、土地利用监视、资源普查、农业调查、环境监测、灾害监测和地理信息服务等诸多领域。

光学遥感技术已应用到人类生活的各个方面,全球气候变化、厄尔尼诺现象及影响、全球沙漠化、植被推移、海洋冰山漂流等的动态变化现象已经引起人们的广泛重视;海洋渔业、海上交通、海洋生态等方面的研究中,遥感已成为重要角色。矿产资源、土地资源、森林草场资源、野生动物资源、水资源的调查和农作物估产都缺少不了光学遥感手段的应用;遥感在解决各种环境变化,如城市化、沙漠化、土地退化、盐渍化、环境污染等方面的问题有其独特的作用。此外,在灾害监测,如水灾、火灾、震灾、多种气象灾害和农作物病虫害的预测、预报和灾情评估方面,光学遥感都发挥着重大作用。

在各种工程建设中,各种尺度、各种类型的光学遥感都在不同层次上发挥着作用,如大型水利工程、港口工程、高速铁路建设、高速公路建设、核电站、机场建设、城市规划等都从遥感图像取得重要数据。近代发生的几场高技术局部战争,都综合运用了光学遥感技术获得的重要信息。

7.2 成像光学相机

以获得地物影像为目的的航天相机主要有两大类,即胶片摄影相机和CCD

实时传输两种方式。两种摄影方式比较,胶片摄影方式的分辨率高于 CCD 实时传输方式的分辨力,且胶片摄影相机的画幅尺寸大。但 CCD 实时传输相机具有实时传输能力,尤其用于航天对地观测优势明显。比 CCD 较晚投入广泛应用的还有 CMOS 探测器相机。CMOS 相机与 CCD 相机比较具有功耗小、电子学部分简单、视频处理电路易于集成的优点,但其响应性能和像质劣于 CCD 相机。标志相机性能的主要指标是相机的分辨力,其次是成像覆盖宽度。

7.2.1 成像相机的主要参数

决定相机的分辨力和成像覆盖宽度的参数是相机的焦距 f,视场角 2ω、通光口径 D。相关的参数还有采用的探测器的像元尺寸和量子效率。

1. 相机的成像覆盖宽度

相机的成像覆盖宽度直接决定于相机的视场角 2ω,相关的还有轨道高度如图 7-1 所示。相机的覆盖宽度 B,轨道高度 H,焦距 f,像面长度 L,视场角 2ω,像元尺寸 a,地面像元分辨力 r_g。相机的成像覆盖宽度

$$B = 2H\tan\omega = \frac{LH}{f} \tag{7-1}$$

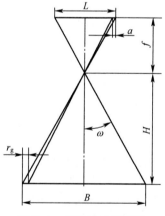

图 7-1 相机的成像覆盖

2. 相机的成像分辨力

成像分辨力指的是相机相对地面所能分辨的最小尺度,即图 7-1 中的 r_g。从图中可以得

$$r_g = \frac{aH}{f} \tag{7-2}$$

这是成像相机分辨力要遵守的最基本的几何关系。要想真正获得这样的分辨力相机还要满足光学衍射分辨力的要求,根据衍射理论物空间的瑞利分辨角为[27,30]

$$\alpha = 1.22 \frac{\lambda}{D} \tag{7-3}$$

而以像方艾里斑圆直径对像方主点的张角为角分辨率时[21,28]

$$\delta = 2.44 \frac{\lambda}{D}$$

式中:λ 为入射光波长;D 为入瞳直径;α、δ 单位为弧度。

除此以外成像相机分辨力最终需要人眼睛的观察,因此还要满足人眼观察阈值的条件,即对比度的要求,用亮度 L 表示,即

$$\frac{\Delta L}{L} = 2\%$$

3. 光电相机的信噪比

航天光学遥感发展到今天,航天相机几乎都是光电传输型相机,因此相机的主要技术参数中,不仅有光学参数要求,还有电子学指标要求,作为相机电子学参数的信噪比也是一项关键技术指标。

地面反射能量经过光学系统到达 CCD 经光电转换输出电压为

$$V_{CCD} = \frac{\pi}{4F^2} \Delta t A (1 - \xi) \cos^4 \omega \int_{\lambda_1}^{\lambda_2} R(\lambda) \tau_a(\lambda) \tau_o(\lambda) L(\lambda) d\lambda \tag{7-4}$$

式中:V_{CCD} 为电压值(V);F 为 $F^{\#}$;Δt 为积分时间(s);A 为 CCD 像元面积(m^2);ξ 为遮栏系数;ω 为相机半视场角;$R(\lambda)$ 为 CCD 光谱响应(V·J^{-1}·m^{-2}·μm^{-1});$\tau_a(\lambda)$ 为大气光谱透过率;$\tau_o(\lambda)$ 为光学系统光谱透过率;$L(\lambda)$ 为目标光谱辐射亮度(W/(m^2·Sr·μm));$\xi = \left(\frac{D_1}{D}\right)^2$,$D_1$ 为遮拦直径。

信噪比为

$$\frac{S}{N} = \frac{V_{CCD}}{V_N}$$

式中:V_N 是 CCD 式光电探测器的均方根噪声电压,一般几毫伏。

从光学遥感器功能来说成像相机是这几类主要光学遥感器中最简单的一类,但它也是其它几类光学遥感器的技术基础,其它几类主要光学遥感器都是在成像相机的基础上演化发展起来的。

7.2.2 成像相机的航天应用

成像相机有胶片型和 CCD 实时传输型两大类,胶片型相机发展的较早,以 CCD 为图像接收器的相机出现较胶片型相机晚。传统上表示胶片型相机的摄影空间尺度分辨能力称为分辨率,表示为摄影胶片上 1mm 内能分辨的黑白相间线对数,记作 lp/mm,而一个线对对应的地面尺寸称为摄影地面分辨率。CCD

实时传输型相机常用像元分辨力或瞬时视场角(IFOV)来评定分辨力,而接收器上的一个像元对应的地面尺寸称为地面像元分辨力。

卫星侦察胶片型相机的焦距 f 和卫星轨道高度 h、相机摄影分辨率 N 和摄影地面分辨率 R 有如下关系:$f=h/(RN)$。例如,$h=300km$,$R=1m$,$N=100lp/mm$,则 $f=3m$。此时胶片型相机的摄影地面分辨率 1m 的含义是,在此 1m 的空间尺度内分布着一黑一白两个条带,每一条带的宽度仅 0.5m。

如果一个 CCD 式相机其地面像元分辨力为 1m,则说明其像元尺寸投影到地面对应的地面尺度即为 1m,它对应的是地面的一个黑条带或一个白条带的宽度为 1m。

可见,传统的具有 1m 地面分辨率的胶片型相机和地面像元分辨力 0.5m 的 CCD 实时传输型相机具有相同空间尺度的成像分辨能力。应该注意区分这两种相机的空间分辨力的含义,或者可以约定,对于传统的胶片型相机仍称为分辨率,而对于 CCD 型相机则称为分辨力,因为胶片型相机已成为历史,目前的航天相机基本都是 CCD 型相机,而新修订的国家光学标准建议采用分辨力,这恰好和这里所讲的现有的 CCD 型相机的分辨力表达相同。

想要实现一定的相机分辨力仅具有相应的焦距长度是不够的,还需要具有一定大小的光学口径 D,光学口径的大小由如下两个条件决定。首先,要满足理想光学系统的角分辨力的要求。根据光的衍射理论,使用波长为 λ、口径为 D 的光学系统的理想角分辨力 α 为:$\alpha=1.22\lambda/D$。其次,要满足像面照度的要求。像面照度 E 与相对孔径 $(D/f)^2$ 成正比。所以根据接收器的灵敏度适当选择口径 D 以满足光能量的要求。

总之,为提高分辨力,航天相机的口径是越做越大,如美国 KH-12 侦察相机已采用口径 D 为 3.8m,达到地面分辨力 0.1m。

军事应用的成像光学相机即航天侦察相机可分为普查相机和详查相机两类,普查相机的地面分辨力为 1~3m,详查相机的地面分辨力一般优于 0.5m。

光学系统的视场角 2ω 决定地面覆盖宽度,详查相机的视场角 2ω 几度,地面覆盖十几公里,普查相机则视场要大些。视场大时由于轴外视场像面照度下降,再加上轴外渐晕,不易实现像面照度均匀性。

另一方面由于航天相机的像移补偿要求,对镜头畸变要求很严(如 0.1%~1% 以下),故视场角大时畸变校正也比较难,因此,航天侦察相机的视场角增大有难度。

主要关键技术包括相机总体优化设计、长焦距高稳定性光学镜头的研制、大面阵 CCD 焦面技术和成像稳定控制技术。

航天相机的一大特点就是高可靠性,这与一般的地面设备不同,航天相机不过多地考虑维修性,因为一旦发射上天,几乎不可能再维修,只是哈勃望远镜是个例外。

典型航天遥感器的应用见表 7-1。

表 7-1 典型航天遥感器的应用

序号	国家	卫星	传感器	谱段数	光谱范围/nm	空间分辨力/m	用途	计划工作时间
1	美国	LandSat-4-5	TM 专题制图仪	7	450~12500	30,120	土地利用、农业、林业、水资源、制图等	1982—1997
2	美国	Landsat	MSS 多光谱扫描仪	4	500~1100	79	土地利用、农业、林业、水资源、制图等	1982—1997
3	美国	NOAA-11	HIRS/21 高分辨率红外辐射探测器	20	690~14950	20.4	大气温度、湿度	1988—1997
4	美国	EOS-AM-1	MODIS 中等分辨率成像光谱辐射仪	36	400~14500	250,500,100	地球物理过程、大气、海洋、陆地	1988—
5	美国	EOS-AM-1	ASTER 高级空间热辐射热反射探测器	14	500~900,1600~2500,8000~12000	15,30,90	陆地表面水和云	1988—
6	美国	Earth Watch	Quick Bird 快鸟传感器	多光谱4全色1	450~900	1,4	制图	1996—2001
7	美国	Earth Watch	Early Bird 早鸟传感器	多光谱3全色1	500~890 450~800	3,15	GIS,制图	1996—2001
8	美国	Orbital Science	OrbView-1 轨道观测一号	多光谱4全色1	450~900 450~900	1,2,8	制图	1997—2002
9	美国	Space Imaging	Space Imaging 空间成像仪	多光谱4全色1	450~900	1,4		1997—
10	美国	IKONOS	IKONOS-2 高分辨率成像仪	多光谱4全色1	450~880 450~900	4 1	高分辨率陆地卫星	1999—
11	美国	EOS	HIRIS 高分辨成像仪	192	400~2450	30	生物圈	2002—
12	美国	Earth Observing-1	EO-1 超光谱成像仪	220	400~2500	30	宽地面覆盖	2000—
13	俄罗斯	PRIRODA-1	ISTOK-1 红外多光谱辐射仪系统	64	400~16000	750~3000	大气辐射	1995—1998

（续）

序号	国家	卫星	传感器	谱段数	光谱范围/nm	空间分辨力/m	用途	计划工作时间
14	俄罗斯	PRIRODA-1	MSU-E 多光谱光电扫描仪	3	500~900	20		1995—1998
15	俄罗斯	ALMAZ-IB	MSU-SK 光学多光谱扫描仪	5	500~1100 400~12600	80 300		1996—1998

自 20 世纪 60 年代苏、美开始发射照相侦察卫星以来,美国从 KH-1 到现在的 KH-12,已历经六代航天光学照相侦察相机的研制,完成了从胶片式返回遥感相机到光电成像传输型遥感相机的过程,地面分辨力也由最初的 7.5m 提高到 0.1m。苏联也是于 20 世纪 60 年代起开始研制军事摄像侦察卫星,也是从研制胶片传输型遥感相机开始发展到光电传输型遥感相机,其地面分辨力从最初的 20m 发展到 20 世纪末的 0.4m。可见光侦查相机见表 7-2。

表 7-2 可见光侦查相机

序号	国家	型号	年代	轨道高度/km	轨道倾角/(°)	工作寿命	外形尺寸/m	地面分辨力/m	备注
1	美国	KH-8	1966—1981	400~480	110	7~90 天	8(1.5)	0.3~0.2	胶片照相
2	美国	KH-9	1971—1986	260~274	96.4	40~275 天	15(3)	0.15	胶片照相
3	美国	KH-11	1976—1982	530,1020	96.9	2~3 年	14-15(3)	0.15~0.1	光电详查
4	美国	KH-12	1992—	287~1020	97.8	约 3 年	15(4.5)	0.1	光电详查
5	苏联	第一代	1962—1976					18~24	胶片照相
6	苏联	第二代	1966—1970					6~8, 0.9~1.5	胶片照相
7	苏联	第三代	1968—1978					1.5~2.4, 0.9~1.5	胶片照相
8	苏联	第四代	1975—1982					0.4~0.9	胶片照相
9	俄罗斯	第五代	1982—1989			295 天		0.4~0.9	光电成像
10	法国	太阳神	1995—	600~700		4~5 年			光电成像

7.3 多谱段光学相机

航天多谱段相机是介于成像相机和成像光谱仪之间的一种光学遥感器,一般其对地面的分辨力比成像相机低但比成像光谱仪高。其仅有的几个光谱段比全色相机的谱段数多但比成像光谱仪谱段数少。

7.3.1 谱段配置

相机的配置有多镜头和单镜头之分,多镜头使用不同的镜头拍摄不同的谱段,如美国的天空实验室即采用多镜头配置。但目前的航天多谱段相机大多采用单镜头分光或滤光的形式。

在多镜头配置的多谱段相机中,影响配准精度的因素很多,引起误差的因素如焦距不一致、CCD 长度误差、CCD 不共焦、光轴不平行、畸变、结构的刚度和稳定性、卫星姿态的影响以及仪器误差(平行光管、摄像头、显微镜、监视器等)、装调误差等,所以多谱段配准在多镜头多谱段相机中是一项关键技术。多镜头配置大多应用于地面分辨率较低、焦距较短的小型多谱段 CCD 相机。多镜头配置系统的优点是光学设计比较容易实现,缺点是体积大,配准比较困难。

单镜头分光,就是在镜头后面设置分光系统,将接收到的光分解成数个谱段,这是当前 CCD 多谱段相机较多采用的方法。单镜头分光系统的主要优点是体积小、结构紧凑、像元配准较易。缺点是由于光谱带宽,光学设计难度大。若采用棱镜分光则会限制光学系统的宽谱段透过,若采用多色 CCD 器件,其谱段设置会受到较大限制。图 7-2 展示的是一款 CCD 多谱段探测器,较为常见的有红、绿、蓝、近红外加全色通道的 CCD 器件。

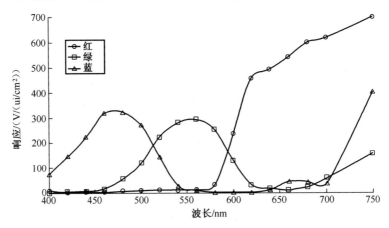

图 7-2　多谱段 CCD 光谱响应曲线

按获取光谱的带宽可分为宽带或窄带系统。宽带获取和窄带获取系统光谱灵敏度的根本不同在于各获取通道间存在相互交叠与否,目前航天相机大多采用的是窄带系统:常见的窄带获取系统通道带宽 $\Delta\lambda$ 和通道数目 n 之间满足

下列关系

$$S_{max} - S_{min} = \Delta\lambda \cdot n$$

式中:$S_{max} - S_{min}$ 为多光谱相机的光谱响应范围。

　　窄带获取时各获取通道无交叠,因而不存在不同通道间信号的交混(Crosstalking),对传统三色成像来说不同通道间的信号交混会降低彩度从而不利于色域的扩大,这是传统彩色图像再现几乎都采用窄带光谱响应灵敏度的理论解释。但美国纽约若彻斯特工学院 Munsell 实验室曾用宽带模式获取多光谱图像取得了满意的光谱估计。

　　按 CCD 的种类可分为单色和多色系统。一个实际的多谱段相机一般是单色和多色 CCD 的组合。对于多色 CCD 的实现可采用吸收滤光片或窄带干涉滤光片来实现。也有采用偏振原理滤光的液晶电子可调滤色器来实现通道的切换,实现电子控制提高了获取系统的可靠性。液晶可调滤色器和干涉滤色片组同属窄带滤波器。在光谱图像的获取中光谱信息的获取常采用等谱段间隔。

　　由于多谱段相机采用的滤光片的数目要受到空间限制,同时每次获取的光谱带宽有限,透过光谱能量小,光谱透过波长随视场角会产生偏移,且像元配准存在误差,这些因素往往会恶化获取光谱图像的品质。多谱段相机应注意在上述各方面参数的折中,尽可能减少各通道获取光谱的混叠以达到更好的光谱反射率重建精度。多谱段成像的实质是记录和重建物体的初略光谱属性。多谱段成像系统往往包括多通道光谱图像获取、光谱反射率重建、光谱分析模式识别等几个模块。

7.3.2　多谱段相机的应用

　　它在地质研究、水资源利用、植被保护、土地监测以及地理信息系统中得到了广泛的应用。已成为资源普查、减灾防灾、污染监视、城市规划等许多民用领域获取信息的重要手段。用于海岸带动态测绘和海洋水色监测,以获取海陆交互作用区域的中分辨力图像,为海洋环境监测与资源开发服务。

　　表 7-3 中是 2000 年以后国内外发射的民用光学遥感器的主要参数。多谱段相机成像方式均为推扫式,国外相机均为反射式。

表 7-3　多谱段相机

卫星	EO-1	QuickBird	QuickBird-2	Orbview-2	ZY-2(CBERS)
成像方式	推扫式	推扫式	推扫式	推扫式	推扫式
全色谱段/m	10	1	0.61	1	20
多谱段/m	30	4	4	4	20
全色谱段/μm	0.48~0.69	0.45~0.9	0.45~0.90	—	0.51~0.73

（续）

卫星	EO-1	QuickBird	QuickBird-2	Orbview-2	ZY-2（CBERS）
多谱段/μm	0.45~0.52	0.45~0.52	0.45~0.52	0.45~0.52	0.45~0.52
	0.52~0.60	0.52~0.60	0.52~0.60	0.52~0.60	0.52~0.59
	0.63~0.69	0.63~0.69	0.63~0.69	0.63~0.69	0.63~0.69
	0.775~0.805	0.76~0.90	0.76~0.90	0.76~0.90	0.77~0.89

从目前的发展情况看,多谱段相机很少单独使用,基本是与全色相机或立体测绘相机组合使用。

7.4 测绘光学相机

测绘相机从光学系统的形式上说与成像相机基本相同,从应用的目的上说是有很大区别的,成像相机解决的是看的问题,满足的是视觉上看的需要,成像本身就是从物到像的相似,只要这种相似关系从视觉上感觉不到区别就可以。但测绘解决的是测量的问题,它不但要看,还要求测量的精度,从本质上说测绘相机是一种计量设备。

7.4.1 测绘相机的理论基础

一般情况下,航天测绘相机比航天侦察相机要求的地面分辨率低,故焦距较短,如 $f = 300 \sim 400\text{mm}$,但视场角要求大,如 $2\omega = 60° \sim 70°$。但是随着技术的发展,摄影分辨力也在逐步提高,目前已是几米的水平。而且要求对相机的内方位元素即对主距、主点位置、畸变和交会角严格地进行标定。同时,通过星相机等其他手段对相机的外方位元素,即对摄影中心在地面或地心坐标系中的位置和姿态角要求严格测定。

航天摄影对广阔的和难以到达地域的地面测绘是相当有效的。被研制的航天系统在技术上应尽可能地满足所编绘的地图的要求。任何地图都包含有平面位置、高度、内容(完全性)三种地面目标的信息。

（1）第一种信息——平面位置,建立地图上所示目标与地球表面基准点的联系。但是,在无地面基准数据的区域,如果知道影像获取瞬间的摄影设备所处的位置和指向,也可得到目标的平面位置。

（2）第二种信息——高度,一般在测绘地图上用给出地形截面的水平线表示。高度数据可通过立体摄影照片获得。初始的高度位置通过与已知地标点的高度相联系取得。与平面位置一样,高度数据不用基准点也可得到,前提是在相机曝光的瞬间知道摄影仪器的位置和它的指向。

（3）第三种信息——地图的内容,具有被摄地区的所有元素和目标,并清楚、可信地显示在相应比例尺的地图上。内容的完整性主要在于判读目标时使用的照片的分辨力以及已有的补充绘图信息。

对照片分辨力的要求。通过照片绘制地图,质量评价的基本指标是地图内容的完全性和影像识别的概率。为发现观测地域的基本目标,分辨力 3.0m 已足够,为了识别和较详细地识别,则必须具有 $1\sim1.5$m 的分辨力。要显示地域目标的特征,为此要求有零点几米的分辨力。在任何情况下测绘地图内容的完全度都是一个概率参数,它依赖于地区本身的特征。统计研究表明,对 $1：50000$ 比例尺中等复杂地区的地图,只能当照片的分辨力为 $1.5\sim2.0$m 时,才能获得可接受的地图内容的完全度,而对比例尺 $1：25000$ 的地图,则所需分辨力为 $1.0\sim1.5$m。

立体测绘相机的测绘原理如图 7-3 所示[31]。设 S_1 为前视相机,S_2 为后视相机,B 为基线长度,H 为轨道高度。为推导方便利用投影的正像进行推导,$f_1=S_1O_1$ 是前视相机焦距,$f_2=S_2O_2$ 是后视相机焦距,在立体测绘相机中一般 $f_1=f_2$ 设其为 f。

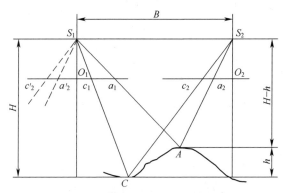

图 7-3　航天光学立体测绘原理

A、C 是具有高程差 h 的两个地物点,它们在前视相机和后视相机上的像点分别为 a_1、c_1 和 a_2、c_2。若设 a_1 距前视相机的主点 o_1 的坐标值为 x_{a1},则 a_2 距后视相机的主点 o_2 的坐标值为 $-x_{a2}$。类似有 x_{c1} 和 $-x_{c2}$。于是 A、C 两点左右视差为

$$p_a = x_{a1} - (-x_{a2})$$
$$= x_{a1} + x_{a2}$$
$$p_c = x_{c1} - (-x_{c2})$$
$$= x_{c1} + x_{c2}$$

将 s_2、a_2、c_2 平移至 s_1、a_2'、c_2' 则

$$p_a = o_1a_1 + o_1a_2'$$

221

$$= a_1 a_2'$$

$$p_c = o_1 c_1 + o_1 c_2'$$

$$= c_1 c_2'$$

$$p_a = \frac{f}{H - h} B$$

$$p_c = \frac{f}{H} B$$

A、C 两点左右视差较为

$$\Delta p = p_a - p_c$$

$$= \frac{Bf}{H - h} - \frac{Bf}{H} \tag{7-5}$$

$$= \frac{Bf}{H} \cdot \frac{h}{H - h}$$

$$h = \frac{\Delta p \cdot H^2}{\Delta p H + Bf} \tag{7-6}$$

从式(7-6)可知,知道了像面上两点的视差较 Δp,已知轨道高度 H,相机焦距 f,通过相机的交会角 α,可知基线长度 $B = 2H \tan(\alpha/2)$,此种求基线长度 B 的方法忽略了地球的曲率。于是求得了 A、C 两点的高度差,可见只要知道了任意两点在两台相机图片上的视差较就可知道它们之间的高程差,进而也就可以实现地形图的高程测绘,这就是光学遥感相机立体测绘的原理。这其中隐含着相机视轴垂直于地面的先决条件,也就隐含着对卫星姿态高精度指向和高稳定度的要求。

7.4.2 卫星摆动立体测绘

法国的 SPOT 卫星利用侧摆,实现了相邻轨道的立体测绘。当然这种相邻轨道立体测绘的方式,见图 7-4,影响测绘精度的因素多,影响也大。

美国的 IKONOS 卫星采用前后摆动的方式实现了立体测绘,在没有地面控制点时,水平精度 12m,垂直精度 10m。IKNOS2 分辨力 1m,倾斜摄影分辨力 1.5m,垂直测绘精度 10m。但这种摆动方式测绘精度较低。我国利用胶片式相机也实现了立体测绘。

卫星摆动立体测绘见图 7-4。

7.4.3 单镜头多线阵立体测绘

由于航天相机的焦距一般较长,而这种单镜头多线阵方式又要求视场很大(约 45°),所以这种镜头较难制造。航空相机一般焦距较短,可以采用这种方式。

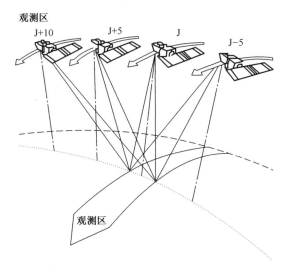

图 7-4　卫星摆动立体测绘

欧空局制造用于火星观测的高分辨力立体测绘相机(HRSC)和宽视场立体扫描仪(WAOSS),采用的就是单镜头多线阵遥感器。

图 7-5 是 HRSC 的立体成像和多谱段(彩色)成像原理图,图中白色线条用于立体成像,彩色线条用于多谱段成像。250km 轨道高度时地面像元分辨率是正视线阵 10m,前视、后视线阵 20m,CCD 像元尺寸 7μm,焦距 175mm。

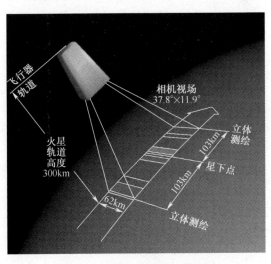

图 7-5　单镜头多线阵立体测绘

图 7-6 是 HRSC 相机的外观图(a)和在作地面立体成像实验时,飞机飞行高度 3km 时拍摄的德国柏林国会大厦图(b)。

（a）
（b）

图 7-6　HRSC 立体成像相机和多谱段(彩色)图

7.4.4　多个单线阵镜头组合方式

由于单镜头多线阵的立体测绘相机一般焦距较短,用于航天立体测绘时测绘精度低,因此用于航天立体测绘的相机一般采用多个单线阵镜头组合成立体测绘遥感器进行立体测绘,由此便产生了多个单线阵镜头组合方式,目前主要有两台相机的组合方式和三台相机组合的方式。

1. 两台相机的组合方式

可约定称为双线阵方式。印度 2005 年 10 月 27 日用 Cosmos-3M 运载火箭发射的卫星 IRS-P5（CARTOSAT-1）上的相机采用的就是这种双线阵的立体测绘方式,见图 7-7,地面分辨率 2.5m,成像幅宽 30km。两个相机被安放在卫星平台上,在沿轨方向,其视轴分别与星下点方向成+26°和-5°夹角进行立体成像。

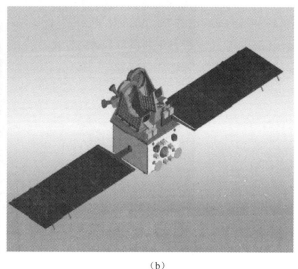

（a）
（b）

图 7-7　IRS-P5 的双线阵立体测绘

2. 三线阵方式

三线阵方式即由三台相机的组合方式。这种方式采用三个单线阵镜头进行组合立体测绘,一般采用对称配置。A 为前视镜头,B 为正视镜头,C 为后视镜头,见图 7-8。前视镜头和后视镜头相对于正视镜头对称布置。

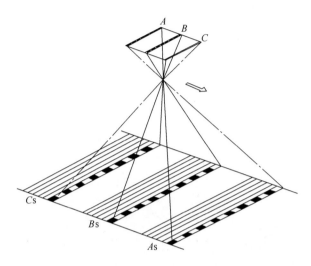

图 7-8　三线阵立体测绘

由于航天立体测绘轨道高,为获得高精度的立体测绘影像就需要采用长焦距,在这种情况下采用单镜头的方式已不合适,多采用多镜头组合方式,而采用三线阵方式居多。美计划发射 MAPSAT(制图卫星)和 STEREOSAT(立体测绘卫星)的星上遥感器采用的就是这种方式。

日本研制的三线阵立体测绘相机 PRISM,地面像元分辨力 2.5m。图 7-9(a)是该相机的外观图和测量参数图,图(b)是该相机的在轨工作想象图,图(c)是该相机在轨测量结果图。图(c)中的红蓝两色体现了立体测绘中的视差。

航天立体测绘总的发展趋势是宽幅盖、高精度。航天立体测绘还是一个较新的学科,目前已经上天的立体测绘相机相比于侦察相机来说很少。要寻求它的发展趋势除了前面在航天立体测绘的途径以及在大的方向及原则上能够看出一些端倪外,还有许多具体的问题有待深入研究。但好在航天侦察已有半个多世纪的发展史了,并且已有大量的航天遥感器上天,虽然航天立体测绘与航天侦察不同,除在图像的后处理上它们不同,在遥感器的制造上航天立体测绘要求遥感器的图像、焦距、几个镜头之间组合的几何精度更高外,它们还是有许多相通之处的,因此可以以侦察相机的一些具体技术为基础来进一步研究解决航天立体测绘相机发展中的特殊问题。

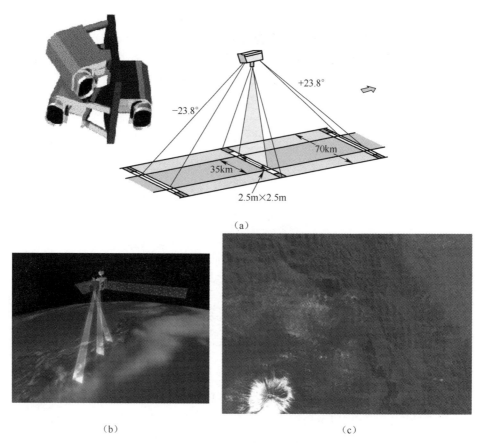

（a）

（b）　　　　　　　　　　　（c）

图 7-9　PRISM 三线阵立体测绘

7.4.5　测绘相机的测试

内方位元素测试示意如图 7-10 所示,测试原理图如图 7-11 所示。

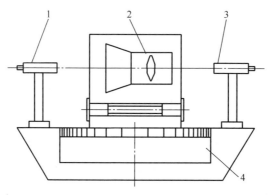

图 7-10　内方位元素测试示意图

1—自准直望远镜;2—被测相机;3—读数显微镜;4—光学测角仪。

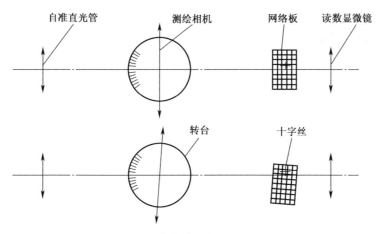

图 7-11 内方位元素测试原理图

测试前在相机焦平面处放置网格板,将网格板中心点调整到与自准直主点近于重合。然后将相机安装在光学测角仪的支架上,调整好相机与光学测角仪的转轴的相互位置,绕光学测角仪的转轴旋转相机,使自准直望远镜达到自准直状态,记下度盘对应的角度读数,作为自准直主点的角度坐标。最后利用精密测角法进行数据计算。通过固定相机支架的转台旋转,进行其他方向的测试。

畸变的形式如图 6-10 所示,通过网格法等可以测量和校正。

随着遥感技术的发展,航天立体测绘作为航天遥感的领域之一也得到了发展,其立体测绘精度也在不断提高,作为航天立体测绘主要方式的三线阵立体测绘相机的体积、重量也在不断增大。三线阵立体测绘相机主要参数的焦距已从几十毫米至几百毫米发展到今天的几米。相机的重量增加了 100 倍,体积增加了 1000 倍。

体积、质量的增加导致了三线阵立体测绘相机制造难度的增大,航天立体测绘相机精度的提高要求提高三线阵立体测绘相机的设计制造精度。大型三线阵立体测绘相机一般都是由三个线阵推扫相机组成的,因此它的设计制造存在三个线阵相机之间的位置精度及其保持和精度测量的问题,这是三线阵立体测绘相机有别于成像相机的地方,因而测绘相机不仅对畸变对光机结构的稳定性也比成像相机有更高的要求。

7.4.6 测绘相机的航天应用

表 7-4 是已在轨工作的航天立体测绘卫星,其中的测绘相机焦距 61.8mm 发展到 2000mm 增长了 30 多倍。我国的资源三号卫星是首颗民用高空间分辨力立体测图卫星,它的三线阵立体测绘相机正视相机空间分辨力为 2.1m、前视

相机和后视相机空间分辨力 3.5m。多光谱相机空间分辨力为 5.8m[32]。资源三号卫星立体测绘相机主要参数如表 7-5 所列。

表 7-4 已在轨的航天立体测绘卫星

仪器名/国家	MEOSS/德国	IRS-P5/印度	PRISM/日本	SPOT-5/法国
轨道高度/km	400	618	691.65	822
焦距/mm	61.6	1980	2000	580
视场/(°)	7.6	(2.78)	7.6	4
地面覆盖/km	(53)	27	35	(50)
地面像元分辨力/m	52 * 80	2.5	2.5	10
交会角/(°)	23.6	+26/-5	23.8	19.2
谱段/μm 注:多谱段分立仪器	0.57~0.72	500~700	0.52~0.77 0.42~0.50 0.52~0.60 0.61~0.69 0.76~0.89	0.48~0.7 0.5~0.61 0.61~0.68 0.78~0.89 1.58~1.75
体积/m³		1.5×0.85×1	2.0×1.0×1	1×1.3×0.4
发射年代	20 世纪 80 年代	2005,5	2006,1	2000,5

表 7-5 资源三号卫星立体测绘相机主要参数

相机	光谱范围/μm	空间分辨力/m	幅宽/km	重访周期/天	覆盖周期/天
前视相机	0.50~0.80	3.5	52	3~5	59
后视相机	0.50~0.80	3.5	52	3~5	59
正视相机	0.50~0.80	2.1	51	3~5	59
多光谱相机	0.45~0.52 0.52~0.59 0.63~0.69 0.77~0.89	5.8	51	5	59

7.5 红外光学相机

军事上的侦察、监视、测绘,工业材料的检验,医疗诊断以及科学研究等往往要求红外系统能给出某一视场范围景物的详细而清晰的热图像,这种以接收物体的红外光辐射成像的相机称为红外光学相机。活动在地面、水面、空中的车辆、坦克、军舰、飞机都有发动机,存在高温部位,往往形成很强的红外辐射,即使是常温物体包括人体也在不断地辐射着红外线,总之,温度高于绝对零度的物体都会发射红外线。这是由于组成物质的原子、分子都在做着不停地运动,其运动状态的改变形成红外辐射,辐射的强度及光谱成分取决于辐射体的温度,温度越高辐射的峰值波长越短,温度是红外辐射的决定性物理量。红外相机通过接收红外辐射,形成红外图像。

7.5.1 红外相机的系统组成

虽然随着光电子技术和工艺水平的迅速发展,凝视型焦平面探测器越来越多地在空间领域中得到应用,但由于成本、技术等原因,采用凝视型焦平面探测器也往往难以达到要求的高分辨力与广视场角,所以热成像系统大都有扫描环节。红外成像系统组成如图 7-12 所示。

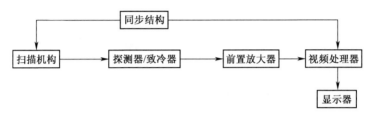

图 7-12 红外成像系统组成

红外成像方式有光学机械扫描成像、电子束扫描成像、面阵探测器成像三类。

(1)光学机械扫描成像较易理解,就是机械运动将光学系统的视轴指向被观测画面的各点依次成像,类似于阴极摄像管电视的电子枪扫描。

(2)电子束扫描成像是将景物的整个观察区域一起成像在摄像管的靶面上,然后用电子束沿靶面扫描,鉴别出图像信号,再经显示装置显示出景物的可见热图像。

(3)面阵探测器成像是用大面阵探测器对景物成像后将各像元的信号串行读出,也称凝视成像。

(4)红外成像是基于景物各个部分的温度差异和发射率差异,而形成景物的温度分布,即热图像。它与可见光成像不同,可见光成像是靠景物的反射差异成像。

光学机械扫描成像技术曾经被广泛应用并且目前还在应用。这里要讨论的内容有红外成像系统的工作原理、扫描机构、摄像方式等。

光学系统将目标和背景的红外辐射收集起来,会聚到含有探测器的焦平面上,光机扫描机构置于光学系统和探测器之间。简单的扫描机构包括两个扫描镜组,一个做水平扫描,另一个垂直扫描,如图 7-13 所示。从左至右依次是景物及光学系统的瞬时视场、光学系统、水平扫描镜、垂直扫描镜、探测器、后续处理存储显示电路。

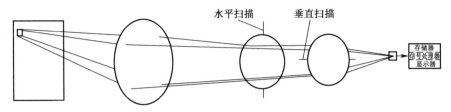

图 7-13　扫描成像系统的组成

当扫描镜运动时,从探测器出发到达景物的视线也在移动,将景物空间扫描出一个像电视那样的光栅。景物的入射辐射经探测器转换成电信号,随着扫描,二维景物被转化成一维模拟电压,经电子学放大、处理,由显示器显示出可见光图像。

为了提高效率,往往采用多元探测器并扫。也有的系统实时地向电视一样快扫得到红外图像。这种系统原用于机载被称为红外前视仪(Forward Looking Infrared System)。

7.5.2　红外相机的基本参数

红外相机有如下基本参数。

1. 通光孔径 D 和焦距 f

孔径和焦距是决定红外相机性能和体积的关键因素,红外相机与可见光成像相机相比一个突出特点是 $F^\#$ 小,这是因为红外辐射相比可见光弱得多,相关内容见第 4 章。

2. 瞬时视场 ω

瞬时视场是光学系统(包括扫描机构)静止不动时,系统所能观察到的物面范围。它由探测器的感光面尺寸(像元)和光学系统的焦距决定,瞬时视场的大小决定了成像系统空间分辨力的大小,瞬时视场越小,空间分辨力越高。

一般探测器的像元为矩形,设尺寸为 $a×b$,瞬时视场平面角为 α、β,则

$$\alpha = \frac{a}{f}$$

$$\beta = \frac{b}{f}$$

$$\omega = \alpha \times \beta$$

式中:α、β 单位为弧度(rad)或毫弧度(mrad)。

3. 总视场 Ω

$$\Omega = A \times B$$

A、B 为相互垂直方向的视场平面角,单位为弧度。总视场所观察的景物空间的大小决定于光学系统焦距和探测器尺寸或扫描范围。

4. 帧时和帧速

系统扫完一帧完整画面所需时间为帧时。1s 内扫过的画面数为帧速,它是帧时的倒数。在扫描速度受限的情况下,可采取隔行扫描的方法,如图 7-14 所示,使帧速为场速的 1/2。

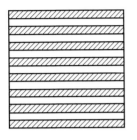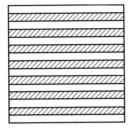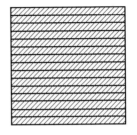

图 7-14 隔行扫描成像

5. 扫描效率 η

扫描机构对景物扫描时,实际所扫过的空间范围往往比景物所张的立体角要大。系统扫过完整的景物所张的空间角所需的时间与扫描机构实际扫描一个周期所需的时间之比称为扫描效率。若水平扫描与垂直扫描的效率分别为 η_H 和 η_v,则

$$\eta = \eta_H \eta_v$$

6. 驻留时间 t

系统瞬时场扫过单元探测器所经历的时间。

若扫描机构扫过的景物空间为 $\Omega = A \times B$,单元探测器所对应的瞬时视场角为 $\omega = \alpha \times \beta$,则整个景物画面的像元数 N 为

$$N = \frac{\Omega}{\omega} = \frac{AB}{\alpha\beta}$$

设扫描帧时为 T,效率为 η,采用单元探测器时的驻留时间为 t_1,则

$$t_1 = \frac{T\eta}{N} = \frac{\omega T\eta}{\Omega} = \frac{\alpha\beta T\eta}{AB}$$

若探测器为 n 元并列探测器,则驻留时间 t 为

$$t = nt_1 = \frac{n\alpha\beta T\eta}{AB}$$

探测器的驻留时间应大于探测器的时间常数。

7.5.3 扫描方式

红外系统的扫描方式有两大类,物方扫描和像方扫描。

物方扫描是扫描机构置于聚焦的光学系统之前,直接对来自景物的辐射进行扫描。由于来自景物的光线是平行光,也称平行光扫描。图 7-15、图 7-16

均属于平行光扫描。在图 7-15 中,(a)是一维扫描成像,图中 1 是平面摆镜,2 是光学系统,3 是探测器;(b)、(c)、(d)均属于二维扫描。图(b)中,1 是二维平面摆镜,2 是光学系统,3 是探测器。图(c),中 1 是一维平面摆镜,2 是光学系统,3 是探测器,4 是旋转反射镜鼓。图(d)是 2 个光楔组成的扫描器,随着 2 个光楔的转速和初始相位不同它有复杂的二维扫描轨迹(见 7.5.4 节)。

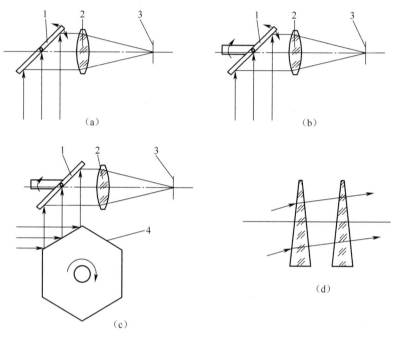

图 7-15　几种平行光扫描成像方法

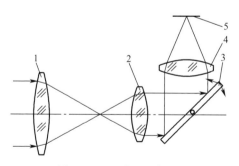

图 7-16　压缩口径扫描

　　当反射面摆动角度较大时,需要的反射镜孔径会很大,为减小摆镜的尺寸,可以在摆镜之前设置一望远系统,如图 7-16 所示。图中光学镜 1、2 组成望远系统,3 是扫描摆镜,4 是成像光学系统,5 是探测器。将望远系统加在物方扫描机构之前,构成前置望远系统,这样来自景物的辐射经前置望远系统压缩后成为平行光,由扫描镜扫描,再由光学系统聚焦到探测器,这种扫描方式仍属于物方扫描。

像方扫描也称会聚光束扫描,是扫描机构置于聚焦光学系统和探测器之间,是对像方光束进行扫描。也称会聚光束扫描。图 7-17 是两例像方扫描的原理图,图(a)是旋转棱镜一维扫描,1 是光学系统、2 是棱镜、3 是探测器;图(b)是摆镜旋转镜鼓组合二维扫描,1 是主反射镜、2 是摆镜、3 是镜鼓、4 是成像透镜、5 是探测器。

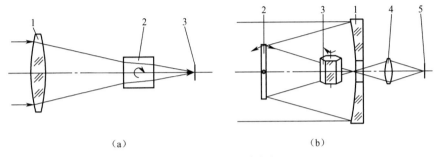

（a） （b）

图 7-17 会聚光束扫描

7.5.4 常用扫描机构

通常有平面摆镜、旋转反射镜鼓、旋转折射棱镜、旋转光楔等扫描机构。对扫描机构的基本要求是,扫描机构的转角与物空间视轴的转角要呈线性关系;扫描机构扫描时,对系统像差影响要小;扫描效率尽量高,扫描部件尺寸尽量小结构紧凑以便减小转动惯量。下面是几种扫描机构主要工作特性:

1. 平面摆镜

对于平面摆镜若保持入射光线或出射光线方向不变,当镜面绕垂直于入射面的转轴旋转 γ 角时,出射光线或入射光线方向旋转 2γ 角(图 7-18)。

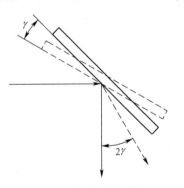

图 7-18 平面摆镜扫描原理

当平面摆镜以与入射光线平行的轴转动时则是1倍关系。

平面摆镜做平行光束扫描时,光线经反射镜后平行射出,扫描中实现了摆镜摆角与出射光线转角的线性关系,波面不变不带来额外像差。如图7-19所示,光学系统口径 D,γ 为平面摆镜摆角,需要的镜面长度 L 是变化的,并且扫描角 γ 较大时,镜面长度会变得很大。

摆镜初始状态与光轴成45°角,摆镜长度为

$$L = \frac{D}{\sin 45°} = \sqrt{2}\,D$$

摆镜摆过 γ 角后,摆镜与光轴成45°-2γ 角,摆镜长度为

$$L = \frac{D}{\sin(45° - 2\gamma)}$$

设 $\gamma = 10°$,则像方扫描角20°,摆镜长度为

$$L = \frac{D}{\sin(45° - 2\gamma)} = \frac{D}{\sin 25°} = 2.37D$$

可见摆镜长度增长是很快的。光学系统总会有一定的视场还要考虑视场角 2ω,而视场角对摆镜长度的增长影响更大,在图7-19中所示的即是 ω 角的双点划线与摆镜虚线位置的交点产生的摆镜长度的增加。除此以外,如果摆镜的转轴不在图示的镜面上,还要考虑摆镜摆动产生的镜面的偏移的影响,当这一影响与视场角 ω 的双点划线共同作用时,其对摆镜长度的影响也应给予关注,它同时还会产生出射视轴光线漂移的现象,只不过移动量不大,对于航天光学遥感或可以忽略。

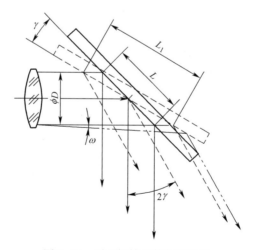

图7-19　平面摆镜机构扫描特性

平面摆镜做会聚光束扫描时,入射光束经光学系统会聚,经反射镜后成像在探测器上。求平面摆镜在摆动 γ 角前后与扫描角 θ 的关系,如图7-20所

示,则

$$\tan\theta = \frac{y}{a + z}$$

$$y = b\sin2\gamma$$

$$z = b\cos2\gamma$$

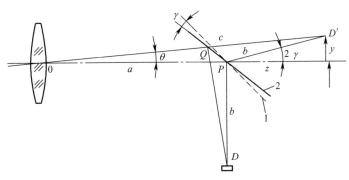

图 7-20 平面摆镜像方扫描特性

$$\tan\theta = \frac{b\sin2\gamma}{a + b\cos2\gamma}$$

$$\theta = \arctan\frac{b\sin2\gamma}{a + b\cos2\gamma}$$

当 θ、γ 都较小时,近似有

$$\theta \approx \frac{2b\gamma}{a + b}$$

$$\gamma \approx \frac{a + b}{2b}\theta$$

扫描角 θ 与摆镜转角 γ 近似呈线性关系。

当摆镜位于位置 1 时,光线走 OPD,当摆镜位于位置 2 时,光线走 OQD

$$c < a + b = f$$

表明,当摆镜使主光线偏离光轴时,从透镜到探测器的光路变短了,离焦产生弥散增大像差。当光线偏转 θ 角后光路长度为

$$c^2 = a^2 + b^2 - 2ab\cos(\pi - 2\gamma)$$

即

$$c^2 = a^2 + b^2 - 2ab\cos\left(\pi - \theta - \arcsin\frac{a\sin\theta}{b}\right)$$

$$= a^2 + b^2 + 2ab\cos\left(\theta + \arcsin\frac{a\sin\theta}{b}\right)$$

实际系统当未校正像差时像面为一曲面,称为帕兹伐尔(Petzval)面,由

图7-20可知 c 随 θ 的变化与系统场曲的曲率往往不一致,因而弥散而影响像质,见图7-21。光学设计时对这类系统应考虑像差校正设计。

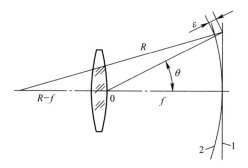

图 7-21　像方扫描的离焦

借助图7-22讨论平坦焦面轴上光线的扫描离焦。a 段是偏离光线与未偏离光线共有的,镜面转过 γ 角,光线偏离 2γ,γ 较小时

$$\varepsilon = b' - b$$
$$= \frac{b}{\cos 2\gamma} - b$$
$$= b(\sec 2\gamma - 1)$$
$$\approx 2b\gamma^2$$
$$\varepsilon \approx \frac{(a+b)^2\theta^2}{2b}$$

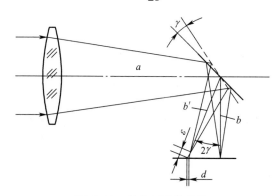

图 7-22　像方扫描的像差

从图7-22所示的三角形可以求得最后的弥散圆直径 d 为

$$d = (f - c)\frac{D}{f} = \varepsilon\frac{D}{f} = \frac{\varepsilon}{F^{\#}}$$

在水平方向上设计弯曲的焦面以补偿扫描散焦,在垂直方向上设计平的焦面以使用平坦的探测器阵列。

1）摆镜的近距物扫描

因物体不在无穷远处，故不是平行光束扫描。如图 7-23 所示，摆镜由位置 1 转到位置 2 转过 γ 角。

$$s = 2B\gamma$$

$$\theta = \frac{s}{OP}$$

$$= \frac{2B\gamma}{OP}$$

$$= \frac{2\gamma(OP - A)}{OP}$$

$$= 2\gamma\left(1 - \frac{A}{OP}\right)$$

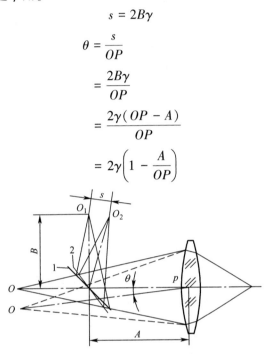

图 7-23　近距物的平面摆镜物方扫描

2）摆镜的扫描效率

由所观察的空间角度与摆镜摆角之比决定。摆镜摆角可根据所需观察的空间角度设计，使空程尽量小。摆镜一般只用正程，所以扫描效率小于 50%，考虑到惯性，一般只能达到 40%。也可提高回程速度，或对视频信号进行相位补偿利用回程扫描。因惯性，摆镜的摆动速度不能太大，高速时视场边缘附近变得不稳定且要求电机功率大，故不适于高速，一般用于帧扫。

2. 旋转反射镜鼓

在高速扫描的情况下，经常采用如图 7-24 的旋转反射镜鼓，因为镜鼓的运动是连续而稳定的。旋转反射镜鼓与摆镜工作状况基本一致，转角情况和像差也基本相同，但旋转反射镜鼓是绕中心轴转动，镜面位置相对光线有位移。下面是主要参数：

1）镜面宽度 L

如图 7-25 所示，设有 n 个面，

$$\theta_f = \frac{2\pi}{n}$$

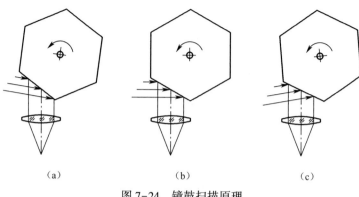

图 7-24　镜鼓扫描原理

$$L = 2r_0\sin\frac{\theta_f}{2}$$

$$\frac{r_i}{r_0} = \cos\frac{\theta_f}{2}$$

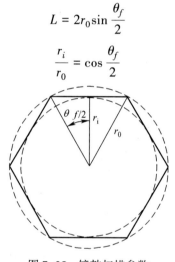

图 7-25　镜鼓扫描参数

2）镜鼓转动时镜面的位移量

如图 7-26 所示。

$$\delta = r_i(1 - \cos\gamma)$$

$$= r_0(1 - \cos\gamma)\cos\frac{\theta_f}{2}$$

3）无渐晕情况下的最小镜鼓半径

由于镜鼓转动时镜面位置有移动，镜面的位移可能会使扫描区边缘部分的入射光不能全部进入视场而产生渐晕，为此镜鼓半径 r_0 必须大于某一最小值，即

$$r_0 = \frac{D_0}{2\cos\theta\sin\dfrac{\theta_f - \gamma}{2}}$$

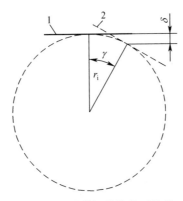

图 7-26 镜鼓扫描的镜面位移

$$2\gamma = 2\omega$$

式中:D_0 为入射光束宽度;2ω 为视场角;θ 为入射光线对镜面的入射角。

4)扫描效率

旋转反射镜鼓的扫描效率与镜面夹角 θ_f 直接相关

$$\eta = \frac{\omega}{\theta_f} = \frac{\gamma}{\theta_f}$$

可知,提高效率应增加镜面数,为保证入射光宽度必须增大转鼓半径,效率、光束、半径互相制约。γ 与 θ_f 不能相差太多否则影响效率。

5)镜鼓的极限转速

受材料强度限制不能过大

$$\omega_{max} = \frac{1}{2\pi r_0}\sqrt{\frac{8T}{\rho(3+\eta)}}$$

式中:ω_{max} 为镜鼓最大转动速度;ρ 为材料密度;T 为镜鼓材料抗拉强度;η 为材料的泊松比;r_0 为镜鼓半径。

这仅是考虑材料强度极限,实际上在到达极限之前由于镜面变形早已不能工作,镜面变形的分析可借助于有限元方法。

3. 旋转折射棱镜

棱镜为正 n 面棱柱,绕棱柱中心旋转,如图 7-27 所示。旋转折射棱镜只用于会聚光束扫描,它的主要特性是折射棱镜转角与光线转角之间的关系及扫描效率。

纵向移动量 Y 和横向移动量 Z[29]

图 7-28 中只画出一条主光线,棱镜折射率 n,转角 γ。

$$\frac{a+b}{t} = \tan(\varphi_1 - \gamma)$$

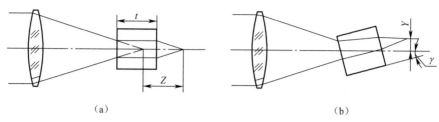

（a）   （b）

图 7-27　棱镜扫描原理

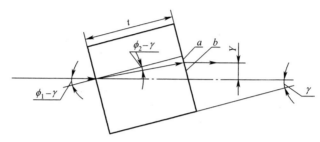

图 7-28　横移量

$$a = t\tan(\varphi_2 - \gamma)$$

$$b = t[\tan(\varphi_1 - \gamma) - \tan(\varphi_2 - \gamma)]$$

根据折射定律

$$n\sin(\varphi_2 - \gamma) = \sin(\varphi_1 - \gamma)$$

$$\tan(\varphi_2 - \gamma) = \frac{\sin(\varphi_2 - \gamma)}{\sqrt{1 - \sin^2(\varphi_2 - \gamma)}}$$

$$Y = b\cos\gamma$$

$$= t\cos\gamma[\tan(\varphi_1 - \lambda) - \tan(\varphi_2 - \gamma)]$$

$$= t\cos\gamma\left[\frac{\sin(\varphi_1 - \lambda)}{\cos(\varphi_1 - \lambda)} - \frac{\sin(\varphi_1 - \lambda)}{\sqrt{n^2 - \sin^2(\varphi_1 - \lambda)}}\right]$$

$\varphi_1 - \gamma$ 和 γ 都较小时,则

$$Y \approx \left(\varphi_1 - \gamma - \frac{\varphi_1 - \gamma}{n}\right)t\cos\gamma$$

$$= t(\varphi_1 - \gamma)\frac{n - 1}{n}$$

可见,在小角度范围内,棱镜的转动产生近似的线性扫描。对于近轴光线,$\varphi_1 = 0$

$$Y = -t\left(1 - \frac{\cos\gamma}{\sqrt{n^2 - \sin^2\gamma}}\right)\sin\gamma$$

Y 随棱镜转角 γ 的变化率为

$$\frac{dY}{d\gamma} = -t\left(\cos\gamma - \frac{\cos 2\gamma}{\sqrt{n^2 - \sin^2\gamma}} - \frac{\sin^2 2\gamma}{4(n^2 - \sin^2\gamma)^{3/2}}\right)$$

可见棱镜转角为一般值时,Y 与 γ 是复杂的非线性关系。

Z 与 γ 的关系

如图 7-29 所示,仍只画出一条主光线。

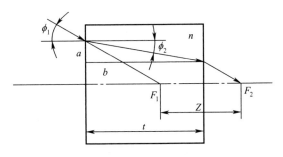

图 7-29 Z 向位移

从图 7-29 中可以看出:

$$Z = t - b$$

$$b = \frac{a}{\tan\varphi_1}$$

$$a = t\tan\varphi_2$$

$$\sin\varphi_2 = \frac{\sin\varphi_1}{n}$$

故

$$\tan\varphi_2 = \frac{\sin\varphi_2}{\sqrt{1 - \sin^2\varphi_2}}$$

$$= \frac{\sin\varphi_1}{\sqrt{n^2 - \sin^2\varphi_1}}$$

得

$$b = t\frac{\cos\varphi_1}{\sqrt{n^2 - \sin^2\varphi_1}}$$

$$Z = t\left(1 - \frac{\cos\varphi_1}{\sqrt{n^2 - \sin^2\varphi_1}}\right)$$

可见,随光线倾角的增加,焦点沿轴向远离透镜。

当棱镜转过 γ 角时,近轴光线 $\varphi_1 \approx 0$,位移 Z 为

$$Z = t \left(\cos\gamma - \frac{\cos 2\gamma}{\sqrt{n^2 - \sin^2\gamma}} - \frac{\sin^2 2\gamma}{4(n^2 - \sin^2\gamma)^{3/2}} \right)$$

光线通过棱镜后产生纵横焦点位移,必引起附加的球差、彗差、像散、色差,因此对光学系统的消像差问题必须特别注意。旋转折射棱镜扫描用于会聚光路中,尺寸可以较旋转反射镜鼓小,对提高转速、减小噪声都有利。

旋转折射棱镜扫描效率为

$$\eta = \frac{2\gamma}{2\pi/n}$$

$\gamma = f(2\omega、f、t)$,棱镜转角 γ 是视场 2ω、焦距 f、棱镜厚度 t 的函数。通过光路追迹求出 Y,这种旋转折射棱镜可以获得较高的扫描效率。

4. 旋转光楔[19]

折射光楔的顶角 A 很小,用于平行光扫描,用于会聚光路扫描会产生严重的像差,当入射角 i_1 很小时,光楔位于空气中时,光线的偏向角 δ 为

$$\delta = n(i_1' + i_2) - A = (n-1)A$$

将图 7-30 中(a)的光楔演化成直角光楔以其直角边为 x 轴、z 轴,另一边为 y 轴,如图(b),偏向角 δ,以 δ 的大小和偏向方向构建偏折矢量 δ,以 x 为轴旋转图(b)的光楔,角速度 ω,初始相位 φ,则矢量 δ 在 y 轴、z 轴上的分量为

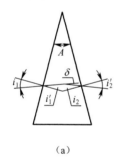
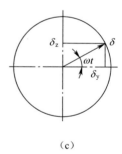

（a） （b） （c）

图 7-30　折射光楔扫描

$$\delta_y = (n-1)A\cos(\omega t + \varphi)$$

$$\delta_z = (n-1)A\sin(\omega t + \varphi)$$

从这组偏向角方程可求出任意时刻 t 的出射光线的方向。

当两个相同的的折射光楔成组扫描时,角速度 ω_1、ω_2,初始相位为 φ,则

$$\delta_y = (n-1)A[\cos\omega_1 t + \cos(\omega_2 t + \varphi)]$$

$$\delta_z = (n-1)A[\sin\omega_1 t + \sin(\omega_2 t + \varphi)]$$

当采用图 7-31 的折射光楔扫描系统进行扫描成像时,通过设定 ω_1、ω_2 和 φ 可以形成光轴扫描图案,设 $\varphi = 0$,调整 ω_1 和 ω_2 可形成的扫描轨迹如图 7-32 所示。

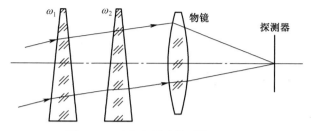

图 7-31 光楔扫描成像系统($\varphi=0$)

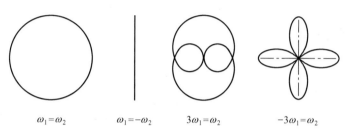

| $\omega_1=\omega_2$ | $\omega_1=-\omega_2$ | $3\omega_1=\omega_2$ | $-3\omega_1=\omega_2$ |

图 7-32 折射光楔扫描轨迹

7.5.5 光机扫描方案

扫描机构通常由摆镜、镜鼓、棱镜等组合而成,下面介绍几种光机扫描方案。

1. 镜鼓作行扫摆镜作帧扫

图 7-33 就是这样一种扫描机构用于平行光扫描,镜鼓 1 为六棱柱、2 摆镜、3 物镜、4 探测器。基本尺寸由光束宽度 D_0 和视场 2ω 决定。

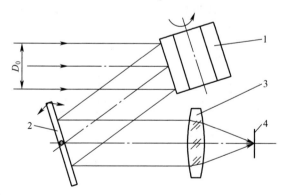

图 7-33 镜鼓摆镜扫描系统

2. 平行光扫描的前置望远系统

用前置望远系统可以压缩光束扩大视场,也可作为变焦环节,变换视场。
如图 7-34 所示,分两类,物镜组和准直镜组均为正透镜或一正一负,两镜组焦点重合。

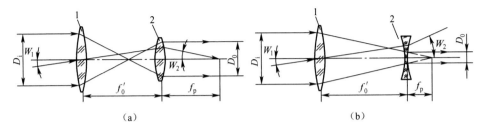

图 7-34 倒、正像前置望远系统

望远系统的放大倍率

$$K = \frac{f_0}{f_p}$$

$$\frac{D_i}{D_0} = \frac{f_0}{f_p} = K$$

$$D_0 = \frac{D_i}{K}$$

$$\frac{W_1}{W_2} = \frac{f_p}{f_0} = \frac{1}{K}$$

$$W_2 = KW_1$$

通过前置望远系统可以将成像光束压缩成小光束,从而采用小镜鼓,小机构,实现高速度。

图 7-35(a)是倒像前置望远系统,图(b)是正像前置望远系统,它们通过压缩通光口径,降低了后续扫描机构的尺寸,有利于扫描机构减小惯性,提高扫描速度。

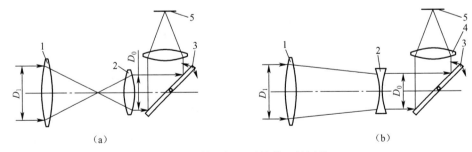

图 7-35 前置望远系统的口径压缩

3. 会聚光路摆镜帧扫,平行光路镜鼓行扫

如图 7-36 所示,摆镜置于物镜组与准直镜组之间帧扫,平行光路镜鼓行扫。这种方案的扫描效率与带有前置望远系统的平行光束扫描方案相同。视场大时像质变差,不宜作大视场多元器件扫描用。

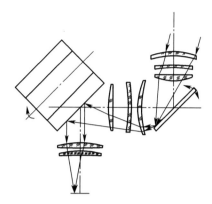

图 7-36 会聚光路摆镜帧扫平行光路镜鼓行扫方案

4. 棱镜帧扫平行光束镜鼓行扫

如图 7-37 所示,四棱镜置于前置光学系统光路中间作帧扫,平行光束镜鼓行扫,可获得较稳定的高速度,棱镜面数取得少些其厚度可以减薄。由于棱镜的扫描效率较摆镜的扫描效率高,所以这种方案的总扫描效率较高。这种系统像差设计较难,如设计得好适宜大视场多元器件扫描用。

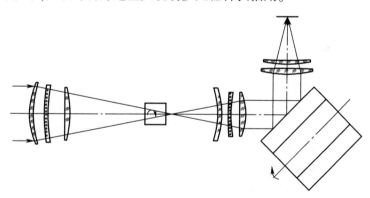

图 7-37 棱镜帧扫平行光束镜鼓行扫方案

5. 两棱镜扫描

如图 7-38 所示为两棱镜扫描系统的典型结构,1 物镜组、2 帧扫折射棱镜、

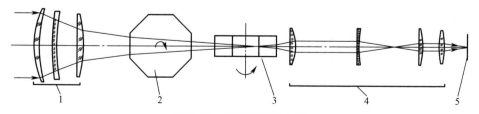

图 7-38 两棱镜扫描方案

3行扫折射棱镜、4中继光学系统、5探测器。帧扫在前行扫在后，帧扫行扫都用八棱镜以使垂直和水平视场像质相同。垂直视场内光束经帧扫棱镜后很靠近光轴，行扫棱镜可薄些，体积小有利于提高扫描速度。系统优点是扫描效率高，速度快，但像质设计难度大。

7.5.6　摄像方式

由于单元红外探测器的灵敏度和响应速度不高，一般可增加探测器单元的数目组成阵列，以提高信噪比，由此形成串扫和并扫两种扫描成像方式。如图7-39所示，图(a)是多元并扫方式，图(b)是多元串扫方式，通过多元并扫或串扫获得图像(c)。但是图(c)也是一种成像方式，即用含有与图(c)扫描获得的图像相同的二维阵列探测器(面阵探测器)对目标进行画幅式成像，红外中称为凝视成像。

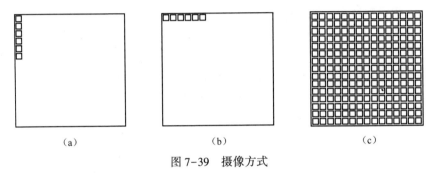

|(a)|(b)|(c)|

图7-39　摄像方式

1. 并扫摄像方式[29]

并联扫描是将数十至数百个探测器组成一列，如图7-39(a)，每个探测单元各扫一行，n个探测单元通过m行慢速帧扫可实现宽帧mn扫描。

并扫时单元探测器(像元)的信噪比，即

$$U_s = PRG$$

式中：U_s为单元探测器的输出电压；P为入射到单元探测器上的辐射功率；R为单元探测器的响应度；G为前置放大器的增益。

$$U_n = \frac{RG\sqrt{A_d \Delta f}}{D^*}$$

式中：U_n为单元探测器输出的均方根噪声电压；D^*为单元探测器的归一化探测率；A_d为单元探测器的像元面积；Δf为系统的等效噪声带宽。

$$\Delta f = \frac{\pi}{4t_1}$$

式中：t_1为单元探测器驻留时间。

$$\frac{U_s}{U_n} = \frac{PD^*}{\sqrt{A_d \Delta f}}$$

n 元并扫时单元探测器(像元)的信噪比为

$$t_d = nt_1$$

式中:t_1 为单元探测器驻留时间;t_d,n 为元并扫时探测器驻留时间。

$$\Delta f_d = \frac{\Delta f}{n}$$

于是,n 元并扫时探测器的信噪比为

$$\frac{U_s}{U_n} = \sqrt{n}\ \frac{PD^*}{\sqrt{A_d \Delta f}}$$

从而使 n 元并扫时探测器信噪比比单元探测器扫描时的信噪比提高了 $\sqrt{n}$ 倍。

2. 串扫摄像方式[29]

将多个单元串成一行,如图 7-40 所示,1 是时间延迟线,2 是前置放大器,3 是单元探测器(像元),4 是延迟方向,5 扫描方向。探测器对目标按扫描方向进行扫描,各单元探测器信号经延迟线延时后,时间同步实现叠加,叠加后信号增强送往主放大器。景物依次扫过各探测器行扫速度和帧扫速度都和单元探测器相同。各单元探测器的信号经延迟叠加提高了信噪比。

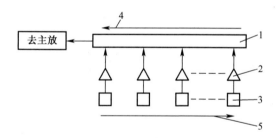

图 7-40 串扫方式

设各单元的响应度 R_i、归一化探测率 D_i^*、前置放大器的增益 G_i 可以不同,入射到每个单元探测器上的辐射功率 P 相同。

$$U_{si} = PR_i G_i$$

式中:U_{si} 为单元探测器的输出电压。

$$U_{ni} = \frac{R_i G_i \sqrt{A_d \Delta f}}{D_i^*} = \frac{R_i G_i}{D_i}$$

式中:A_d 为单元探测器的像元面积;Δf 为系统的等效噪声带宽;D_i 为单元探测器的探测率;Δf 为电子系统的带宽。

单元探测器的信噪比为

$$\frac{U_{si}}{U_{ni}} = PD_i$$

信号叠加后

$$U_s = P \sum_{i=1}^{n} R_i G_i$$

式中：U_s 为信号叠加后探测器组的输出信号电压。

$$U_n = \sqrt{\sum_{i=1}^{n} \left(\frac{R_i G_i}{D_i}\right)^2}$$

U_n，信号叠加后探测器组的均方根噪声电压。

信号叠加后探测器组的信噪比为

$$\frac{U_s}{U_n} = P \frac{\sum_{i=1}^{n} R_i G_i}{\sqrt{\sum_{i=1}^{n} \left(\frac{R_i G_i}{D_i}\right)^2}}$$

求取得探测器组信噪比极大值的条件

若 n 元的 R_i、D_i 为定值，G_i 可调。求信噪比和 G_i 的关系。

相对增益 $g_i = G_i / G_1$，$g_1 = 1$ 则上式改写为

$$\frac{U_s}{U_n} = P \frac{\sum_{i=1}^{n} R_i g_i}{\sqrt{\sum_{i=1}^{n} \left(\frac{R_i g_i}{D_i}\right)^2}} \tag{7-7}$$

适当选择 g_i 使 U_s/U_n 最大，即令

$$\frac{\partial}{\partial g_k}\left(\frac{U_s}{U_n}\right) = 0$$

$$\frac{\partial}{\partial g_k}\left(\frac{U_s}{U_n}\right) = \frac{PR_k}{\left(\sum_{i=1}^{n} \left(\frac{R_i g_i}{D_i}\right)^2\right)^{1/2}} - \frac{PR_k^2 g_k}{D_k^2} \cdot \frac{\sum_{i=1}^{n} R_i g_i}{\left(\sum_{i=1}^{n} \left(\frac{R_i g_i}{D_i}\right)^2\right)^{3/2}} = 0$$

$$\sum_{i=1}^{n} \left(\frac{R_i g_i}{D_i}\right)^2 = \frac{R_k g_k}{D_k^2} \sum_{i=1}^{n} R_i g_i$$

解 g_k 得

$$\left(\frac{R_k g_k}{D_k}\right)^2 + \sum_{i \neq k} \left(\frac{R_i g_i}{D_i}\right)^2 = \frac{R_k g_k}{D_k^2}\left[R_k g_k + \sum_{i \neq k} R_i g_i\right]$$

整理得

$$g_k = \frac{D_k^2 \sum\limits_{i \neq k} \left(\dfrac{R_i g_i}{D_i} \right)^2}{R_k \sum\limits_{i \neq k} R_i g_i}$$

可知,必须解 n 个方程式,以 $n = 2$ 为例

$$g_2 = \left(\frac{D_2}{D_1} \right)^2 \frac{R_1}{R_2}$$

$$g_1 \equiv 1$$

将各 g_k 代入信噪比式(7-7)得

$$\frac{U_s}{U_n} = P \frac{\sum\limits_{i=1}^{n} D_i^2}{\sqrt{\sum\limits_{i=1}^{n} D_i^2}} = P \sqrt{\sum\limits_{i=1}^{n} D_i^2}$$

表明串扫探测器组最佳增益的最大信噪比是各单元探测器信噪比平方和的平方根。如各单元的探测率 D_i 相等,意味着串扫系统有归一化探测率,即

$$D_0^* = \sqrt{\sum\limits_{i=1}^{n} D_i^{*2}} \qquad\qquad (7\text{-}8)$$

由平均值定理

$$D_0^* = \sqrt{n}\, D_{\mathrm{rms}}^*$$

$$D_{\mathrm{rms}}^* = \sqrt{\frac{\sum\limits_{i=1}^{n} D_i^{*2}}{n}}$$

式(7-8)表明,如 n 元串扫的探测器组的每一单元探测器的归一化探测率 D_i^* 都相等,则 n 元串扫的探测器组的系统信噪比比单元探测器的信噪比提高 $\sqrt{n}$ 倍。

两种摄像方式的比较见表7-6。

表7-6　两种摄像方式的比较

	并　联　扫　描	串　联　扫　描
扫描方式	可会聚光束	必须平行光束
扫描器运动	运动部件速度低,易实现	运动部件速度高,电机寿命短,实现高行数、高帧频困难
线路频带	频带窄	频带宽
制冷效果	阵列长、效果差	阵列短、效果好
信号与噪声	理论上提高 $\sqrt{n}$	理论上提高 $\sqrt{n}$
$1/f$ 噪声区	带宽降低离不开 $1/f$ 噪声区	低频端可取高些以避开 $1/f$ 噪声区
探测元件	均匀性要求高	均匀性无要求

3. 凝视成像方式

由于面阵成像器件技术的快速发展,使得凝视成像成为可能,面阵红外探测器中红外面阵器件已达 640×512 像元,如图 7-41(a)所示,热红外 640×480 像元,如图(b)所示。在可见光和近红外谱段已达 9k×9k 的规模,如图 7-42 所示。因此凝视成像已经成为红外相机的主要成像方式之一,并且越来越重要。

(a)   (b)

图 7-41　红外面阵探测器

图 7-42　可见光近红外面阵探测器

从理论上说,凝视成像的信噪比比扫描成像要高,因为它是单元探测器扫描成像的 $\sqrt{n}$ 倍,其中 n 是面阵探测器的像元数。凝视成像红外相机的参数设计与计算类似于可见光成像相机的计算,详细内容可参考 7.5.8.2 红外相机性能的量子化评价。

凝视成像从原理上与可见光成像相同,但由于其使用的是红外谱段,目标亮度低于可见光,所以需要更多地注意抑制噪声。措施之一就是对探测器进行致冷。有了致冷这一环节红外相机的技术难度和成本都很高,所以非致冷红外成像技术得到了促进和发展。

红外技术的发展从 20 世纪 60 年代的单元或线阵探测器加光机扫描的红外成像称为第一代红外成像技术。20 世纪 80 年代发展成无光机扫描的面阵红外探测器成像称为第二代红外成像技术。但这两代红外成像技术均需致冷,工作在液氮温度 77K,价格昂贵。20 世纪 90 年代中期美国发明了室温工作的固体红外焦平面器件,克服了需要致冷的问题,成本大大降低,称为第三代红外成像技术或非致冷红外成像技术。美国在 2011 年作为搭载设备在宝瓶座卫星上搭载过非致冷红外传感器。

非致冷红外探测器的探测率 D^* 值比液氮致冷到 77K 温度的致冷型红外探测器低近 2 个数量级,这是非致冷红外成像技术的局限性。

7.5.7　致冷方式

红外探测器的致冷有杜瓦瓶致冷、相变材料致冷、半导体致冷、斯特林致冷机致冷、空间辐射器致冷。杜瓦瓶致冷由于需要消耗液氮等致冷剂,所以除用于空间研究,作为空间值班性工作设备寿命受限,主要采用后 4 种方法或其组合。

1. 相变材料致冷

相变材料致冷更准确地说是相变材料储冷,是将其它致冷器的冷量储存起来待用。用于探测器致冷的材料要有合适的相变温度、相变潜热大、高导热率、相变体积变化小、与容器相容性好等特性,见表 7-7。

表 7-7　低温相变材料热力学参数

材料名称	熔点/K	熔化热/kJ·kg^{-1}
氢	13.8	57.8
氮	63.2	25.8
丙烷	85.3	79.9
丁烷	134.9	80.2
戊烷	143.4	116.3
乙醇	156	108
甲醇	175	99
氨	195.4	351.7
氯化锌	211	116.8
二氧化碳	216.5	180.9
氯化钙	218	164.9
氯化铁	218	155.5

低温相变材料的导热率,也是应用于探测器致冷的相变材料的一个重要参数,

在一些相变材料中添加石墨后其导热系数从 0.24W/m·K 增加到 4~7W/m·K,导热系数增加了一个数量级。近些年来纳米多孔材料也是实现低温相变材料高导热率的一个研究方向。

2. 半导体致冷

利用 n 型半导体和 p 型半导体连接成电偶对,如图 7-43 所示,形成闭合回路。图 7-43(a)是半导体致冷的原理图,在外电场的作用下,在一个接头电子与空穴产生分离运动,吸收能量而变冷,在另一接头处产生复合,放出能量而变热。其制冷能力取决于半导体材料的性质和回路中的电流大小,较好的半导体材料为碲化铋及其固熔体合金。一级半导体制冷器可获得大约 60℃的温差,多级串联如图(b),即把一个电热偶的热结与下一个电热偶的冷结形成良好的热接触,三级串联可达 190K 低温,六级和八级的制冷器可达 170K 和 145K 低温,再增加级数效果并不明显。只能用于致冷温度要求不太低的硒化铅、硫化铅等红外探测器的致冷。

半导体致冷器的优点是结构简单、体积小、质量轻、可靠性高、寿命长、无机械振动和冲击噪声,缺点是致冷温度不够低,不能满足 HgCdTe、InSb 等高性能红外探测器的致冷需求,效率也较低,一般约 10%。

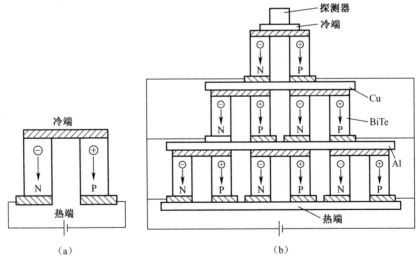

图 7-43 半导体致冷原理图

3. 斯特林致冷

1816 年斯特林提出了一种由两个等温过程和两个等容回热过程组成的闭式热力学循环,称为斯特林循环,也称为定容回热循环。

图 7-44 表示了理想的斯特林循环示意图,图(a)是结构示意图和温度轴向分布,制冷机由回热器 R、冷却器 A、冷量换热器 C 及两个气缸和两个活塞组

成。左面为膨胀活塞,右面为压缩活塞。两个气缸与活塞形成两个工作腔:冷腔(膨胀腔)V_c 和室温(压缩)腔 V_g,由回热器 R 连通,两个活塞由同轴驱动的有一定初始相位角的曲柄驱动作间歇式运动。假设在稳定工况下,回热器中已经形成了温度梯度,冷腔保持温度 T_c,室温腔保持温度 T_g。图(b)是活塞运动示意图,从图中的状态 1 开始,压缩活塞和膨胀活塞均处于右止点。气缸内有一定量的气体,压力为 P_1,容积为 V_1。循环过程中的压力 P、容积 V 和温度 T 如图 7-45 斯特林制冷循环工作的压容图与温熵图所示。

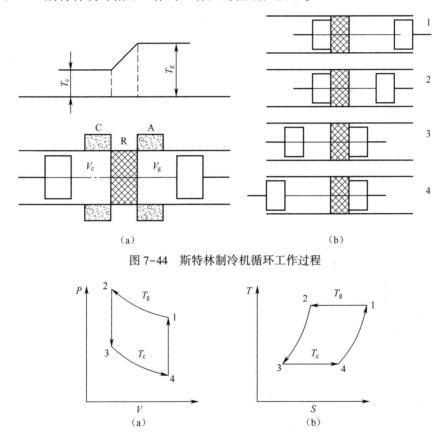

图 7-44 斯特林制冷机循环工作过程

图 7-45 斯特林制冷循环工作的压容图与温熵图

循环过程如下:

等温压缩过程 1-2:压缩活塞向左移动而膨胀活塞不动。气体被等温压缩,压缩热经冷却器 A 传给冷却介质(水或空气),温度保持恒值 T_g,压力升高到 P_2,容积减小到 V_2。

定容放热过程 2-3:两个活塞同时向左移动,气体的容积保持不变,直至压缩活塞到达左止点。当气体通过回热器 R 时,将热量传给填料,因而温度由 T_g 降低到 T_c,同时压力由 P_2 降低到 P_3。

等温膨胀过程 3-4:压缩活塞停止在左止点,而膨胀活塞继续向左移动,直至左止点,温度为 T_c 的气体进行等温膨胀,通过冷量换热器 C 从低温热源(冷却对象)吸收一定的热量 Q_c(制冷量)。容积增大到 V_4 而压力降低到 P_4。

定容吸热过程 4-1:两个活塞同时向右移动直至右止点,气体容积保持不变,$V_1 = V_4$,回复到起始位置。当温度为 T_c 的气体流经 R 时从回热器 R 填料吸热,温度升高到 T_1,同时压力增加到 P_1。4-1 过程,气体吸收的热量等于 2-3 过程气体所放出的热量。

循环中 3-4 过程是制冷过程,过程 1-2 是放热过程。

由于回热过程 2-3 和 4-1 中的换热量属于内部换热,与整个循环的能量消耗无关,故循环消耗的功等于压缩功与膨胀功之差。

斯特林制冷机是小型低温制冷机中研究最深入、应用最广泛、发展最成熟、变型最多的一种,特点是结构紧凑、工作温度范围宽、起动快、效率高、操作简便。

斯特林制冷机的发展变化主要有以下几方面:

(1)制冷温度从普冷到深冷,最低温度达到 3K。

(2)冷量同时向微型(毫瓦级)和大型(46.8kW)发展。

(3)发展了多缸制冷机。

(4)由单级发展到多级,已有 5 级制冷机出现。

(5)从单作用发展到多作用式制冷机。

(6)从整体式发展到分置式。

(7)发展了多种驱动方式。如曲柄-连杆机构、摇盘驱动、斜盘驱动、菱形驱动、液压驱动、电磁驱动、气动等。

(8)形式多样,如双活塞式、推移活塞式、平行排列、角形排列、同轴排列等。

表 7-8 是一种内对置压缩机与膨胀机分离的减振斯特林制冷机性能参数[33]。

表 7-8　制冷机性能参数

项　目	参　数
制冷量/温度	4.8W/95K,14.5W/150K
质量	8.5kg
功耗	(124×2)W
工作频率	60Hz
输入电压	24Vrms
微振动	≤3.5Nrms
寿命	≥45000h
压缩机尺寸	ϕ94mm×260mm
膨胀机尺寸	ϕ55mm×120mm

4. 辐射器致冷

航天器在太空工作,外部空间处于高真空、深低温状态,冷空间温度只有 4K。通过辐射换热即可实现红外探测器的致冷。辐射致冷器是一种被动式的几乎不需要能源的制冷器,由冷片、辐射器、边沿、隔热多层、太阳屏等组成。为了获得不同的致冷温度,可以由多个辐射致冷器串联构成两级、三级致冷器。图 7-46 是欧洲的 ESA 卫星上的辐射致冷器,它把红外探测器致冷到 95K。

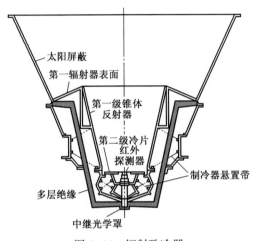

图 7-46　辐射致冷器

辐射致冷器的优点是不需要能源,没有运动部件也就没有冲击振动,寿命长。缺点是辐射致冷器要始终面向冷空间,对航天器的姿态增加了限制,不允许阳光和地球的红外辐射射入致冷器的辐射器上。

采用哪种制冷方式要根据红外探测器获得需要的性能而定,主要参数是红外探测器所需的工作温度和冷量,还有制冷器的启动工作时间、功耗、寿命、尺寸等。随着红外探测器空间分辨力的提高,对制冷器的冲击振动的要求也会进一步提高。

7.5.8　性能的综合评价

7.5.8.1　噪声等效温差

定义和测试噪声等效温差(NETD)是采用一个标准测试图(图 7-47),均匀温度为 $T_T K$ 的方形目标,角尺寸为 $\alpha \times \beta$,处于均匀温度为 $T_B K$ 的背景中,目标和背景都假设为黑体。被测红外系统对这个测试图进行探测,当系统的输出信号电压峰值和噪声电压的均方根值之比为 1 时,测试图上黑体目标和黑体背景之间的温差就是被测系统的噪声等效温差。

实际测量时,为了取得良好的结果,所制作的黑体目标要使其角尺寸超过

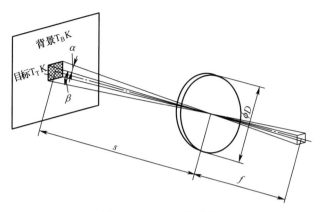

图 7-47　NETD 测试图

系统的瞬时视场 α、β 若干倍，目标和系统的温差超过所需的 NETD 的十倍或几十倍，以保证电子系统输出的峰值信号电压 U_s 远大于均方根噪声电压 U_n 值，用下式计算 NETD，即

$$\text{NETD} = \frac{\Delta T}{U_s/U_n}$$

NETD 公式的推导介绍如下。

推导的假设条件[29]：

（1）目标和背景都是黑体；

（2）大气透过损失忽略不计；

（3）探测器整个敏感面上响应度均匀一致；

（4）探测器的 D^* 只是探测器自身的一个参数，与系统的其它参数无关；

（5）电子线路不带来附加噪声。

设目标为黑体，其光谱辐射出射度为 $M_\lambda(T)$ 单位 $\text{W} \cdot \text{cm}^{-2} \cdot \mu\text{m}^{-1}$，则光谱辐射亮度为 $L_\lambda = M_\lambda(T)/\pi$ 单位 $\text{Wcm}^{-2}\mu\text{m}^{-1}\text{sr}^{-1}$。

设目标与系统之间的距离为 s，通光孔径 ϕD，系统的有效接收面积为 $A_0 = \pi D^2/4$，则系统对目标所张的立体角为 A_0/s^2。因而光学系统孔径处接收到目标的单位面积上的单位光谱宽度内的辐射通量为

$$\varphi_\lambda = \frac{L_\lambda A_0}{s^2} = \frac{M_\lambda(T)A_0}{\pi s^2} \quad (\text{W} \cdot \text{cm}^{-2} \cdot \mu\text{m}^{-1})$$

系统的瞬时视场平面角为 α 和 β，$\alpha \times \beta$ 所对应的目标面积为 $\alpha\beta s^2$，由此发出的单位光谱宽度内辐射到系统有效接收面上的光谱辐射功率为

$$P_\lambda = \varphi_\lambda \alpha\beta s^2 = \frac{1}{\pi} M_\lambda(T) A_0 \alpha\beta \quad (\text{W} \cdot \mu\text{m}^{-1})$$

光学系统透过率 $\tau_o(\lambda)$，则达到探测器上的光谱辐射功率为

$$P_\lambda = \frac{1}{\pi} M_\lambda(T) A_0 \alpha\beta\tau_o(\lambda) \quad (\mathrm{W} \cdot \mathrm{\mu m}^{-1})$$

人们感兴趣的是目标温度相对于背景温度有差异或目标相邻部分之间温度有差异,到达系统探测器上的辐射功率的变化,其变化率为

$$\frac{\partial P_\lambda}{\partial T} = \frac{1}{\pi} A_0 \alpha\beta\tau_o(\lambda) \frac{\partial M_\lambda}{\partial T} \quad (\mathrm{W} \cdot \mathrm{\mu m}^{-1} \cdot \mathrm{K}^{-1})$$

设系统探测器的响应度为 $R(\lambda)$,则入射辐射经探测器变换成输出信号电压随目标温度变化率为

$$\frac{\partial U_s(\lambda)}{\partial T} = \frac{1}{\pi} A_0 \alpha\beta\tau_o(\lambda) R(\lambda) \frac{\partial M_\lambda}{\partial T} \quad (\mathrm{V\mu m}^{-1}\mathrm{K}^{-1})$$

$$R(\lambda) = \frac{U_n D^*(\lambda)}{\sqrt{ab\Delta f}} \quad (\mathrm{V/W})$$

式中:$D^*(\lambda)$,探测器的光谱归一化探测率($\mathrm{W}^{-1} \cdot \mathrm{cm} \cdot \mathrm{Hz}^{1/2}$);$U_n$,被测电子系统输出的噪声电压均方根值($\mathrm{V}$);$a$、$b$ 探测器像元尺寸(cm);Δf,被测电子系统等效噪声带宽(Hz)。

$$\frac{\partial U_s(\lambda)}{\partial T} = \frac{1}{\pi} A_0 \alpha\beta\tau_o(\lambda) \frac{U_n D^*(\lambda)}{\sqrt{ab\Delta f}} \frac{\partial M_\lambda}{\partial T}$$

对所有波长进行积分,得总的电压变化率

$$\frac{\partial U_s(\lambda)}{\partial T} = \frac{A_0 \alpha\beta U_n}{\pi\sqrt{ab\Delta f}} \int_0^\infty D^*(\lambda)\tau_o(\lambda) \frac{\partial M_\lambda}{\partial T} \mathrm{d}\lambda$$

并采用小信号近似法,以 $\Delta U_s/\Delta T$ 代替 $\partial U_s/\partial T$,得

$$\frac{\Delta U_s}{\Delta T} = \frac{A_0 \alpha\beta U_n}{\pi\sqrt{ab\Delta f}} \int_0^\infty D^*(\lambda)\tau_o(\lambda) \frac{\partial M_\lambda}{\partial T} \mathrm{d}\lambda$$

整理得

$$\frac{\Delta U_s}{U_n} = \frac{A_0 \alpha\beta\Delta T}{\pi\sqrt{ab\Delta f}} \int_0^\infty D^*(\lambda)\tau_o(\lambda) \frac{\partial M_\lambda}{\partial T} \mathrm{d}\lambda$$

令 $\Delta U_s/U_n = 1$,解出 ΔT 即为 NETD

$$\mathrm{NETD} = \frac{\pi\sqrt{ab\Delta f}}{A_0 \alpha\beta \int_0^\infty D^*(\lambda)\tau_o(\lambda) \dfrac{\partial M_\lambda}{\partial T} \mathrm{d}\lambda} \quad (\mathrm{K})$$

此即为红外成像系统 NETD 的基本方程。

式中的微分 $\partial M_\lambda/\partial T$ 是相对背景温度 T_B 下的光谱辐射出射度 $M_\lambda(T_B)$ 对温度求导。

目标辐射的光谱辐射出射度为

$$M_\lambda = \frac{c_1}{\lambda^5 (e^{c_2/\lambda T} - 1)}$$

微分得

$$\frac{\partial M_\lambda}{\partial T} = M_\lambda \frac{c_2 e^{c_2/\lambda T}}{\lambda T^2 (e^{c_2/\lambda T} - 1)}$$

式中：c_1、c_2 分别为第一、第二辐射常数。

代入 NETD 的基本方程，有

$$\text{NETD} = \frac{\pi \sqrt{ab\Delta f}}{\dfrac{c_2 A_0 \alpha\beta}{T^2} \displaystyle\int_0^\infty D^*(\lambda)\tau_o(\lambda) M_\lambda \frac{e^{c_2/\lambda T}}{\lambda(e^{c_2/\lambda T} - 1)} d\lambda} \tag{7-9}$$

红外成像通常有 $e^{c_2/\lambda T} \gg 1$，所以

$$\frac{\partial M_\lambda}{\partial T} \approx \frac{c_2}{\lambda T^2} M_\lambda$$

对于光电探测器，理想的光谱归一化探测率为

$$D^*(\lambda) = \frac{\lambda}{\lambda_p} D^*(\lambda_p) \quad \lambda \leqslant \lambda_p$$

$$D^*(\lambda) = 0 \quad \lambda > \lambda_p$$

如系统限定在某谱段范围内工作，则对大多数光学材料，在选定的波长范围内认为 $\tau_o(\lambda)$ 为一常数 τ_o，而对其它波长 $\tau_o(\lambda) = 0$，从而将 τ_o 提到积分号外，可简化方程又不影响精度。

将积分号中的 $D^*(\lambda)$ 按峰值波长 λ_p 的 $D^*(\lambda_p)$ 取相对值 $D^*(\lambda) / D^*(\lambda_p)$，于是 NETD 的基本方程的积分部分为

$$\int_{\lambda_1}^{\lambda_2} D^*(\lambda)\tau_o(\lambda) M_\lambda \frac{e^{c_2/\lambda T}}{\lambda(e^{c_2/\lambda T} - 1)} d\lambda = \tau_o \frac{D^*(\lambda_p)}{\lambda_p} \int_{\lambda_1}^{\lambda_2} M_\lambda d\lambda$$

于是

$$\text{NETD} = \frac{\pi \lambda_p T^2 \sqrt{ab\Delta f}}{c_2 A_0 \alpha\beta\tau_o D^*(\lambda_p) \displaystyle\int_{\lambda_1}^{\lambda_2} M_\lambda d\lambda} \tag{7-10}$$

当已知背景温度 T_B、工作波长 λ_1 和探测器截止波长 λ_p 时，可查黑体辐射数据表求得式(7-10)的积分值。最后得到

$$\text{NETD} = \frac{\pi \lambda_p T_B^2 \sqrt{ab\Delta f}}{c_2 A_0 \alpha\beta\tau_o D^*(\lambda_p) \displaystyle\int_{\lambda_1}^{\lambda_p} M_\lambda(T_B) d\lambda} \tag{K}$$

有时希望知道单个参数对 NETD 有什么影响，为此，把 NETD 方程改为采用系统的基本参数表示的形式。

设光学系统通光孔径 ϕD_o、焦距 f、视场 $A \times B$、帧速 F'、水平垂直总扫描效率 η 则

$$A_O = \frac{\pi}{4} D_o^2$$

探测器面积 $ab = \alpha\beta f^2$

N 元并扫 $t_d = \dfrac{n\alpha\beta\eta}{ABF'}$

系统等效噪声带宽 $\Delta f = \dfrac{\pi}{4t_d} = \dfrac{\pi ABF'f^2}{4nab\eta}$

再得

$$\mathrm{NETD} = \frac{2\lambda_p T_B^2 f\sqrt{\pi ABF'/n\eta}}{D_o^2 \alpha\beta\tau_o D^*(\lambda_p) c_2 \displaystyle\int_{\lambda_1}^{\lambda_2} M_\lambda(T_B)\,\mathrm{d}\lambda}$$

讨论：

前式中的三个量 NETD、ab、F'，在 D_o、f、t_o、$D^*(\lambda_p)$ 及景物辐射特性都确定的情况下表示红外系统性能的三个主要参数。它们是相互矛盾的，如提高温度分辨力 NETD 就要牺牲空间分辨力 ab 或降低帧速 F'。

在系统的空间分辨力以角度量表示的前提下 NETD 与系统至目标距离无关(忽略大气透过率的影响)。

在 NETD 式推导过程中存在如下近似：

(1) 将目标和背景都看成黑体，在实验室里能得到满足，但实际应用中并不是黑体，多是灰体，发射率 $\varepsilon \neq 1$。不同物体 ε 不同，反射率也不同，它们反射的环境辐射也不同，灰体目标间存在着温度差、发射率差、反射率差，即使是温度相同的两个灰体它们的辐射也可能不同，上述推导没有考虑这些因素对 NETD 的影响。

(2) 没有考虑大气衰减的影响。

(3) NETD 公式只反映了光学系统、探测器及少部分电路的特性，没有考虑从测量点到显示器间的噪声源或滤波作用。

(4) 景物各部分温差引起信号变化，这种信号变化往往有过渡过程，这种过渡过程在信噪比的测量中会与稳定信号的信噪比相混淆，影响读数的准确性。

(5) 没有考虑观察者眼睛的影响。

可知 NETD 还不能全面地反映系统的质量，有局限性。但其物理意义清晰，对于理解和掌握红外系统特性还有实际意义。

除了 NETD 在红外系统的性能评价中还有两个基本概念：最小可分辨温差(MRTD)和最小可探测温差,(MDTD)。

（1）最小可分辨温差,对于某些红外系统要对景物直接观察,须建立景物-仪器-人眼之间的联系,以一个整体来评价系统的性能。由于 NETD 只反映了传感器噪声的大小,且又没把温度分辨率和空间分辨率联系起来,需要进一步建立最小可分辨温差的概念。

定义和测试最小可分辨温差采用的标准测试图如图 7-48(a)所示,四个条带,长宽比为 7∶1。观察者通过仪器观察测试图刚好分辨出目标和背景时的最小温差即为最小可分辨温差。

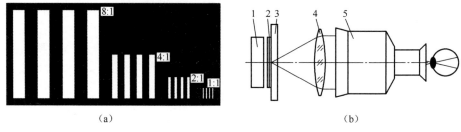

（a） （b）

图 7-48　红外系统 MRTD 测试

MRTD 测试装置如图(b),有三部分构成。第一个部件是黑体辐射源 1,温度为 0~100℃连续可调,调节精度优于 0.02℃(20~25℃实验室环境),辐射源的发射率 ε>0.95。第二个部件是目标发生器 2 即标准测试图案和环境温度片 3。环境温度片用大质量密度的材料制成,发射率与辐射源相同。环境温度片里面可装不同尺寸的测试图案,这些图案用薄金属板腐蚀而成,其上涂有涂料,其发射率与环境温度片和辐射源相同。图案金属板与环境温度片有着良好的热接触,这样,图案金属板的温度为环境温度,而腐蚀掉的四杆温度为黑体辐射源的温度,调节黑体辐射源的温度可造成目标与背景间的温差。第三个部件是准直仪 4,其出射光瞳大于或等于被测系统 5 的入射光瞳。

标准测试图中黑白条带的疏密代表着目标可见频率的高低,如图 7-49 所示,

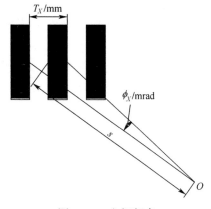

图 7-49　空间频率

黑白条带的周期为 T_x 单位 mm,与 o 点距离 s 单位 m,则 T_x 对 o 的张角 $\phi_x = T_x/s$ 单位 mrad,测试图的空间频率为 $N_T = 1/\phi_x = s/T_x$ 单位 c/mrad。

测量步骤如下：

将空间频率最低的图案放在环境温度片前,开始时使图案与辐射源的温差为零,将系统调到使噪声在显示器上清晰可见,然后逐渐增大温差,直到观察者从显示器上的确可以辨识出这些图案为止,这时的温差 ΔT 就是该空间频率下的最小可分辨温差。

将空间频率稍高的四杆图案放在环境温度片前,调高图案与辐射源温差,直到分清图案,记下空间频率和温差。

如此不断升高空间频率,不断增大温差进行测量,直到即使再增大温差也无法分辨四杆图案为止,此时的图案的空间频率已达到一极限值 N_{TC},由于超过这一空间频率实验者观察不到目标图案,MRTD→∞。MRTD 的典型曲线如图 7-50,横坐标是图案的空间频率 N_T。观察时显示器亮度及观察者与显示器的距离可以任意调节至最佳值。

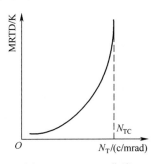

图 7-50　MRTD 曲线

（2）最小可探测温差,某些红外系统需要知道一个单独的目标（不像测量 MRTD 时用一组目标）与背景之间要多大温差 ΔT 才能被探测出来,这个刚刚能从背景中探测出单独目标的温差称为最小可探测温差。

测量 MDTD 时用的是单块正方形目标,其限度比系统瞬时视场对应的限度要小得多,因此可看成点源目标。最小可探测温差表示了系统探测不可分解的点源目标的能力。

MDTD 与 MRTD 之间的区别在于:测 MRTD 时用的是四根杆状目标,并且四杆图案的空间分辨率是不断升高的,当达到空间极限分辨率时,MRTD→∞,有一条渐近线;测 MDTD 时用的是正方形目标,并且只有一块,不存在四杆图案越来越密以致空间分辨率达到极限时不管多大温差也无法分辨的问题。只要温度足够高,不管目标大小如何,总是可以探测出来的。因此,MDTD 虽是目标线度的函数,但不具有渐近线。这两个概念的计算涉及红外系统的电子系统的具体设计和探测器的更具体的性能参数,详见文献[19]、[29]。对于 MRTD 方面性能的计算也可借用下面的"红外相机性能的量子化评价"的方法,MDTD 的计算则可参考稍后的"红外系统的作用距离"一节。

7.5.8.2　红外相机性能的量子化评价

红外相机性能的量子化评价将从光电子的量子化转换的角度描述红外系统各种因素对探测结果的影响,从这个角度对红外探测系统性能进行描述比 NETD、MRTD 和 MDTD 更为直接明了。

相比于可见光相机,空间红外相机属于对弱目标进行成像或称探测,这种探测从目标与背景的比较出发,可以被分为两大类,一是以地球为背景的探测,二是以深空为背景的红外辐射探测。以地球为背景的探测应考虑地气系统的温度在 220～300K,采用红外长波探测时应充分考虑地气系统对探测的影响,当被探测的点目标温度较低时,由于地球背景温度与点目标温度相当,点目标信号容易被淹没在地球背景噪声中,造成空间红外相机无法对其进行探测。

为此,以地表景物为目标的红外探测应尽可能采用景物对太阳辐射的反射为主的近红外或中红外谱段进行探测。

以深冷空间为背景的红外探测,由于深冷空间背景温度约为 $T_b = 4K$,可以采用长波探测也可以采用中红外和近红外,这主要取决于被探测目标的辐射特性。由于深冷空间背景温度很低,因此,此条件下背景噪声可忽略不计,则空间红外相机噪声主要来自于相机本身,其探测能力主要受相机本身所产生的噪声限制。

随着光电子技术和工艺水平的迅速发展,凝视型焦平面探测器越来越多地在空间领域中得到应用。如何利用探测器和光学系统的参数较为准确地评价探测系统性能是目标探测中的主要问题之一。

从信号处理的角度来看,影响探测概率的主要因素是信噪比(SNR)。信噪比定义为目标像元的输出电压与系统噪声电压的比值。

对红外探测系统,通常的灵敏度计算方法是根据探测器的比探测率来计算。红外探测器的信噪比是目标信号电压与噪声电压之比(SNR),噪声电压采取 $D^*(\lambda)$ 中的 V_n,也就是探测器内部的噪声电压,而且这个噪声大小在一定温度范围内是比较固定的,是在实验室中测量时探测器所表现出来的噪声。一般,实验室中的测量值是在一定温度黑体背景下(通常 500K)的探测器响应,它只适用于温度接近 500K 的目标。

在实际应用中,所探测的目标的温度相差很大,如有的目标温度高达几千度,大气背景温度也可以低至 250K 左右,因此在计算时需要乘以温度修正系数或采取其他方法。采用 D^* 法计算 SNR,其中隐含假设了噪声大小在任何情况下都是不变的前提。这种计算模型简单、可操作性强,适用于探测器性能粗略估计,但它无法用来对系统各部分噪声大小进行计算,以便进一步采取相应的技术措施提高系统的探测性能。

从光电子数的角度入手分析星载红外探测器系统的探测能力是途径之一,设 A_o 为光学系统入瞳面积,τ_{int} 为积分时间,h 为普朗克常数,c_o 为光速,$\eta(\lambda)$ 为量子效率,$\tau_o(\lambda)$ 为相机系统透过率。对点目标探测时,s 为距离,$I(\lambda)$ 为点目标的辐射强度,在探测器焦面上产生的电子数为

$$N = \frac{A_o \tau_{int}}{s^2 h c_o} \int I(\lambda) \eta(\lambda) \tau_o(\lambda) \lambda \, d\lambda$$

星载红外凝视探测系统的噪声主要包括光子噪声、固定图形噪声、读出噪声、暗电流噪声,这里忽略了量化与 $1/f$ 噪声。

光子噪声的形成主要是由于光子的随机入射导致光生电子的随机产生而形成的。入射光子数满足波色-爱因斯坦统计分布,在大量光子入射时近似于泊松分布,均值与方差相等,因此有

$$\bar{n}_{ph} = \sqrt{N_{ph}}$$

式中:$\bar{n}_{ph}$ 为光子噪声均方根值;N_{ph} 为入射光子数。

在焦平面阵列中,由于每个探测器像元偏置不同,或响应的差异引起的探测器各像元对相同输入产生不同输出的噪声称为固定图形噪声(FPN)。响应度非均匀性定义为

$$U = \frac{\sigma_R}{R}$$

式中:U 为像元响应非均匀性,例如 0.1%;σ_R 为红外探测器各像元响应率的均方差;R 是各像元的平均响应度。

由于非均匀性校正后仍有残余的响应非均匀性存在,表现为固定图形噪声,以电子数描述每个像元的固定图形噪声为

$$\bar{n}_{FPN} = U N_{ph}$$

读出噪声描述了从焦面电子到放大电流再到 A-D 转换整个过程中所有的电子学噪声,详细的计算比较复杂,也可通过实验室测量得到,这里引用公式

$$\bar{n}_{read}^2 = \bar{n}_{floor}^2 + v \bar{n}_{rms}^2$$

式中:$\bar{n}_{floor}$ 填底电荷数,一般由探测器给出,例如温度 80K 时 $5e^-/pixel$;$\bar{n}_{rms}$ 为像元率等于 1MHz 时的读出噪声,例如 $50e^-/pixel$;

$$v = \frac{N_1 N_2}{\tau_{int}} \times 10^{-6}$$ 为通道像元率(MHz),N_1、N_2 分为方形探测器焦面的横向与纵向像元数目。

暗电流噪声是与探测器温度密切相关的量,例如 $40\mu m \times 40\mu m$ 像元的探测器 $30e^-/pixel$。在没有信号输入时,一定温度探测器由于电子的无规则热运动

产生了暗电流偏移,形成了所谓的暗电流噪声,其理论计算式为

$$\overline{n}_{\mathrm{dark}}^2 = \frac{2kA_{\mathrm{d}}}{q^2} \cdot \frac{\tau_{\mathrm{int}}T}{R_0 A_{\mathrm{d}}}$$

式中:T 为探测器焦面温度;$R_0 A_{\mathrm{d}}$ 为探测器阻抗与光敏面积之积($\Omega \cdot \mathrm{cm}^2$);$k$ 为玻耳兹曼常数;q 为电子电荷量。

因此,可以得出系统总噪声大小为

$$\overline{n} = \sqrt{\overline{n}_{\mathrm{ph}}^2 + \overline{n}_{\mathrm{FPN}}^2 + \overline{n}_{\mathrm{read}}^2 + \overline{n}_{\mathrm{dark}}^2}$$

采用光电子数法计算信噪比可以计算出不同噪声源对整体探测性能的贡献,比如光学系统的温度对光子噪声的影响,探测器的响应非均匀性对固定图形噪声的影响等;此外它能够较为准确地反映不同探测场景下的噪声大小。但该方法模型涉及探测器参数较多,在没有获知相应参数值的情况下不适合使用该方法。

7.5.8.3　红外系统的作用距离

在 MDTD 的概念中是对一个点源目标探测其与背景之间要多大温差 ΔT 才能被探测出来。这相当于目标对系统所张的立体角小于系统的瞬时视场,这样的目标距离系统多远时系统能够探测到,系统越远能接收到的目标能量越少也就需要更大的温差。

设系统的噪声仅受探测器噪声的限制,点源目标为黑体。

由目标发出的红外辐射到达系统入射孔径处的辐照度为 E_λ,则

$$E_\lambda = \frac{I_\lambda \tau_{\mathrm{a}}(\lambda)}{s^2} \tag{7-11}$$

式中:I_λ 目标的光谱辐射强度;$\tau_{\mathrm{a}}(\lambda)$ 传播路径上的大气光谱透射比;s 目标到探测器的距离。

入射到探测器上的光谱辐射功率 P_λ 为

$$P_\lambda = E_\lambda A_{\mathrm{o}} \tau_{\mathrm{o}}(\lambda) \tag{7-12}$$

式中:A_{o} 光学系统入射孔径面积;$\tau_{\mathrm{o}}(\lambda)$ 光学系统光谱透射比。

探测器的输出电压 $U_{\mathrm{s}\lambda}$ 为

$$U_{\mathrm{s}\lambda} = R(\lambda) P_\lambda \tag{7-13}$$

式中:$R(\lambda)$ 探测器的光谱响应度

在特定的光谱区间 $\lambda_1 \sim \lambda_2$ 的信号电压 U_{s} 为

$$U_{\mathrm{s}} = \int_{\lambda_1}^{\lambda_2} R(\lambda) P_\lambda \mathrm{d}\lambda \tag{7-14}$$

将式(7-11)、式(7-12)代入式(7-14),得

$$U_s = \frac{A_{\mathrm{o}}}{s^2} \int_{\lambda_1}^{\lambda_2} I_\lambda \tau_a(\lambda) \tau_{\mathrm{o}}(\lambda) R(\lambda) \mathrm{d}\lambda$$

上式中的探测器的光谱响应 $R(\lambda)$ 可以用归一化探测率 $D^*(\lambda)$ 来表达

$$R(\lambda) = \frac{U_n D^*(\lambda)}{\sqrt{A_d \Delta f}}$$

代入上式得

$$\frac{U_s}{U_n} = \frac{A_o}{s^2 \sqrt{A_d \Delta f}} \int_{\lambda_1}^{\lambda_2} I_\lambda \tau_a(\lambda) \tau_o(\lambda) D^*(\lambda) \, d\lambda \tag{7-15}$$

一般红外探测器都给出其平均的归一化探测率 D^*，在光谱区间 $\lambda_1 \sim \lambda_2$ 内光学系统的透过率 $\tau_o(\lambda)$ 以其平均值 τ_o 来表示，式(7-15)以探测距离来表示为

$$s = \sqrt{\frac{A_o \tau_o D^* \int_{\lambda_1}^{\lambda_2} \tau_a(\lambda) I_\lambda \, d\lambda}{\frac{U_s}{U_n} \sqrt{A_d \Delta f}}} \tag{7-16}$$

将 $\tau_a(\lambda)$ 用其光谱区间 $\lambda_1 \sim \lambda_2$ 内的平均值来表示即 τ_a，并令

$$I_{\lambda 1-\lambda 2} = \int_{\lambda_1}^{\lambda_2} I_\lambda \, d\lambda$$

则式(7-16)整理为

$$s = \sqrt{\frac{A_o \tau_a \tau_o D^* I_{\lambda 1-\lambda 2}}{\frac{U_s}{U_n} \sqrt{A_d \Delta f}}} \tag{7-17}$$

若设光学系统瞬时视场(立体角) ω、焦距 f、口径 D 则

$$A_d = \omega f^2$$

$$A_o = \frac{\pi}{4} D^2$$

$$\frac{A_o}{\sqrt{A_d}} = \frac{\pi}{4\sqrt{\omega}} \frac{D}{f} D$$

$$= \frac{\pi D}{4 F^\# \sqrt{\omega}}$$

$$s^2 = \frac{\pi \tau_a \tau_o D D^* I_{\lambda 1-\lambda 2}}{4 F^\# \frac{U_s}{U_n} \sqrt{\omega \Delta f}}$$

$$= \frac{\pi}{4} \qquad \tau_a I_{\lambda 1-\lambda 2} \qquad \frac{\tau_o D}{F^\#} \qquad D^* \qquad \frac{1}{\sqrt{\omega}} \qquad \frac{1}{\frac{U_s}{U_n} \sqrt{\Delta f}}$$

（系数　目标和大气　光学系统　探测器　分辨力　电子学）

上式清楚地说明提高红外系统探测能力的最好途径是提高探测器的归一化探测率 D^*，其次是采用小 $F^\#$ 系统或加大光学系统口径，减小带宽和降低分辨力对探测距离的改善较缓慢。

7.5.9 对红外图像的判读

通过图像对目标进行判读，与成像系统的最小可分辨温差(MRTD)有关，而 MRTD 与目标和背景的实际温差及大气透射率有关。

一般对目标的分辨能力分为发现、分类识别和认清三级。发现是在屏幕上能从背景中区分出目标；分类识别是能从图像上判断出目标的类别，如人员、车辆、船只等；认清是能判断出所确定类别的目标是属于哪一种类型，如某型坦克、飞机等。

设计中往往按照从实验得出的对目标的各级判断所需的对目标可分辨的周数，再根据使用条件，对系统的参数进行设计计算。

设目标尺寸为 H，距离为 s，则目标对系统的张角为 H/s。若系统的极限空间频率为 N_c (单位角度内的周期数)，则对目标的可分辨周数为 $n_0 = (H/s)N_c$。下面是对目标判读的两组数据[29]，见表7-9、表7-10。

表7-9　目标判读概率与分辨力(n_0)

概率	发现	识别(保守的/最佳的)	认清
1.0	3	12/9	24
0.95	2	8/6	16
0.8	1.5	6/4.5	12
0.5	1.0	4/3	8
0.3	0.75	3/2.25	6
0.1	0.5	2/1.5	4
0.02	0.2	1/0.75	2
0	0	0/0	0

表7-10　目标判读与分辨力(n_0)

类别	探测	分类	识别	鉴定
卡车	0.9	1.25	4.5	6.0
坦克	0.75	1.20	3.5	6.0
无履带车	1.00	1.50	4.0	5.0
吉普车	1.20	1.50	4.5	5.5
指挥车	1.20	1.50	4.3	5.5
单兵	1.50	1.80	3.8	8.0
105 榴弹炮	1.00	1.50	4.8	6.0

7.5.10　红外相机的典型应用

预警卫星上装有红外探测器和电视摄像机。当遇有地面或水下发射弹道导弹时,具有高灵敏度的红外探测器,可探测到导弹主动段飞行期间发动机尾焰的红外辐射,并发出警报。是现代战争中一种重要的防御手段,并且随着红外焦平面技术的发展,导弹预警卫星系统也从战略应用为主逐渐趋向于战术应用为主。现代的载有红外相机的预警卫星系统基本由两部分组成,一是若干颗静止轨道卫星组网用于探测全世界的导弹发射;二是低轨道卫星组成的星座用于跟踪飞行中段的导弹,后者是以冷空间为背景来发现和跟踪目标。这样的卫星系统将不仅用来发现和跟踪战略导弹和战术导弹,而且用来探测巡航导弹和战略飞机。对于预警而言,利用位于静止轨道的红外预警卫星即可实现对战略导弹、战术弹道导弹及处于加力燃烧工作的飞机的探测和预警。

除俄美两个大国拥有 24h 不间断的全球导弹预警的监测能力,法国国家航空航天公司认为欧洲已具备研制这种系统的能力,2 颗静止卫星就可覆盖欧洲,充当导弹预警系统,预测来袭导弹的弹道和可能遭受攻击的弹着区。

在此方面独领风骚的美国,已经走过了迈达斯极轨卫星及已历经三代的DSP 预警卫星,见表 7-11,以扫描和凝视双模式成像的天基红外系统 SBIR 也已投入运行。从导弹预警卫星的工作状况看,自 DSP 卫星组网至 20 世纪末已观测到苏、美、法及我国所进行的 1000 多次导弹发射(包括远程及潜射导弹的发射)。在海湾战争中美国的两颗 DSP 卫星,在"飞毛腿"导弹发射后 30s 内即将其探测到,并立即传送到"爱国者"导弹的发射阵地,相控阵雷达立即开始搜索、捕获并跟踪"飞毛腿",使"爱国者"导弹得以在"飞毛腿"飞行的短短 5min 内,将其拦截、摧毁。这其中 DSP 上的红外望远镜起到了关键的作用。

表 7-11　国外的典型红外预警相机约略参数表

	迈达斯	647(DSP)卫星		
		第一代 (1~7)号	第二代 (8~13)号	第三代 (14~22)号
起止时间(年·月)	1960.2—1963.7	1970.11—1977.2	1978.6—1987.11	1989.6—
卫星高/cm	914.4	654	670	990
直径/cm	152.4	278	278	420
轨道质量/kg	3000	1130~1150 907(净重) 450(有效载荷)	1149.8	2381.4 180(有效载荷)
姿态控制	重力梯度稳定	自旋稳定	三轴稳定	三轴稳定
标称轨道高度/km	3600	36000	36000	36000

（续）

	迈达斯	647（DSP）卫星		
		第一代 （1~7）号	第二代 （8~13）号	第三代 （14~22）号
标称周期/h	2.5	24	24	24
组网/颗数	8~12	3	3（另2颗作备份）	3（另2颗备用）
工作寿命/年	几小时至几天	1~2	3~5	7~9
探测器	（单元）硫化铅	2000元硫化铅器件 （近于线列阵的 二维结构）	PbS4000 （2000）	6000元PbS探测器 末端装有一组碲镉 汞双色探测器
工作温度/K	常温	195		77
工作谱段/μm	2.3	2.7	2.735~2.89	2.7~2.9,4.3~4.4
光谱带宽/μm		0.07~0.1	0.155	
地面分辨力		约3km	1.5km	1km

7.6 成像光谱仪

成像光谱技术是20世纪90年代国际遥感技术发展的前沿,是当代遥感注视的焦点之一。它的特殊要求是对每一个成像位置进行光谱分析,故光谱分辨率和光谱范围以及对接收器进行严格的辐射响应标定等是重要的技术指标。其光谱范围一般是可见到红外谱段,如 $\lambda = 0.4 \sim 2.5 \mu m$,以及热红外（$8 \sim 14 \mu m$）光谱区,将光谱细分成几十甚至几百个光谱段,对同一地物进行成像,获取大量窄谱段遥感图像信息。

根据光谱分辨率的不同,成像光谱仪可分为三种类型:多光谱型（multispectral）、高光谱型（hyper-spectral）和超高光谱型（ultra-spectral）。多光谱型其光谱分辨率大约是对应波长的1/10,即 $\Delta\lambda = \lambda/10$,一般要有几十个谱段;高光谱型其光谱分辨率大约是对应波长的1/100,即 $\Delta\lambda = \lambda/100$,一般要有几百个谱段;超高光谱型其光谱分辨率大约是对应波长的1/1000,即 $\Delta\lambda = \lambda/1000$,一般要有近千个谱段。

多光谱型覆盖光谱范围较宽,谱段选择在最能够反映目标辐射特征处,通常谱段数约为10~20谱段,适宜于地带分类及土地使用评估;高光谱型光谱覆盖范围较窄,分辨率在50~300个谱段,主要用于农业、森林、矿产、土地、流域调查和海岸地区分析等领域;超高光谱型光谱范围最窄,光谱分辨力极高,一般在300个以上谱段,可用于微粒及气体成分研究。

大量试验表明:地球表面的大多数物质在大气窗口 0.4~2.5μm 和 8~14μm 光谱范围具有诊断光谱特征,这些特征可对地球表面大多数物质进行识别,见表 7-12,利用光谱特征可以提高对目标的探测和识别能力。随着对地观测光学遥感技术在国防和国民经济等各方面的广泛应用以及研究的不断深入,用户对识别物质的能力要求也越来越高,多光谱遥感技术已经越来越难以满足用户不断增长的需求,高光谱遥感技术为满足用户需求提供了可能。

表 7-12　谱段与物质识别

谱段/μm	物质	谱段/μm	物质
0.40~0.42	植物叶绿素强吸收/水色/金属离子	0.78~0.80 0.80~0.82	二价铜、蛇纹石吸收
0.42~0.44	植物叶绿素 a、类胡萝卜强吸收、二价铁矿物吸收	0.82~0.84 0.84~0.86	植被高反射/红边顶端
0.44~0.46	植物叶绿素强吸收/金属离子/气溶胶	0.86~0.88	三价铁的矿物吸收
0.46~0.48	类胡萝卜强吸收	0.88~0.90	植被反射峰,识别冰雪粒大小,三价铁吸收
0.48~0.50	类胡萝卜强吸收、三价铁吸收	0.90~0.92 0.92~0.94 0.94~0.96	二价、三价铁矿物吸收
0.50~0.52 0.52~0.54	植物叶绿素的强反射区/藻胆素中藻红蛋白强吸收	0.96~0.97 0.97~0.98 0.98~1.00	二价铁矿物吸收/大气水汽含量/水强吸收谷点
0.54~0.56	二价铁、三价铜的矿物吸收、植物叶绿素的强反射区	1.00~1.02	识别冰雪粒大小/植被种类
0.56~0.58 0.58~0.60 0.60~0.62 0.62~0.64	藻胆素中藻红蛋白强吸收	1.02~1.04 1.04~1.06	植被反射率峰,识别冰雪粒大小
		1.07~1.08 1.08~1.10 1.10~1.11	识别冰雪粒大小/二价铁离子吸收
0.64~0.66	藻胆素中藻红蛋白强吸收、植物叶绿素强吸收	1.11~1.12 1.12~1.14 1.14~1.16 1.16~1.18	识别冰雪粒大小,冰的强吸收谷点
0.66~0.68	植物叶绿素强吸收,大多数植被反射率波谷	1.18~1.19 1.19~1.20 1.20~1.22	识别冰雪粒大小/植被种类/岩矿水吸收
0.68~0.70	植被红边/三价铜、阳气石吸收	1.22~1.24 1.24~1.25	识别冰雪粒大小植被种类/大气水汽含量/叶腊石吸收
0.70~0.72 0.72~0.74 0.74~0.75	植被红边信息/水的弱吸收	1.25~1.26 1.26~1.28	
0.75~0.76	水和氧的强吸收谷点,植物红边信息		
0.76~0.78	植物红边信息/辉石		

由于成像光谱仪是以光谱分辨力为设计目标,所以相机的焦距不长,如高分辨力成像光谱仪 $f=600mm$。成像光谱仪是由成像物镜和光谱仪相接而成的,对这种光谱仪除了垂直于狭缝方向的光谱分辨力外还要求沿狭缝方向的成像分辨力,这是与普通光谱仪的不同之处。光谱分辨力越高,各谱段越窄,能量越弱,为了获得合适的曝光量,一般需要成像物镜的相对口径越大。

成像光谱技术的另一要点是分光技术,传统的成像光谱仪是利用棱镜、光栅分光。现在又发展了傅里叶变换类型的干涉高光谱成像技术。

7.6.1 色散棱镜分光

色散棱镜分光,图 7-51 是色散棱镜在成像光谱仪中的典型应用方式,入射狭缝位于准直系统的前焦面上,入射光经准直系统准直后,经棱镜由成像系统将狭缝按波长成像在焦平面探测器上。

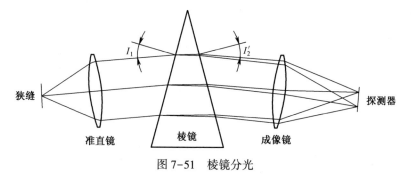

图 7-51　棱镜分光

色散棱镜分光的色散原理分析,设入射光线入射角 I_1,其折射角 I_1',棱镜内入射角 I_2,其折射角 I_2',棱镜对该波长光线折射率 n,棱镜顶角 α。

根据折射定律

$$\sin I_1 = n\sin I_1'$$

$$n\sin I_2 = \sin I_2'$$

$$\sin \frac{I_1 - I_2'}{2} = \frac{n\sin \dfrac{\alpha}{2}\cos \dfrac{I_1' + I_2}{2}}{\cos \dfrac{I_1 + I_2'}{2}}$$

$$= \frac{n\sin \dfrac{\alpha}{2}\cos \dfrac{\arcsin \dfrac{\sin I_1}{n} + \arcsin \dfrac{\sin I_2'}{n}}{2}}{\cos \dfrac{I_1 + I_2'}{2}}$$

根据此组方程即可求得入射光线从棱镜折出的位置和方向,棱镜对不同波

长的光折射率 n 不同,在探测器上的会聚位置不同,于是在探测器上产生了狭缝的光谱图像,即实现了分光谱成像。

7.6.2　衍射分光

衍射光栅分光,衍射光栅的经典应用方法与色散棱镜是一样的,都是位于准直光路中。如图 7-52 所示,入射狭缝位于准直系统的前焦面上,入射光经准直系统准直后,经光栅分光后由成像系统将狭缝按波长成像在焦平面探测器上。

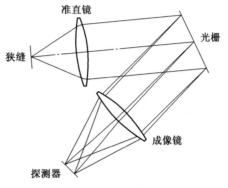

图 7-52　衍射光栅分光

衍射光栅的另外一种用法是将其置于发散光束中,如图 7-53 所示,从狭缝入射的光不经准直系统直接入射到闪耀光栅上,经光栅衍射后得到目标狭缝的光谱图像,成像系统将狭缝按波长成像在焦平面探测器上。这种成像技术被应用到 OrbView-4 卫星的战术遥感器的概念设计中。

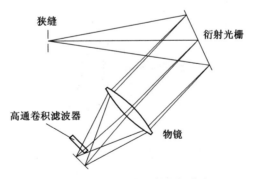

图 7-53　发散光路衍射光栅分光

目前国际上成熟的航空航天色散型成像光谱仪都是基于衍射光栅的。JPL 采用线阵探测器加光机扫描的推扫(Whiskbroom)成像光谱仪 AVIRS,具有 224 谱段,30°视场角,1987 年航空试飞成功。还有加拿大 CASI,芬兰 AISA 等都开展了研究工作。1997 年 8 月世界第一颗星载成像光谱仪(HIS、LEISA 分别用光栅和楔形滤光片分光)NASA-TRW、Lewis 升空。HIS 由 TRW 公司研制,0.4 ~ 2.5μm,384 通道。LEISA 由 Lewis 公司研制,发射失败。美国 2000 年 11 月发射的 EO-1 载有 Hyperion 高分辨率成像光谱仪采用光栅分光 0.4 ~ 2.5μm,220 通道,空间分辨力 30m,覆盖 7.5km,推扫工作。

军事应用方面,美国计划在海军地球测绘观测者(NEMO)卫星上搭载一台高性能成像光谱仪 COIS(Coastal Ocean Imaging Spectrometer),用于环境监测。重点用于海岸带海水监测、农业遥感、资源调查和灾害评估等。地面分辨力为 30m(补偿)160m(非补偿),幅宽 30km,光谱 0.4 ~ 2.5μm,210 通道,光谱分辨力 10nm,全色相机 5m 分辨力。

7.6.3 二元光学分光

采用二元光学元件的分光技术(图 7-54),美国光量子中心罗姆实验室的 eniseLgons 提出了一种利用二元光学元件的成像光谱仪。二元光学元件既是成像元件也是色散元件,利用面阵 CCD 探测器沿光轴方向对所需谱段成像范围进行扫描,每一位置对应相应波长成像区。

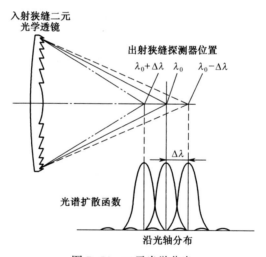

图 7-54 二元光学分光

二元光学元件的色散特性,二元光学元件同普通透镜一样会聚入射光线,但是它依据的是衍射原理而非折射原理。由衍射产生色差的有效焦距与波长成反比 $f(\lambda)=f_0\lambda_0/\lambda$。式中 f_0 是设计波长 λ_0 的焦距。与棱镜或光栅元件沿垂直于光轴方向色散的特性不同,二元光学元件沿轴线色散。采用二元光学元件的成像光谱仪其光谱分辨率由探测器的尺寸决定。该成像光谱仪结构紧凑,衍射效率高。太平洋高技术公司(Pacific Advanced Technology)已经研制出了多台基于二元光学元件的多光谱图像遥感(Image Multi-Spectral Sensing,IMSS)技术的成像光谱仪。

7.6.4　干涉分光

色散型成像光谱仪的光谱分辨力、空间分辨力由于受到狭缝的制约,使通过的光能量受限制,所得光谱的信噪比不是很理想。所以,具有高通量、多通道的干涉型成像光谱仪的研制逐渐发展起来,由于其巨大的潜力,许多国家都在干涉成像光谱技术方面开展了研究工作。

7.6.4.1　时间调制干涉分光

迈克尔逊干涉法,国外对干涉成像光谱技术的研究最早是从 20 世纪 80 年代开始的,当时大多采用基于迈克尔逊干涉仪的成像光谱仪方案。如图 7-55 所示,狭缝位于准直镜的焦面上,准直光束被分束镜分成两束,一束被静止反射镜返回,另一束被动反射镜返回,这两束返回光束在透镜一侧叠加相干后被透镜成像在探测器上,随着动反射镜的位置不同,两束光在探测器上的光程差不同就形成不同波长的图像,即获得了光谱图。由于基于迈克尔逊干涉法的成像光谱仪的干涉图是随时间变化而采集的,因此它又属于时间调制型成像光谱仪。

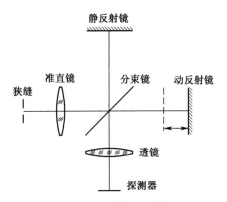

图 7-55　迈克尔逊干涉法

这种成像光谱仪的主要优点是灵敏度高、光谱分辨率高,其主要难点是对扰动敏感,要求具有高稳定性的动镜扫描系统。法国太空空间与战略系统分部和美国 Livermor 实验室分别于 1991 年和 1995 年研制出了迈克尔逊干涉型时间调制成像光谱仪样机。

7.6.4.2　横向剪切干涉分光

三角共路(Sagnac)干涉法,为了回避时间调制干涉成像光谱仪中动态扫描镜稳定性这个难题,静态干涉成像光谱技术(Stationary Imaging Fourier Transform

Spectrometer)成为新的研究重点,基于横向剪切干涉法的成像光谱仪就属于其中之一。Sagnac 型横向剪切干涉法是目前成像光谱仪设计中应用最广泛的横向剪切干涉技术。

Sagnac 型分束器就是将 Sagnac 干涉仪中的一个反射面平移一段距离,从而使原重合的二束出射光平行地分开,如图 7-56 所示。当物体位于无限远时,即一束平行光射入 Sagnac 型分束器后被横向剪切成两束相互平行的相干光束,两束平行光束之间的距离称为横向剪切量。在空间调制干涉成像光谱仪中,物体(狭缝)位于有限远(FTL 的前焦面上),Sagnac 分束器将狭缝沿其宽度方向分成两个虚狭缝(虚像),二虚像位于傅里叶镜的前焦面上,通过傅里叶透镜后成为二束有一定夹角的平行光束,这两束同光源的平行光中同波长的光相遇后会产生干涉现象,不同波长的光在两束光的垂直平面上的干涉位置不同,便形成了干涉光谱,经柱面镜成像到探测器的感光面上便得到了目标的光谱图像。

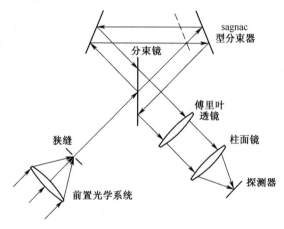

图 7-56　横向剪切干涉分光

Sagnac 型分束器横向剪切光程分析,如图 7-57 所示。首先以一个与分束镜成 45°入射角入射为特例来分析 Sagnac 型分束器横向剪切变换的两束光的光程差。光线入射到 A 点后分束,一路走 $ACBE$,另一路走 $AB'C'Q$。作 $B'D /\!/ CC'$,$LD \perp AB'$,则等腰直角 $\triangle A'B'C' \cong$ 等腰直角 $\triangle aDC$,即与阴影重合。第一路光从 A 到 E 减去阴影部分边长,同时注意到 $AA' = OE$、$A'Q = QO$,则第一路光剩余长度 $b+b+BD$,第二路光从 A 到 Q 减去阴影部分边长,同时注意到 $AA' = OE$、$A'Q = QO$,第二路光剩余长度 $a+a$。若两路光程相等,只需 $a = b+B'D/2$。

因为 CC' 与 BB' 是相对分束镜对称布置的静、动反射镜

所以 $2\angle 1 = \angle BB'D$

又因为 AC、CB 是镜面 CC' 的入射光和反射光

所以 $\angle HCA = \angle BCC' = \angle BDB' = 45° + \angle 1 = 45° + \angle LB'D$

所以 $\angle 1 = \angle LB'D$

连 $B'D$ 交 DB 于 F

直角 $\triangle DFB' \cong$ 直角 $\triangle BFB'$

$\angle BB'D\ /2 = \angle FB'D = \angle 1 = \angle LB'D$

所以直角 $\triangle LB'D \cong$ 直角 $\triangle FB'D$

所以 $LD = BD/2$

因为 $a = LD + b$

　　　　$= BD\ /2 + b$

所以 $b + b + BD = a + a$

即光线从 A 点入，从 E、Q 点射出，横向剪切了 $2a$，光程差为 0。

可以证明，当入射角为其它一般角度时，只要图 7-56 这种分束镜与反射镜的对称配置形式不变，两束剪切光的等光程性既不变。

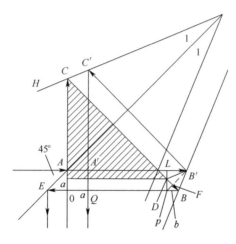

图 7-57　Sagnac 型分束器横向剪切光程

　　Sagnac 型空间调制干涉成像光谱仪主要由前置光学系统、狭缝、Sagnac 型分束器、傅里叶透镜 FTL、柱面镜 CL、面阵探测器及信号处理系统组成。前置光学系统将目标成像于傅氏透镜的前焦面上，此处垂直纸面放置一狭缝，经 Sagnac 分束器分束后形成两个狭缝虚像，且同位于傅氏透镜的前焦面上，并与原狭缝平行，见图 7-58，EF 是光束 S_1 的等光程面，PQ 是光束 S_2 的等光程面，O 是两束相交光束的中心点，也是 ξ、η 坐标系的原点。在 O 点两束光的光程相等，从 O 点向 ξ 轴的正向，光束 S_1 达到 ξ 轴（面）的光程逐渐减小，而光束 S_2 达到 ξ 轴（面）的光程逐渐增大，两束光到达 ξ 轴（像面）的光程差沿 ξ 轴的正向逐渐增加。

　　二狭缝虚像通过傅氏透镜后成为两束有一微小夹角的平行光束，其中同波长的光相遇后会产生干涉,在前面的分析中已经得知沿 ξ 轴的正向,S_1、S_2 两束光在像面上的光程差逐渐增大,波长不同则干涉条纹在像面上的干涉位置就不同,经柱面镜后在狭缝宽度方向上会聚,成像在探测器上,形成干涉光谱图。

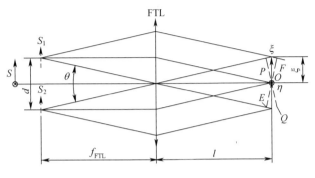

图 7-58　横向剪切干涉原理

相对于时间调制干涉成像光谱仪,空间调制干涉成像光谱仪有如下的基本性能参数:

1. 光谱分辨率

$$\delta\nu = \frac{f_{\mathrm{FTL}}}{\varepsilon dN} \quad \delta\lambda = \lambda^2 \delta\nu$$

2. 最大可测波数

$$\nu_{\max} = \frac{f_{\mathrm{FTL}}}{2\varepsilon d} = \frac{N}{2}\delta\nu$$

3. 最大分辨本领

$$R = \frac{\nu_{\max}}{\delta\nu} = \frac{N}{2}$$

式中:N 为干涉图采样点数;ε 为干涉图采样间隔,也就是探器像元的间距;d 为图中所示的两个狭缝虚像之间的距离。

按照如上所述横向剪切干涉光谱仪的原理,按照图 7-58 所示的探测器配置形式探测器感光面的几何中心位于坐标原点 O,考虑到干涉图的对称性,模拟中采用一个 512 行像素的探测器,配置如图 7-59 所示,坐标原点 O 位于图示中第 4 个刻度点,图中横坐标共 32 个大格,每个大格分 4 个小格,每个小格代表 4 个像素,共 32×4×4＝512 行像素。所做的横向剪切干涉成像的计算机模拟结果如图 7-59 所示,横坐标对应 ξ 轴,第 4 个刻度点处的峰值高度代表该坐标点处的能量,该处是全色谱点。由于没有设定目标的光谱特性,图中的各色光谱曲线峰值高度相等。在第 4 个刻度对应的最高曲线,线型……,代表的是每个分谱在该处像素上的各种光谱能量的总和。图 7-60 自然光照下的目标静态干涉成像光谱仪的成像谱图,其全色谱点附近的情况与计算机模拟情况极其相似。

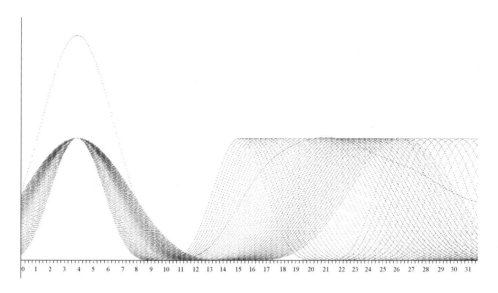

图 7-59　横向剪切干涉光谱的模拟图

图 7-60　自然光照下静态干涉成像光谱仪谱图

　　1993 年 Hawaii 大学与 Florida 工学院等在美国海军研究局（ONR）支持下联合研制了采用 Sagnac 横向剪切干涉仪作为分光元件的空间调制干涉型成像光谱仪 SMIFTS（空间调制成像傅里叶变换光谱仪）。光谱范围 1~5μm，光谱分辨力 100~1000cm^{-1}。1995 年，在美国空军支持下，Kestrel 公司与 Florida 工学院等单位合作，对前期研制的 SMIFTS 进行改进提高，研制了机载傅里叶变换成像光谱仪 FTVHSI，光谱范围 0.44~1.1μm，谱段数 256，视场角 15°，瞬时视场角 0.8mrad。

　　2000 年 7 月 19 日在美国加州范登堡空军基地发射成功的强力卫星 Mightysat2.1 上搭载的基于 Sagnac 横向剪切干涉仪分光的干涉型成像光谱仪 FTHSI 在随后的探测中表现十分出色，充分证明了空间调制干涉成像光谱仪的优越性能。

7.6.4.3 晶体剪切干涉分光

基于 Savart 偏光镜横向剪切干涉仪的稳态偏振干涉成像光谱仪(SPIS)原理如图 7-61 所示。它主要由准直镜 L_1、起偏器 P_1、Savart 偏光镜、分析器(检偏器) P_2、成像镜 L_2、面阵探测器(置于成像镜焦面上)及数据图像处理系统组成。

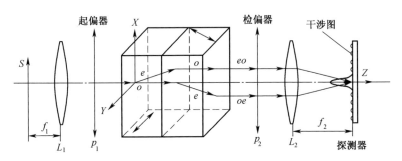

图 7-61 晶体剪切分光

Savart 偏光镜是由两块厚度均为 t 的单轴正晶(或负晶)体组成,前块(左板)的光轴在纸平面(XZ 平面)内且与 X、Z 轴正向成 45°角;第二块(右板)光轴在水平面(YZ 平面)内且与 Y、Z 轴正向成 45°角。P_1、P_2 的偏振化方向均与 X、Y 轴正向成 45°角(可获得最大剪切量)。

目标 S 位于准直镜 L_1 的焦平面上,从 S 发出的一束自然光经 P_1 后,成为一束沿 P_1 偏振化方向振动的线偏振光入射到 Savart 偏光镜的左板上,进入双折射晶体后,即分为寻常光(o 光)和非寻常光(e 光),o 光沿原方向传播,e 光偏折。

经两块板的界面后射入第二块晶体板,原 o 光变为 e 光偏折,在经 Savart 偏光镜的后表面偏折后沿平行于入射光方向射出(oe 光);原 e 光变为 o 光偏折后沿平行于入射光方向射出(eo 光)。即出射光为振动方向互相垂直的平行于原入射光传播方向的有一定间距(横向剪切量)的两束线偏振光。经 P_2 后变为振动方向相同(沿 P_2 的偏振化方向)两束线偏振光,经成像镜在面阵探测器平面上相遇,满足相干条件(同频率、同振动方向、有固定的位相差)形成干涉图和目标像,干涉图经系统分析处理(傅里叶变换)后,即可得出入射光源的光谱信息。

1992 年日本 Osaka 大学研制了基于 Savart 板的多通道傅里叶变换红外光谱仪,波长范围 2~5μm,光谱分辨力 27.6cm^{-1}(11~44nm)。

7.6.4.4 旋转动镜干涉光谱仪

时间调制干涉成像光谱仪是在迈克尔逊干涉仪的基础上形成的,利用动镜扫描产生干涉光谱图。直线型的动镜扫描系统对动镜的驱动系统的精度要求很高,而且实时性不好。但当把动镜的平动转化成转动时,如著名学者 Griffiths 提出的高速转镜光谱仪,为高光谱分辨率的光谱仪的发展提供了新的途径。

如图 7-62 所示是 Griffiths 提出的超高速红外干涉光谱仪(Ultra-rapid-scanning Fourier Transform Infrared Spectrometry)。

该系统采用相对稳定的转镜系统,利用角反射体结构,使入射光线经高速转镜、角反射体和平面反射镜多次反射后的波面能按照入射光路返回到分束板上,保持了很好的相干性。Griffiths 也因为提出了这种新型的成像光谱仪方案而获得 2003 年度美国分析化学与应用光谱学 Bomem Michelson 杰出贡献奖。该结构中当电机的转动频率为 500r 时,可以实现每秒扫描 1000 次。该方案的扫描速度至少可达 2000 次/s。其光程差可达 0.25cm。这种结构适用于光谱快速变换过程的测量。

成像光谱仪,关键在于光谱仪方案的选取,传统的色散型,后来的干涉型。一般来说,色散型的光谱分辨力较低,干涉型的光谱分辨力较高。较令人瞩目的是横向剪切静态干涉成像光谱仪,由于没有运动部件可靠性高适合航天遥感。

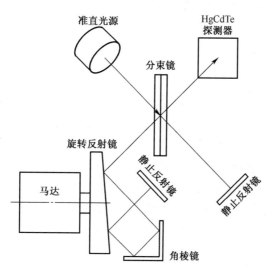

图 7-62　时间调制干涉分光

第 8 章

光学遥感平台

遥感平台方面,航天平台已成系列,到 20 世纪末已有 6000 颗人造卫星升空。有已飞出太阳系的"旅行者"1 号 2 号等宇宙平台,有了深空探测的航天平台。天基光学望远镜如哈勃,开展了长期高精度高分辨率的天文观测,取得了前所未有的观测效果。包括载人空间站、空间实验室、返回式卫星,还有往返于天地间的航天飞机。有综合应用的大型卫星,也有专题目标明确的小卫星群。不同高度、不同用途的卫星构成了多角度、多周期的对地观测。

8.1 主要类型遥感卫星

遥感卫星从大的领域上看有军用和民用两大领域,民用卫星更容易系列化、型谱化,且发展的方向性、目的性明确而稳定。军用遥感卫星发展有跨越性,系列化、型谱化不明显,某项性能要求往往突出而明确,对遥感卫星的技术性能牵引力大。两者从用途上分功能相近度比较高,比如成像类、测绘类、光谱成像类,因此国外在光学遥感卫星上有军民共用的趋势,即平时民用,战时军用。中国的遥感卫星平台已经发展成了系列化,且技术指标已接近国际水平。下面就从用途的角度对光学遥感卫星加以介绍。

8.1.1 成像遥感卫星

在成像卫星方面,2014 年 8 月 19 日 11 时 15 分,在太原卫星发射中心用长征四号乙运载火箭成功发射的高分二号卫星顺利进入预定轨道。卫星扫描幅宽 45km,卫星上的相机焦距长 7m。卫星的设计寿命 5 年,目标寿命是 8 年,卫星国产化率达到了 98%。由 10 多个分系统、200 多台设备构成。

高分二号卫星研制实现了亚米级空间分辨力、获取了多光谱综合光学遥感数据,解决了长焦距、轻型相机及卫星系统设计难点,获得了高精度高稳定度姿态机动、高精度图像定位,提高了低轨道遥感卫星长寿命和高可靠性,将与在轨运行的高分一号卫星相互配合,为土地利用动态监测、城乡规划监测评价、交通路网规划、森林资源调查、荒漠化监测等行业和首都经济圈等区域应用提供服务支撑。

图 8-1 是高分二号卫星的在轨想象图,其上有高空间分辨力成像相机和多谱段相机。测控系统有星敏感器、太阳敏感器、全向信标天线、分离开关,推进系统有推力器、发动机、推进剂储箱,数传系统有发射接收天线等。

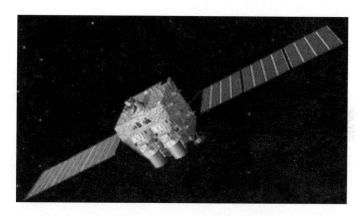

图 8-1 高分二号卫星

图 8-2 是高分二号卫星于 2014 年 9 月 27 日拍摄到的北京全色 0.8m 多谱段 3.2m 的融合图像,图像的比例尺 1:4000。

世界上分辨力最高的民用(商业)卫星是美国 DigitalGlobe 公司的 GeoEye1 卫星(图 8-3)其空间分辨力是 0.41m,定位精度达到 5m 以内。

8.1.2 光学立体测绘卫星

天绘一号 01 星和 02 星分别于 2010 年 8 月 24 日和 2012 年 5 月 6 日发射成功并组网运行,天绘一号 03 星于 2015 年 10 月 26 日发射,使中国成为国际上少数几个掌握成套卫星测绘技术的国家。图 8-4(a)、(b)分别是立体测绘卫星和立体测绘相机。

天绘一号是中国第一代传输型立体测绘卫星,主要用于科学研究、国土资源普查、地图测绘等领域的科学试验任务。天绘一号采用航天东方红卫星有限公司研制 CAST 2000 卫星平台,有效载荷有一体化集成的三线阵 CCD 相机、2m 分辨力全色相机和 10m 分辨力多光谱相机。装有 3 台星敏感器和两台测量型 GPS 接收机(互为冷备份),有效载荷约占卫星干重的 50%,卫星重约 1000kg。既能获取三维地理信息,建立全球摄影测量控制网,实施测制 1:5 万比例尺地图,又能获取蓝、绿、红和近红外 4 谱段多谱段影像,定量反演地物的物理属性,通过多谱段影像与全色影像的融合处理,可以生成彩色

图 8-2　空间分辨力 0.8m 多谱段 3.2m 的融合卫星图像

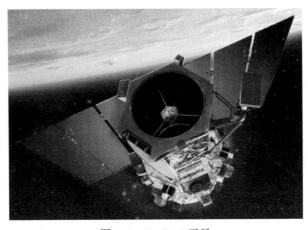

图 8-3　GeoEye1 卫星

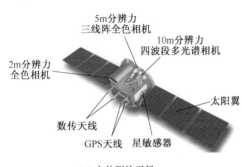

（a）立体测绘卫星　　　　　　　　　　（b）一号测绘相机外观

图8-4　高分辨率立体测绘卫星

正射影像产品。还可以获取2m分辨力全色地物影像[34]。天绘一号实现了中国测绘卫星从返回式胶片型到CCD传输型的转变，影像数据经过地面系统处理，在无地面控制点条件下，与美国SRTM相对精度平面12m、高程6m（均为1σ）同等的技术水平。

在天绘一号卫星的三种类型光学遥感器类型中，采用了两项主要光学遥感技术，全反射的离轴三反光学系统技术和三线阵立体测绘技术。前者应用于成像相机和多谱段相机，后者则应用于天绘一号卫星的核心载荷三线阵全色立体相机。主要参数见表8-1。

表8-1　天绘一号卫星性能数据

卫星名称	天绘一号01星	天绘一号02星
发射时间	2010年8月24日	2012年5月6日
轨道高度/km	500	500
轨道倾角/(°)	97.3	97.3
轨道偏心率	0	0
相机类型	全色相机、多谱段相机、三线阵全色立体相机	全色相机、多谱段相机、三线阵全色立体相机
星下点像元分辨率	全色相机2m、三线阵全色立体相机5m、多谱段相机10m	全色相机2m、三线阵全色立体相机5m、多谱段相机10m
侧视角/(°)	0	±10
幅宽/km	60	60
全色/立体:谱段	0.51~0.69μm	0.51~0.69μm

（续）

卫星名称	天绘一号 01 星	天绘一号 02 星
多光谱 谱段/μm	蓝:0.43~0.52 绿:0.52~0.61 红:0.61~0.69 近红外:0.76~0.90	蓝:0.43~0.52 绿:0.52~0.61 红:0.61~0.69 近红外:0.76~0.90
回归周期/天	58	58
摄影覆盖范围	南北纬80°之间	南北纬80°之间
降交点地方时	13:30	13:30
商业编程能力	具备	具备
拍摄能力/(km²/天)	150 万	150 万

1. 离轴三反光学系统技术

高分辨率相机和多谱段相机均采用了离轴三反无中间像的(Cook-TMA)全反式光学系统。天绘一号的核心载荷测绘相机的地面覆盖为60km,作为同一平台的高分辨率相机和多谱段相机具有与测绘相机同样的覆盖有利于卫星数据采集和数据利用,这就需要三种相机具有相同的视场,测绘相机视场7°,从遥感器光学选择的介绍一节可知能够实现7°视场的光学系统有离轴三反系统和透射系统两类。高分辨率相机焦距长,选择三反系统有利于缩短筒长。多谱段相机要求透过谱段宽,所以也宜选择有全反射能力的离轴三反系统。

利用离轴三反光学系统,高分辨率相机实现了高像元分力与宽覆盖的要求;多谱段相机实现了宽视场和宽光谱的要求,实现了单台相机上蓝、绿、红和近外4谱段成像的需要。

2. 三线阵立体测绘技术

天绘一号卫星采用了CCD传输型的三线阵立体测绘相机,测绘相机由前视、正视和后视3台相机组成,相机均采用透射式光学系统。相机采用三线阵摄影实现立体测绘,正视相机的线阵两端辅以4个小面阵对称配置进行图像校正,构成LMCCD测绘体制,利于解决三线阵测绘相机动态摄影测量中的航线立体模型扭曲、高程精度差的问题,有利于提高传输型光学摄影测量卫星实现无地面控制点的高精度摄影测量能力。

1) 立体测绘相机的主要技术指标

(1) 测绘类型:三线阵立体测绘;

(2) 光学系统类型:透射式系统;

(3) 视场:7°;

(4) 谱段:0.51~0.69μm;

（5）MTF：0.23@771p/mm；

（6）畸变：0.003%；

（7）基高比：约0.6；

（8）像元分辨力：5m；

（9）轨道高度：500km。

三线阵立体测绘相机可摄取5m分辨率同轨三线阵立体影像，前后视基线高度比约为0.6，有利于立体观察和自动影像匹配。

由主要光学遥感器类型一章可知，三线阵立体测绘相机在本质上是一个计量设备，为了测绘的高精度，相机设计还采用了一些针对性技术措施。

2）立体测绘相机的针对性设计技术

（1）光学系统：准像方远心光路；

（2）正视相机焦平面：采用LMCCD配置；

（3）面阵CCD：采用TDI驱动技术；

（4）结构设计：设置高强度、高刚度、高稳定度的测绘光学平台。

像方远心光路，有利于降低测绘精度对焦面离焦的敏感性。正视相机焦平面上设计集成了5片独立的CCD器件，1个线阵和4个面阵，即LMCCD测绘体制，提高目标定位的高程精度。CCD器件之间的几何位置关系要求严格，要在经历相应的力学、热学等环境后能保持稳定。为提高较暗地物目标的图像信噪比，立体测绘相机的面阵CCD采用了TDI成像驱动技术。

测绘光学平台，选用铸造钛合金ZTC4材料，用精密熔模铸造，高压离心浇注钛合金材料实现成型。安装基准和检测基准部位进行精密机械加工辅以人工研磨，确保测绘任务对几何角度的高精度要求。利于测绘光学平台将3台测绘相机、3台星敏感器和1台多光谱相机集成为一体，保证了星敏与相机及相机间几何角度关系的高精度及高稳定度。配置的3台中等精度星敏感器，为测绘任务提供长期、高可靠、高精度的三轴指向。

3）立体测绘相机的标定技术

（1）平行光管焦距：7.5m；

（2）二维转台精度：0.5″；

（3）主点位置标定精度：0.2个像元；

（4）主距标定精度：20μm；

（5）交会角标定精度：2″；

（6）畸变：进行几何标定。

三线阵立体测绘相机的高精度几何标定，使前视、正视和后视相机内方位元素的标定精度优于0.2个像元。

4）立体测绘卫星与光学载荷相关的主要技术指标

（1）GPS 时间同步精度：优于 0.1ms；

（2）数据率：1.62Gbit/s。

为了满足测绘任务对高精度外方位元素的需求，卫星配置有测量型 GPS 接收机，几何与轨道动力学定位方法相结合，实现高精度实时定轨；同时将 GPS 原始测量数据经数传通道下传到地面用户，实现地面二次定轨，进一步提高定轨精度。

天绘一号卫星设有高精度有效载荷时间系统。通过 GPS 接收机提供高精度的硬件秒脉冲信号，同时通过总线广播对应上述秒脉冲的 GPS 整秒时间。与测绘任务相关的各信息源，均以此 GPS 秒脉冲信号作为计时基准，生成各自的高精度时标，最终确保各相关信息的时标和 GPS 时间同步精度优于 0.1ms。

在数传方面，码速率高、数据源多、各数据源速率互不相同且差别大，总原始数据率 1.62Gbit/s。测绘数传通道数据处理器（AOS1）设 6 个虚拟信道，三线阵测绘相机 3 路影像数据 4∶1 压缩、多光谱相机 1 路影像数据 4.5∶1 压缩、4 个小面阵的 1 路影像数据非压缩、GPS 原始测量数据/整星遥测数据 1 路非压缩，进行上述数据及非影像数据的复接、传输。高分辨力相机数传通道数据处理器（AOS2）设 8 个虚拟信道，实现高分力率相机 6∶1 压缩影像数据的复接、传输。根据不同相机在测绘任务中的重要程度，采用不同的数据压缩倍率。

5）立体测绘卫星的地面系统主要技术指标

（1）标准景影像：60km×60km；

（2）高程分辨力：25m；

（3）测制比例尺：1∶5 万；

（4）修测比例尺：1∶2.5 万。

地面应用系统是天绘一号卫星系统工程的重要组成部分，用来实现数据接收、运控管理、产品生产和应用服务，是发挥卫星应用效能的主要环节。其主要功能是完成卫星摄影任务规划和卫星有效载荷运行管理；接收卫星下传数据；对卫星下传数据进行预处理，生成卫星影像产品；完成数据的存储、管理和分发；进行卫星摄影系统主要参数检测和影像特性的标定；进行应急测绘保障处理，生成应急测绘保障产品；完成卫星影像的平差定位；测制 1∶5 万比例尺数字地形图、数字高程模型和正射影像地图；修测 1∶2.5 万比例尺数字地形图。天绘一号卫星地面应用系统具备了规模化生产的能力，生产多类卫星影像产品和地理信息产品。存档数据采用了一定的影像预处理算法对原始影像进行了增强处理。1∶5 万数字高程模型（DEM）、数字线划图（DLG）、区域网平差精度可以满足我国 1∶5 万测图的要求、三线阵影像数据理论上最高可获得 25.0m 间隔 DEM。从天绘卫星影像数据中得到的 DEM 对地貌细节的表达好，精度高，有利于 1 : 5 万 DEM 数据的自动采集。

6）卫星系统的技术统筹

卫星采用了高精度的统一时间系统,通过测量型 GPS 接收机为卫星的测轨、测姿、光学相机的各数据源提供优于 0.1ms 的统一时间,为获得高精度的外方位元素、高精度的内方位元素校正信息、地面数据处理系统提供了统一的高精度时标,从星地大系统的角度进行了技术统筹,为高精度测绘结果的取得提供了有利条件。

测绘相机光学系统采用准像方远心光路、正视相机焦平面采用 LMCCD 配置、面阵 CCD 采用 TDI 驱动技术、采用统一测绘光学平台作为结构基准,为降低测绘相机精度对平台环境的敏感性、时间敏感性、姿态敏感性提供了条件。

这是航天遥感大系统总体设计思想的实践运用。

7）立体测绘卫星的应用

为国土测绘、交通运输、城市规划、资源普查、灾害监测等部门 120 家用户提供大量各级各类遥感影像数据,广泛应用于国土资源调查、农业估产、林业调查、地图测绘、海洋环境监测、城市土地利用等领域。在应对重大自然灾害方面,2013 年下半年为黑龙江萝北水灾、甘肃定西地震紧急启动应急响应机制,制定摄影计划并连夜接收处理数据,主动向水利部、国土资源部、国家应急办等相关部委提供天绘影像数据。

图 8-5 是天绘一号卫星立体图像,图(a)是阿尔卑斯山脉数字高程模型图,展示了立体测绘图像的立体感。图(b)是美国雷尼尔火山红蓝立体影像像对,通过双目的左眼偏红滤光片右眼偏蓝滤光片即可产生立体视觉。

(a)　　　　　　　　　　　　　　　(b)

图 8-5　天绘一号卫星图像

8.1.3 宽覆盖光学遥感卫星

宽覆盖卫星目前有两类,一类是高轨卫星如红外预警卫星,其覆盖范围大约是地球的40%表面积。另一类是低轨宽视场卫星,其覆盖宽度在百公里以上至上千公里。这类卫星一般有着明确的特殊目的性,一般属于军用或军民共用。

1. 红外预警卫星

采用地球静止轨道进行对地观测在三个方面比其它轨道更具优势。从大面积的同步观测方面看,地球静止轨道属高轨道,一颗卫星就可覆盖地球表面的40%以上。从时效性方面看,地球静止轨道对地观测时,对同一区域的重复观测周期最短,这个观测周期仅受积分时间、数据采集速度和数据下传能力的限制。在其它轨道则据轨道高度不同,重复观测周期也不同,可以从几天到几十天。从经济方面看,地球静止轨道距地球遥远,卫星没有因大气阻力而损失卫星高度的问题,卫星寿命长,三颗卫星即可实现除两极以外的全球覆盖。卫星除遥感还可兼作通信,因此静止轨道对地观测的相关问题一直受到重视。此外,在地球静止轨道上可采用凝视成像的方式,这从工程技术上避免了推扫成像时由于探测器工作原理上电荷转移与目标影像移动不匹配而导致的对比度和传递函数下降问题和像移补偿问题,还可通过延长积分时间提高信噪比。因此研究地球静止轨道对地观测问题很有意义。

随着大型、高精度、非球面光学镜制造的实现,高透过率、宽光谱谱段、大视场全反射式的光学系统的技术也得到了发展,加之小像元大面阵 CCD 探测器制造技术的发展和空间光学遥感器制造水平的提高,使得利用光学遥感器在静止轨道对地凝视成像有了可能。

地球静止轨道对地凝视成像对光学遥感器视场的要求。

取地球为球体,半径 $R_e = 6378.145$km,地球静止轨道半径 42164.26km。如图 8-6 所示,容易求得 $2\alpha = 17.40°$。

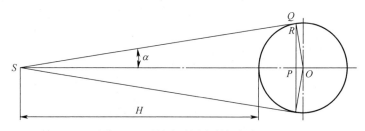

图 8-6　覆盖地球圆盘的视场角

此即为要实现如图 8-6 所示的单颗卫星的覆盖范围光学遥感器必须具有的视场角 17.5°×17.5°。对于全反射式光学系统来说这已经是大视场。

1）红外预警的扫描成像

为了减小大视场红外光学预警相机的研制难度,一般红外预警卫星还是采用扫描成像的办法,如典型的美国 DSP 红外预警卫星就采用卫星自旋进行扫描成像全球预警的办法,图 8-7 是美国的 DSP 红外预警卫星,其红外相机的视轴与卫星的自旋轴偏置 7.5°,相机的视场较小 3°。

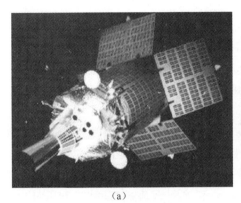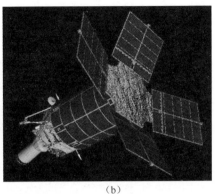

（a）　　　　　　　　　　　　　　　（b）

图 8-7　DSP 红外预警卫星

2）红外预警的扫描凝视双成像

美国继 DSP 红外预警卫星之后的 SBIRS 红外预警卫星则采用了扫描和凝视双红外相机成像的预警系统,如图 8-8 所示。其中的扫描相机采用大的线视场对地球圆盘进行扫描成像,对扫描相机获得的疑似目标通过更高信噪比的面阵凝视相机进行确认和目标跟踪,可以大大降低虚警率和提高目标弹道轨迹的预测精度,同时覆盖面积也比 DSP 大得多。

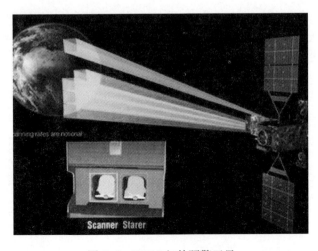

图 8-8　SBIRS 红外预警卫星

SBIRS 系统包括 4 颗高椭圆轨道(HEO)卫星和 5 颗静止轨道(GEO)卫星。SBIRS GEO 卫星采用洛克希德公司的 A2100 卫星平台,12 年设计寿命,卫星平台使用三轴稳定,电源功率约 2800W,质量约 4500kg,作为有效载荷的红外传感器质量约 450kg。自 1996 年美国国防部批准天基红外高轨道系统计划以来,SBIRS 进度不断拖延,原定 SBIRS GEO 首颗卫星于 2004 年发射,但 2002 年调整合同拖延到 2006 年发射,之后发射再次推迟到 2007 年,最后发射又推迟到 2011 年,结果导致经费严重超支,所需预算倍增,从 1996 年合同的 21 亿美元增加到 75 亿美元。2001 年高椭圆轨道(HEO)卫星,随着系统(SBIRS-Low)由美国空军移交给弹道导弹防御局,系统改称太空跟踪与监视系统(STSS)。现在所称的 SBIRS 系统一般特指原有的 SBIRS-High,高轨道卫星之间本身不进行通信,不过可以和低轨道进行相互通信以做到接力跟踪。STSS 卫星分布在三个不同平面的太阳同步轨道上,这些低轨道卫星装备了宽视场扫描探测器和窄视场凝视多光谱探测器。宽视场扫描探测器可以捕获地平线以下弹道导弹的尾焰,以尽快完成高轨道卫星转交的跟踪任务,窄视场多光谱探测器具有中长波和可见光探测能力,能锁定目标并对整个弹道中段和再入段进行跟踪,利用极为灵敏的多光谱探测器,STSS 可以实现对助推器燃尽后的母舱弹头等冷目标的探测,在杂波和噪声中跟踪弹头分离并具有分辨弹头、弹头母舱、轻重光学雷达诱饵的能力。STSS 系统对弹道导弹弹头的精确定位,是通过 4 颗 STSS 卫星同时探测到并跟踪为前提,具有很高的定位精度。对于远程和洲际导弹,通过 SBIRS 和 STSS 的配合探测,可以在助推段、上升段、中段和再入段实现对弹道导弹的全程探测与跟踪,通过精确定位为拦截导弹提供坐标,使拦截导弹在来袭导弹进入陆基海基雷达探测范围前发射,实现多层拦截提高拦截成功率。

3) 红外预警的凝视成像

因为 SBIRS 计划一直存在问题,美国国防部 2006 年开始实施一套并行计划,即"替代性红外卫星系统"(AIRSS),它采用了凝视成像技术,不再依靠扫描成像对地球圆盘进行监视,采用大视场红外相机进行成像。

不论是 SBIRS-High 的扫描相机还是 AIRSS 的凝视相机其视场都在约 10° 或 10°×10° 以上。

2. 低轨宽覆盖光学遥感卫星

2010 年 3 月 5 日从酒泉卫星发射中心发送了"遥感九号监视卫星"。将主要用于科学实验等民用领域,可能用于对地光学探测[35]。

"遥感卫星九号"将"主要用于科学试验、国土资源普查、农作物估产和防灾减灾等领域",也可军民共用。

遥感卫星九号由 3 颗卫星协同工作,一颗主卫星和两颗小卫星。主卫星轨道高度为 1085×1099km,两颗小卫星在其附近,三颗卫星的轨道倾角均为

63.4°。这种多卫星布局和轨道与报道中的美国海军海洋监视卫星系统（NOSS）所采取的方式类似。

遥感 9 号据信携带有毫米波雷达，以帮助这三颗卫星保持近地轨道队形，配有红外线传感器用来探测船只，装有天线以接收电子发射信号。

一个航母编队的规模通常在 200km×200km～400km×400km，因此低轨宽覆盖光学遥感卫星的覆盖宽度在百公里以上。图 8-9 为美国的航母编队。

图 8-9　美国的航母编队

可见，具有一些特殊功能需求的光学遥感卫星有着宽覆盖的特点，其视场一般在 10°以上，属于宽覆盖光学遥感卫星。

8.2　低轨（LEO）光学遥感平台

光学遥感平台是承载并为有效载荷提供在轨工作环境的设备，它是构成卫星的基础性设备，设置对于有效载荷相对独立的平台其优越性在于平台可以标准化、通用化和系列化，标准化、通用化和系列化优点在于可提高可靠性，而航天产品的可靠性就是航天产品的生命。其次，平台的标准化、通用化和系列化可以降低卫星发射成本，标准化和通用化可以使不同的平台之间实现部件共用，从而大大降低设计成本和试验验证成本。系列化则可以在满足有效载荷和工程实际需求的同时节约发射成本。

光学遥感平台要承载有效载荷，为有效载荷提供能源、热控环境、姿态指向服务、轨道保持服务、提供在轨工作状况及健康状况的遥测遥控服务、通信和数传服务，要求遥感平台必须具有结构系统、能源系统、热控系统、姿轨控系统、遥测遥控系统、推进系统、通信和数传系统，卫星正常工作还需要数据管理系统。

以中巴地球资源卫星(China Briazil Earth Resources Satellite,CBERS)平台为例,平台包括结构、热控、电源、姿态轨道控制、推进、遥测遥控、星上数据管理系统和数传系统共8个分系统,有时也把数传系统作为有效载荷系统,主要是因为它与平台为之服务的有效载荷更为密切相关,会因有效载荷的不同而有指标上的更改,而不像其它7个分系统那样技术指标较为固定。

8.2.1 CBERS 平台的设计指标

1. 结构分系统

结构分系统是卫星的主承力部分,CBERS-1平台采用箱体结构,外轮廓如图 8-10 所示,中板至服务舱部分为平台结构部分,平台之上是载荷舱,平台与载荷舱一起构成了整星的主体结构,各种仪器设备按照整星质量特性、仪器设备视场等要求安装于整星的主体结构之上,形成整星基本配置,结构分系统要承载整星的动力学条件及各种静力学条件,并满足卫星总体对结构系统的质量(重量)要求。

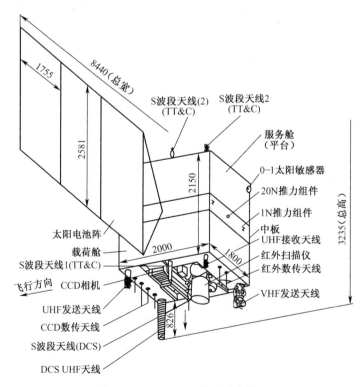

图 8-10　CBERS-1 外形示意图

2. 热控分系统

热控分系统是保证卫星平台及有效载荷正常在轨工作的重要系统,CBERS

-1(ZY-1)卫星的轨道和遥感器的特点使得卫星表面的外热流分布很不均匀，且周期性地剧烈变化，而光学遥感器对温度变化范围要求很小，为此卫星采用了以热管和 OSR 片为主的被动热控措施和加热器配合热敏感器为主的主动热控措施。做了充分的地面热平衡试验和热真空试验，证明了热控设计的正确性。

3. 电源分系统

CBERS 卫星的电源分系统由太阳翼和镍-镉蓄电池联合供电，太阳翼电池阵分为充电阵和供电阵两类，有两个充电阵分别为两组蓄电池充电，每组蓄电池由 2 个电池块串联构成，每个电池块又有 18 个单体电池串联构成，每组电池容量 30AH，最大放电深度 20%。供电阵分为 6 个独立的太阳电池阵与 6 个分流调节器相连。蓄电池供电和太阳电池供电阵供电都通过分流调节器开关将供电电压稳定在 18±0.6V。

4. 姿态轨道控制(AOCS)分系统

遥感卫星对卫星姿态的指向精度和稳定度都有严格的要求，CBERS 卫星采用三轴稳定控制，对地定向，控制精度为

指向精度 $\quad | \varphi, \theta, \psi | \leqslant 0.3°(3\sigma)$；

测量精度 $\quad | \varphi, \theta, \psi | \leqslant 0.15°(3\sigma)$；

稳定度 $\quad | \dot\varphi, \dot\theta, \dot\psi | \leqslant 0.001°/s(3\sigma)$；

抖动量 $\quad \leqslant 0.0001°(\sigma)$；

姿态控制系统采用 4 个偏置动量轮形成整星零动量控制系统，采用磁力矩器对动量轮进行卸载。姿态调整量大时则采用 16(8×2) 个 1N 单组元肼推力器进行姿态调整。姿态测量由 2 个圆锥扫描红外地平仪、2 组共 6 个正交安装的液浮积分陀螺、3 种太阳敏感器(2 个数字式、3 个模拟式、2 个 0/1 式完成。)02B 星上增加了 GPS 辅助定轨进一步提高轨道确定精度[36]。

CBERS 遥感卫星采用太阳同步回归冻结轨道，有较严格的轨道精度要求

半长轴 $\quad | \Delta a | \leqslant 35m$；

偏心率 $\quad | \Delta e | \leqslant 0.00007$；

轨道倾角 $\quad | \Delta i | \leqslant 0.007°$；

近地点幅角 $\quad | \Delta \omega | \leqslant 3.5°$；

轨道高度 $\quad H = 778km$。

轨道维持由 2 个 20N 单组元肼推力器完成。

5. 推进分系统

CBERS 遥感卫星的推进分系统由储箱、管阀件、1N 单组元肼推力器、20N 单组元肼推力器、管路等组成，为姿态轨道控制提供动力。

6. 测控分系统

它是遥测分系统与遥控分系统的统称，遥测分系统是对星上仪器设备的工

作状态进行监测,如工作温度、供电状态、主备份选用、增益大小、卫星姿态指向、姿态速率、轨位坐标、星上时间、故障状态、故障位置信息等。

遥控分系统是地面对在轨卫星进行操控的指令通道,早期的遥控主要是开关命令,如电源的通断、信号的通断。但随着卫星功能的日益强大,越来越多的数据需要向卫星上传,如系统重构、星载计算机软件维护、程控程序上传、工作参数调整等。

其硬件主要是对地面全向遥测天线、对地面全向遥控天线以及背地面全向遥测天线、背地面全向遥控天线、调制器、解调器等设备。

卫星采用 S 波段统一测控和超短波(VHF/UHF)测控,两种测控均有跟踪测轨、遥测遥控能力,超短波还兼作空间环境监测(SEM,CBERS-1 的一个监测轨道空间环境的极光粒子探测器、星内粒子探测器、CMOS 辐射效应探测器)数据传输。

7. 星上数据管理分系统

由中央处理单元(CTU)、远置单元(RTU)、串行数据总线(SDB)、遥控单元(TCU)、命令译码单元(CDU)组成,系统采用双机冷备份工作。数管系统具有数据采集、指令发送、星地校时、分系统信息交换和信息存储能力,为了防止空间高能粒子干扰,采用了软硬件防护、纠错电路、定时刷新数据等措施。

8. 数传分系统

CBERS-1 遥感卫星有 3 套 X 波段数传系统,CCD-1 和 CCD-2 的码速率均为 53Mbit/s,采用 QPSK 载波方式,各用一套数传系统。这 2 套数传系统采用 4 个 32W 行波管 2 主 2 备。

另一套用来传送红外扫描仪和宽视场成像仪的数据及其信标信号,红外扫描仪以 BPSK 方式调制载波,码速率为 6.127Mbit/s,宽视场成像仪以 QPSK 方式调制载波,码速率为 1.1Mbit/s,该套数传系统采用 2 个 4W 固态放大器 1 主 1 备。

8.2.2 CBERS 遥感平台的在轨性能

卫星入轨第 2~7 天陆续开启了各有效载荷,第 15 天后开始轨道调整,通过 7 次变轨高精度地实现了太阳同步回归冻结轨道。此后约 2 个月进行一次轨道维持,使星下点轨迹与标准回归轨道的地面轨迹东西向偏差小于 10km。第 24~28 天打开辐冷器的防护罩对辐冷器加热去污。卫星完成在轨测试 85 项,实现或超过设计指标。

(1)姿态轨道控制(AOCS)分系统

分系统的自主故障诊断和系统重构性能在轨期间得到了考验,实现了高指标。

姿态角误差 $(\varphi, \theta, \psi) \leqslant 0.1°$;

稳定度 $(\dot{\varphi}, \dot{\theta}, \dot{\psi}) \approx 5 \times 10^{-4} \sim 1 \times 10^{-3}(°/s)$。

卫星轨道经多次调整后与设计的 778km 太阳同步回归冻结轨道误差值为

半长轴 $|\Delta a| \leqslant 10m$;

偏心率 $|\Delta e| \approx 0.00001$;

近地点幅角 $|\Delta \omega| \approx 1°$。

（2）推进分系统

卫星发射时推进剂肼装填量 80kg，8 个月内经初次调整和其后的数次轨道维持推进剂剩余 60kg。约每 2 个月进行一次轨道维持，每次消耗燃料肼 0.1kg。

（3）电源分系统

电源分系统遥测指标如下：

母线电压	28V±0.6V;
太阳电池充电阵输出功率	732W;
太阳电池供电阵输出功率	649W;
放电调节器输出电流（阴影区）	15.5A;
蓄电池平均放电深度	10.7%;
蓄电池组温度	3~6℃。

（4）星上数据管理分系统

该分系统在轨工作状态优良，防空间高能粒子措施有效，星地校时误差在集中和均匀校时间隔大于 15 天的情况下误差小于 5ms，各种遥测遥控信息及其信息格式的切换和传输正常，向各光学遥感载荷传输图像辅助数据正常。特别是轨控计算机在受到空间高能粒子冲击干扰时也可马上从星载数据管理器重新上载重要数据，使姿态控制系统保持正常工作状态。

（5）数传分系统及其它分系统

工作正常。

（6）光学遥感有效载荷分系统

除 CCD 相机由于 CCD 拼接方式和 CCD 器件问题图像存在条纹需处理校正，红外扫描仪 B_8 谱段在卫星飞行近 1800 圈后第 2 和第 5 像元响应接近为零需后续插值外，其余均达到或超过设计指标。

8.3 地球同步轨道（GEO）光学遥感平台的性能

GEO 光学遥感平台与 LEO 光学遥感平台从效能上看是相同的，也是承载并为有效载荷提供在轨工作环境。也有平台系列化的需求。GEO 光学遥感平台也是由结构系统、能源系统、热控系统、姿轨控系统、遥测遥控系统、推进系统、通信和数传系统及卫星综合电子系统组成。

8.3.1 GEO/LEO 轨道光学遥感的特点

由于航天光学遥感的分辨力已得到很大提高,低轨光学遥感的商业图片分辨力已优于1m。如 EADS-Astrium 公司的 Pleiades 1 satellite 分辨力已达0.5m,轨道 694km[37]。而新一代商业卫星分辨力如 Geo Eye-1 达 0.41m,轨道684km[38]。低轨光学遥感卫星主要采用太阳同步轨道,轨道高度在200~1000km 之间,一般的民用光学遥感卫星轨道在700km 左右。采用太阳同步轨道的低轨光学遥感卫星可实现全球观测,但可实现的重访周期长,一般在几天至几十天之间。

地球同步轨道光学遥感则可以实现对星下点约 1/3 地球表面的连续观测,但由于地球同步轨道高达 35786km,所以像元分辨力会大大降低。正因如此,目前的地球同步轨道光学遥感主要用于气象和预警,空间像元分辨力在公里级[39,40]。这样的空间像元分辨力应用在陆地观测、海洋观测、灾害观测上有很大的局限性。但是就目前的低轨光学遥感的空间分辨力发展水平如 Geo Eye-1,应用于高轨光学遥感经简单的推算可知,其星下点像元分辨力可达21.5m。这样的空间分辨力在很多领域都具有较高的应用价值,尤其是地球同步轨道光学遥感可以实现对特定范围的连续观测并得到一定的空间分辨力,与低轨的全球观测低的时间分辨力和高的空间分辨力恰好形成了互补,因此在此方面许多国家都开展了研究工作[41]。

2007 年印度发布了其"十一五"航天发展规划,规划时间段为 2007—2012财年。在遥感领域新规划了 12 个项目,其中包括"静止轨道高分辨力成像卫星"(GEO-HR IMAGER)。GEO-HR IMAGER 卫星质量 1200kg,星上带有"先进宽视场遥感器"(AWFIS),覆盖可见光、近红外和短波红外谱段,最高分辨力60m,幅宽大于 700km。卫星能每半小时以 60m 分辨力覆盖一次印度全境。卫星主要用于农作物监测、资源调查和灾害监测。

欧洲 2000 年 Thales Alenia 空间公司开展了地球静止轨道高分辨力光学对地遥感的研究工作,在 2005 年左右,提出了地球静止轨道 20m 分辨力光学对地成像卫星的初步方案。卫星以 SpaceBus4000 平台为基础,并对其进行适应性修改,卫星总的发射质量约 2900kg,相机质量约 600kg,星下点地面像元分辨力为20m,卫星设想使用俄罗斯的联盟运载火箭在库鲁发射。

Astrium 公司也在该公司 Eurostar 系列通信卫星平台的基础上提出了地球静止轨道 20m 分辨力光学成像卫星设想如图 8-11 所示。据报道,该卫星的相机孔径为 1.5m,由于采用直接入轨的方式发射,大大减轻了卫星的重量,预计整星发射质量不超过 2000kg。

图 8-11　Astrium 公司的地球静止轨道 20m 分辨力卫星设想图

以 EADS Astrium 为首的欧洲研究组织为非洲做了地球静止轨道对地观测的概念和卫星性能指标研究,星下点 25m 分辨力。

美国国家侦察局 2004 年夏天召开会议,邀请有关厂家共同探讨空间可展开望远镜概念。着手研制一种能在发射时处于折叠状态,而在进入太空后可展开的光学望远镜。预计在之后 20 年,将把装有这种望远镜的成像卫星放到地球静止轨道实现凝视对地观测,分辨力为 1m,口径达 30m,估计焦距 250m 左右。

可见,目前的国际光学遥感水平在静止轨道上实现优于 20m 空间分辨力的光学遥感是具有可行性的,但也有其自身的特殊性问题。

（1）轨道高,需要大运载能力的火箭,这将导致静止轨道光学遥感卫星与低轨道的光学遥感卫星在运载的动力学环境方面不同;

（2）静止轨道光学遥感卫星与低轨道光学遥感卫星在轨环境不同;

（3）静止轨道光学遥感卫星与低轨道的光学遥感卫星在轨成像方式不同;

（4）上述不同将导致静止轨道光学遥感对光学遥感器的要求不同。

1. 运载环境

静止轨道光学遥感卫星的发射需采用大推力的运载火箭,以 CZ-3C 运载火箭为例,配套 4000F 整流罩,内径包络尺寸 φ3650mm,卫星质量不大于 3900kg,横向一阶频率不小于 12Hz,纵向一阶频率不小于 35Hz,对卫星的设计极限载荷要求如表 8-2 所列。

表 8-2　CZ-3C 运载火箭对卫星设计的极限载荷要求　　（g）

载荷/g	载荷类型	跨音速和最大动压状态	助推器分离前	一、二级分离后
纵向过载	静态	+2.2	+5.3	+1.0
	动态	+0.8/-08	+0.8/-3.6	+2.7/-3.6
	组合	+3.0	+6.1	+3.7/-2.6
横向过载		1.5	1.0	1.0
注:"+"表示压力,"-"表示拉力				

CZ-3B 运载火箭除要求卫星质量不大于 5100kg 外,上述各参数与 CZ-3C 运载火箭相同。

低轨道光学遥感卫星的发射采用推力较小的运载火箭,以 CZ-2C 运载火箭为例,配套 3350F(分体式)整流罩,内径包络尺寸 $\Phi 3000mm$,卫星质量不大于 3900kg,横向一阶频率不小于 12Hz,纵向一阶频率不小于 35Hz,对卫星的设计极限载荷要求如表 8-3 所列。

表 8-3　CZ-2C 运载火箭对卫星设计的极限载荷要求　　（g）

载荷/g	载荷类型	跨音速和最大动压状态	一级发动机关机	一、二级分离后	二级主机关机
纵向过载	静态	+2.2	+4.6	+0.8	+6.7
	动态	+0.4/-04	+1.0/-1.0	+3.0/-3.0	+0.5/-0.5
	组合	+2.6	+5.6	+3.8/-2.2	+7.2
横向过载		1.0	0.6	0.8	0.4
注:"+"表示压力,"-"表示拉力					

可知,高轨卫星的横向载荷是 1.5g,低轨为 1.0g;高轨卫星的纵向载荷是+6.1g/-3.6g,低轨为+7.2g/-3.0g。

2. 静止轨道光学遥感卫星与低轨道光学遥感卫星在轨环境不同

GEO 轨道高,没有大气电离层的影响,受高能粒子的影响比低轨概率大,受地球 J_2 项的影响小但受赤道面内的椭球 J_{22} 项的影响大。低轨道有大气电离层的影响,受高能粒子的影响比高轨概率较小,受地球 J_2 项的影响大。

更为主要的是 GEO 轨道卫星热循环周期长 24h 一个周期,而低轨道热循环周期短约 1.5h 一个周期,高轨卫星的热分布梯度一般比低轨星更难控制,而带来的结构热变形也比低轨星大。

高轨卫星的太阳翼的阳光入射角变化比低轨要小,且变化周期长,即高轨周期是周年,低轨道周期约 1.5hr。这使得高轨卫星的能源变化比低轨星平稳。

3. 静止轨道高分辨率光学遥感的成像方式

由于静止轨道卫星与地球相对静止,因此卫星成像方式以画幅成像为首选方案。这就要求静止轨道卫星的光学遥感器必须是面视场。而低轨光学遥感卫星与地球间有轨道的相对运动,一般采用推扫成像方案,光学遥感器的视场近似一维,因为另一维很小。静止轨道光学遥感器的体积、重量因二维视场的要求也会相应增大。由于相机视场难以做得很大,要对一个较大的范围成像,必须对观察的范围进行分幅成像[42],如图 8-12 所示。

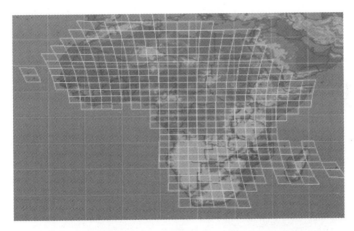

图 8-12 静止轨道高分辨率光学遥感的画幅成像方式

4. 静止轨道光学遥感器

由前述分析可知,由于地面目标距离遥远要想实现地球静止轨道高空间分辨力光学成像,相机的焦距长、视场小、采用画幅成像方式。而焦距长和空间分辨力高则意味着相机的口径大,因而高轨光学遥感器体积大、质量大,直径将达到 1.5m,质量接近 1t。如此庞大的光学遥感器研制周期长、造价高、难度大。高轨光学遥感器进行运载环境的动力学试验,试验周期长、费用高、风险大。

8.3.2 GEO 光学遥感平台的指标

高轨光学遥感平台由于分辨力高、轨道高,采用画幅成像,要求平台姿态机动灵活稳定性好。图 8-13 是高轨通信卫星平台的结构组成,该类平台通过适应性调整可以搭载较高空间分辨力的光学遥感器,实现高轨光学遥感与通信的综合应用,已有实验卫星发射入轨。专用的高轨遥感平台一般构型如图 8-11 Astrium 公司的平台和图 8-14 风云四号遥感平台。高轨平台一般寿命较长,如10 年。

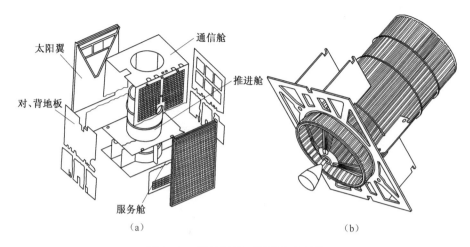

太阳翼

通信舱

推进舱

对、背地板

服务舱

（a）　　　　　　　　　　　　　　　（b）

图 8-13　高轨通信卫星平台主结构

图 8-14　高轨风云四号遥感平台

高轨遥感平台各分系统的指标一般如下：

1. 结构分系统

结构分系统承担着卫星发射、集成过程中的过载和重力。

（1）横向一阶频率（太阳翼收拢状态）：≥12Hz。

（2）纵向一阶频率（太阳翼收拢状态）：≥35Hz。

（3）动载荷要求参见表8-2。

（4）卫星外廓满足运载包络条件如4000F（或4200F）整流罩，内径包络尺寸 φ3650mm。

（5）有效载荷：≤1200kg。

（6）运载对卫星质量的限制质量：≤5500kg。

2. 能源分系统

为整星在轨工作提供能源。主要由一次电源子系统和总体电路子系统构成。一次电源子系统由太阳电池阵+蓄电池组构成，采用全调节、单一母线拓扑形式。各舱段设立配电器统一就近管理各分系统设备的供配电，所用二次电源采用集中与分散相结合的变换方式。主要技术指标如下：

（1）母线类型：全调节母线。

（2）母线电压：100.3V±0.29V。

（3）太阳电池阵：采用砷化镓电池，太阳电池阵输出功率3000~6000W（EOL）。

（4）蓄电池组：65Ah氢镍蓄电池，最大放电深度80%（EOL）。

3. 热控分系统

热控分系统是保证星上仪器和设备在所有工作模式下，从发射、转移轨道、地球同步轨道直到寿命末期维持在允许温度范围内的控温系统。

光学遥感卫星的热控系统在满足光学遥感仪器要求的前提下力求简单、可靠，整星热控采用被动热控技术为主，辅以必要的主动热控（电加热器和热敏电阻）。一般设计原则如下：

（1）采用被动热控和主动热控相结合的方式，以被动热控为主，主动热控为辅。

（2）采用分舱设计方法，便于各舱段的设计修改。

（3）重量尽可能轻。

（4）加热器功耗尽可能小。

（5）提高卫星自主控温能力，减少地面操作。

（6）取星体南/北面作散热面。

（7）星体表面除了散热面外全包多层隔热组件（MLI）。

（8）星体内部采用等温化设计，强化辐射与导热换热。

（9）减少星外部件与星体之间的辐射与导热热耦合。

4. 姿轨控分系统

控制分系统的基本功能是完成卫星从星箭分离开始到在轨运行直至寿命末期各任务阶段的姿态控制和轨道控制。控制分系统由敏感器、控制器和执行机构组成。

控制分系统的主要技术指标如下：为了实现大面积的对地观测，需要不断移动相机的观测视场。实现相机观测视场两维移动由卫星平台的滚动和俯仰来实现。

控制系统采用力矩陀螺或反作用轮作为执行机构,满足快速机动控制对力矩的需求,为了提高控制系统的快速响应能力,控制系统根据有效载荷工作模式,实时对姿态机动途径进行规划,并采用提高系统带宽的方法来提高响应速度。

(1) 卫星姿态机动与稳定包括如下过程:加速、匀速、减速、稳定。

(2) 姿态指向精度:三轴均±0.03°。

(3) 姿态确定精度:俯仰、偏航、滚动±3″。

(4) 姿态稳定度:三轴均优于 $5×10^{-4}°/s(3\sigma)$。

(5) 卫星轨道保持精度:南北和东西方向均为±0.05°。

(6) 长期偏置能力:俯仰/滚动±8.5°。

(7) 快速机动能力:图像幅数/min。

5. 遥测遥控分系统

地面测控站主要完成卫星在起飞发射阶段、轨道转移阶段、姿态调整阶段的测控和管理以及运行阶段的部分测控和管理,并提供各种完整的参数和事后处理的数据文件。卫星测控分系统一般采用国际 C 频段统一载波测控体制,也采用 S 和 Ka 频段。上行遥控信号与测距信号以时分方式对同一载波调频,下行遥测信号与转发的测距音一起对同一下行载波调相。定点前后均由测控天线提供宽波束覆盖,以保证上、下行全向测控通道正常工作。测控分系统由跟踪子系统、遥测子系统、遥控子系统三部分组成,主要技术指标如下:

(1) 测距精度:星上设备一般优于30m。

(2) 误码率:上行 $P_e \leq 1×10^{-5}$,下行 $P_e \leq 1×10^{-5}$。

(3) 漏指令概率:大回路指令验证条件下,漏指令概率小于 $1×10^{-6}$。

(4) 串指令概率:小于 $1×10^{-9}$。

6. 推进分系统

推进分系统完成远地点机动、同步轨道定点捕获、位置保持和作为控制分系统的执行部件完成卫星各阶段姿态控制和调整。

高轨卫星推进分系统一般采用双组元统一推进方案。卫星在转移轨道远地点机动所需冲量由远地点发动机提供,远地点发动机安装在卫星的−Z 面,其标称推力方向沿卫星的+Z 轴,并通过远地点点火时的卫星质心;多台 10N 推力器提供卫星的姿态和轨道控制所需动力。两个带有柱段的贮箱提供推进所需的燃料。通常系统组成如下:

(1) 490N 发动机:1台。

(2) 10N 推力器:多台。

(3) 氧化剂储箱:1个。

(4) 燃烧剂储箱:1个。

(5) 高压氦气瓶:50×3 升。

7. 数传分系统

航天器的数传应考虑大气的吸收、电离层的干扰、云雨的衰减等多种因素。高轨数传为了获得较高的数传速度,一般采用 Ka 频段。由于高轨光学遥感卫星采用画幅成像方式,而数传通信与光学成像遥感器同在一个平台之上,所以分幅成像带来的姿态步进必然影响数传与地面站的链路连接,所以高轨光学遥感平台的数传天线也需要有跟踪地面站的能力。为了减缓数传天线传动机构的磨损,延长卫星寿命,可以适当扩大数传天线的视场,通过数传天线视场与光学成像所需姿态机动的步幅的配合来减少数传天线传动机构的启动频率,以延长数传天线传动机构的寿命。

1)数传分系统的主要功能

(1)对 CCD 光学遥感器输出的图像数据进行压缩编码。

(2)对 CCD 光学遥感器数据进行统一的高速数据复接和 CCSDS 规范的 AOS 编码。

(3)对传输数据流进行加密或加扰处理。

(4)将数据处理器或固存重放的数据流进行调制、信号功率放大传到地面接收站。

(5)数据处理设备和传输通道设备均具有主备份切换功能。

2)数传分系统一般应具有 3 种基本工作模式:

(1)实时对地传输模式。相机开机成像时,CCD 相机的图像数据通过数传分系统直接下传到卫星地面数据接收站。该模式下,数据处理部分、数传通道部分和数传天线工作。

(2)数据记录模式。将相机的图像数据经压缩处理后(也可选择不压缩),存储在固存内。

(3)数据对地回放模式。数据处理器提供给固存回放时钟,回放数据通过对地链路传输到地面数据接收站。

3)静止轨道光学平台数传分系统的主要技术指标为

(1)传输频率:ka 波段。

(2)通道数:单通道传输。

(3)传输数据率:200~300Mbits/s。

(4)调制方式:QPSK。

(5)加密:安全级别。

(6)加扰:效率。

4)数传系统的设备组成

数传分系统主要包括数据处理部分、数传通道部分、数传控制部分和数传天线。

（1）数据处理。

① 压缩编码器；

② 数据处理器；

③ 固态存储器。

（2）数传通道。

① 调制发射机；

② Ka 上变频器；

③ Ka 滤波器；

④ Ka 频段行波管（TWTA）；

⑤ 波导开关；

⑥ 双工器。

（3）数传天线。

① 反射面；

② 馈源；

③ 转动关节；

④ 两维转动机构；

⑤ 天线控制器。

8. 卫星综合电子系统组成

综合电子系统是高轨卫星业务管理的新的系统组织形式，负责控制分系统、测控分系统、载荷分系统、能源分系统、数传分系统、热控分系统等各分系统之间及各分系统与综合电子系统之间的信息交换与命令传输，是一种效率较高的星上信息管理系统。它由三大部分组成：中心管理单元、平台综合业务单元、载荷综合业务单元、CSB 内部总线、1553B 总线等。

1）中心管理单元主要模块

（1）板上计算机。

（2）紧急任务处理模块。

（3）监视与重构模块。

（4）电源模块。

（5）接口管理模块。

（6）内部总线。

2）平台综合业务单元主要模块

（1）总线接口管理模块。

（2）模拟量采集与指令输出模块。

（3）100V 加热器配电模块。

（4）7V 加热器配电模块。

（5）混合配电模块。

（6）火工品管理模块。

（7）一次展开天线控制模块。

（8）CSB 内部总线。

3）载荷综合业务单元主要模块

（1）总线接口管理模块。

（2）矩阵指令与矩阵遥测模块。

（3）模拟量采集与指令输出模块。

（4）载荷配电模块。

（5）100V 加热器配电模块。

（6）CSB 内部总线。

8.4 光学遥感平台的发展

光学遥感平台的发展有明显的多样性特点,除了前述的高低轨之分,还体现在大型化、微小型化、专用平台的多样性发展特征。

1. 平台的大型化

主要是高轨平台的大型化趋势明显,大型平台组成的卫星发射重量在 10t 量级。国外该类平台早已经过飞行验证属成熟平台,如美国的 FS1300、波音 BSS702,法国的 SpaceBus3000、SpaceBus4000 平台都是先进的大型通信卫星平台。

我国的高轨大型光学遥感平台也已进入研制定型阶段,有中国航天科技集团五院的 DFH-5（东方红五号）大型通信、遥感综合平台。图 8-15(a)、(b)是 2010 年 11 月 15 日第 8 届珠海航展上展出的 DFH-5 平台的模型,其太阳翼是二维展开太阳翼,设有可展开热辐射器,锂离子电池的能源系统,采用新型等离子电推力器和化学推力器综合推进系统。[43]

DFH-5 平台的主要技术指标如表 8-4 所列。

表 8-4　DFH-5 平台主要技术指标

项　目	指　标
发射质量/kg	6500~9000
平台质量/kg	1800~2750
整星功率/W	10000~30000
承载能力/kg	1200~2200
载荷功耗/W	4000~22000
数传/(Mbit/s)	360
寿命/年	12~15（根据配置）

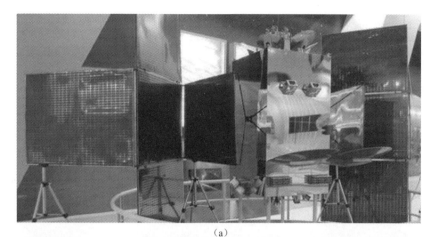

（a）

（b）

图 8-15　DFH-5 大型通信遥感综合平台

中国航天科技集团八院的 SAST9000 平台,瞄准高轨光学遥感、二代电子侦察等重要领域,着力打造通用化、扩展性强、承载能力大的高轨遥感卫星平台。该平台可以组建成未来的高分辨力静止轨道大型光学卫星、静止轨道大型电子侦察卫星和未来超级合成孔径雷达卫星,属大型光电综合遥感平台。图 8-16 为进行整星振动力学试验中的 SAST9000 平台[44]。

高轨大型卫星平台,电推技术的采用是其发展的一个主要方面,电推技术可显著增加燃料比冲,相同重量的燃料可提高卫星工作寿命,这对大型卫星尤为重要。电推技术在国内的应用尚在起步阶段,电推进羽流对卫星表面的溅射和污染[45]还有待研究,鉴于卫星体积大,外表面仪器设备形成的外廓复杂,需要研究针对卫星总体的电推进羽流建模方法[46],来预测电推进羽流对卫星表

图 8-16　力学试验中的 SAST9000 平台

面特性、热性能、电性能等的影响[47]。卫星平台的结构热稳定性对高精度光学遥感来说是至关重要的[48]。

2. 平台的微小型化

1）微小卫星的发展动力

航天发射的巨额费用、昂贵的成本一直制约着航天科技的发展。据计算，发射一颗质量 1000kg 的人造卫星，费用至少需 1 亿美元，这是许多国家难以承受的。冷战结束后，航天科技逐步从军事应用转向经济建设，商业运作促使航天科技必须降低成本，提高效益。在此背景下，在科学技术迅速发展的基础上，微小卫星得到了迅速发展。

航天市场的需求刺激了微小卫星技术的发展，21 世纪初，卫星的制造成本随着制造周期的增加而增加，技术先进性随着制造周期的增加而下降。因此，具有重量轻、性能好、研制周期短、造价低等特点的现代小卫星，特别是纳型卫星给航天技术的发展带来了新的机遇。事实上，现代小卫星已经在通信、遥感、电子、侦察等领域获得了广泛的应用，受到航天、军事、工业及普通研究机构的普遍关注，成为当前航天技术发展的重要方向之一，并具有良好的军事、经济和社会效益。

微小卫星技术的发展越来越受到各国重视，特别是它的发射，不需要大型火箭和大型发射场，可用小火箭随时随地机动发射，因此很多国家已将其列入国家级研究计划，视为 21 世纪技术与经济发展的一个增长点。

2）微小卫星的细分

质量在 1000kg 以下的人造卫星统称为"微小卫星"。进一步可细分为"小卫星"（smallsat），重 1000～100kg；"微卫星"（microsat），重 100～10kg；"纳卫星"（nanosat）重 10～1kg；"皮卫星"（picosat），重 1～0.1kg；"飞卫星"（femtosat），

重 0.1kg 以下。英文词中的 micro(微)、nano(纳)、pico(皮)和 femto(飞)等,是国际单位制中用以表示十进制倍数的词头,其数值分别为 10^{-6}、10^{-9}、10^{-12} 和 10^{-15},这里只是借用来对微小卫星按质量进行分类,并不具有其数值的实际含义[49]。

3)微小卫星的实践

微小卫星是太空科技中出现的有明确用途的新一代卫星。早在 1990 年 5 月,美国就用"侦察兵"火箭,一次发射了两颗各重 6.8kg 的"多路通信卫星",这是微小卫星的雏形。美国的 Lewis 和 clark 小卫星,采用了 GPS 定姿、光纤数据总线、公共容器氢镍电池、先进的处理器和存储器。

随后,世界上先后有 20 多个国家和地区开展了微小卫星的开发研究,正在太空运行的微小卫星已有 300 多颗。微小卫星的特点是:新技术含量高、研制周期短(一年左右)、研制经费低(数千万人民币量级),且可以进一步组网,形成分布式的星座形成"虚拟大卫星"。微小卫星的优势是质量轻、体积小,再加上批量生产,生产成本低;可以用小型火箭发射,或作为大型火箭的搭载载荷发射,发射成本低;能从战斗机(如 F-22 或 F-15)甚至气球上发射或利用地(水)面火炮发射,可以满足快速反应的需求。

在国际上美国已发射质量在几百千克以下的多种小卫星和质量不足 10kg 的试验型纳卫星和皮卫星;英国、瑞典也在 2000 年发射了纳卫星;法国、印度、阿根廷、智利、巴西、韩国、泰国、巴基斯坦等国已经有了自己的小卫星。此外,印度尼西亚、马来西亚、菲律宾等国正在与航天大国合作研制小卫星或微卫星。

美国宇航局专家指出,21 世纪太空领域的"轨道革命"主要指低成本运载火箭发射和 100kg 以下的微小卫星研制。

4)微小卫星发展的技术牵引

微电子技术的进步、轻型材料的研制以及高功率太阳能电池的出现,都为微小卫星的研制和发展创造了条件。卫星小型化、微型化的关键是各种仪器设备的微型化。20 世纪 80 年代以来,美、俄、德、法等国研究人员相继开发成功微型陀螺和微型加速度计等微型惯性仪表和惯性测量组合部件,研制出既有承载、保护仪器设备作用,又具有传输电能、信息和热控功能的多功能结构,实现了无线连接,开发成功微型机电系统和光机电系统,这些都使卫星的集成度得到大大地提高。研究人员还利用一体化设计技术,采用大规模集成电路的设计思想和制造工艺,把传感器、微处理器、惯性测量仪表和电子、光学等器件,像电子线路一样集成起来。这些工艺和技术的成功,保证了卫星研制的小型化和微型化,促使开发出来的卫星具有体积小、质量轻、能耗小、可靠性高等特点。特别是纳米技术的发展和扫描隧道显微镜加工技术的应用,使人们可以按照自己的意志,进行原子和分子量级的加工,制造出各种微型机电设备,组装成比微小卫星更小的纳型卫星。

微小卫星主要用于通信、对地遥感、行星际探测、科学研究和技术试验,它的发展动力依然是需求的牵引和技术的推动。更广泛的应用需要在关键技术上有革命性的突破与创新。这些新技术主要包括电推进技术、多功能结构、微机电系统、一体化设计、先进的存储器与计算机软件技术以及轨道控制技术等。随着这些技术不断被攻克,微小卫星必将成为一大类航天器,并作为大型航天器的补充,在军事、国民经济各部门得到广泛应用。

微型计算机的开发成功和广泛使用,导致了信息技术的革命。微小卫星的成功和使用,也在航天领域引发了一场技术革命。它使卫星的用户从单一的国家,变成了国家、部门、单位乃至个人的多元化格局。它的研制单位,也从少数国家航天部门发展到了许多大学。微小卫星技术为天、地、网络合一的立体化信息高速公路提供了技术支持,为 21 世纪的通信、航天、环境与资源等领域展示了可持续发展的新格局。在通信、遥感等方面,微小卫星将发挥重要作用。在军事领域,诸如侦察、通信、指挥、决策、后勤及武器装备等方面,微小卫星将起到重要作用,以适应现代战争的需要。

5) 微小卫星在国内的发展情况

国内早在 1995 年,中国科学院就根据国家未来星地通信技术发展需求,提出要自主研制中国首颗质量100kg 以下的低轨道数据通信小卫星及其通信系统。1996 年,中国科学院微系统所提交了研制低轨道数据通信小卫星及其通信系统的报告。1997 年年底,中国科学院正式通过了特别支持重大项目"存储转发通信小卫星及其应用系统"的立项,准备研制一颗双向数据通信的小卫星创新一号。研制任务主要由上海微系统所和上海技术物理所等单位承担。2003 年 10 月 21 日,中国科学院知识创新重大项目创新一号存储转发方式工作的通信小卫星成功发射入轨,实现全球范围的非实时低轨道双向数据通信。卫星的通信载荷采用了扩频通信技术提高了抗干扰性、增强了保密性。卫星是六面体的结构形式,采用体装太阳能电池,用重力梯度加磁力矩器主动姿控并辅加微型动量轮的姿态控制方案,总重 80 余 kg,平均功耗30W。这是中国自主研制的第一颗 100kg 以下的微小卫星,也是中国第一代低轨道数据通信小卫星。

2008 年 9 月,神舟七号载人飞船的伴星飞入太空,这是在继承中国科学院创新一号小卫星成熟技术的基础上研制的中国第一颗空间伴随微小卫星。随后,创新一号(02)星也于同年 11 月成功发射升空[49]。

2012 年 5 月 10 日 15 时 6 分,我国在太原卫星发射中心用长征四号乙运载火箭,成功将遥感卫星十四号送入太空。同时,成功搭载发射了天拓一号卫星,天拓一号发射成功,标志着中国在微小卫星领域获得重要突破。

中国还有许多大学、公司与参与研发微小卫星,如:清华大学、中国航天机电集团公司共同研制的清华航天一号微小卫星,中国卫星与深圳航天科技创新研究院、哈尔滨工业大学国家大学科技园有限公司共同设立的航天东方红海特公司研制的试验一号和试验三号卫星,浙江大学的皮星一号A以及南京航空航天大学推出的天巡一号微小卫星等。图8-17(a)是清华一号和(b)天巡一号微小卫星。

（a）　　　　　　　　　　（b）

图8-17　清华一号和天巡一号微小卫星

微小卫星将主要有2个发展方向。一是研制轻型单颗卫星,这类微小卫星已经开始执行地球观测任务,提供达到军用分辨率的图像。美国空军未来的全球定位系统(GPS)卫星每颗将不超过100kg;二是将微小卫星组成星座,进行编队飞行,以代替昂贵的单颗大型卫星,例如天基雷达(SBR)群、长基线信号情报(SIGINT)星座以及连接小型地面终端的通信卫星群等。

2012年起,国内多家单位参加的微小卫星产品化技术创新取得了进展。我国航天主管机构已经明确,微小卫星领域将以采购服务取代以往的采购卫星。

3. 专用平台

除了平台向大型和微小型化两个极端的方向发展外,目的明确的专用平台也将是航天遥感平台的一个发展方向。一个具体的实例就是哈勃空间望远镜,如图8-18所示,平台主体、天线、太阳翼、光学遥感器已经融合成一体,没有了平台与载荷的明确界限。这种专用平台的设计使整个卫星的性能得到充分发挥,获得了卓越的卫星性能,哈勃无疑是一个最好的例证,取得了举世瞩目的科学观测结果。

哈勃空间望远镜是以天文学家哈勃命名,在轨道上环绕着地球运行的望远镜。它的位置在地球的大气层之上,因此获得了地基望远镜所没有的好处——影像不会受到大气湍流的扰动,视宁度绝佳又没有大气散射造成的背景光,还

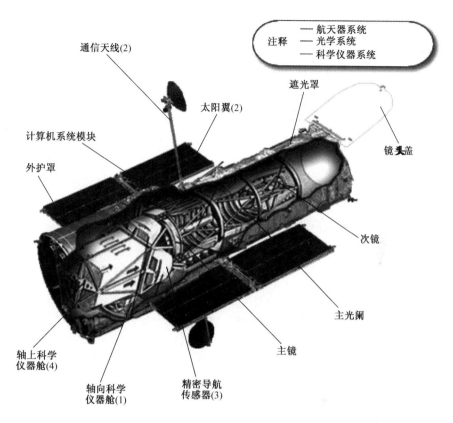

注释 —— 航天器系统
—— 光学系统
—— 科学仪器系统

通信天线(2)

计算机系统模块

外护罩

遮光罩

太阳翼(2)

镜头盖

次镜

主光阑

主镜

轴上科学
仪器舱(4)

轴向科学
仪器舱(1)

精密导航
传感器(3)

图 8-18 哈勃空间望远镜[50]

能观测到会被臭氧层吸收的紫外线。于 1990 年发射之后,已经成为天文史上最重要的仪器。它已经填补了地面观测的不足,帮助天文学家解决了许多根本上的问题,使人类对天文物理有更多的认识。哈勃的超深空视场是天文学家曾获得的最深入(最敏锐的)的光学影像。

哈勃空间望远镜是被送入轨道的口径最大的望远镜。它全长 12.8m,镜筒直径 4.27m,重 11t,由三大部分组成,第一部分是光学部分,第二部分是科学仪器,第三部分是辅助系统,包括两个长 11.8m,宽 2.3m,能提供 2.4kW 功率的太阳电池帆板,两个与地面通信用的抛物面天线。镜筒的前部是光学部分,后部是一个环形舱,在这个舱里,望远镜主镜后的焦平面上安放着一组科学仪器。太阳电池帆板和天线从筒的中间部分伸出。

望远镜的光学部分是整个仪器的心脏。它采用卡塞格林式反射系统,由两个双曲面反射镜组成,一个是口径 2.4m 的主镜、另一个是装在主镜前约 4.5m处的次镜,口径 0.3m。投射到主镜上的光线首先反射到次镜上,然后再由次镜射向主镜的中心孔,穿过中心孔到达光学系统的焦面上形成高质量的图像,供各种科学仪器进行精密处理,得到的数据通过中继卫星系统发回地面。

除了光学部分,望远镜的另外一个主要部分就是装在光学系统焦平面上的八台科学仪器,分别是宽视场和行星相机、暗弱天体相机、暗弱天体摄谱仪、高分辨率摄谱仪、高速光度计和三台精密制导遥感器。

第9章
系统总体参数设计

9.1　概述

　　利用航天光学遥感相机在成百上千公里远的轨道上对地面目标进行成像，影像的分辨力受到运载平台控制技术、轨道设计、太阳、地球、大气、目标特性、星上振源等众多因素的影响，各种因素对影像分辨力的影响规律也一直受到关注。CCD 探测器的模拟量的采样离散化对图像分辨力的影响、细分采样成像对图像分辨力的提高、航天光学遥感相机在轨工作时受到振动干扰时对图像像质的影响，这些都是就某一方面问题的研究。也有对旨在改善航天光学遥感相机像质的大系统的计算方法的研究。

　　经过努力以纳米量级的设计制造精度可以获得 μard 角分辨力的航天光学遥感相机，运载平台的速度稳定度则高达 10^{-4}°/s。这样高的精度不论是航天器相对地球的运动还是其振动都将对光学遥感相机的成像产生不利的影响。因此在考虑航天光学遥感相机在轨成像分辨力时不仅要考虑航天光学遥感相机的静态像质还要考虑与工作状态相关的动态因素，不论是运动还是振动它们对航天光学遥感相机像质的影响都是与像移密切相关的，它们对像质的影响也都与曝光时间密切相关，从航天光学遥感相机像移角度考虑只要有利于缩短曝光时间的因素都有利于提高航天光学遥感相机的成像质量。

　　它们主要与如下三个方面的问题相关：

　　（1）航天光学遥感相机光学系统的类型有全反射式、折反混合式和折射式，它们与相机的透过率密切相关。

　　（2）航天光学遥感相机的相对口径和遮拦比，它们与航天光学遥感相机的像面照度直接相关。

　　（3）航天光学遥感相机的接收器——CCD 探测器的积分级数的选择将直接决定曝光时间长度，CCD 探测器成像的采样离散化也将对航天光学遥感相机的分辨力产生直接的影响。

上述看到的是对地光学遥感因素多、问题复杂的一面。从高精度方面看对地光学遥感的精度也是很高的。对地光学遥感器在尺寸跨度上可达 10^{10} ，是一个典型的高精度机械设计制造问题。所以说对地光学遥感器的总体性研究课题是一个高精度的复杂问题。

9.2 遥感方式

航天光学遥感的主要光源是太阳，也有目标自身辐射的电磁波，如红外线。遥感中应用的电磁波谱是极为宽广的，从波长只有 0.001nm 的 γ 射线至波长 1m 的微波，横跨 12 个数量级。对于不同的电磁波，接收电磁波的传感器也不同。不同传感器的工作原理以及所涉及的技术领域也千差万别。例如波长为 0.001～10nm 的 γ 射线与 X 射线谱段，使用的传感器是一些核物理仪器，如盖革计数器、闪烁计数器、核乳胶等。对波长在 0.3～14μm 的近紫外—可见—红外谱段所使用的传感器是一些光学仪器，如相机、光谱仪等。对波长在1mm～1m 的微波波段，使用的传感器是一些微波仪器，如微波辐射计、微波散射计、合成孔径雷达等。相机、光谱仪等是以接收目标的自身辐射或对太阳辐射的反射进行探测，是被动传感器。还有主动式传感器，它们有发射装置，向目标发射电磁波，然后接收从目标反射回的电磁波。如激光雷达、合成孔径雷达等。成像类别与方式如图 9-1 所示。

图 9-1 成像类别与方式

从航天遥感的发展史上看，首先应用的是画幅成像方式，如图 9-2 所示。这时的航天遥感相机都是胶片式相机。卫星上的胶片式遥感相机的图像无法实时传输到地面，只能与返回舱一起返回地面，需要专门的航天返回与接收程序，且航天返回接收程序复杂，技术难度高，风险大，因而，胶片式遥感相机不仅无法实现信息的实时获得，风险程度也高，所以又发展了光电扫描成像的实时传输相机。

随着光电技术的发展，为了实现实时传输，延长光学遥感器和卫星的寿命，

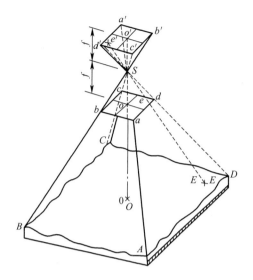

图 9-2 画幅成像原理图

采用了二维光电扫描成像方式。图 9-3 是美国陆地卫星上的多光谱扫描仪（MSS），图（a）是其扫描光路及探测器配置，图（b）是各通道的扫描覆盖情况。通道 4、5、6、7 各有 6 个光导管与扫描方向垂直排列，以实现并扫。通道 8 有 2 个 HgCdTe 红外器件以对角方式排列，以实现 2 元并扫，红外器件冷却到 100K。摆镜的扫描频率是 13.65Hz，每个通道的探测器采用相同的滤光片。通道 4、5、6 的探测器共有 18 个光电倍增管组成，通道 7 由 6 个硅光二极管组成。各通道的光谱如下：

通道 4，0.5~0.6μm；

通道 5，0.6~0.7μm；

通道 6，0.7~0.8μm；

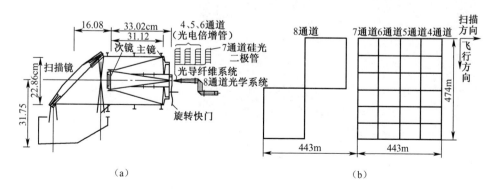

（a）　　　　　　　　　　　　　（b）

图 9-3　二维扫描成像原理图

通道 7,0.8~1.04μm;

通道 8,10.4~12.6μm。

各通道光谱排列详见图 9-4,图(a)是可见光近红外的 4 个通道的光谱带通情况,图(b)是红外通道的光谱带通情况。

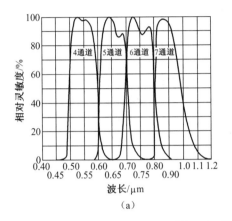

（a）

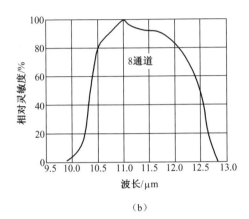

（b）

图 9-4　MSS 的光谱特性

二维扫描式光机系统结构复杂,可靠性和精度难以保持,随着 CCD 的出现航天光学相机主要采用一维扫描方式成像,见图 9-5,图(a)是卫星在轨推扫成像想象图,图(b)是推扫的工作原理。卫星在轨的推扫成像是由卫星的轨道运动实现成像的一维扫描,不需要扫描结构系统,简化了机构、提高了可靠性。但是这种推扫成像方式要想实现全球无缝成像就需要相机有较大的视场,否则需要很长的回归周期。

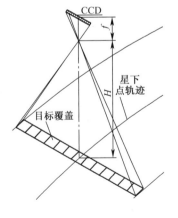

图 9-5　推扫成像原理

以 CBERS-1 为例,轨道高度 778km,运行周期 100.36min,轨道回归周期 26天。其 CCD 相机焦距 520mm,视场角 8.4°,镜头 F# = 4,5 个工作谱段,在蓝光谱段波长为 0.45~0.52μm,绿光谱段波长为 0.52~0.59μm,红光谱段波长为 0.63~0.69μm,近红外谱段波长 0.77~0.89μm,全色谱段波长为 0.51~0.73μm。

CBERS-1 卫星的轨道设置,为实现全球覆盖需要的相机视场角 $2\omega = 8°$。CCD 相机的视场角 8.4°,每侧重叠 0.2°。

可见,尽管回归周期已经达到了 26 天,但仍需较大的相机视场 8.4°,CBERS-1 卫星的 CCD 相机采用的是折射式镜头,见图 9-6,为了缩短重访周期,相机设有摆镜,摆镜摆角±32°,从而使相机能每间隔 3 天对某一地面景物进行重访成像。

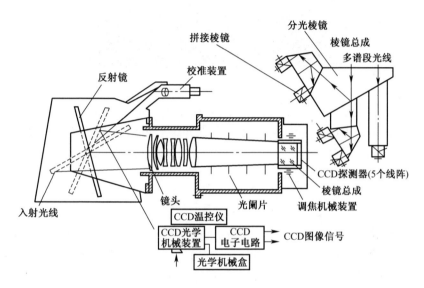

图 9-6　CBERS-1 卫星的 CCD 相机

随着航天光学遥感的发展,光学成像遥感从低轨发展到高轨,成像方式又回归到画幅成像方式,只不过图像的接收由胶片发展成了面阵光电式探测器。

9.3　光学遥感系统中的能量

航天光学遥感的光源主要是太阳,太阳发出的光线透过地球的大气层辐射到地面,由地面反射后再一次透过地球的大气层上行到光学遥感器的通光口,透过镜头到达光电探测器,经光电探测器的光电转换由光信号转换成电信号和数字信号,这一过程见图 9-7。在这一过程中光信号经过 3 次主要衰减,一次经过大气的向下辐射,一次经过大气的向上辐射和一次经过相机镜头共涉及 3 个光学透过率和一次地物散射。

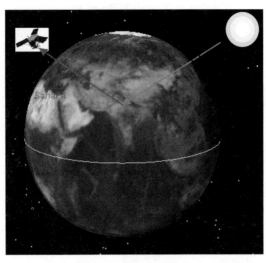

图 9-7　能量传播路径

航天光学遥感卫星的轨道,低轨高度在 200～2000km,高轨则达到 35786km。地面上的一个像点其反射的能量能达到相机探测器的部分是很小的,以 CBERS-1 卫星的 CCD 相机为例,778km 轨道,焦距 520mm,$F^\# = 4$,可知口径 $D = 0.13$m,则相机对地面一像点所张的立体角为

$$\Omega = \frac{0.13^2\pi}{4 \times 778^2 \times 10^6} = 2.1929 \times 10^{-14}\text{Sr}$$

如果将一个像点看成一个漫反射点,其反射光线射向 2π 球面度的空间,可知这样一个相机所能获得的地面某一像点的能量仅是其散射能量的约 $1/10^{15}$,可见所接收能量之微弱,所以航天光学遥感系统的能量计算是航天光学遥感系统参数计算的一个重要方面。

9.3.1　目标辐亮度

目标辐照度与季节、纬度、地方时、天气、大气类型有关。目标辐亮度与目标所受辐照度、地物反射率、观测高度角、观测方位角、大气散射等有关。

图 9-8 是在能见度 23km、太阳天顶角 30°,垂地观测时的辐射情况,从图中的近红外一侧看,最下面的一条曲线是大气后向散射的辐亮度曲线,下面上数第二条曲线是地面目标的辐亮度曲线,下面上数第三条曲线是地气系统的辐亮度曲线,下面上数第四条曲线是整层大气的透过率曲线。

图 9-9 是在图 9-8 的条件下,将光谱分辨率降低后的各条曲线变化情况,从中可以看出各辐射峰、吸收峰变化是明显的。例如在 0.43μm 附近处的吸收峰,在较高光谱分辨率的图中其透过率是 0.55,而在较低光谱分辨率的图中其透过率是 0.62,可见变化是明显的。在 0.45μm 附近处的辐射峰,在较高光谱

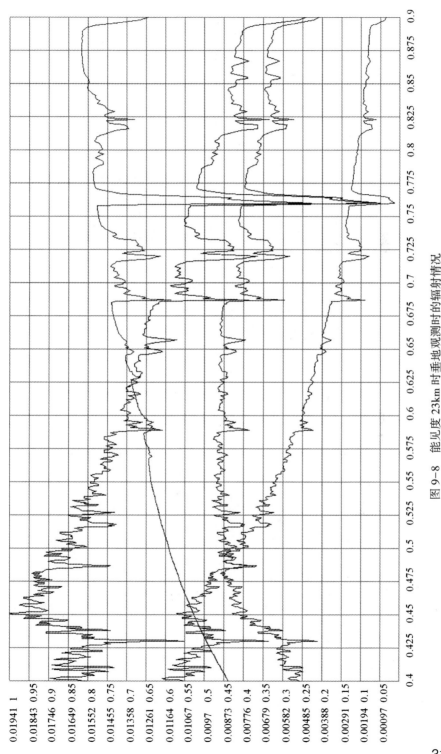

图 9-8 能见度 23km 时垂地观测时的辐射情况

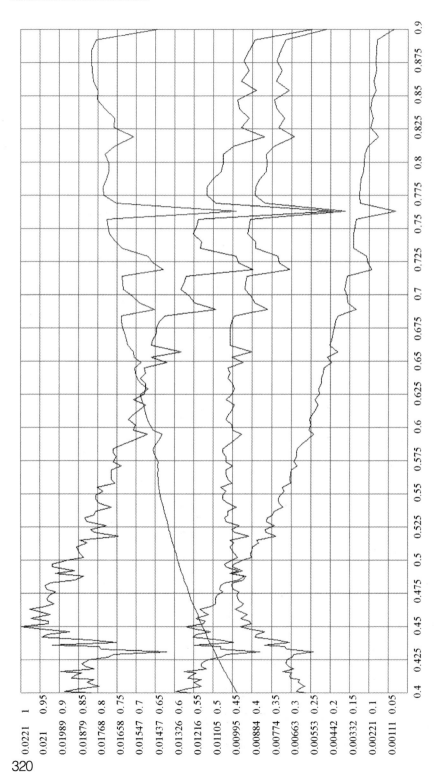

图 9-9 能见度 23km 时垂地观测低光谱分辨率的辐射情况

分辨率的图中其辐亮度是 $0.0194\mathrm{W} \cdot \mathrm{cm}^{-2} \cdot \mathrm{Sr}^{-1} \cdot \mathrm{\mu m}^{-1}$,而在较低光谱分辨率的图中其辐亮度是 $0.0221\mathrm{W} \cdot \mathrm{cm}^{-2} \cdot \mathrm{Sr}^{-1} \cdot \mathrm{\mu m}^{-1}$,两者相差了 14%,可见这种变化同样是明显的。

图 9-10 是在能见度 5km、太阳天顶角 30°,垂地观测时的辐射情况,从图中的近红外一侧看,最下面的一条曲线是地面目标的辐亮度曲线,下面上数第二条曲线是大气后向散射的辐亮度曲线,下面上数第三条曲线是地气系统的辐亮度曲线,下面上数第四条曲线是整层大气的透过率曲线。

从上述各图可见航天光学遥感的目标辐亮度不仅与方向反射因子 ρ'' 有关即与光线入射的高度角、入射方位角、反射的高度角、反射方位角有关,还与目标反射率、气象条件、太阳照射情况(地方时)、大气类型(如乡村气溶胶类型、都市气溶胶类型)、地理纬度等诸多客观因素有关。也与我们的主观因素有关,如在描述辐射亮度、透过率时选取的光谱分辨率有关。

从上述的分析描述中可见目标辐亮度的计算是复杂的,因此在航天光学遥感的目标辐亮度计算一般采用 LOWTRAN 等大气辐射计算软件来解决,或者采用查表如《美国标准大气手册》等。通过查表辅以如插值计算等方法来解决具体的大气辐射传输、目标辐亮度计算等光学遥感的相关问题。

9.3.2 探测谱段

光学遥感所采用的谱段首先是决定于用户需求,有些用户要求明确,即可按任务要求执行,有些只有一个概略的描述,则需要论证细化,在论证细化的过程中需要相关的光谱理论,也要参照已有的实践经验,下面给出一些光谱探测特性和在轨工作过的卫星的光谱应用情况,也给出了一些专题应用对谱段的需求供参考。表 9-1 谱段与被测要素的对应关系表,表 9-2 国内在轨卫星谱段设置与应用情况,表 9-3 国外在轨卫星谱段设置与应用情况,前述 3 表主要参考[51],表 9-4 卫星光学谱段的专题应用。

在考虑需求的同时探测器的选择也是探测谱段确定的决定性因素,它不仅决定所需谱段的可探测性,还决定系统的复杂程度,如 CCD 探测器所需设计的电子学部分比 CMOS 探测器所需设计的电子学部分复杂,中红外、热红外探测器则可能需要致冷,也将使光学遥感系统变得复杂。

探测器选择,在探测的谱段确定之后,需要根据谱段的要求、分辨力的需求选择探测器,探测器的光谱响应对光学系统的参数设计有直接影响。从各种光电探测器的光谱响应曲线可知,不同类型的探测器,或同类型的探测器的不同型号其光谱响应都可以有很大差异,探测器的选择对信号能量需求是确定遥感系统参数的重要因素之一。

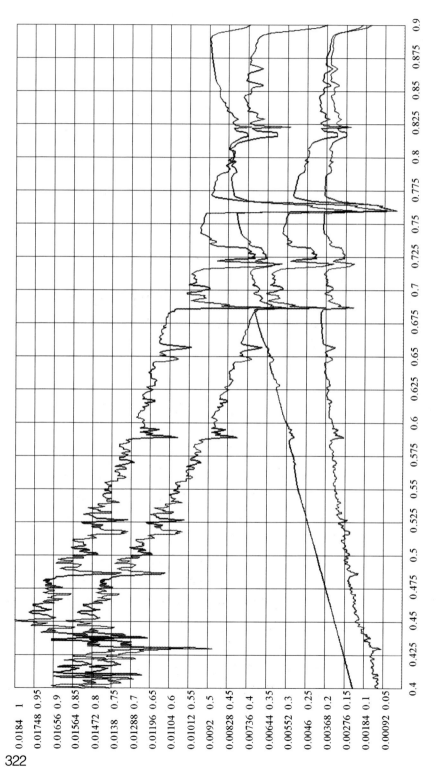

图 9-10 能见度 5km 时垂地观测时的辐射情况

表 9-1　谱段探测特性表

序号	谱段	谱段/μm	探　测　要　素	应用
1	紫外	0.16~0.4	臭氧垂直分布； 总量(0.3~0.36μm，FY-3)	气象
2	全色	0.52~0.90	空间高分辨力黑白图像	地质
3	蓝绿	0.45~0.52	清洁水透射深度 10~20m，判读浅水地形和近海海水泥沙； 分辨土壤植被； 0.503~0.52μm 反射率对叶绿素浓度变化较敏感	水文 水质 土壤 植物
4	绿色	0.52~0.60	分辨植被，位于叶绿素反射最大峰值附近，可探测健康绿色植被反射率； 位于水体衰减最小值的长波一侧，能探测水的浑浊度和 10~20m 的水深； 0.52~0.564μm 反射率对叶绿素质量浓度变化较敏感	植物 水质
5	红色	0.63~0.69	0.672~0.676μm 叶绿素吸收区域； 地质研究和水中泥沙含量研究； 观测道路、裸露土壤、植被种类效果好	水质、地质 植物、土壤
6	近红外	0.7~0.8	土壤含水量研究； 水陆分界，水体与地物反射率差别明显，湖泊水体对红外辐射几乎全部吸收； 0.703~0.709μm 叶绿素 a 反射区，探测最敏感； 0.705~0.745μm(红色边缘 Worldview-2)，辅助分析植物生长情况，直接反映植物健康信息，估算生物量，区分健康与病虫害植被	植物 微生物 土壤 水质 地质
7	近红外	0.8~1.1	0.8~0.89μm 能够很好地穿透大气层； 地质研究； 测定生物量和监测作物长势，植被表现特别明亮； 水陆分界，水与背景反射率差别明显，水对红外辐射几乎全部吸收	植物 微生物 地质
8	近红外	1.55~1.75	有较好的穿透大气、云雾的能力； 用于分辨道路、裸露土壤和水； 在不同植被之间有好的对比度； 土壤和植物的湿度也能从此谱段的灰阶中分析出来，更容易进行土壤种类判读和植被农作物生长阶段监测	植物 水文 水质 土壤 地质

（续）

序号	谱段	谱段/μm	探测要素	应用
9	近红外	2.08~2.35	对于岩石与矿物分辨很有用； 也用于辨识植被覆盖和湿润土壤	地质、土壤 植物
10	中红外	3~6	4.45~4.57μm 监测 N_2O（FY-3）； 监测森林火灾、火山爆发、秸秆焚烧	气象
11	热红外	6~15	监测热辐射目标； 6~14μm 探测水温，水辐射率≈1（近似黑体），用测得的亮温表示水温； 13.35~14.95μm 监测 CO_2（FY-3）	水质 空气质量
12	L波段 C波段	1.5~3mm 38~75mm	雷达。用于监测冰川移动速度和结构的变化，海洋表面和洋流垂直结构分布等地球动态变化信息	地质
13	P波段	0.3~1m	雷达。全球森林高度和生物量变化，碳储量估计	地质
14	真彩色合成	序号 3+4+5	与肉眼接近； 用于分辨矿区、植被、水体（污染的和清洁的）、公路、大矿区（如铜绿山露天采矿）边界； 用于海岸区域研究，因可见光可穿透水面，观察水下	水文 地质
15	近红外合成	序号 4+5+6	植被在近红外反射率高，叶绿素在此谱段反射率高，图像中的植被表现为深浅不同的红色，不同类型的植物有不同的红色色调； 水吸收几乎全部近红外辐射，水面近于黑色	植物
16	近红外合成	序号 5+6+9	红外谱段的反射主要取决于物体表面的含水量，这类图像可用于植被保护和土地研究	植物 土壤

表9-2　国内在轨卫星谱段设置与应用情况表

类型	卫星	载荷	应用
资源卫星	资源一号01、02星	CCD相机（蓝、绿、红、近红外和全色）； 宽视场相机（红光、近红外，幅宽890km，周期5天）； 红外扫描仪（4谱段）	观察范围大，可快速观察地表信息。用于勘查土地利用、测量耕地面积、估计森林蓄积量，农作物长势、产量、草场载畜量、探测地下资源、灾害监测、沿海滩涂利用、水产养殖、环境污染等
	资源一号02B星	CCD相机（19.5m，幅宽226km，4谱段）； HR相机（2.36m，幅宽45km）	具有轨道机动能力，相机具有±32°侧摆角，可连续3天对关注目标重复观测。用于国土资源勘查、环境监测与保护、城市规划、农作物估产、防灾减灾等

（续）

类型	卫星	载荷	应用
资源卫星	资源三号	三线阵相机(全色 0.50~0.80μm,正视 2.1m,前、后视 3.5m); 多谱段相机(5.8m,4 谱段) 0.45~0.52μm;0.52~0.59μm; 0.63~0.69μm;0.77~0.89μm	首颗民用立体测绘卫星,集测绘与资源调查功能于一身,可制作 4D 产品和各类专题产品如坡度图、坡向图等立体产品,为国土资源、农业、林业等领域提供服务
环境减灾	HJ-1A	CCD 相机 30m、幅宽 700km;4 谱段 0.43~0.52μm;0.52~0.60μm; 0.63~0.69μm;0.76~0.9μm。 高光谱相机 100m、幅宽 50km; 0.45~0.95μm 分为 110~128 谱段	环境监测专用卫星,30m 属中高分辨率卫星(气象 2km),48h 重访,兼顾了高分辨率和宽覆盖,高光谱成像仪可分析不同地物特征光谱,可开展生态环境和水、气环境监测。 红外相机,中红外可探测地表 500K 温度,适于深林火灾、火山爆发等灾害探测
	HJ-1B	CCD 相机(同 HJ-1A); 红外相机 150m、幅宽 700km;4 谱段 0.75~1.10μm;1.55~1.75μm; 3.50~3.90μm;10.5~12.5μm	
	HJ-1C	SAR S 波段条带模式 4~6m、幅宽 40~50km S 波段扫描模式 40~60m、幅宽 400~500km	
海洋	HY-1B	海洋水色扫描仪(1100m;10 谱段) 0.402~0.422μm;0.433~0.453μm; 0.480~0.5μm;0.51~0.53μm; 0.555~0.575μm;0.660~0.680μm; 0.74~0.76μm;0.845~0.885μm; 10.3~11.4μm;11.4~12.5μm。 海岸带成像仪 250m、幅宽 512km;4 谱段 0.433~0.453μm;0.555~0.575μm; 0.655~0.675μm;0.675~0.695μm	可探测叶绿素、悬浮泥沙、可溶有机物及海面表面温度、污染物、浅海水深、水下地形等,还可监测海岸带动态变化; 实时观察渤海、黄海、东海、南海及海岸带区域; 其他区域观测数据星上存储过境回放下传
	HY-2	雷达高度计、微波散射计、扫描微波辐射计和校正微波辐射计以及 DORIS、双频 GPS 和激光测距仪	中国第一颗海洋动力环境监测卫星,监测海洋动力环境,为海洋防灾减灾、灾害性海况预警,海洋科学研究,环境预报和全球气候变化研究提供信息

（续）

类型	卫星	载　荷	应　用
气象	FY-2C/D/E FY-3A/B	FY-3 扫描辐射计(0.45~12.5μm,分为4个可见光谱段、1个近红外谱段、2个短波红外谱段、3个中长波红外谱段) 红外分光计(0.69~15μm,分为可见光、近红外、短波红外、中波红外、长波红外) 中分辨率成像光谱仪(0.40~12.5μm,分为10个可见光谱段、7个近红外谱段、2个短波红外谱段、1个热红外谱段) 还有微波成像仪、微波温度计/湿度计、臭氧总量探测仪、臭氧垂直探测仪、地球/太阳辐射监测仪、空间环境监测仪等	FY-3可监测中小尺度对流云团和地表精细特征,提高云特性、气溶胶、陆表特性、植被、海洋水色、低层水汽等定量反演精度,实现对大气、陆地、海洋的多光谱连续综合观测。10通道扫描辐射计可探测植被、泥沙、地表温度、海表温度、水汽总量、冰雪、云图等;20通道的中分辨率成像光谱仪可探测海洋水色、气溶胶、水汽总量、植被、地表特征、表面温度、云特征;26通道红外分光计可探测O_3含量、CO_2浓度、气溶胶、大气温湿度、云参数、冰雪、降水等

表 9-3　国外在轨卫星谱段设置与应用情况表

类型	所属	卫星	载荷情况	特　点
陆地卫星	美国 NASA	Landsat-5	多光谱扫描仪 TM,7谱段 1 蓝光　0.45~0.50μm; 2 绿光　0.52~0.60μm; 3 红光　0.63~0.69μm; 4 近红外 0.76~0.94μm; 5 近红外 1.55~1.75μm; 6 近红外 2.08~2.35μm; 7 热红外 10.4~12.5μm 光机扫描仪 MSS,幅宽 185km、4谱段	调查地下矿藏、海洋资源和地下水资源,监测农、林、畜牧业和水利资源的合理使用,预测农作物收成,研究自然植物生长,预报自然灾害和环境污染; TM谱段3监测水体污染程度,第3、4、5综合使用区分植被、裸地、草地、矿区等
		Landsat-7	增强型主题成像仪 ETM+,幅宽185km 1 蓝光　0.45~0.515μm,30m; 2 绿光　0.525~0.605μm,30m; 3 红光　0.63~0.69μm,30m; 4 近红外 0.75~0.90μm,30m; 5 短波红外 1.55~1.75μm,30m; 6 热红外 10.4~12.5μm,60m; 7 短波红外 2.09~2.35μm,30m; 8 全色　0.52~0.90μm,15m	覆盖宽,周期短,光谱宽,分辨率适中,适于≤1:20万比例尺资源与环境调查

（续）

类型	所属	卫星	载荷情况	特点
地球观测卫星 EOS	美国 NASA	Terra 观察陆地	中分辨率成像光谱仪（MODIS），0.25~1μm 分成 36 个谱段	MODIS 时间分辨率高同一地点 4~8 次覆盖/天、中等分辨率 100~250m； 陆地和海洋温度、陆地表面覆盖、云、气溶胶、水汽和火情等的陆地大气海洋监测； 土地利用、植被指数、自然灾害、生态环境、农作物估产、城市热岛监测
		Aqua 观察水循环	MODIS（与 Terra 在时间更新频率上相配合,加上晚上过境数据,每天最少两次白天和两次夜间更新数据）	
对地观测系统	美国	WorldView-2	蓝光　0.45~0.51μm； 绿光　0.51~0.58μm； 红光　0.63~0.69μm； 近红外 0.77~0.895μm； 海岸带 0.40~0.45μm； 黄色　0.585~0.625μm； 红边　0.705~0.745μm； 近红外 0.860~1.04μm（2 个谱段）	海岸谱段支持植物鉴定和分析,也支持基于水生植物叶绿素和渗水率进行海岸带测深研究,由于受大气散射影响需采用大气校正技术； 黄色谱段辅助纠正色度以符合视觉习惯； 红色边缘谱段辅助分析植物生长,反映植物健康信息； 2 个近红外谱段不易受大气影响用于植物分析和生物数量研究
		WorldView-3	轨道 617km,重访周期 1 天 全色 0.31m； 多谱段 1.24m； 短波红外 3.7m 全色　　0.45~0.80μm； 海岸蓝　0.40~0.45μm； 蓝光　　0.45~0.51μm； 绿光　　0.51~0.58μm； 黄光　　0.585~0.625μm； 红光　　0.63~0.69μm； 红边　　0.705~0.745μm； 近红外 1 0.77~0.895μm； 近红外 2 0.86~1.04μm； 短波 1　1.195~1.225μm； 短波 2　1.55~1.590μm； 短波 3　1.64~1.68μm； 短波 4　1.71~1.75μm； 短波 5　2.145~2.185μm； 短波 6　2.185~2.225μm； 短波 7　2.235~2.285μm； 短波 8　2.285~2.365μm	近红外谱段探测陆地、海岸、云边界和温度突变； 继承了 WorldView-2 探测特性； 海岸蓝比蓝光对水深更敏感,可改善对港口水深的测量； 短波红外谱段扩展了光谱覆盖范围,增加了谱段个数利于物质识别； 短波红外利于透过雾霾、烟尘、气溶胶及其它空气颗粒成像

（续）

类型	所属	卫星	载荷情况	特点
对地观测系统	美国	IKONOS-2	全色(1m,0.45~0.90μm)；多光谱(4m,4个谱段)	高空间分辨率用于1：1万~1：5万调查与监测
		QuikBird	全色(0.61m,0.45~0.90μm)；多光谱(2.44m,4个谱段)	高空间分辨率图像用于区分作物种类,监视农业灌溉情况,监测水灾后灾情,利于农业精细化发展
对地观测系统	法国空间研究中心CNES	SPOT-1、2	2台可见光遥感器HRV(全色10m；多谱段20m；幅宽117km)	可立体成像,单一卫星可1~3天重访
		SPOT-4	HRV增加一短波红外谱段1.58~1.75μm,把原0.61~0.68μm红光改为0.49~0.73μm全色10m,20m多光谱；宽视域植被探测仪VGT 1.15km,幅宽2250km,5谱段 蓝光 0.43~0.47μm；绿光 0.5~0.59μm；红光 0.61~0.68μm；近红外 0.79~0.89μm；短波红外 1.58~1.75μm	短波红外大气透过率高,地貌更清晰,对比度高。土壤和植物湿度可从图像灰度中分析出,易于土壤种类判读和植被农作物生长监控；VGT用于全球和区域的对自然植被和农作物进行连续监测,对大范围的环境变化、气象、海洋等应用研究有意义
		SPOT-5	2台高分辨率几何成像设备HRG；1台高分辨率立体相机HRS；1台VGT	实时立体成像,亚像素处理提高分辨率,最高达2.5m
		SPOT-6	全色0.455~0.745μm、1.5m；多谱段6m、4谱段	使用Reference3D,定位精度达10m(CE90)的自动正射影像
对地观测卫星	日本	ALOS	立体测绘相机PRISM 2.5m、0.52~0.77μm；可见近红外辐射计AVNIR-2 10m、幅宽70km、4谱段；L波段合成孔径雷达PALSAR 3种模式:高分辨率、扫描式、极化	PRISM立体测绘；AVNIR-2用于陆地和沿海地区观测,为环境监测提供土地覆盖和利用分类图；PALSAR获取比普通SAR更宽的覆盖。用途:测绘、区域环境观测、灾害监测、资源调查等

（续）

类型	所属	卫星	载荷情况	特点
对地观测卫星	加拿大太空署与MDA公司	Radarsat-2	SAR,C波段、全极化、11种波束模式、覆盖宽度50~500km、分辨力3~100m,回归周期24天	防灾:洪水监测、地质灾害监测、溢油监视; 农业:农作物分类、作物长势监测及估产; 林业:森林分类、林业资源评估及监测; 水文:土壤湿度监测、沼泽地识别; 海洋:海冰类型识别、冰山监测; 地质:岩性构造
印度资源卫星	印度宇航局	IRS-1A、B	线阵图像扫描仪LISS	分辨率高全色5.8m适于与TM多光谱数据融合进行1:2.5万~1:5万比例尺资源与环境调查
		IRS-1C、D	LISS; 宽视场扫描仪WiFs; 全色相机PAN,5.8m、覆盖70km、0.5~0.75μm,立体成像	

表9-4 光学谱段的专题应用表

应用	观测要素	GSD/m	光谱谱段/μm	观测要素	GSD/m	光谱谱段/μm
减灾防灾	植被覆盖	30~100	0.6~1.3	水灾影响范围和强度	10~50	0.4~1.3
	土地利用	30~100	0.4~1.3	火灾影响范围和强度	30~50	0.65和0.86 3~5,8~14
	土壤湿度	30~100	0.4~1.3 3~5 8~12	旱灾影响范围和强度	50~100	0.72~1.30 1.30~3.00 10.780~11.280
	地表温度	30~100	3~5 8~12	病虫害影响范围和强度	100	0.4~2.5 8~14 至少50个谱段
	淹没范围	100~200	0.4~1.3	地震影响范围和强度	10~30	0.4~1.3
	雪被覆盖	50~100	0.72~1.30 1.30~3.00 10.780~12.80	雪灾影响范围和强度	100	0.4~1.3 3~15
	火点区域	100~500	0.65和0.86 3~5,8~14			

（续）

应用	观测要素	GSD/m	光谱谱段/μm	观测要素	GSD/m	光谱谱段/μm
国土资源	CH_4	50~100	可见光、近红外、短波红外、热红外	断裂、蚀变带	50	可见光、近红外
	油膜	100	可见光、近红外、短波红外、热红外、微波	土地地类变化	20~50	可见光、近红外
	温度	50	热红外	山体变化	20~50	可见光、近红外、微波
	植被	50	可见光、近红外	土壤植被变化	50	可见光、近红外
大气环境监测	颗粒物遥感监测	30~100	0.45~0.52 0.53~0.60 0.63~0.69 2.10~2.15 0.89~0.92 0.93~0.94 0.91~0.96	秸秆焚烧遥感监测	10~100	0.45~0.52 0.53~0.60 0.63~0.69 0.76~0.90 2.10~2.15 3.50~3.90 10.78~11.28 11.77~12.27
	臭氧	100	9.580~9.880	沙尘及沙尘暴遥感监测	30~100	0.45~0.52 0.53~0.60 0.63~0.69 0.76~0.90 3.50~3.90 10.5~12.0
	雾污染监测	100	0.45~0.52 0.53~0.60 0.63~0.69 0.89~0.92 0.93~0.94 0.91~0.96 1.55~1.75 2.10~2.15			
水环境监测	透明度	30	0.480~0.500	水温	30	10.78~11.28 11.770~12.270
	叶绿素a	30	0.555~0.575 0.640~0.660 0.670~0.690	赤潮(水华)	10	0.459~0.479 0.545~0.565 0.620~0.670 0.841~0.876

（续）

应用	观测要素	GSD/m	光谱谱段/μm	观测要素	GSD/m	光谱谱段/μm
水环境监测	石油类	10~30	微波为主、紫外、可见、红外、	溢油	20~30	微波
	悬浮泥沙	20	0.670~0.690 0.690~0.710 0.720~0.740			
生态环境监测	植被指数（NDVI）	10~30	可见光、近红外	沙漠化强度	10~30	可见光、近红外
	叶面积指数（LAI）	10~30	可见光、近红外	景观类型	10~30	可见光、近红外
	蒸散量（ET）	10~30	可见光、近红外、热红外	地表裸露率	10~30	可见光、近红外
	净初级生产力（NPP）	10~30	可见光、近红外、热红外	土地退化指数	10~30	可见光、近红外
	地表反照率（Albedo）	10~30	可见光、近红外、热红外	盐碱化程度	10~30	可见光、近红外
	生态分类	10~30	可见光、近红外	固体废物空间分布	10~30	可见光、近红外
	陆地表面温度（LST）	60~1000	热红外（10~14）	城市廊道分布	10~30	可见光、近红外
	植被覆盖状况与变化	10~30	可见光、近红外	城市热岛	60~300	热红外（10~14）
	生物量	10~30	可见光、近红外	自然保护区生态环境质量状况	10~30	可见光、近红外
	生物丰度指数	10~30	可见光、近红外	重要生态功能区生态环境质量状况	10~30	可见光、近红外
	景观格局指数	10~30	可见光、近红外	碳通量	10~30	可见光、近红外、热红外
	沟谷密度分布	10~30	可见光、近红外	土壤水分	30	可见光、热红外微波

9.3.3　光学系统参数

一般来说由于谱段的选择更多地决定于用户的需求,探测器则属于外购件,更多地决定于厂家产品情况,前两者的设计自由度有限,在谱段和探测器决定之后,光学系统的选型和参数设计有更大的设计选择余地。光学系统参数的确定需要综合空间分辨力、MTF 和能量的需要来确定。空间分辨力涉及焦距 f、像元尺寸 a、轨道高度 H、地面像元分辨力 r_g 关系较为简单。MTF 则决定于 $F^{\#}$ 数和波长 λ,有较明确的数学表达式,而能量的确定却具有系统性,与光学系统的类型、$F^{\#}$ 数、遮拦比、透过率、探测器响应直接相关。

如果光学系统的形式选择透射式,则一般会与 $F^{\#}$ 数和透过率有关,$F^{\#}$ 数可设计选择,透过率除与镜片厚度、镀膜质量相关还与选择的光学材料的透过率有关,部分光学材料的透过谱段见表 9-5。

表 9-5　厚度为 10mm 光学材料的透过率[52]

波长 λ /nm	光　谱　内　透　过　率 $\tau_{i\lambda}$															
	QK1	QK3	K1	K2	K3	K5	K6	K7	K8	K9	K10	K11	BaK1	BaK2	BaK3	BaK4
700	0.997	0.996	0.997	0.996	0.995	0.996	0.993	0.993	0.996	0.999	0.996	0.996	0.997	0.998	0.995	0.990
650	0.997	0.993	0.995	0.994	0.995	0.996	0.992	0.994	0.997	0.998	0.996	0.996	0.997	0.999	0.995	0.988
600	0.998	0.993	0.995	0.994	0.998	0.996	0.991	0.994	0.998	0.998	0.996	0.996	0.998	0.999	0.995	0.992
550	0.996	0.992	0.993	0.996	0.998	0.994	0.990	0.994	0.998	0.998	0.995	0.996	0.998	0.999	0.997	0.993
500	0.994	0.992	0.994	0.993	0.997	0.992	0.992	0.992	0.998	0.994	0.995	0.996	0.997	0.996	0.992	0.988
480	0.992	0.992	0.994	0.992	0.995	0.992	0.991	0.992	0.999	0.998	0.994	0.994	0.996	0.996	0.993	0.986
460	0.989	0.990	0.991	0.992	0.991	0.990	0.992	0.992	0.999	0.998	0.992	0.994	0.995	0.991	0.991	0.984
440	0.984	0.990	0.992	0.990	0.991	0.986	0.985	0.991	0.996	0.996	0.991	0.989	0.992	0.990	0.991	0.980
420	0.983	0.990	0.992	0.988	0.989	0.985	0.985	0.991	0.994	0.990	0.990	0.989	0.991	0.990	0.990	0.978
400	0.988	0.990	0.992	0.994	0.993	0.981	0.985	0.990	0.996	0.994	0.967	0.988	0.989	0.988	0.990	0.973
390	0.984	0.990	0.986	0.987	0.991	0.978	0.983	0.985	0.994	0.992	0.965	0.985	0.985	0.978	0.975	0.955
380	0.964	0.968	0.974	0.956	0.973	0.963	0.969	0.971	0.988	0.988	0.951	0.972	0.972	0.958	0.950	0.923
370	0.960	0.970	0.975	0.971	0.973	0.955	0.968	0.965	0.982	0.985	0.905	0.972	0.970	0.960	0.938	0.910
360	0.952	0.958	0.971	0.964	0.966	0.941	0.962	0.951	0.982	0.980	0.812	0.964	0.955	0.935	0.885	0.835
350	0.922	0.935	0.955	0.925	0.938	0.906	0.842	0.918	0.970	0.969	0.630	0.935	0.922	0.885	0.800	0.722
340	0.852	0.892	0.922	0.859	0.899	0.832	0.896	0.852	0.920	0.942	0.360	0.882	0.856	0.778	0.662	0.522
330	0.740	0.883	0.855	0.742	0.810	0.680	0.800	0.731	0.810	0.890	0.110	0.791	0.745	0.600	0.452	0.300
320	0.532	0.713	0.672	0.551	0.650	0.470	0.610	0.502	0.570	0.772	0.009	0.590	0.552	0.342	0.235	0.100
310	0.252	0.500	0.355	0.262	0.400	0.300	0.340	0.240	0.275	0.590	0.004	0.310	0.302	0.112	0.062	0.015

（续）

波长 λ	光　谱　内　透　过　率　$\tau_{i\lambda}$														
/nm	QK1	QK3	K1	K2	K3	K5	K6	K7	K8	K9	K10	K11	BaK1	BaK2	BaK3	BaK4
300	0.052	0.220	0.060	0.04	0.150	0.120	0.085	0.028	0.040	0.300	0.004	0.070	0.085	0.012	0.006	
290		0.050	0.005		0.02	0.02	0.01	0.005	0.002	0.080		0.003	0.009			
280							0.005			0.005						

对于折反混合式的光学系统除与 $F^{\#}$ 数和光学材料的透过率有关,还与光学镜的反射率和遮拦比有关。

对于反射式的光学系统则与 $F^{\#}$ 数和光学镜的反射率有关,对于有遮拦的光学系统还与遮拦比有关。

9.4　系统设计目标的选择

系统设计的目标是在综合考虑谱段的范围与个数、探测器的性能、轨道的类型、平台的工作模式、光学遥感器的光谱通道数等因素后,选择确定航天光学遥感系统的一个核心设计问题,之后将以该问题为核心进行航天光学遥感系统各环节的设计。

例如,当追求以最小运营成本来实现较短的重访周期时,主要考虑采用单颗卫星来实现需求,如果考虑卫星组网的形式则必然导致成本增加。这就需综合选择回归系数 $Q = I \pm C/N$、相机视场角 2ω 和平台绕滚动轴 x_b 的姿态调整能力和整个 3 轴姿态的稳定能力,而合理选择回归系数和相机视场角 2ω 尤为重要,它决定了卫星短时间重访目标的能力和全球无缝覆盖的实现(除两极)。

以已经讨论过的 $Q = 14 \pm 3/7$ 轨道为例,它们同样可以较有利地实现全球 3 天重访,这从下图可见,两种回归系数都可以在 1d、2d、3d 的轨道上左右侧摆 1 个单条(个别轨道除外,详见回归轨道一节的轨道排列图)轨道覆盖宽度 γ 即可在 3 天内观察到全球希望观察的任一地点的目标。

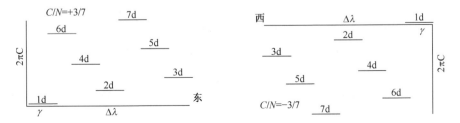

但是二者对光学相机的要求却有较大的不同，$Q = 14 + 3/7$ 时轨道高度 743.4km，覆盖宽度 396.78km，需要的相机视场为

$$2\omega = 2\arctan \frac{396.78}{2 \times 743.4}$$

$$= 29.88°$$

$Q = 14-3/7$ 时轨道高度 1040.8km，覆盖宽度 421.84km，需要的相机视场为

$$2\omega = 2\arctan \frac{421.84}{2 \times 1040.8}$$

$$= 22.91°$$

可见 $Q = 14+3/7$ 时的轨道对相机视场的要求要远大于 $Q = 14-3/7$ 时的轨道对相机视场的要求，大了近 1/3。

但从相机的焦距看，在实现相同的地面空间分辨力时，$Q = 14-3/7$ 时的轨道的相机焦距是 $Q = 14+3/7$ 时的 1.4 倍。

并且 $Q = 14-3/7$ 时的轨道其相机的焦平面规模也略大于 $Q = 14+3/7$ 时的相机的焦平面规模。

在卫星的运行中，$Q = 14+3/7$ 时需要的侧摆角比 $Q = 14-3/7$ 时的侧摆角大了近 1/3，这会使相机的成像分辨力下降约 13%。

可见设计目标的选择对整个系统的参数设计影响是很大的，对于实际应用的效果也有很大的影响。

以美国的地球观测卫星的 MODIS 光学遥感器为例，来看一下光学遥感器类型的选择。MODIS 有 36 个谱段见表 9-6，空间分辨力随谱段的不同有 250m、500m、1000m 三种，垂直与轨道运行方向的扫描长度 2330km，沿轨道方向的扫描宽度为 10km。

从具有 36 个谱段数来看，具有多光谱相机的特征，并且从具体的光谱分布看，在序号 1~19 谱段中除序号 5、6、7 外，光谱范围 0.405~0.965μm，均可采用可见光探测器接收，共 16 个谱段。

序号 20~26 谱段，加上序号 5、6、7 共 10 个谱段，光谱范围 1.23~4.549μm，可采用中红外探测器如 InSb 探测器接收。

序号 27~36 共 10 个谱段，光谱范围 6.535~14.385μm，可采用热红外探测器如 HgCdTe 探测器接收。

MODIS 的卫星轨道高度 $H = 705$km，可以求得

轨道周期，$T_n = 98.8$min；

地面速度，$V = 6.76$km/s。

MODIS 的沿轨扫描覆盖宽度 10km，扫描效率按 40% 计算，扫描长度 2330km，可得

每一幅扫描时间，$T_d = 1.48\mathrm{s}$；

扫描速度，$V_s = 3937.6\mathrm{km/s}$。

MODIS 的空间分辨力为 250m、500m、1000m，所对应的成像时间分别为 0.063ms、0.127ms、0.254ms。

MODIS 共有 36 个谱段，其中可见光通道 16 个谱段，就通道数而言，可以有两种类型的光学遥感器类型可供选择，即多谱段式的成像相机类和成像光谱仪类。如果选择成像光谱仪类，以光谱序号 2 和 16 为例，谱段分别为 0.841~0.876μm、0.862~0.877μm。如果要依然能够很好地实现现有的光谱需求，则采用成像光谱仪方案时在 0.862~0.877μm 谱段的光谱分辨力要达到

$$0.877 - 0.862\mu m \approx 0.015\mu m$$

如果具体采用横向剪切干涉成像光谱仪将导致例如谱段 1、2、3、4 等的光谱分辨力大为提高，这将导致曝光量的大幅降低，导致信噪比的降低。尤其对于谱段 1、2 其空间分辨力高，曝光时间短只有 0.063ms，曝光量不足问题将更为突出。

从表 9-6 的光谱设置、分辨力差别可以推知 MODIS 采用的是分立通道的多谱段成像方式。

从以 MODIS 为例的光学遥感器类型的选择分析可以看出，尽管 MODIS 设有 36 个光谱谱段，谱段已经不少，但从多种因素的综合分析结果看还是采用多谱段的成像方式要优于成像光谱仪方式。并且工程研制还要考虑继承性等因素。

表 9-6 MODIS 的性能参数

基本用途	序号	谱段①	光谱辐亮度②	SNR 要求③	分辨力/m
陆地/云/气溶胶边界	1	620~670	21.8	128	250
	2	841~876	24.7	201	
陆地/云/气溶胶特性	3	459~479	35.3	243	500
	4	545~565	29.0	228	
	5	1230~1250	5.4	74	
	6	1628~1652	7.3	275	
	7	2105~2155	1.0	110	
海洋水色/浮游植物/生物地球化学	8	405~420	44.9	880	1000
	9	438~448	41.9	838	
	10	483~493	32.1	802	
	11	526~536	27.9	754	

（续）

基本用途	序号	谱段①	光谱辐亮度②	SNR 要求③	分辨力/m
海洋水色/浮游植物/生物地球化学	12	546~556	21.0	750	
	13	662~672	9.5	910	
	14	673~683	8.7	1087	1000
	15	743~753	10.2	586	
	16	862~877	6.2	516	
大气水汽	17	890~920	10.0	167	
	18	931~941	3.6	57	
	19	915~965	15.0	250	

基本用途	序号	谱段①	光谱辐亮度②	NETD 要求④	分辨力
表面/云温度	20	3.660~3.840	0.45(300K)	0.05	
	21	3.929~3.989	2.38(335K)	2.00	
	22	3.929~3.989	0.67(300K)	0.07	
	23	4.020~4.080	0.79(300K)	0.07	
大气温度	24	4.433~4.498	0.17(250K)	0.25	
	25	4.482~4.549	0.59(275K)	0.25	
卷云水汽	26	1.360~1.390	6.00	150(SNR)	
	27	6.535~6.895	1.16(240K)	0.25	1000
	28	7.175~7.475	2.18(250K)	0.25	
云特性	29	8.400~8.700	9.58(300K)	0.05	
臭氧	30	9.580~9.880	3.69(250K)	0.25	
表面/云温度	31	10.780~11.280	9.55(300K)	0.05	
	32	11.770~12.270	8.94(300K)	0.05	
云顶高度	33	13.185~13.485	4.52(260K)	0.25	
	34	13.485~13.785	3.76(250K)	0.25	
	35	13.785~14.085	3.11(240K)	0.25	
	36	14.085~14.385	2.08(220K)	0.35	

①序号 1~19 单位 nm;序号 20~36 单位 μm

②光谱辐亮度单位(W/(m² · μm · Sr))

③SNR 信噪比

④NETD 噪声等效温差

注:实现性能优于要求性能 30%~40%

从上述两例的系统设计目标的选择可见,目标的选择需要考虑多重因素,在系统设计目标合理地选择之后,是更为细致的系统参数优选问题。

9.5　系统主要参数综合分析与性能评价

由于航天系统通常具有不可维修性,因此必须保证高度的可靠性,冗余设计也是较常见的方法。工程上较为大型的卫星设计通常借助于继承的方式,采用经验、类比与分析的方法。设计中注重于如何保证进度、实现在轨正常运行和设计寿命,为此承担分系统或部件研制任务的承制方也不惜一切代价,保证产品的可靠性和计划节点。对卫星系统的协调性、实现设计目标过程中各种可设计变量的综合平衡和运用不足。

以下以 DSP 自旋卫星的应用为背景,讨论一下航天光学遥感系统主要参数综合设计的一般方法。

1. DSP 预警卫星的用途

DSP 预警卫星是为监视和发现敌方弹道导弹而发射的侦察卫星,通常运行在地球静止轨道或周期为 12h 的大椭圆轨道上,一般由几颗卫星组成预警网,覆盖范围很大。预警卫星上装有红外探测器和电视摄像机,当遇有地面或水下发射弹道导弹时可探测到导弹主动段发动机尾焰的红外辐射而发出警报。两次海湾战争均发生在夜晚也足见红外预警的重要性。

2. 系统设计目标的选择

这是一个要求明确的光学探测系统,设计目标是探测高温红外辐射目标,对于预警问题有虚警率和漏警率两方面要求,虚警率是没有目标而报警的概率,漏警率是有目标而没有报警的概率,两者都与弱信号探测中的信噪比 SNR 有着直接关系,所以选择信噪比作为系统设计的目标。地球静止轨道和 12h 的大椭圆轨道的远地点相对探测目标遥远,信号很弱,SNR 太大技术上难以实现,太小则容易漏警和虚警,可取 SNR = 5~8。

3. 预警卫星轨道的选择

仿照 DSP 卫星采用地球静止轨道作为预警卫星的轨道,只需 3 颗卫星即可实现除两极以外地球表面绝大部分的覆盖,见图 9-11。

这种三星组网的方式比起 4 星组网在卫星观察区域的交汇处出现了覆盖纬度降低的问题,但更为经济。

4. 预警卫星观测对象的目标特性

(1) 战略导弹。战略导弹是用于打击战略目标的导弹。进攻性战略导弹射程在 8000km 以上,携带核弹头,主要打击政治经济中心、军事、工业基地、核武器库及交通枢纽等重要战略目标。根据导弹飞行条件以及发现、跟踪和摧毁

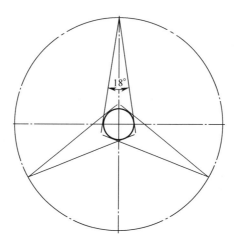

图 9-11　地球静止轨道 3 星组网

它的可能性,可把弹道分为 4 个主要阶段:主动段、弹头分离段、轨道段、末段。在主动段内摧毁导弹是最有效的,因为这时能使洲际弹道导弹的头部舱内所有弹头和假目标失效。否则在导弹再入稠密大气层段,单个目标可分解成上百个物体组成的复杂弹道目标,为选择和摧毁它们造成很大的困难。末段是用于使弹头最终瞄准预定的目标,高度从导弹再入稠密大气层至到达目标为止。

(2) 战术导弹。用于直接支援战场,打击战役战术纵深内目标的导弹。射程在 1000km 以内。其中包括地地、地空、舰地、岸舰、舰舰、空舰、地空、空空、反雷达导弹和反坦克导弹等,然而处于地球静止轨道的红外预警卫星,目前还只能对某些战术导弹进行有效地预警。

导弹尾焰的光谱特性

一般燃气尾焰的强烈红外辐射区位于短波红外区,其精确波长取决于燃气的实际组成成分。一般峰值波长在 $2.7\mu m$(SWIR)和 $4.3\mu m$(MWIR)处,辐射能量高达百万瓦级/球面度。助推段后虽然有推力系统,但辐射只有几百瓦/球面度。中段至再入大气段表面在室温附近。(20℃ 或 293K),峰值在 $10\mu m$ 处(LWIR),只有几瓦/球面度量级与地球背景对比度极差,只有相对于冷空间背景(4K),才能检测到这些目标。

导弹在低空时的辐射主要是发动机的喷口、喷气流(羽流)、飞行器表面的气动加热等热辐射源。导弹羽流尽管温度很高(上千度)但在低空的稠密大气层中却较短,其高温区在 100~200m 内,此时它对于处在地球静止轨道的红外相机来说确实是太遥远了(35786km),它在相机内的成像只能是一个很小很小的小点。在低空时由于周围大气对火箭发动机的喷气尾焰不断地掺混使其温度迅速下降。而在 30~40km 的高空因大气稀薄,掺混作用减弱,尾焰长度将大大增加。

（3）战略飞机。战略飞机的红外辐射源主要有四种，即发动机燃烧室的热金属空腔、排出的热燃气、机壳表面的辐射和对环境的反射。巡航高度约10km，速度800～900km/h。发动机喷口温度在非加力状态一般在850～900K，加力燃烧状态为1800～2000K。加力状态的温度与导弹发动机的喷口温度接近。由于大气背景辐射在2.7μm附近存在水气的强吸收带，即使是在3～4μm附近由地面背景辐射和天空散射的阳光辐射所形成的背景光谱辐射也是在一个极小值附近，而飞机喷气发动机产生的辐射光谱与导弹发动机类似也在2.7μm及4.3μm波长附近具有峰值。

通过如上分析可以得出如下结论，利用红外相机进行导弹和战略飞机预警应将探测谱段选在2.7μm和4.3μm处。

若考虑到飞机蒙皮的热辐射和导弹真假目标的识别则在8～24μm波长范围也是一个重要的谱段区域，但在此谱段地气系统的背景光辐亮度已接近常温黑体，所以利用静止轨道红外相机在此谱段进行目标探测和识别由于对比度很差，已是十分困难了。

弹道导弹的辐射功率4000～5000kW，温度2000～3000℃。据小哈德逊引用Rosenburg燃烧煤油液氧的火箭气流的光谱测量表明，火箭喷流中的无扰动锥的辐射其光谱是连续的，它和2000K的黑体辐射差不多是吻合的，据此取辐射温度$T=2000$K，取全辐射功率$P=4500$kW。又设辐射源面积S，则全谱段辐射出射度为$M=\dfrac{P}{S}$，那么在波长4.3～4.4μm之间的辐射出射度为

$$M_{4.3-4.4}=\frac{P}{S}\big[F(\lambda_2 T)-F(\lambda_1 T)\big]$$

作为点目标在4.3～4.4μm间的辐射功率为

$$
\begin{aligned}
P_{4.3-4.4}&=M_{4.3-4.4}\cdot S\\
&=P\big[F(\lambda_2 T)-F(\lambda_1 T)\big]
\end{aligned}
$$

发动机尾焰只能向喷射方向的2π空间辐射，考虑又存在一定的后向散射辐射范围会大于2π，但小于4π，取平均为3π。

点目标时在4.3～4.4μm间的辐射强度为

$$
\begin{aligned}
I_{4.3-4.4}&=\frac{P_{4.3-4.4}}{3\pi}\\
&=\frac{P}{3\pi}\big[F(\lambda_2 T)-F(\lambda_1 T)\big]
\end{aligned}
$$

$$
\begin{aligned}
F(\lambda_2 T)-F(\lambda_1 T)&=F(4.4\times2000)-F(4.3\times2000)\\
&=F(8800)-F(8600)\\
&=0.88413-0.87786\\
&=0.00627
\end{aligned}
$$

$$I_{4.3 \sim 4.4} = \frac{4500000 \times 0.00627}{3 \times \pi}$$

$$= 2993.7\text{W/Sr}$$

作为点目标时在 $2.7 \sim 2.9\mu m$ 间的辐射强度为

$$I_{2.7-2.9} = \frac{P_{2.7-2.9}}{3 \times \pi}$$

$$= \frac{P}{3\pi}[F(\lambda_2 T) - F(\lambda_1 T)]$$

$$F(\lambda_2 T) - F(\lambda_1 T) = F(2.9 \times 2000) - F(2.7 \times 2000)$$

$$= F(5800) - F(5400)$$

$$= 0.72013 - 0.68033$$

$$= 0.0398$$

$$I_{2.7 \sim 2.9} = \frac{4500000 \times 0.0398}{3 \times \pi}$$

$$= 19003.1\text{W/Sr}$$

可见,在 $2.7\mu m$ 处的红外辐射强度远大于在 $4.3\mu m$ 处的辐射强度,因此当采用 $2.7\mu m$ 和 $4.3\mu m$ 双谱段时,其相机口径将取决于 $4.3\mu m$ 谱段处的计算值。

5. 背景辐亮度的确定

红外相机工作谱段的选择必须同时考虑目标的光谱特性和背景的光谱特性。对于在静止轨道工作的红外相机其背景即为地球及其大气系统的红外辐射。

经过大气软件的计算,在波长 $\lambda = 2.7 \sim 2.9\mu m$ 范围内的地气系统的辐射亮度为 $1.873 \times 10^{-7}\ \text{W} \cdot \text{cm}^{-2} \cdot \text{Sr}^{-1}$。而固态火箭发动机辐射光谱和飞机喷气发动机产生的辐射光谱其峰值在靠近 $2.9\mu m$ 处。因此选 $2.7 \sim 2.9\mu m$ 为红外相机的工作谱段。

经过大气软件的计算,在波长 $\lambda = 4.3 \sim 4.4\mu m$ 范围内的地气系统的辐射亮度为 $4.495 \times 10^{-7}\ \text{W} \cdot \text{cm}^{-2} \cdot \text{Sr}^{-1}$。确定红外相机的工作谱段为 $4.3 \sim 4.4\mu m$。

6. 红外预警相机方案

DSP 采用的是扫描成像的方案,其后美国的 SBIRS 系统则采用的是线阵扫描与面阵凝视相结合的方案,而 SBIRS 之后的 AIRSS 系统则采用的是完全凝视的方案,完全凝视的方案虽然理想但探测器规模过于庞大难于解决,可以折中为步进凝视方案。

当以 3 颗卫星组网时,单颗卫星所观察到的区域的最大视场角为

地球静止轨道半径 42164.17km;

地球赤道半径 6378.145km;

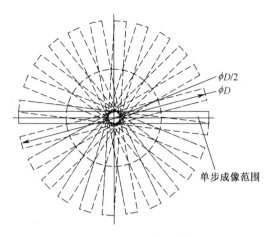

图 9-12　步进凝视成像

最大视场角 $2\alpha_m = 17.401°$。

由此看来,要实现静止轨道上对地球全部观察区域的完全覆盖,其宽覆盖的相机光学系统设计和探测器的选择是两个主要问题。采用离轴三反光学系统可以实现 18°视场,探测器则需要拼接。

此方案的优点在于,能够充分发挥面阵 CCD 迅速发展的优势和凝视成像探测能力强的优点,凝视成像符合红外预警 CCD 相机的发展方向。

7. 探测器的选择

从光电探测器的介绍中可知红外探测器中 PbS 与 HgCdTe 探测器应为首选探测器,在 2.7μm 波长附近 PbS 的探测率高于 HgCdTe 探测器,且 PbS 探测器的工作温度高,但由于 PbS 晶粒粗大,其探测器像元尺寸大于 HgCdTe 探测器像元,其像元数少于 HgCdTe 探测器,且 HgCdTe 探测器的发展迅速,且正朝着长波和双谱段大面阵和高温方向发展,以法国的面阵 CCD 为例,像元尺寸 $L_{row} = 30\mu m$ $L_{col} = 30\mu m$ 像元行数 $N_{row} = 256$,列数 $N_{col} = 320$,HgCdTe 探测器的探测率在 4.3~4.4μm 已达 $(3.5 \sim 10.2) \times 10^{11}$ cm·Hz$^{1/2}$·W^{-1},使用温度可达 130K,帧速 400 幅/s。并且美国的卫星红外预警相机也正朝着这个方向发展。由于 HgCdTe 大面阵的迅速发展,对于红外宽视场相机若能实现步进凝视成像,那么采用大面阵的 HgCdTe 探测器对于提高卫星的探测频率、空间分辨力都将是有利的。当相机焦平面采用 2.7μm 和 4.3μm 两个波长的探测器组合时还会有利于真假目标的识别。

8. 探测器致冷方式选择

HgCdTe 探测器可在 130K 下工作,采用二级辐射致冷,可达 77K,温差电致冷最大可达 130~140K 的温差,HgCdTe 探测器使用三级或四级温差电致冷组件时,可用于热成像和辐射测量仪。当采用辐射致冷时,单级可实现 140K 的致冷温度。但辐射致冷的致冷器口径较大。因此可以考虑辐射致冷和电致冷组合的方案。斯特林循环致冷也可以采用，但有寿命、可靠性和振动问题。

9. 红外系统主要参数的综合分析

参考美国 DSP 自旋卫星的角速度 5.7r/min，步进凝视红外探测的卫星自旋周期可取为 20s。

取星下点地面分辨力 $r_g = 0.8$km，焦距 F，焦面长 L_f，视场角 $2\alpha_m = 17.401°$，$H_{geo} = 35786$km，则

焦距为

$$f = \frac{L_{row} \cdot H_{geo}}{r_g}$$

$$= \frac{30 \times 35786}{0.8}$$

$$= 1.342\text{m}$$

焦面长度为

$$L_f = 2 \cdot \tan \frac{\omega}{2} \cdot f$$

$$= 2 \times \tan \frac{17.401}{2} \times 1.342$$

$$= 410.73\text{mm}$$

面阵 CCD 片数为

$$N_{ccd} = \frac{L_f}{N_{col} \cdot L_{row}}$$

$$= \frac{410.73}{320 \times 30}$$

$$= 42.78$$

考虑到地球的弧度，为了在一定的覆盖区内能够实现不低于 0.8km 的空间分辨力，也为了相机结构的对称性取

$$N_{ccd} = 44 \text{ 片}$$

则焦面长度为

$$L_f = 44 \times 30 = 422.4\text{mm}$$

取焦距为

$$f = 1.36\text{m}$$

视场角为

$$2\alpha = 17.6544°$$

由于地球为球形，所以从星下点到视场边缘地面像元分辨力是变化的，焦距为 1.36m 时 0.8km 像元分辨力的范围为

地球平均半径 r_a = 6371.23km;

地球静止轨道半径 r_s = 42164.17km;

0.8km 分辨力对应的物距为

$$L_{0.8} = \frac{0.8F}{30 \times 10^{-3}}$$

$$= \frac{0.8 \times 1.36 \times 10^3}{30 \times 10^{-3}}$$

$$= 36266.67\text{km}$$

对应的卫星对地球的张角如图 9-13 所示。

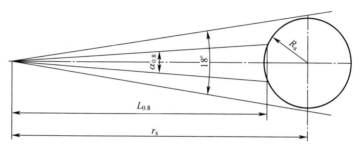

图 9-13　0.8km 空间分辨力覆盖区域

$$\tan\frac{\alpha_{0.8}}{2} = \frac{\sqrt{r_a{}^2 - (r_s - L_{0.8})^2}}{L_{0.8}}$$

$$= \frac{\sqrt{6371.23^2 - (42164.17 - 36266.67)^2}}{36266.67}$$

$$\alpha_{0.8} = 7.6063°$$

$$\frac{\alpha_{0.8}}{2\alpha} = \frac{7.6063}{17.401}$$

$$= 43.7\%$$

即约占成像范围 43.7%的区域可实现地面像元分辨力 0.8km。

火箭发动机的喷流在高度 36280km 时其尺寸达 106km 长,53km 宽,在低空时由于周围大气对火箭发动机的喷气尾焰不断地掺混使其温度迅速下降其高温区在 400~800m 内。综合考虑高低空时的尾焰状态,取尾焰在地面的投影为 0.8km ×0.5km,则背景在一个像元范围内其面积为 0.8km ×0.3km,按这样一个区域计算,其面积为

$$0.8 \times 0.3 = 0.24 \times 10^{10}\text{cm}^2$$

被其覆盖区域的地气系统在波长 λ = 2.7~2.9μm 范围的辐射能量为

$$1.873 \times 10^{-7} \times 24 \times 10^8 = 499.52\text{W/Sr}$$

343

在波长 $\lambda = 4.3 \sim 4.4\mu m$ 范围的辐射能量为

$$4.495 \times 10^{-7} \times 24 \times 10^8 = 1078.8 \text{W/Sr}$$

在波长 $\lambda = 2.7 \sim 2.9\mu m$ 范围内目标的辐射能量形成的对相机入射能量的增量为

$$19003.1 - 499.52 = 18503.58 \text{W/Sr}$$

在波长 $\lambda = 4.3 \sim 4.4\mu m$ 范围内目标的辐射能量形成的对相机入射能量的增量为

$$2993.7 - 1078.8 = 1914.9 \text{W/Sr}$$

CCD 的 256 行像元中，36 行用于延时积分，每侧采用 5 行像元用于视场搭接，210 行用于成像。

所选 CCD 最高摄像频率 400Hz，取相机自旋周期 20s/r，则 36 个像元对扫描圆心的张角为

$$\alpha_p = 2 \cdot \arctan \frac{30 \times 36}{1000 \times L_f}$$
$$= 0.292989°$$

曝光积分时间

$$\tau_j = 20 \times 0.292989/360 = 16.27717 \text{ms}$$

210 个像元对应的圆心角

$$\alpha_f = 2 \cdot \arctan \frac{30 \times 210}{1000 \times L_f}$$
$$= 1.708980°$$

210 个像元对应的渡越时间

$$t_f = 20 \times 1.708980/360 = 94.9434 \text{ms}$$

可以用来进行像移补偿准备时间

$$94.9434 - 16.27717 = 78.67 \text{ms}。$$

每个像元对应的渡越时间

$$\alpha_p = 2 \cdot \arctan \frac{30}{1000 \times L_f} = 0.0081386°$$

$$T_p = 20 \times 0.0081386/360 = 0.4521447 \text{ms}$$

要实现 CCD 延时积分则必须在一个像元渡越时间内面阵 CCD 的成像电荷整幅下移一行，所选 CCD 的一行移动时间为

$T_C = 1/(400 \times 256) = 9.715 \times 10^{-6} S \ll T_p$，可以实现。

相机口径的确定，由于红外预警相机是工作在距地面 35786km 遥远的地球静止轨道，所以红外辐射源对于相机来说已成为点辐射源，其工作方式以发现为目的。在以探测器噪声限为前提的条件下，相机的作用距离为

$$S = \sqrt{\frac{\int_{\lambda_1}^{\lambda_2} I_\lambda \tau_a(\lambda)\,\mathrm{d}\lambda \cdot \tau_0 A_0 D^*}{(A_d \Delta f)^{1/2}(U_s/U_n)}}$$

其中 A_0 为光学系统的通光孔径面积,设通光孔径为 D,则

$$A_0 = \frac{\pi}{4}D^2$$

代入上式整理得

$$D = S\sqrt{\frac{(A_d \Delta f)^{1/2}(U_s/U_n)}{\int_{\lambda_1}^{\lambda_2} I_\lambda \tau_a(\lambda)\,\mathrm{d}\lambda \cdot \tau_0 D^*} \cdot \frac{4}{\pi}}$$

式中:λ_1 为起始波长,$\lambda_1 = 4.3\mu m$;λ_2 为截止波长,$\lambda_2 = 4.4\mu m$;I_λ 为点目标的光谱辐射强度;$\tau_a(\lambda)$ 为从目标到红外系统的传播路程上的大气透射比;D 为光学系统的通光孔径;Δf 为等效噪声带宽,$\Delta f = \frac{\pi}{2} \cdot \frac{1}{2\tau_d}$($\tau_d$ 为像元驻留时间);A_d 为探测器像元面积;U_s/U_n 为系统的信噪比;τ_0 为光学系统透过率;D^* 为探测器的归一化探测率。

其中 $\tau_a(\lambda)$,因当 $\lambda = 4.3 \sim 4.4\mu m$ 时,是 CO_2 的强吸收带,以此谱段对导弹或其羽流进行探测其高度应在稠密的大气层以上,即 11km 以上的高度了,而对于 $\lambda = 2.7\mu m$ 的红外辐射恰是水的吸收带,所以也要等导弹已飞出云层(高度约10km)以上才能探测,而战略飞机一般也在平流层内活动(高度 $20 \sim 50km$),所以取初始高度 30km,经过 Lowtran7 计算,在 $\lambda = 4.3 \sim 4.4\mu m$ 范围内平均大气透过率应 $\tau_a(\lambda) = 0.8$。

在 $3.7 \sim 4.8\mu m$ 范围内,面阵 HgCdTe 探测器的 $D^* = 10.2 \times 10^{11}$ $cm \cdot Hz^{1/2} \cdot W^{-1}$。

$U_s/U_n > 5 \sim 8$,取 8。

τ_0,光学系统采用三反系统,一次平面反射,反射比 0.98。干涉滤光片及 Si 透射窗透射比 0.8,则

$$\tau_0 = 0.98^4 \times 0.8 = 0.73789。$$

$$A_d = 0.003^2$$

从前述方案的设计知,CCD 像元驻留时间 $\tau_d = 16.27717ms$,则

$$\Delta f = \frac{\pi}{2} \cdot \frac{1}{2 \cdot \tau_d}$$

$$= \frac{\pi}{2} \cdot \frac{1}{2 \times 16.27717}$$

$$= 48.2515Hz$$

如前述 $I_{4.3\sim4.4} = 1914.9\text{W/Sr}$。

光学系统的通光孔径

$$D = S \sqrt{\frac{(A_d\Delta f)^{1/2}(U_s/U_n)}{\int_{\lambda_1}^{\lambda_2} I_\lambda\tau_a(\lambda)\,\mathrm{d}\lambda \cdot \tau_0 D^*} \cdot \frac{4}{\pi}}$$

$$= 41664.76 \sqrt{\frac{(0.003^2 \times 48.2515)^{1/2} \times 8}{1914.9 \times 0.8 \times 0.73789 \times 10.2 \times 10^{11}} \cdot \frac{4}{\pi}}$$

$$= 565.3$$

由于背景光通量也会产生噪声,而不是简单扣除背景辐射强度而已,所以,实际的口径比此计算结果还要大。

取 $D = 600\text{mm}$,在 $2.7\mu\text{m}$ 处的辐射强度远大于在 $4.3\mu\text{m}$ 处的辐射强度,因此在 $2.7\mu\text{m}$ 波长处的相机口径无须再计算。

10. 相机的数据率

相机的红外探测器每拍摄一幅红外图像需要 94.9ms,每片 210 行 320 列,灰度等级 10,共 44 片,其数据率为

$$N_{\text{bit}} = \frac{210 \times L_{\text{col}} \times 10 \times 44}{t_f}$$

$$= \frac{210 \times 320 \times 10 \times 44}{94.9}$$

$$= 311.564\text{Mbits/s}$$

这样的数据率卫星数据传输可以实现。

11. 性能评价

在前述的系统参数综合分析中,以战略导弹、战略飞机和部分战术导弹作为预警目标,以美国的红外预警卫星 DSP 为参照,对静止轨道红外预警系统进行了概略的参数综合分析,得到了卫星轨道、卫星组网、自旋平台、红外探测器、红外相机、有效载荷数据率、探测对象、探测背景、探测谱段、探测初始高度、空间分辨力、信噪比等的一套初步参数,这套参数仅是初步确定了系统的组成、各组成部分的最基本的技术指标,是为下一步的可行性分析提供了一个论证的对象。

在选择了现有的一套参数之后,有了初步的框架,就可以针对系统预警的具体目标战略导弹、战略飞机和可能预警的战术导弹进行分别的探测性能的具体评价。比如,红外相机口径的确定是以 $4.3\sim4.4\mu\text{m}$ 谱段的目标及背景的辐射特性确定的,而探测高度又是以战略飞机的巡航高度来确定的,而 $2.7\sim2.9\mu\text{m}$ 谱段的数据并未在红外相机口径确定中得以体现,因此在此谱段的性能还需要做具体的战略导弹、战略飞机和对可能作为预警目标的战术导弹

的探测性能的各自评价。这将是一个更加细化、更加复杂、也需要更加具体的系统各组成部分及各个目标的更具体的参数进一步计算的过程,这一评价过程与上述的综合分析过程在计算的流程上大体类似,限于篇幅和一些红外技术参数的限制,这里不再累述,仅作为一个航天光学遥感系统的参数综合分析的算例供参考。

12. 讨论

这是一个复杂的卫星遥感系统分析的例子,仅能体现一些卫星遥感系统综合分析的基本思路,其局限性是显而易见的,讨论如下。

1) 设计目标分析的局限性

上述静止轨道红外预警卫星的主要参数综合分析中把系统的信噪比作为了分析对象,而影响信噪比的除了探测器和红外相机自身的电子学设计的噪声还有杂光的影响等系统本身的噪声,一个更难于量化的问题是背景噪声,由于静止轨道红外预警,距离远、目标是非合作目标,能探测到的信号很弱,容易被背景噪声淹没。这里的处理仅是将目标辐亮度减去背景辐亮度,其考虑是 $4.3 \sim 4.4\mu m$ 谱段是 CO_2 的强吸收谱段,CH_4 在 $3.3\mu m$ 处有吸收峰;$2.7 \sim 2.9\mu m$ 谱段是 H_2O 的强吸收谱段,因而大气对于这两个谱段基本不透明,因而可以看作均匀背景。

但是,这一均匀背景的辐射强度是很大的,以 $4.3 \sim 4.4\mu m$ 谱段为例,目标的辐射亮度是 2993.7W/Sr,背景的辐射亮度是 1078.8W/Sr,背景辐射约是目标辐射的 40%,这 40% 的能量引起的噪声并未在本文的综合分析,目标(SNR)中计及,理论上来计算这种影响是困难的,可采取实验测量的方法解决。

2) 技术指标的分解

对静止轨道红外预警系统所做的概略的参数综合分析得到的是一套最基本的初步技术指标,要通过它形成各分系统的主要技术指标,并进行各分系统的指标论证和方案设计,如现有的卫星系统参数综合分析给出的光学系统的技术指标为

视场:$2\omega = 18°$。

焦距:$f = 1.36m$。

口径:$D = 0.6m$。

可知 $F^{\#} = f/D = 1.36/0.6 = 2.27$。

这是一个小 $F^{\#}$(即大相对孔径)、大视场的反射式光学系统,它的设计实现是有很大难度的,如果需要调整,比如 $F^{\#}$ 要增大,这要反馈到红外预警的大系统的综合分析中去进行大系统参数的新一轮的综合平衡。

3) 各组成部分的方案可行性

除了技术指标的因素,还有工程技术的因素,在红外预警卫星的大系统综

合分析中,是参照 DSP 卫星选择的自旋平台,并确定了平台的自旋速度,这种自旋是否会对热控中热管的导热产生影响,如果由于平台自旋产生的离心使热控热管无法工作,而热控系统又找不到其它途径解决,这一问题也会反馈到红外预警的大系统的综合分析中去进行大系统参数的新一轮的综合平衡。

4)像移补偿的方案

步进凝视成像的构思虽符合了面阵红外探测器像素大规模化的发展方向,但如何实现延时积分时的像移补偿还是一个有待具体化的环节,因为这种旋转形式的像移,补偿起来还是比较困难的,可以是机械式的也可以是光学机械式的,但难点各有不同,还需深入研究,它也可能引起大系统参数的新一轮的综合调整和难点平衡。

5)从部分到总体的迭代

在各分系统完成技术指标设计和方案可行性论证之后,随着各分系统指标的调整,红外预警的大系统参数的综合分析还要进行新的调整和综合平衡,以缓解某些局部的特殊困难。

综上可见,航天光学遥感系统总体设计是一个复杂而精细的系统工程,不仅牵涉颇多学科,其牵涉的工程技术问题也很复杂,这里所示的仅是红外警卫星系统的参数层面的分析确定就已体现出这种复杂而精细的特点。

第 **10** 章
CCD采样成像的分辨力

航天光学遥感相机的 MTF 的大小首先决定于所采用的光学系统,航天光学遥感相机的光学系统主要采用反射式系统,这样制约光学系统质量的基本因素光学材料的均匀性和透过率问题就成了次要因素。光学系统的遮拦问题就成了影响其 MTF 的主要因素之一,这里将求取各种遮拦比与光学系统光学调制度传递函数 MTF 之间的定量关系。分析采样式光学遥感器的分辨力的一些特性问题[53]。

10.1 光学调制度传递函数 MTF 的基础理论

从光学传递函数的基础理论可知,对于一个像质接近衍射极限的成像光学系统,在点扩散函数 $P(x,y)$ 的尺度范围内,可以认为是一个空间不变系统[54]。当采用相干光成像时,光学系统的光学传递函数为振幅点扩散函数 $u(x,y)$ 的傅里叶变换,即

$$H(\nu_x, \nu_y) = \mathscr{F}[u(x,y)] \tag{10-1}$$

而振幅点扩散函数是光瞳函数 $g(\xi,\eta)$ 的傅里叶变换,即

$$u(x,y) = \mathscr{F}[g(\xi, \eta)] \tag{10-2}$$

于是

$$H(\nu_x, \nu_y) = \mathscr{F}\{\mathscr{F}[g(\xi, \eta)]\} \tag{10-3}$$

由傅里叶变换的性质知

$$H(\nu_x, \nu_y) = g(-\xi, -\eta)$$

当取 $H(\nu_x, \nu_y)$ 的坐标系与 $g(-\xi, -\eta)$ 的坐标系的坐标轴相反时则有

$$H(\nu_x, \nu_y) = g(\xi, \eta) \tag{10-4}$$

即相干光学系统的光学传递函数等于光学系统的光瞳函数。

式中:ξ 为光瞳函数的横坐标;η 为光瞳函数的纵坐标;x 为振幅点扩散函数的横坐标;y 为振幅点扩散函数的纵坐标;ν_x 为光学传递函数的横坐标;ν_y 为光学传

递函数的纵坐标。

光瞳函数 $g(\xi, \eta)$、振幅点扩散函数 $u(x, y)$ 及光学传递函数 $H(\nu_x, \nu_y)$ 坐标关系如图 10-1 所示。

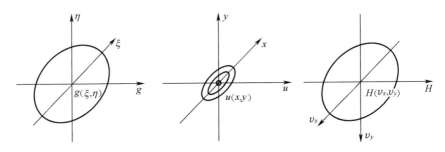

图 10-1   光瞳函数、振幅点扩散函数及光学传递函数坐标关系

航天光学遥感相机的成像是非相干成像,对于非相干成像,光学系统传递的是光强信息,光强点扩散函数 $p(x, y)$ 为

$$p(x, y) = \mid u(x, y) \mid^2$$

对于非相干成像,其光学系统传递函数为光强点扩散函数的傅里叶变换[54],即

$$K(\nu_x, \nu_y) = \mathcal{F}[u(x, y) \cdot u^*(x, y)] \tag{10-5}$$

在信息光学中[54],函数 $u(x, y)$ 的傅里叶变换

$$\mathcal{F}[f(x)] = F(u),即 f(x) \Leftrightarrow F(u)$$

则有

$$f(x) \cdot f^*(x) = f^*(x) \cdot f(x) \Leftrightarrow F(u) \,\text{☆}\, F(u) ,\text{☆:相关}$$

则式(10-5)为

$$K(\nu_x, \nu_y) = \mathcal{F}[u(x, y) \cdot u^*(x, y)] = \mathcal{F}[u(x, y)] \,\text{☆}\, \mathcal{F}[u(x, y)]$$
$$\tag{10-6}$$

将式(10-2)代入式(10-6)

$$K(\nu_x, \nu_y) = \mathcal{F}\{\mathcal{F}[g(\xi, \eta)]\} \,\text{☆}\, \mathcal{F}\{\mathcal{F}[g(\xi, \eta)]\}$$
$$= g(-\xi, -\eta) \,\text{☆}\, g(-\xi, -\eta)$$

类似图 10-1 取 $K(\nu_x, \nu_y)$、$g(\xi, \eta)$ 坐标轴反方向,则有

$$K(\nu_x, \nu_y) = g(\xi, \eta) \,\text{☆}\, g(\xi, \eta) \tag{10-7}$$

式(10-7)表明非相干光学系统传递函数 $K(u_x, u_y)$ 为光瞳函数 $g(\xi, \eta)$ 的自相关。

在相干成像的光学系统中,系统传递的是光的振动信息,像面上形成的影像是物面上各点光振动的叠加。在非相干成像的光学系统中,系统传递的是光的强度信息,像面上形成的影像是物面上各点光强度的叠加。但光学系统在相干光成像和非相干光成像时都是线性系统,且在等晕区内是线性不变系统。因此在非相干成像时,光学系统的光学传递函数是其光瞳函数的自相关,经归一化后即

$$D(\nu_x, \nu_y) = D\left(\frac{\xi'}{\lambda R}, \frac{\eta'}{\lambda R}\right)$$

$$= \frac{\int_{-\infty}^{\infty} \int_{-\infty}^{\infty} g(\xi + \xi', \eta + \eta') g^*(\xi, \eta) \mathrm{d}\xi \mathrm{d}\eta}{\int_{-\infty}^{\infty} \int_{-\infty}^{\infty} |g(\xi, \eta)|^2 \mathrm{d}\xi \mathrm{d}\eta}$$

式中:ξ 为光瞳函数的横坐标;η 为光瞳函数的纵坐标;ξ' 为光瞳在横坐标方向错开的距离;η' 为光瞳在纵坐标方向错开的距离。

$D(\nu)$ 所表示的是一个复数即光学传递函数(optical transfer function)$D(\nu) = T(\nu) e^{i0(\nu)}$,它的模即是光学调制度传递函数,它的辐角即是光学传递函数的相位(phase transfer function)。

其中

$$g(\xi, \eta) = \begin{cases} B(\xi, \eta) e^{-ikw(\xi, \eta)} & \text{在光瞳内} \\ 0 & \text{在光瞳外} \end{cases}$$

式中:$B(\xi, \eta)$ 为光瞳内的振幅透过率;$W(\xi, \eta)$ 为光瞳内的波面像差。

这里要分析的是航天光学遥感相机的各种遮拦比对其光学调制度传递函数的影响,所以令

$$B(\xi, \eta) = 1$$
$$W(\xi, \eta) = 0$$

其中

$$g(\xi, \eta) = \begin{cases} 1 & \text{光瞳内} \\ 0 & \text{光瞳外} \end{cases}$$

于是光学传递函数式变为

$$D(\nu_x, \nu_y) = D\left(\frac{\xi'}{\lambda R}, \frac{\eta'}{\lambda R}\right)$$

$$= \frac{\int_{-\infty}^{\infty} \int_{-\infty}^{\infty} g(\xi + \xi', \eta + \eta') g^*(\xi, \eta) \mathrm{d}\xi \mathrm{d}\eta}{\int_{-\infty}^{\infty} \int_{-\infty}^{\infty} |g(\xi, \eta)|^2 \mathrm{d}\xi \mathrm{d}\eta}$$

$$= \frac{\int_{-\infty}^{\infty} \int_{-\infty}^{\infty} g(\xi + \xi', \eta + \eta') g^*(\xi, \eta) \mathrm{d}\xi \mathrm{d}\eta}{A}$$

$$= \frac{S}{A} \tag{10-8}$$

$$S = \int_{-\infty}^{\infty} \int_{-\infty}^{\infty} g(\xi + \xi', \eta + \eta') g^*(\xi, \eta) \mathrm{d}\xi \mathrm{d}\eta \text{ 即光瞳 } g(\xi, \eta) \text{ 移动横坐标 } \xi' \text{、}$$

纵坐标 η' 后的重叠面积。

$A = \int_{-\infty}^{\infty} \int_{-\infty}^{\infty} 1 \mathrm{d}\xi \mathrm{d}\eta$ 即光瞳面积。

令

$$l = \sqrt{\xi'^2 + \eta'^2}$$

则 l 即为光瞳错开的距离,光学传递函数式 $D(\nu_x, \nu_y)$ 的分子即为在光瞳错开此距离下的重叠面积,$D(\nu_x, \nu_y)$ 的分母即为光瞳面积。它们的比即为光学系统的调制度传递函数 MTF。

$$\nu_x = \frac{\xi'}{\lambda R}$$

$$\nu_y = \frac{\eta'}{\lambda R}$$

式中:λ 为光学系统工作谱段的光波长;R 为光学系统的出瞳到相面的距离,对于航天光学遥感,相当于物距为无穷远,此时有 $R=f$,即是相机的焦距。

$$D(\nu) = D(\nu_x, \nu_y) = D\left(\frac{\xi'}{\lambda R}, \frac{\eta'}{\lambda R}\right)$$

令

$$\nu = \sqrt{\nu_x^2 + \nu_y^2}$$

$$\nu = \sqrt{\nu_x^2 + \nu_y^2} = \sqrt{\left(\frac{\xi'}{\lambda R}\right)^2 + \left(\frac{\eta'}{\lambda R}\right)^2} = \frac{l}{\lambda R}$$

式中:ν 为光学系统的调制度传递函数 MTF 的频率;l 为光瞳错开的距离,它的最大值对于航天光学相机即是相机的孔径。

10.2 各种遮拦比下 MTF 计算实例

下面是一航天相机的方案设计实例,相机参数:

焦距为 $f=6.5\mathrm{m}$;

通光口径为 $D=650\mathrm{mm}$;

光谱范围为 $l=0.5\sim0.9\mathrm{mm}$。

当相机具有中心遮拦时,其光瞳如图 10-2 所示。图中 D_2 为通光面积直径,D_1 为遮光面积直径。这是一个典型的航天相机的光瞳图,研究它对光学调制度传递函数 MTF 的影响很有实际意义。

设遮拦比为 K,

$$K = \frac{D_1}{D_2}$$

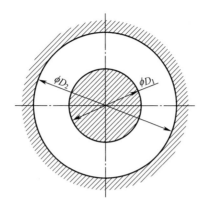

图 10-2　有遮拦的光瞳

当 K 一定时,将图 10-2 所示的光瞳错开距离 l,如图 10-3 所示。在图 10-3 中阴影面积即是式(10-8)分子的值。在图 10-3~图 10-8 中所示的阴影部分是光学系统的通光面积,这与图 10-2 不同,在图 10-2 中非阴影区域是通光面积,它也是式(10-8)分母的值,于是获得了光学调制度传递函数的值 m。

只要将图 10-2 所示的两个重叠着的光瞳逐渐错开,错开的距离为 l,如图 10-3 所示,即可求得不同频率 ν 所对应的光学调制度传递函数 MTF 的值。在 l 从 0 逐渐增加到最大值 D_2 这一过程中,光瞳的重叠部分即阴影部分也在不断变化,阴影部分就是求解阈。图 10-2~图 10-9 显示了这一过程的典型环节,从图 10-2~图 10-9 中可以看出这是一个复杂的变化过程,它体现出许多个变化阶段,各阶段有着自己的图形特征。

上述各阶段的划分还只是个初步的分析,在每一个阶段内在求解阈内求解相应的光学调制度传递函数时,还要针对不同的 l 变化范围对函数进行分段求解。

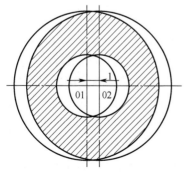

图 10-3　有遮拦的光瞳

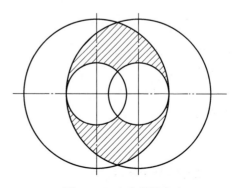

图 10-4　有遮拦的光瞳

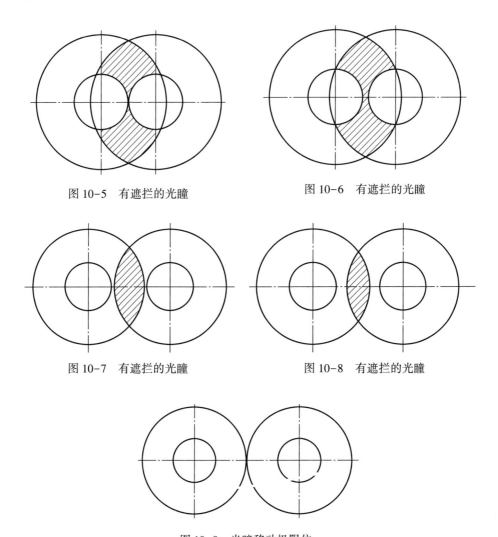

图 10-5　有遮拦的光瞳　　　　　　图 10-6　有遮拦的光瞳

图 10-7　有遮拦的光瞳　　　　　　图 10-8　有遮拦的光瞳

图 10-9　光瞳移动极限位

以上分析了在遮拦比 K 一定的条件下求解光学调制度传递函数的过程,当遮拦比 K 变化时,对应每一个 K 值还要具体分析这一变化过程,重新划分各个光瞳的变化阶段。整个分析计算过程是复杂的必须借助计算机编程进行求解。

对于非相干航天光学遥感相机的光学系统,其光学调制度传递函数的截止频率为

$$\nu_{\lim} = \frac{D}{\lambda f} \qquad (10-9)$$

从光学调制度传递函数的截止频率式(10-9)可见,不同的光波长即使对于同一个光学系统也有着不同的截止频率,这对于描述和分析系统的光学调制度

传递函数是不方便的,当把空间频率也归一化时,即取

$$\gamma = \frac{\nu}{\nu_{\mathrm{lim}}} = \frac{\dfrac{l}{\lambda f}}{\dfrac{D}{\lambda f}} = \frac{l}{D} \tag{10-10}$$

由式(10-10)可知通过坐标的归一化,归一化横坐标与波长无关。

取归一化空间频率 γ 为横坐标,取光学调制度传递函数值 m 为纵坐标,来描述调制度传递函数,在取

$$B(\xi, \eta) = 1$$
$$W(\xi, \eta) = 0$$

的条件下,各波长 λ 的光学调制度传递函数曲线就具有完全相同的形状,这对分析各种遮拦比下对光学调制度传递函数的影响是很有利的。

通过编程进行计算机求解得到图 10-10 的各种遮拦比 K 下的光学调制度传递函数 MTF 的曲线。

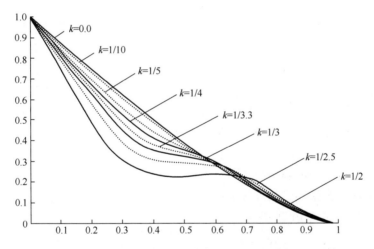

图 10-10　各种遮拦比 K 下的光学调制度传递函数归一化曲线

10.3　CCD 探测器像元大小遮拦比与 MTF 关系

从光学调制度传递函数曲线可以看出随着遮拦比的增大光学调制度传递函数总的趋势在下降,曲线在归一化频率 $\gamma=0.6$ 附近有一拐点,在 γ 小于 0.6 的一侧光学调制度传递函数有较大幅度的降低,当 k 大于 1/2 时,在 γ 大于 0.6 的一侧光学调制度传递函数略有增加。

航天光学遥感系统总体设计

在光学调制度传递函数有增加的部分它们对航天光学遥感相机的成像质量也难有贡献。这有两方面原因。

（1）航天光学遥感相机的奈奎斯特频率一般难以达到 $\gamma = 0.6$。例如在这里的实例中，取其中心波长 $\lambda = 0.7mm$，则

$$\nu_{\text{lim}} = \frac{D}{\lambda f} = \frac{650}{0.7 \times 6500} = 143$$

在 $\gamma = 0.6$ 处

$$\nu = \nu_{\text{lim}} \times \gamma = 143 \times 0.6 = 86$$

它的 CCD 的像元尺寸即使采用 $a = 7mm$，其奈奎斯特频率为 $\nu = 71.4lp/mm$，也达不到 86。所以在 $\gamma = 0.6$ 这一拐点以上的光学调制度传递函数航天相机使用不到，而现在正在使用的航天光学遥感相机的 CCD 探测器的像元尺寸都大于 7mm，也就是说其奈奎斯特频率达不到 86lp/mm 以上。

（2）由于 CCD 探测器成像是一个采样离散化过程，当其奈奎斯特频率达不到 $\gamma = 0.6$ 这一拐点以上时，$\gamma = 0.6$ 这一拐点以上的光学传递函数越高反而对航天光学遥感相机的成像质量越不利。

从此可以看出航天光学遥感相机在有遮拦情况下的光学调制度传递函数不仅与遮拦比有关还与所采用的 CCD 探测器的像元尺寸密切相关，为了准确比较各种遮拦比 K 下及各种 CCD 探测器的像元尺寸下的光学调制度传递函数，将各种遮拦比及各种 CCD 探测器的像元尺寸下的光学调制度传递函数的数值进行积分，即把各种 CCD 探测器的像元尺寸所对应的奈奎斯特频率作为截止频率来求取图 10-10 的各种遮拦比 K 的光学调制度传递函数曲线下的面积，以此作为评判的标准来分析和比较航天光学遥感相机在各种遮拦比下的光学调制度传递函数的利用情况。

目前航天光学遥感相机常用的 CCD 探测器的像元尺寸及本例的 CCD 探测器的像元尺寸如表 10-1 所列。

表 10-1　CCD 探测器的像元尺寸所对应的奈奎斯特频率

像元尺寸/μm	7	8.75	10	13
奈奎斯特频率/（lp/mm）	71.43	57.14	50	38.46

利用表 10-1 内的奈奎斯特频率对图 10-11 的各种遮拦比下的光学调制度传递函数曲线下的面积利用计算机编程进行积分，积分频率范围 $[0, \nu_{\text{lim}}]$，将求得的数值列入表 10-2。

表 10-2 中的空间频率 143 是本例中的中心波长 $\lambda = 0.7\mu m$ 时光学系统所对应的截止频率，表中此列数值表示光学系统的遮拦比从 $K = 0$ 到 $K = 1/2$ 的 8 种遮拦比情况下相应的光学调制度传递函数积分值。空间频率 71 是 CCD 的像

356

元尺寸为 $a \times a = 7\mu m \times 7\mu m$ 时光学系统的奈奎斯特频率,表中此列数值表示的是光学系统工作波长 $\lambda = 0.7\mu m$ 时,积分频率范围为 $[0,71]$,遮拦比从 $K = 0$ 到 $K = 1/2$ 的 8 种遮拦比情况下相应的光学调制度传递函数积分值。其余三列数值的意义同此。

表 10-2　各种遮拦比的光学调制度传递函数积分表

K ＼ ν_{lim}	143	71	57	50	38
0	61.131	49.708	43.470	39.756	32.436
1/10	60.364	48.854	42.403	39.194	32.042
1/5	58.240	46.576	40.974	37.689	31.004
1/4	56.735	45.015	39.693	36.651	30.442
1/3.3	54.959	43.224	38.227	35.449	29.772
1/3	53.631	41.919	37.169	34.573	29.285
1/2.5	50.644	39.093	34.923	32.707	28.166
1/2	45.36	34.498	31.300	29.540	25.968

分析遮拦比一定的情况,在 $K = 0$,没有遮拦时:

当 CCD 探测器的像元尺寸为 $13\mu m$ 时,光学调制度传递函数的 $[0,38]$ 区间的积分值与 $[0,143]$ 区间的积分值之比为

$$\frac{32.436}{61.131} = 0.53$$

当 CCD 探测器的像元尺寸为 $10\mu m$ 时,光学调制度传递函数的 $[0,50]$ 区间的积分值与 $[0,143]$ 区间的积分值之比为

$$\frac{39.756}{61.131} = 0.65$$

当 CCD 探测器的像元尺寸为 $7\mu m$ 时,光学调制度传递函数的 $[0,71]$ 区间的积分值与 $[0,143]$ 区间的积分值之比为

$$\frac{49.708}{61.131} = 0.81 \; 。$$

在 $K = 1/3.3$,相当于 $1/10$ 的面积遮拦时:

CCD 探测器的像元尺寸为 $13\mu m$ 时,积分之比为

$$\frac{29.772}{54.959} = 0.54$$

CCD 探测器的像元尺寸为 $10\mu m$ 时,积分之比为

$$\frac{35.449}{54.959} = 0.65$$

CCD 探测器的像元尺寸为 7μm 时，积分之比为

$$\frac{43.224}{54.959} = 0.79 。$$

在 $K = 1/2$，相当于 1/4 的面积遮拦时：

CCD 探测器的像元尺寸为 13μm 时，积分之比为

$$\frac{25.968}{45.36} = 0.57$$

CCD 探测器的像元尺寸为 10μm 时，积分之比为

$$\frac{29.54}{45.36} = 0.65$$

CCD 探测器的像元尺寸为 7μm 时，积分之比为

$$\frac{34.498}{45.36} = 0.76 。$$

从上面的三组数字的比较可以看出，在遮拦比一定时，随着 CCD 探测器的像元尺寸的减小，航天光学遥感相机的光学调制度传递函数的利用率有很大的提高。这说明从光学调制度传递函数的角度看，应尽可能采用小的 CCD 探测器的像元尺寸，以提高航天光学遥感相机的信息探测能力，这样也可以提高航天光学遥感相机的分辨力，当然，在工程实践中也要同时考虑由于 CCD 像元尺寸的减小其 MTF 的下降问题。

不同遮拦比时 MTF 的比较。下面分析一下各种遮拦比对航天光学遥感相机的光学调制度传递函数影响的情况，为此把前表中各种遮拦比的光学调制度传递函数的积分值除已相应列的 $K = 0$ 的光学调制度传递函数的积分值。

例如，表 10-2 中的最后一列，CCD 探测器的像元尺寸为 13μm 时，对应的截止频率 $\nu_{\lim} = 38$。当 $K = 0$ 时对应的光学调制度传递函数的积分值为 32.436，当 $K = 1/2$ 时对应的光学调制度传递函数的积分值为 25.968。在表 10-3 中对应的比值为

$$\frac{25.968}{32.436} = 0.800592$$

当 K 等于其他值时其含义同此。

当 $K = 0$ 时其比值为

$$\frac{32.436}{32.436} = 1$$

类似地，在 CCD 探测器的像元尺寸为其他值时，可以按照这种办法求出其比值，列于表 10-3。

表 10-3　同一截止频率光学调制度传递函数积分值比较表

ν_{lim} / K	143	71	57	50	38
0	1	1	1	1	1
1/10	0.987453	0.98282	0.975454	0.985864	0.987853
1/5	0.952708	0.936992	0.942581	0.948008	0.955852
1/4	0.928089	0.905589	0.913112	0.921899	0.938525
1/3.3	0.899036	0.869558	0.879388	0.891664	0.917869
1/3	0.877313	0.843305	0.855049	0.86963	0.902855
1/2.5	0.82845	0.786453	0.803382	0.822693	0.868356
1/2	0.742013	0.694013	0.720037	0.743032	0.800592

　　进一步分析将表 10-3 中的数值按遮拦比 K 为横坐标,将光学调制度传递函数的比值作为纵坐标画出不同 CCD 探测器的像元尺寸大小和不同遮拦比 K 情况下的光学调制度传递函数积分值的比值曲线图,如图 10-11 所示。

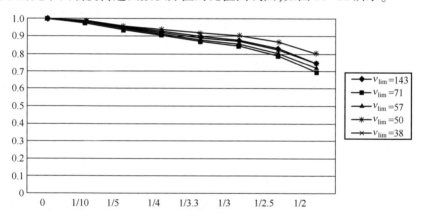

图 10-11　不同像元大小和遮拦比下的光学调制度传递函数积分值的比值曲线图

　　从图 10-11 中可以看到随着遮拦比由 $K=0$ 增加到 $K=1/2$ 时光学调制度传递函数的利用率最大下降了 30%。这时是这组被分析的 CCD 探测器的像元尺寸最小的时候。

　　从表 10-3 中可以看出,不论是 CCD 探测器的像元尺寸大小,随着遮拦比 K 的增加光学调制度传递函数的利用率都在减小。并且随着 CCD 探测器的像元尺寸的减小,光学调制度传递函数的利用率也在减小,并且这种减小的趋势是明显的,当 CCD 探测器的像元尺寸从 13μm 减小到 7μm 时,其光学调制度传递函数的利用率比值减小了

$$0.800592 - 0.694013 = 0.106579$$

它说明CCD探测器的像元尺寸越小它对光学系统的遮拦越敏感,因此航天光学遥感相机的分辨力越高它对光学系统的遮拦比也一定越敏感。

遮拦比和像元尺寸对MTF的综合作用。前面分别分析了不同遮拦比和不同大小的CCD探测器像元尺寸对光学系统的光学调制度传递函数的影响。为了综合分析这两个因素对光学调制度传递函数的影响,将表4.2中的光学调制度传递函数积分值除以遮拦比为$K=0$,截止频率为$\nu_{lim}=143$的光学系统光学调制度传递函数的积分值,得到表10-4。遮拦比从$K=0$到$K=1/2$,光学调制度传递函数的利用率最大下降了30%(表10-3)。CCD探测器的像元尺寸从$13\mu m$减小到$7\mu m$时,光学调制度传递函数的利用率最大增加了$0.81-0.53=28\%$(表10-4)。由此可以看到两者对光学调制度传递函数的影响都是很大的。

表10-4 不同遮拦比和CCD探测器像元尺寸的光学调制度传递函数积分值比较表

ν_{max} / K	143	71	57	50	38
0	1	0.813139	0.711096	0.650341	0.530598
1/10	0.987453	0.813139	0.693642	0.641148	0.524153
1/5	0.952708	0.761905	0.670265	0.616528	0.507173
1/4	0.928089	0.736369	0.64931	0.599549	0.49798
1/3.3	0.899036	0.707072	0.625329	0.579886	0.48702
1/3	0.877313	0.685724	0.608022	0.565556	0.479053
1/2.5	0.82845	0.639496	0.571281	0.535031	0.460748
1/2	0.742013	0.564329	0.512015	0.483225	0.424793

从表10-4中可以看出当存在着遮拦比和CCD探测器像元尺寸的双重影响时就目前的技术水平看光学系统的光学调制度传递函数利用率是较低的。由表10-4的$K=1/2$与$\nu_{lim}=38$可以看到其光学调制度传递函数的利用率只有42.4%。其中遮拦影响了$1-0.742=26\%$,CCD探测器像元尺寸影响为$1-0.53=47\%$,目前的航天光学遥感相机其CCD探测器像元尺寸小于$13\mu m$,即使取$7\mu m$则CCD探测器像元尺寸的影响也为$1-0.81=19\%$,这两种影响也是明显的。

航天光学遥感相机一般采用太阳同步轨道,它的光源即为太阳,阳光透过大气以不同的高角和方位角射向目标,经目标反射再透过大气射向光学遥感相机,经过光学遥感相机的镜头到达接收器成像。在这一信息传递过程中,首先是阳光透过大气以不同的高角和方位角到达目标,这一过程受大气的吸收、散射、湍流和透过率的影响。经目标反射又受到目标反射率的影响，沙漠、雪山、湿地、植被、海洋等随目标的不同光谱反射特性差异很大。目标反射出来的太阳光线就带有要得到的信息，这一部分反射光线再一次通过大气层时再一次会受到吸收、散射、湍流及透过率的影响，这对目标的信息传播影响较大。当光线通过镜头时会受到镜头的吸收、反射、透过、杂光以及焦距、口径的影响，最后到达像面，被接收器接收，当然这里又涉及接收器的响应效率和噪声问题，还有运载平台的稳定性和测控精度问题。这还仅是航天光学遥感相机制造的外部因素的影响，而航天光学遥感相机的镜头制造又是决定光学系统光学调制度传递函数的重要因素，它又涉及光学设计、光学加工、机械设计、机械加工、机械装配、光学装调等许多环节，相机在轨运行时还有振动、热变形等的影响，这一系列的因素都要影响航天光学遥感相机光学调制度传递函数。但仅航天光学遥感相机的遮拦和 CCD 探测器像元尺寸这两个因素就可损失掉光学调制度传递函数利用率约 50%，可见它们是航天光学遥感相机的两个重要的问题，这也是研究它们的意义所在。

10.4　探测器静态影像分辨力的计算机仿真分析

10.3 节介绍了遮拦比和 CCD 像元大小对光学系统 MTF 利用率的影响问题，这里进一步分析 CCD 以一定大小尺寸的像元对目标的采样离散化成像的分辨力。CCD 探测器的光电成像方式得到了广泛应用，尤其是在航天侦察领域的应用，使得这种采样离散化成像的分辨力问题得到了重视。在信息光学理论中获得光学调制度传递函数的前提条件——在像面的有限大小的小区域内，把成像的光学系统看作是一个空间不变系统（见 10.1 节光学传递函数的基础理论）不再严格成立，即 CCD 探测器的成像在等晕区内不具有空间不变的性质，为了在实践中描述和分析以 CCD 探测器为接收器的光电成像系统的像质和分辨力，这里对 CCD 的采样离散化成像进行了计算机仿真。鉴于 CCD 探测器的成像是数字成像，这也有利于采用仿真的方法来研究，这样做不仅在理论上是一种补充，在工程实践上也具有实际意义。

通常评价 CCD 相机的分辨力性能时一般采用的是相机的像元分辨力，把分辨力鉴别率板的黑白条带与 CCD 列像元在各种相位下的 MTF（方波信号的 MTF 以下同）平均值作为奈奎斯特频率下的 MTF，把它作为评价 CCD 相机的像质评价指标是可以的，因为这在 CCD 成像光学系统中有利于理论推导和使用。但在特殊条件下（图 10-12（c））是不能分辨的。

由于在采用卷积理论进行 CCD 成像的 MTF 求取中[55]，没有类似相位 P 这样表示物像与 CCD 像元相对位置关系的参数，因此采用这种方法只能获得一个平均意义下的像元分辨力的 MTF。这里采用计算机仿真的方法来研究在空间移变的条件下并且在绝大多数情况下都能对目标进行分辨的 CCD 成像的影像分辨力。这里的绝大多数的含义是指采用计算机模拟的方法所能及的程度。因为物像与 CCD 像元相对位置关系有两个平移和一个旋转三个参数,它们都是连续量,而模拟只能获得有限个离散量,尽管在模拟中不断地对模拟结果进行分析并进行了大量的模拟但终究不能穷尽所有的情况。

关于 CCD 影像分辨率在文献[56]中认为是像元分辨力乘以 2。这是因为 CCD 探测器成像时是以 CCD 像元的有限几何尺寸来描述目标,实际上是把连续的目标影像以不连续的形式表现出来,这会降低目标影像的清晰度。同时 CCD 探测器成像时也是将目标影像的灰度以不连续的形式表现出来,这也会降低目标影像的清晰度。这种影像清晰度的降低必将降低影像的分辨能力。也有用电子学理论中的采样来研究 CCD 探测器的成像过程的,但电子学中的采样,采样时间 $\Delta t \ll$ 采样周期 T,而 CCD 探测器的采样是 $\Delta t = T$。对 CCD 影像分辨力与 CCD 成像的像元分辨力的关系有必要进行探讨,这是问题的一个方面。

从问题的另一个方面来说,CCD 探测器所成的影像最终须经人眼进行判读,人的主观因素也在其中起着不可忽视的作用。这个问题在 1964 年就有文献发表[57],对以 CCD 探测器所成的离散化的采样影像进行目标识别为目的的文献[58]也有发表。但这些文献多以具体的目标识别为目的,如分辨汽车需要多少条线,分辨坦克需要多少条线;或分辨具体的某一三角形或六边形需要多少图形面积与成像面积的比等。然而具体的各个事物是不可穷尽的。

这里则从另一个角度即识别目标图形的特征所需 CCD 相机分辨的尺度来评价 CCD 相机的分辨力,这样做就避免了穷举各个具体的事物,而具有了普遍意义和很强的实用性。

鉴于在航天光学遥感相机的理论中多采用光学调制度传递函数进行分析和讨论问题,这里仍然借用光学调制度传递函数的概念来分析 CCD 探测器的采样离散化对航天光学遥感相机成像对比度和影像分辨力的影响。只不过这里所谈的 CCD 探测器采样离散化成像的光学调制度传递函数是从仿真中直接获得的。

从光学调制度传递函数的定义看出:

$$\text{MTF} = \frac{M_g(\nu)}{M_o(\nu)}$$

式中:$M_g(\nu)$ 为像的调制度;$M_o(\nu)$ 为物的调制度。

在 CCD 探测器成像的仿真中,只要知道了被摄景物的调制度 $M_o(\nu)$ 和仿真成像后的像的调制度 $M_g(\nu)$,则 CCD 探测器的采样离散化对航天遥感相机的光学调制度传递函数 MTF 的影响也就求得了。

以 CCD 探测器为接收器的航天光学遥感相机在成像时,是一种在动态条件下的成像过程,这一过程的影响因素很多,为了分析问题的方便,首先仿真 CCD 探测器的静态成像情况。

CCD 探测器影像分辨力的界定。这里所说的 CCD 探测器的影像分辨力是指光学系统在像面上所成的理想像的特征能够被识别时所需要的像元个数。通常 CCD 探测器的像元尺寸一般在 $10\mu m$ 左右,空间可见光侦察相机的 F 数(相对孔径的倒数)一般在 10 左右。对于这样的相机,其理想的光学系统截止频率所对应的分辨力在像面上对应的尺寸一般在几微米[27],因此 CCD 探测器的像元尺寸在很大程度上决定了相机的影像分辨力。

采用 CCD 探测器成像的系统,涉及与探测器的制作工艺相关的信号窜扰、电荷失效以及光学系统质量、电子学噪声、环境因素等诸多问题[59,60]。这些因素纷繁复杂,为了利于问题的研究,将光学系统在像面上所成的理想像定义为目标,这样就可将 CCD 探测器的采样分辨力问题分离出来,便于研究。

1. 仿真条件及方法

这里的侧重点的是,从对 CCD 所获得的影像特征的识别来评价 CCD 探测器的分辨能力,仍然采用在评价光学遥感相机性能时所普遍采用的分辨率鉴别板的图样作为目标来评价 CCD 探测器采样的分辨能力[61]。这样做的优点在于所采用的目标是与评价光学遥感相机性能时所采用的目标是一致的,所获得的结果容易作为光学遥感相机性能评价的一个环节而纳入其中。因而有较强的实用性和普遍意义。由于采用的是分辨力鉴别率板作为目标图案,因而所得结论相当于方波信号的 MTF 值,相对于正弦信号应乘以 $\pi/4(\nu>\nu_{\mathrm{lim}}/3)$。

CCD 探测器成像即是 CCD 的各个像元对目标辐射到每个像元的能量进行积分并进行光电转换,通常每个像元上所得到的照度值的差异一般以 255 个灰度等级描述出来,这就是 CCD 所成的目标影像。

模拟中把 CCD 的每个像元描述成 26×26 个点阵每一个点代表一份光能量,据此各像元得到的光能量即可模拟出来,将最高的光能量定义成 255,又可将灰度等级模拟出来,这同时也设定了 CCD 探测器的像元的形状为正方形。

把评价光学遥感相机性能时所普遍采用的分辨率鉴别板的图样作为目标,其调制度为 1,在高对比度时这种假设是合理的[62]。以图样的条带宽度、条带与 CCD 探测器列像元的倾角及相位三个参数为变量,同样以 255 个灰度等级描述目标图样来进行 CCD 成像仿真。这种仿真是仿真的 CCD 凝视成像过程也就是静态成像过程。

2. 仿真结果

经过大量仿真将其中的典型结果示于图 10-12。每一图片上部光滑规整的条带既是目标画面,下面具有小方格影像的部分即是 CCD 探测器成像的仿真结果。

每一图片下方有三个小窗口,第一个窗口内标明的是目标条带相对于 CCD 探测器列像元的倾角 A,第二个窗口内标明的是目标条带的宽度 W,第三个窗口内标明的是目标条带相对于 CCD 探测器列像元的相位 P。仿真中 CCD 像元的尺寸为 26×26,它只与目标条带的宽度有相对大小的意义。

从图 10-12(a) 看到仿真出的图片清晰,很好地反映了原目标特性——黑白相间的条带。但调整相位参数 P 时,影像开始模糊如图 10-12(b),当 $P=13$ 时如图 10-12(c) 已无影像可言。这说明 26×26 尺寸的像元并不能很好地描述同样尺寸的黑白相间的条带图案。

当把条带的宽度提高到 $W=41.6$ 时,得到了图 10-12(d),虽然能看到目标的原有特征,也未能真实地反映目标的原有状态,而是在两处产生了非常明显

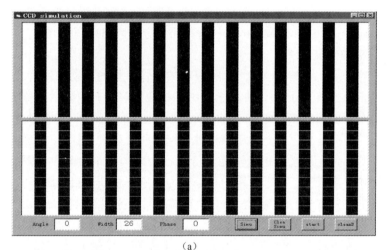

(a)

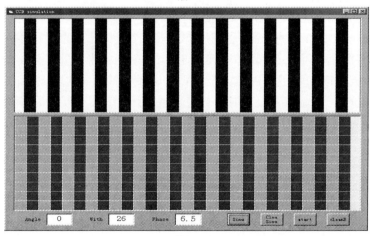

(b)

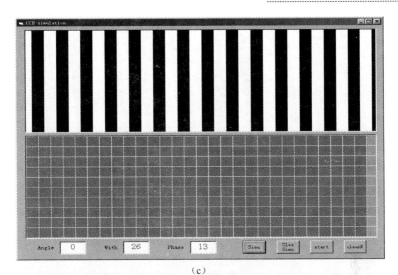

（c）

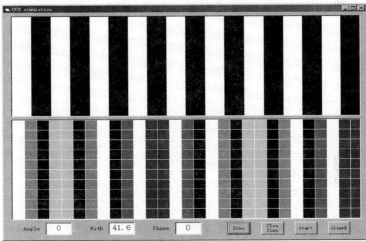

（d）

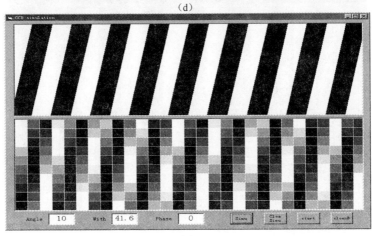

（e）

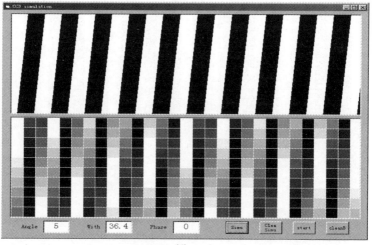

（f）

（g）

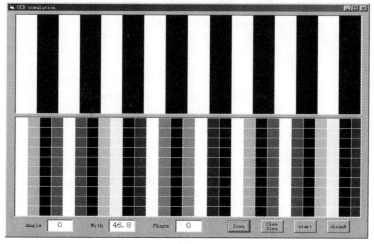

（h）

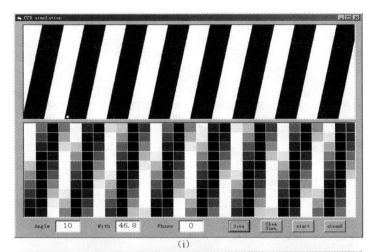

(i)

(j)

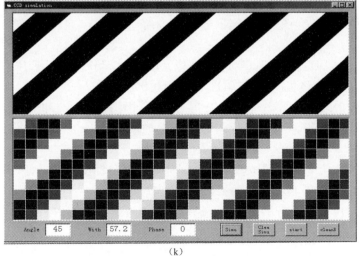

(k)

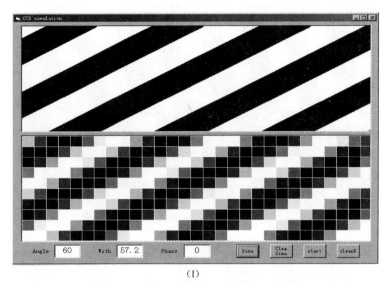

（1）

图 10-12　CCD 探测器静态成像仿真图片

的黑-灰-黑的过渡状态。这种状态用调制度传递函数 MTF 定量地表示，其 MTF=0.68，这个影响还是相当可观的，此时带的宽度是像元的 1.6 倍。

在 $W=41.6$ 时，若给目标条纹一个倾角 $A=10°$ 时则得到图 10-12(e)所示的仿真画面，画面中出现了向左倾斜的宽带摩尔条纹效应，对目标真实特征的反映较为勉强。

在图 10-12 中还给出了 $W=36.4$ 时的图 10-12(f)和 $W=39$ 时的图 10-12 (g)两种情况下的仿真画面，情况与此类似，只是 MTF 的数值更小，已出现了莫尔条纹现象。

当 $W=46.8$ 时，得到图 10-12(h)和图 10-12(i)两幅图片，它们比较清晰地反映出目标图形的特征。此时 MTF =0.89。总的说来 $W=46.8$ 的仿真结果较好地反映了目标图形的特征，这时目标条带的宽度是 CCD 像元尺寸的 1.8 倍。

当 $W=52$ 即目标条带宽度是 CCD 像元尺寸的 2 倍时，得到图 10-12(j)，此时的 CCD 画面已经很清楚，其 MTF 值约为 0.995。

当 $W=57.2$ 时，$A=45°$ 和 $A=60°$ 时分别得到图 10-12(k)和图 10-12(l)两幅图片，它们清晰地反映出目标图形的特征。此时 MTF=1，目标条带的宽度是 CCD 像元尺寸的 2.2 倍。

总的说来 $W=46.8$ 的仿真结果较好地反映了目标图形的特征。这时目标条带的宽度是 CCD 像元尺寸的 1.8 倍。

图 10-12 中是进行了各种情况模拟后所得的 MTF 较小的情况。

当然，这里所讲的 MTF 数值是方波信号的 MTF 值，即 CTF(contrast Transfer

function）。

3. 在轨成像的像移及偏流角

利用航天光学遥感相机在成百上千公里远的轨道上对地面目标进行成像时,航天光学遥感相机是在运载平台、轨道、地球、目标这样一个高速运动着的大系统中工作的,这样的运动必然带来航天光学遥感相机与目标间的相对移动而产生像移。要获取高分辨力的航天遥感影像,必须研究目标相对遥感相机的运动所带来的分辨力的损失问题。影像的分辨力受到运载平台控制技术、运载平台的轨道运动、地球的自转等运动因素的影响,因此有必要分析在此动态意义下的像移问题[63]。

由于军事和民用的推动,航天光学遥感相机的分辨力越来越高,其角分辨力已达 µrad 量级,随着航天光学遥感相机影像分辨力的提高,对运载平台的稳定度要求也在相应地提高,当达到这种稳定度越来越困难时,自然提出了运载平台的不稳定会对航天光学遥感相机影像分辨力产生多大的不利影响,这是目前工程实践中就已经遇到的实际问题,这是要分析动态意义下的 CCD 探测器的影像分辨力问题的一方面原因。

问题的另一方面是,只有清楚了像移量对 CCD 探测器的影像分辨力的影响的程度和规律,才能更好地采取措施克服其对 CCD 探测器影像分辨力的不利影响[64-66]。

正如前面所述,CCD 探测器的成像是对被摄景物的一个采样离散化过程,像移的影响是与这种采样离散化的影响交织在一起的,在航天光学遥感相机在轨成像时,像移和 CCD 探测器的采样离散化是始终存在且密不可分,需要将这二者同时作为研究对象对 CCD 探测器的成像进行分析,以使这两者的影响得到综合研究。

像移的形式,随着航天光学遥感相机所在的轨道不同和工作方式不同,它的像移形式也是多种多样的,可以表现为平移、旋转、缩放、畸变、积分方向与像移方向偏离等多种形式。航天探测器多数为 CCD 探测器,特别是具有延时积分功能的 TDICCD 探测器,所以这里只研究 TDICCD 探测器存在的像移。由于 TDICCD 探测器在成像时是以不同的像元对被摄景物的同一点进行多次重复曝光,并对这些曝光的能量进行积累和光电转化,如图 10-13 所示。它的列像元即电荷积分方向,成像时像点 a11 的电荷转移到 a21 像元,与 a21 像元对同一点再次曝光所得的电荷相加,依此类推直到 an1。其它列像元同此。成像过程中电荷的转移速率和方向必须与影像的对应像点的移动速率和方向完全相同,否则就产生像移。

这里主要分析平移像移和积分方向与像移方向偏离两种形式的像移对航天光学遥感相机影像分辨力的影响。平移像移是指目标的影像相对 TDICCD

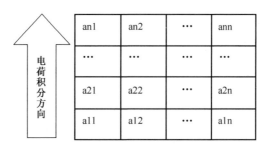

图10-13 TDICCD电荷积分示意图

探测器积分方向的垂直移动。积分方向与像移方向偏离是指TDICCD探测器在成像时其各像元的电荷在积分成像时,像元的列方向(即电荷转移方向)与目标影像相对探测器移动方向的偏离。

这种平移和偏离会导致MTF的下降,所以航天光学遥感系统在轨成像时,要在技术上采取措施控制这种TDICCD积分成像时像移方向与像元列方向的偏离。

在轨成像时,卫星的轨道运动、地球的自转运动、卫星的姿态误差、焦平面的安装误差都是导致这种偏离的原因,技术上将像移方向与像元列方向的偏离角度称为偏流角,偏流角的控制是减小TDICCD在轨成像像移的一个重要方面。

对于像移与采样离散化对TDICCD探测器成像质量影响的详细论述可参考[67]。

4. 结果与讨论

当其它环节的光学调制度传递函数MTF数值较高,目标调制度较大时,乐观地估计可以认为CCD探测器的影像分辨力是其像元尺寸的1.6倍,此时其光学调制度传递函数MTF下降了32%。

一般情况下取CCD探测器的影像分辨力是其像元尺寸的1.8倍较为适中,因为这时的MTF数值较大对系统的其它环节的指标压力较小,且影像较好地反映了目标图形的特征,此时其光学调制度传递函数MTF下降了11%。

这两条结论是在进行了大量的CCD探测器的成像仿真后得出的,它们是光学调制度传递函数数值下降最大的情况,当然从CCD航天光学遥感相机成像的角度看它们出现的概率应该不大,也就是说当取CCD探测器的影像分辨力是其像元尺寸的1.8倍时,它造成的光学调制度传递函数下降的最大值为11%,在多数情况下应小于此值。

若取CCD探测器的影像分辨力是其像元尺寸的2倍,则降低了探测器的影像分辨力,较为保守。

以上讨论的CCD探测器的影像分辨力是以航天侦察为目的,以能够辨别目标特征为评判标准的情况下得出的结论。在以如地图测绘为目的的 CCD 成像活动中这个结论可以借鉴,但还有进一步分析的必要。因为从图 10-12(e)可以看到仿真出的条带宽度是变化不定的,难以确定目标条带的真实宽度。

　　总而言之,由于所采用的目标是在评价光学成像遥感相机性能时所普遍采用的分辨率鉴别板的图样;在仿真中又排除了其它因素的干扰而仅把 CCD 探测器成像时以 CCD 像元的有限几何尺寸来描述目标的空间尺寸上的采样离散化和在灰度上的数字化所带来的采样离散化特征为主要研究对象;将以识别影像的特征为依据来定义 CCD 探测器的影像分辨力,因而这个结论在评价以侦察为目的的成像光学遥感相机的影像分辨力性能时具有很强的实用性和普遍的意义。

　　而就提高航天遥感成像的分辨力而言,胶片的感光乳胶的小颗粒度也是有力的因素,尤其用于测绘时利于实现大画幅也是有力的因素,但其技术复杂[68-70],不能实时传输。

参 考 文 献

［1］梅安新．遥感导论［M］．北京：高等教育出版社，1989．

［2］中国科学院长春分院《长春遥感试验论文集》编辑委员会．长春遥感试验论文集［M］．长春：吉林人民出版社，1981．

［3］房建成，宁晓琳．天文导航原理及应用［M］．北京：北京航空航天大学出版社，2006．

［4］房建成，宁晓琳，田玉成．航天器自主天文导航原理及方法［M］．北京：国防工业出版社，2006．

［5］郝岩．航天测控网［M］．北京：国防工业出版社，2004．

［6］李恒年．地球静止轨道卫星轨道与共位控制技术［M］．北京：国防工业出版社，2010．

［7］章仁为．卫星轨道姿态动力学与控制［M］．北京：北京航空航天大学出版社，1998．

［8］周军．航天器控制原理［M］．西安：西北工业大学出版社，2001．

［9］肖叶伦．航天器飞行动力学原理［M］．北京：宇航出版社，1995．

［10］谢金华．遥感卫星轨道设计［D］．中国人民解放军信息工程大学，2005．

［11］杨维廉．基于Brouwer平根数的冻结轨道［J］．中国空间科学技术，1998．

［12］杨维廉．关于卫星运动的交点周期［J］．航天器工程，1997．

［13］McCartney E J．大气光学［M］．潘乃先，毛节泰，王永生，译．北京：科学出版社，1988．

［14］周秀骥，等．高等大气物理学［M］．北京：气象出版社，1991．

［15］宋正方．应用大气光学基础［M］．北京：气象出版社，1990．

［16］吕斯骅．遥感物理基础［M］．北京：商务印书馆，1981．

［17］李景镇．光学手册［M］．西安：陕西科学技术出版社，2010．

［18］陶家生，等．静止轨道高分辨率光学遥感探索［J］．光电工程，2012．

［19］李敬贤，李玉丹，金伟其．微光与红外成像技术［M］．北京：北京理工大学出版社，1995．

［20］都亨，叶宗海．地轨道航天器空间环境手册［M］．北京：国防工业出版社，1996．

［21］徐南荣，卞南华．红外辐射与制导［M］．北京：国防工业出版社，1997．

［22］郭强，陈博洋，张勇，等．风云二号卫星在轨辐射定标技术进展［J］．气象科技进展，2002（13），6：6-12．

［23］DALSA INC. 1998-1999 DATABOOK.

［24］吴宗凡，等．红外与微光技术［M］．北京：国防工业出版社，1998．

［25］林聚承，等．采用新型读出电路的CMOS图像传感器研究［J］．光电工程，2007，5：67-70．

［26］向世明，倪国强．光电子成像器件原理［M］．北京：国防工业出版社，1999．

［27］张凤林，孙学珠．工程光学［M］．2版．天津：天津大学出版社，1990．

［28］冯克成，刘景生．红外光学系统［M］．北京：兵器工业出版社，1994．

［29］陈玻若．红外系统［M］．北京：兵器工业出版社，1995．

［30］张以谟．应用光学［M］．北京：电子工业出版社，2010．

［31］陶家生，等．大型航天三线阵立体测绘相机精度敏感因素的分析［J］．光学技术，2006，01：89-9．

［32］唐新明，等．资源二号卫星测绘技术与应用［J］．测绘学报，2017，10：1482-1491．

［33］霍英杰，闫春杰，张安，等．新型双温区大冷量斯特林制冷机研究［J］．第19届中国遥感大会论文集，2014．

［34］刘姜伟，等．天绘一号卫星高分辨率、多光谱相机与三线阵正视相机夹角在轨标定方法研究［J］．红外与激光工程，2015，2：662-667．

［35］西湖树谱．中国最新遥感九号卫星［EB/OL］．（2010-3）［2018-1］．http：//bolg.sina.com.cn/s/blog-52edafbfo100hg3u.html．

［36］张庆君,马世俊.中巴地球资源卫星成就与发展[J].航天器工程,2009,7:1-8.

［37］张潘,等.基于Pleiades卫星影像区域网平差精度分析[J].工程勘察,2008,4:41-56.

［38］颜原,等.基于GPU的GevEye-1影像正射纠正[J].地理空间信息,2016,4:70-72.

［39］Alexander K, Dion M, Sandra A,C,et al. Next generation geostationary operational environmental satellite (GOES-R Series):A space segment overview[J]. SPIE,5570:155-164.

［40］Timothy J S, James G,Menzel W P, et al. Possible scanning scenarios of the GOES-R HES(Hyperspectral Environmental Suite)[J]. SPIE,5806:642-652.

［41］盛夏.静止气象卫星精确定位研究[J].遥感信息,2003,3:26-32.

［42］郭强,张小虎.地球同步轨道二维扫描像移补偿技术建模与分析[J].光学学报,2007,10:1779-1785.

［43］Shi Xiaodan,et al.DFH-5 platform developmont speeds Up[J].Aerospace China,2015,11:56.

［44］中国航天日报.SAST9000平台顺利完成振动实验,2015,1.

［45］林骁雄,温正,陶家生.离子推力器羽流钼原子沉积对卫星OSR片热控性能影响的仿真分析[J].航天器工程,2016,03:52-56.

［46］林骁雄,温正,陶家生.基于非结构网格的离子推力器羽流数值模拟方法研究[J].航天器环境工程,2016,05:484-489.

［47］林骁雄,陶家生,温正.离子推力器羽流溅射对卫星热控影响研究[J].火箭推进,2017,2:9-17.

［48］陈跃,陶家生,林骁雄,等.高精度大型GEO平台结构热变形分析[J].第19届中国遥感大会论文集,2014.

［49］詹亚锋,马正新,曹志刚.现代微小卫星技术及发展趋势[J].电子学报,2000,7:102-106.

［50］http://www.nasa.gov/mission_pages/hubble/spacecraft/index.html.

［51］胡沅,成丹,等.遥感卫星在生态环境监测领域的应用满足度分析[J].卫星应用,2014,8:56-64.

［52］李士贤,李林.光学设计手册[M].北京:北京理工大学出版社,1996.

［53］陶家生.基于模拟实验及计算机仿真的CCD空间相机影像分辨力的研究[D].中国科学院长春光学精密机械与物理研究所,2004.

［54］韩昌元.信息光学基础理论及其应用[M].长春:长春出版社,1989.

［55］Steven L S. Understanding image quality losses due to smear in high-resolution remote sensing imaging systems[J].Opt. Eng. 1999,35(5):821-826.

［56］姜景山.空间科学与应用[M].北京:科学出版社,2001.

［57］Swets J A. Signal detection and recognition by human observers[M]. New York:John Wiley,1964.

［58］Lettington A L, Fairhurst A M, Marphy K St J. Visual recognition of blurred shapes. SPIE,1994,2298:698-707.

［59］Leachtenauer J C, Malila W, Irvine J,et al. General image quality equation:GIQE. Appl. Opt. 1997,36:8322-8328.

［60］陶家生.图像传感器性能评估和图像恢复的模型[J].光机电信息,1999,12:13-17.

［61］陶家生.用于成像侦察的CCD探测器成像分辨力的探讨[J].光学技术,2003,01:94-95,100.

［62］杨桦,焦文春,朱永红,等.CCD相机在系统奈奎斯特频率处的调制传递函数[J].光学学报,2002,3(122):315.

［63］Robert D F.Image quality of increased along-san sampling for remote sensing system, Opt. Eng. 1999,38(5):815-825.

［64］Holst G C.Sampling, aliasing, and data fidelity[J].SPIE, 1996:145-157.

［65］Wang Demin. Communication research center, comparison of motion-compensated algorithms for frame Interpolation[J].Opt. Eng. February,2003,42(2):586-590.

[66] Tracy D, Terrence L, Mark D. Nelson, Survey and comparison of plane MTF measurement techniques[J]. SPIE,2002,4486:219-246.

[67] 陶家生. 像移和采样共同作用下的 TDICCD 探测器像质[J]. 光电工程,2005,08:52-55.

[68] 陶家生. 遥感成像中的胶片展平[J]. 光学精密工程,1998,02:72-77.

[69] 陶家生. 空间摄影相机的胶片负压展平系统[J]. 光学精密工程,2000,02:150-153.

[70] 陶家生,王家骐. 画相机胶片负压展平的数值模拟[J]. 仪器仪表学报,2002,02:115-117,120.

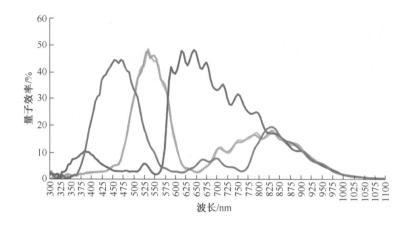

图 5-16　面阵彩色 CMOS 探测器的量子效率曲线

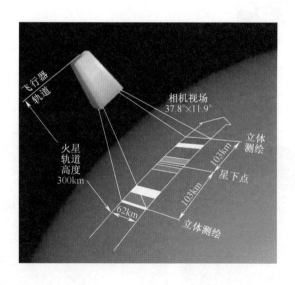

图 7-5　单镜头多线阵立体测绘

（a）

（b）

图 7-6　HRSC 立体成像相机和多谱段(彩色)图

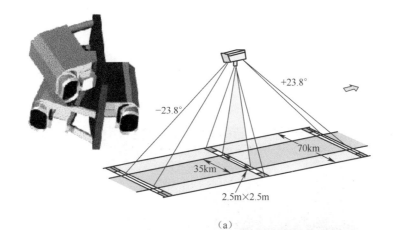

（a）

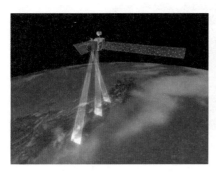

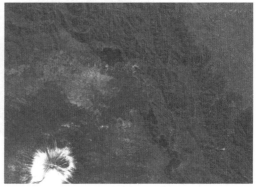

（b）

（c）

图 7-9　PRISM 三线阵立体测绘

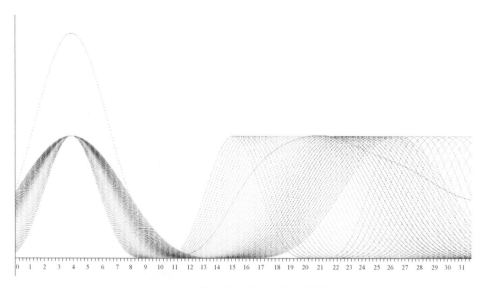

图 7-59　横向剪切干涉光谱的模拟图

（a）　　　　　　　　　　　　　　　（b）

图 8-5　天绘一号卫星图像

图 8-2　空间分辨力 0.8m 多谱段 3.2m 的融合卫星图像

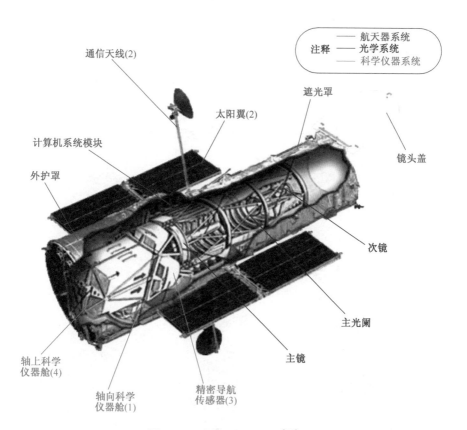

注释 —— 航天器系统
—— 光学系统
—— 科学仪器系统

通信天线(2)

太阳翼(2)

遮光罩

镜头盖

计算机系统模块

外护罩

次镜

主光阑

轴上科学
仪器舱(4)

轴向科学
仪器舱(1)

精密导航
传感器(3)

主镜

图 8-18　哈勃空间望远镜[50]

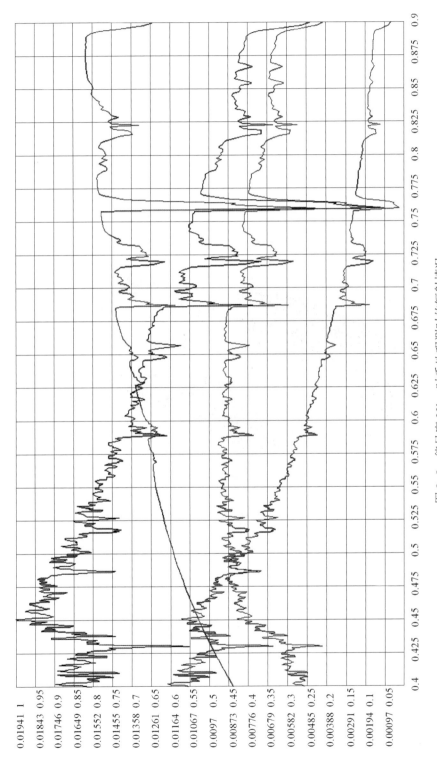

图 9-8　能见度 23km 时垂地观测时的辐射情况

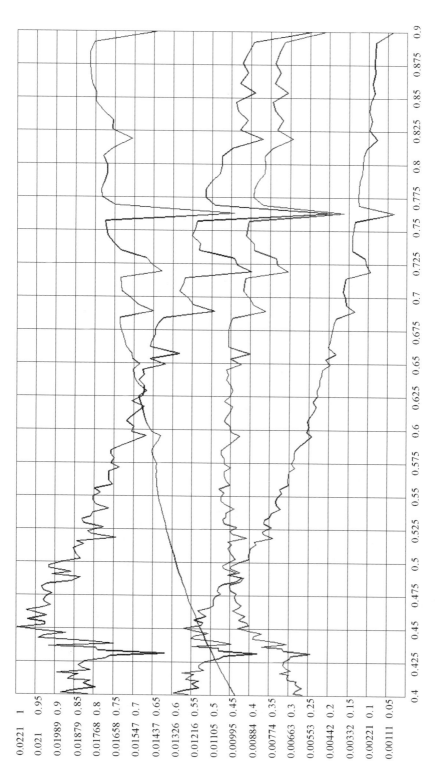

图 9-9 能见度 23km 时垂地观测低光谱分辨率时的辐射情况

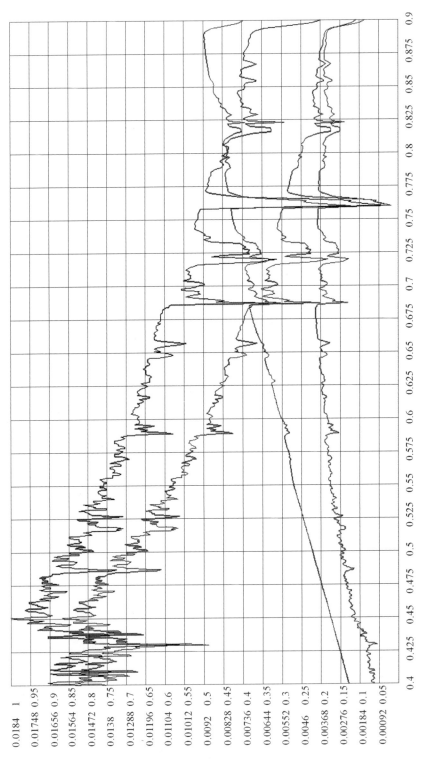

图 9-10　能见度 5km 时垂地观测时的辐射情况